普通高等教育信息技术类系列教材

数据结构

曹玉林　冶忠林　编著

科学出版社
北　京

内 容 简 介

本书共分为10章。第1章主要介绍数据结构的概念和基本内涵；第2章主要介绍衡量算法的方法；第3章主要介绍线性表结构及其算法实现；第4章在线性表结构的基础上，引出两种特殊的线性表——栈和队列；第5章主要介绍串结构；第6章主要介绍数组与广义表；第7章主要介绍树形结构及其基本操作；第8章主要介绍图形结构，以及遍历、最短路径、关键路径等算法；第9章主要介绍几种排序算法，并对它们的性能进行分析；第10章主要介绍查找，其涵盖了数据结构中常用的查找算法。

本书既可作为高等院校数据结构课程的教材，也可作为机器学习、深度学习、自然语言处理等领域的专业参考资料。

图书在版编目(CIP)数据

数据结构/曹玉林，冶忠林编著. —北京：科学出版社，2023.3
(普通高等教育信息技术类系列教材)
ISBN 978-7-03-074880-5

Ⅰ. ①数… Ⅱ. ①曹… ②冶… Ⅲ. ①数据结构-高等学校-教材 Ⅳ. ①TP311.12

中国版本图书馆CIP数据核字(2023)第028817号

责任编辑：赵丽欣 / 责任校对：马英菊
责任印制：吕春珉 / 封面设计：东方人华平面设计部

科学出版社出版
北京东黄城根北街16号
邮政编码：100717
http://www.sciencep.com

北京九州迅驰传媒文化有限公司 印刷

科学出版社发行 各地新华书店经销

*

2023年3月第 一 版 开本：787×1092 1/16
2023年11月第二次印刷 印张：17 1/4
字数：409 000

定价：58.00元

(如有印装质量问题，我社负责调换〈九州迅驰〉)
销售部电话 010-62136230 编辑部电话 010-62135397-2039

前　言

数据结构作为计算机相关专业重要的基础课程，被各大高校设置为必修课，也是众多高校研究生入学考试的必考科目之一。对数据结构课程的学习和掌握，不仅关系到计算机相关专业学生对本学科全部课程的学习，更关系到学生未来的职业发展。

从经典的数据结构教材和教学大纲可知，数据结构主要研究计算机如何加工数据，从而为数据设计合理的逻辑结构和存储结构，随后采用编程语言实现算法过程，同时要求分析算法的时间复杂度和空间复杂度。数据结构的前导课程一般是 C 语言程序设计或者 Java 面向对象编程，数据结构的后续课程往往是算法分析与设计或者软件工程。数据结构为后续课程提供基础编程逻辑。数据结构中的树、图、查找、搜索等知识是学生解决实际问题的基础，其中的一些思想更是能为生活和学习提供指导。例如，二分法查找、直接插入排序是我们日常生活中最常用的算法，将其应用于科学研究领域解决复杂问题，能激发学生的学习兴趣。

本书详细介绍了数据结构中的重点与难点，同时兼顾了知识点的难度和学生的接受度。对每种数据结构的原理均有详细讲解，通过文字配合示例的形式生动形象地介绍了主要知识点、抽象数据类型规范和实现方法，便于各个阶段、不同程度的读者学习。

本书语言风格力求通俗易懂，对于知识讲解不拖泥带水，避免关键知识被淹没于大量文字中。例如，对于顺序存储的结构，仅用数组来实现；对于链式存储的结构，仅用指针的形式来实现，且给出关键操作的程序代码；对于搜索和查找，配上了易于理解的原理图。本书也扩展了相关知识，例如，在第 10 章中增加了多路查找树、B+树等知识。

感谢青海师范大学计算机学院李格格、林晓菲、刘鸿凯、吴进进等为本书的完成付出的努力，特别致谢杨杨为本书初稿的汇总、整理、润色做出的工作。本书在撰写过程中参考了大量优秀的数据结构方面的教材，在此对这些教材的作者致以诚挚的谢意。

由于作者水平有限，书中难免有不足之处，敬请同行和读者批评指正，不胜感激。

作　者

2022 年 5 月

目　录

第1章　概　　述

瑞士计算机科学家 Niklaus Wirth 提出了著名的公式“程序＝数据结构＋算法”，该公式说明了数据结构和算法对于程序设计是至关重要的，同时也说明了数据结构与算法之间关系的密切性。程序是计算机指令的某种组合，用于控制计算机的工作流程，完成一定的逻辑功能，以实现某种任务。算法是程序的逻辑抽象，是解决一些客观问题的过程和方法。数据结构是对现实世界中数据及其关系的某种映射，是处理数据和程序设计的工具，其既可以表示数据本身的物理结构，也可以表述数据在计算机中的逻辑结构。因此，掌握和了解数据结构对后续的研究和学习至关重要。

1.1　数据结构概述

下面通过例子来了解什么是数据结构。

1. 工资管理程序

各工作单位财务处大多使用数据管理软件对职工的工资情况进行统一管理，其中包含每名职工的基础信息，如工号、姓名、性别、年龄、工资等。每名职工的基础信息根据工号依次排列，形成基础的线性序列，呈一种线性关系，如表 1-1 所示。

表 1-1　职工工资管理表

工号	姓名	性别	年龄	应发工资	实发工资	奖惩	补助
202101	赵三	男	35	8000	6000	−2500	500
202103	李六	男	40	8500	5000	−3500	0
202105	杨五	女	38	7000	6500	−500	0
202108	王一	男	45	7500	6000	−2000	500

2. 链路预测

链路预测是指通过已知网络信息预测网络中尚未产生连边的两个结点之间产生链接的各种可能性。这种预测既包含了对未知边的预测，也包含了不存在边在未来的链接可能性的预测。例如，在电子购物过程中购物平台会根据用户搜索记录向用户推荐若干相关物品供其挑选。再如，动物学家发现一个新物种时，需要对其进行归类。以上两个链路预测的例子所使用的数据结构皆为非线性数据结构——树，该结构中的结点关系和形态不再简单、直接。基于其特殊性，非线性数据结构能描述更为广泛、复杂的问题。

3. Dijkstra 算法

地铁作为短距离载具的代表，为民众出行提供了便利。研究者需考虑地铁票价的合理性，国内的诸多城市都是以起始站与到达站之间的最短路径来计算两车站之间的票价，使用的方法可以是 Dijkstra 算法，其为一种经典的单源最短路径算法，用于计算一个结点到其他所有结点的最短路径。Dijkstra 算法的主要特点是以起始点为中心向外层扩展，扩展到终点为止。

上述三个实例都将非数值问题转换为容易处理的各类结构。简单来讲，数据结构是一门研究非数值问题中数据对象及其对象之间关系的学科。

1.2 基本概念和术语

1.2.1 数据

数据是指客观对象的符号表示，是所有能输入计算机中并能被计算机程序处理的符号总称。简而言之，操作者与计算机发生交互时，需使用计算机可以理解的语言——数据。数据并不是只有数值，数值仅为数据的一种。数据可以简单分为数值数据和非数值数据两类。

（1）数值数据包括整数、小数、实数等。

（2）非数值数据包括字符、字符串、文字、图形、图像、声音等。

非数值的数据如果与计算机发生交互，必须具备如下前提：可以输入计算机，且计算机可以对此数据进行识别与处理。

1.2.2 数据元素

数据元素是数据的基本单位，在计算机程序中通常作为一个整体考虑与处理。例如，表 1-1 中每名职工的全部个人信息用表中的一行表示，每一行都为此数据的一组数据元素。例如，工号 202101、姓名为赵三的全部信息为一组数据元素。

1.2.3 数据项

数据项是组成数据元素、有独立含义且不可分割的最小单位。例如，表 1-1 中数据元素中的工号、姓名、性别、年龄、工资等都是数据项。

1.2.4 数据对象

数据对象是性质相同的数据元素集合，是数据的一个子集。例如，表 1-1 中的 4 名职工为本组数据中的数据对象。若表 1-1 的职工数量增加至 10 名，则这 10 名职工的信息为此数据的数据对象；反之，若表 1-1 的职工数量减少至 2 名，则这 2 名职工的信息为此数据的数据对象。

1.2.5　数据结构

数据结构是指互相之间存在一种或多种特定关系的数据元素集合，即带“结构”的数据元素的集合。数据结构包括逻辑结构和物理结构。逻辑结构包含集合结构、线性结构、树形结构、图形结构，物理结构包含顺序存储结构、链式存储结构。数据结构关系如图 1-1 所示。

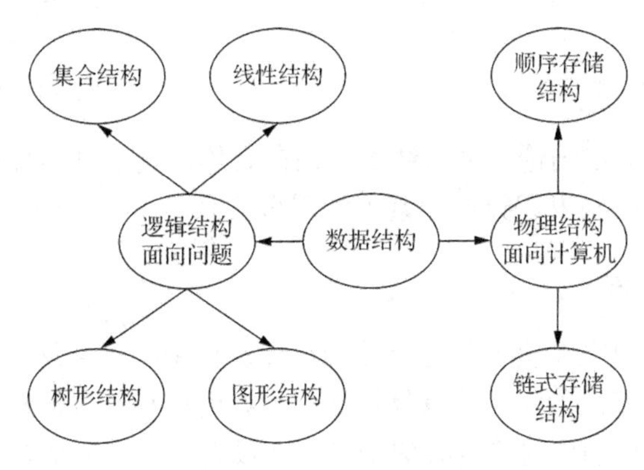

图 1-1　数据结构关系

1.2.6　数据的逻辑结构

逻辑结构是指从逻辑关系描述数据，根据具体问题抽象出来的数学模型，主要指数据元素的相邻关系。逻辑结构与数据的存储无关且独立于计算机。在学习过程中经常用到的逻辑结构有以下四种。

（1）**集合结构**：集合结构中的数据元素除了“属于同一个集合”的关系外，元素之间相对孤立。例如，果盘中的各种水果，虽然都属于水果，但各种水果之间没有任何关系，如图 1-2 所示。

（2）**线性结构**：线性结构中的数据元素存在一对一的关系。例如，歌剧院外排队的观众，按照购票顺序依次排队有序进入剧院内，如图 1-3 所示。

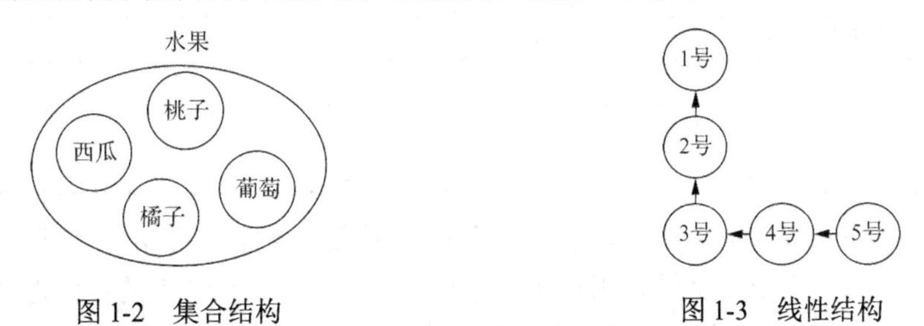

图 1-2　集合结构　　　　图 1-3　线性结构

（3）**树形结构**：树形结构中的数据元素之间存在一对多的关系。如图 1-4 所示的社团内有很多社员，并有一个或多个副社长，但社长就只有一个。社长领导副社长，每个副社长又领导自己的社员，此为树形结构。

（4）**图形结构**：图形结构中的数据元素间存在多对多的关系。如图 1-5 所示的社交关系为图形结构。结点代表人员，边代表两者之间的关系。

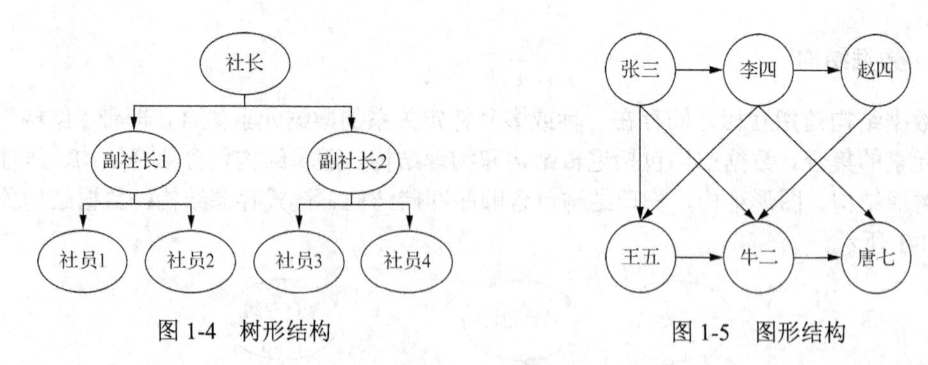

图 1-4 树形结构　　图 1-5 图形结构

根据上述例子，得出结论：逻辑结构应该在具体问题中具体分析，考量问题中各种要素，选择最合适的结构表示数据元素中的逻辑关系。

1.2.7 数据的物理结构

数据的物理结构用来解决各种逻辑结构在计算机中物理存储表示的问题。数据的物理结构是对数据在计算机中表示的具体描述。计算机只有对数据进行存储后，才可以对其进行处理。存储数据的位置称为存储地址。在没有任何说明的情况下，存储地址默认是连续的。数据的物理结构应正确描述和反映数据的逻辑结构。数据的逻辑结构通过问题本身来确定，数据的物理存储地址由计算机确定。

物理结构分为顺序存储结构与链式存储结构两类。

（1）**顺序存储结构**：借助元素在存储器中的相对位置来表示数据元素之间的逻辑关系，通常借助程序设计语言的数组类型来描述。例如，要存储班级中每个同学的学号，如表 1-2 所示，计算机便会分配出与学生数量一致的地址，第一位同学的序号存放在第一个地址，以此类推，按顺序存储于计算机所分配的地址中。

表 1-2 顺序存储结构

地址	学号	姓名	数据结构	高等数学	英语
0	202101	杨一	95	85	86
100	202104	赵四	95	96	75
200	202103	王五	85	87	95
300	202105	张三	78	86	87
400	202102	唐七	92	95	70

（2）**链式存储结构**：与顺序存储结构不同，无须占用连续的存储空间，但为了表示结点之间的关系，须给每个结点附加指针字段，用于存放后继结点的存储地址。如表 1-3 所示，其加入了指针字段，指向其后继结点的存储地址。

表 1-3 链式存储结构

地址	学号	姓名	数据结构	高等数学	英语	后继结点首地址
0	202101	杨一	95	85	86	400
100	202104	赵四	95	96	75	300

续表

地址	学号	姓名	数据结构	高等数学	英语	后继结点首地址
200	202103	王五	85	87	95	100
300	202105	张三	78	86	87	^
400	202102	唐七	92	95	70	200

为了更加清楚地反映链式存储结构，给出如图 1-6 所示的结构示例。

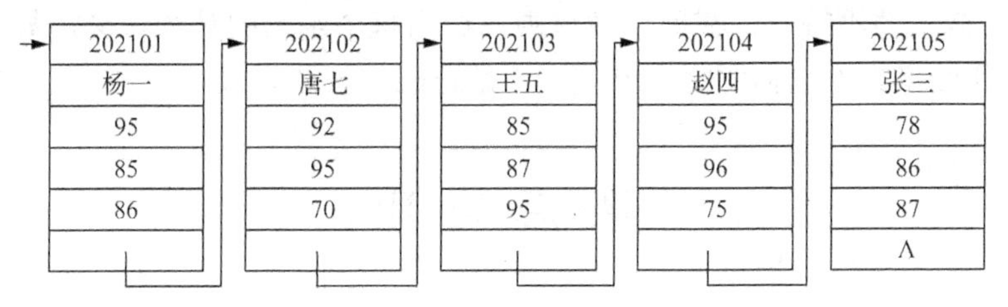

图 1-6　链式存储结构示例

1.2.8　数据类型

计算机的内存是有限的，正确、合理地存储数据是非常重要的。数据的大小、类型在计算机的存储过程中都需要着重考虑。数据的大小不难判断，但是不同的数据类型有不同的取值范围，需要具体分析。

数据类型是一个值的集合以及在这些值上定义的一组操作的总称。在 C 语言中，按照取值的不同，数据类型可以分为以下两类。

（1）**原子类型**：其值不可分解，由语言直接提供，如整型、实型、字符型。

（2）**结构类型**：其值可分解为若干成分，由用户自己定义。结构类型由若干整型数据组成。

在学习 C 语言的过程中，常会看到变量声明：

```
int x;
double y;
```

以上操作定义了 x、y 的类型。这种数据类型只能进行最简单的数值计算。实际问题仅仅靠数值计算是难以解决的，通常需要使用一种新的数据类型，即抽象数据类型（abstract data type，ADT）。ADT 是指一个数学模型及定义在该模型上的一组操作。

具体格式如下：

```
ADT 抽象数据类型名{
    数据对象 D:......
    数据关系 R:......
    基本操作:
      (1)......
      初始条件:......
      操作结果:......
       (2)......
       (3)......
```

```
    ......
}ADT 抽象数据类型名;
```

抽象数据类型把实际问题划分为多个小问题，逐一进行解决，这种处理方法不会显示具体计算的过程，只给出可提供使用的方法和函数。抽象数据类型类似于其他语言中的工具包或者类的概念，通过 ADT，可以查询该数据对象可以使用的函数和方法，在多人协作的软件开发中，相互之间的接口共享均可通过这种方式操作。需要注意的是，ADT 的定义格式并不统一，在部分教材中只给出每个函数的具体含义，却不会给出初始条件和操作结果。不论何种定义方式，均是正确的表达方式。

课 后 习 题

一、填空题

1．数据结构的逻辑结构分为________、________、________、________四种。

2．在线性结构、树形结构、图形结构中，数据元素之间分别存在着________、________、________的关系。

3．数据结构主要讲的是数据及其之间的________。

二、简答题

1．简述数据结构的含义。

2．简述四类基本数据结构的特点。

3．简述逻辑结构与物理结构的区别和联系。

第2章 算　　法

数据结构与算法之间存在着本质的联系。算法是解决问题的方法，而数据结构是解决问题的工具，方法和工具的高效结合才能解决实际问题。算法的好坏直接影响着程序的效率，好的算法可以使得解决问题的过程简单化、高效率。因此，在本章中主要介绍算法的定义、特性、要求、效率以及评价算法的方法等。

2.1 算法的定义和特性

粗略地说，算法（algorithm）是对特定问题求解过程的描述，是指令的有限序列，即为解决某一特定问题而采取的具体而有限的操作步骤。程序是算法的一种实现，计算机按照程序逐步执行算法，实现对问题的求解。

实际生活中充斥着各类问题，解决问题的方法也多种多样。即使同一个问题，选择不同的解题思路，所设计的算法往往也是不同的。设计算法应从计算机的性能、问题本身、选择时间等多方面进行考虑，在诸多算法中选择一套较为合理、性能优异的算法。所谓万能算法、通用模板以及嵌套固定代码存在诸多局限。

算法有其固定的原则和特性。一段代码能被称为算法，必须满足如下五个基本特性：输入、输出、有穷性、确定性、可行性。

（1）**输入与输出**：任何算法根据其目标的不同，可以有 0 个或多个输入，比如：

① 计算 1+2+…+9+10 的值，不需任何输入。

② 计算一组数的平均值的算法，需要输入一组数。

任何算法都必须有一个或多个输出。设计算法的目的是通过计算机解决实际问题，如果没有输出，待解决的问题就不会有结果，也就不具有任何实际意义。算法输入、输出的值可以是任何数据。

（2）**有穷性**：一个算法必须在执行有穷步后结束。任何算法如果无穷无尽地执行下去，永远没有输出，也就无法解决问题，该算法也就没有意义。同样，如果算法可以输出结果，但执行时间过长，那么这个算法的实际作用也会很小。

（3）**确定性**：对于每种情况下所应执行的操作，在算法中都有确切的规定，不会令人产生歧义，算法的执行者或阅读者都能明确其含义及如何执行。

（4）**可行性**：算法中的所有操作都可以通过已经实现的基本操作运算执行有限次实现。

2.2　设计算法的要求

一个好的算法应该具备正确性、可读性、健壮性、时间效率高与存储量低等性能。

（1）**正确性**：通过输入合理的数据，能够在有限的运行时间内得到正确的结果，这就要求保证程序的语法是正确的。例如，在设计“求一组数的平均数”的算法时，输入一组数，会给出相应的结果；但输入一串文字就会导致算法中止报错。成熟的算法，应该给出“您输入的数据不符合要求”之类的提示。

（2）**可读性**：算法设计的可读性也是衡量算法好坏的重要标准。优秀的算法应便于理解及实现。首先设计者需要注释其算法，使程序的维护者可以了解其原理，便于理解与修改。如果编写出的算法，经过多次更新后再次查看却不能被理解，就很难对这个算法进行维护、更新。

（3）**健壮性**：当输入非法数据时，优秀的算法能适当地做出正确的反应或进行相应处理，而不是产生一些与结果不相关的输出。例如，设计的程序目的为计算房屋高度，但得到的结果出现负值，程序要给出类似“数据有误”等字样。

（4）**时间效率高**：算法在解决实际问题时，需在短时间内得到结果。如果解决一个问题需要花费一年时间，这种算法就不具有实际意义。

（5）**存储量低**：任何计算机的存储空间都是有限的，用最小的存储和运算空间来运行算法，减小计算机负担，是优秀算法所必备的条件。

2.3　算法的效率

处理一个实际问题如果有两种方案可以选择，一种方案要耗费一天时间，另一种只需要花费 30 分钟，则无其他前提条件下肯定会选择后一种方案。算法也是一样的，如何在更短的时间内正确处理问题，是算法设计的重中之重。要想提高算法的效率，就要知道如何度量一个算法需要执行的时间。这里介绍两种常用的度量方法。

1. 事后计算的方法

事后计算的方法：用配置性能相同的计算机对不同算法程序的运行时间进行比较，从而计算出不同算法的效率。这种方法理论可行，但在实际情况中往往有很多问题。根据计算机性能、算法设计的不同，往往会花费大量测算时间；且测算数据本身也会有很多问题，如果用于测算的数据量过大，会让测算变得困难。例如，计算 1～10 这 10 个数字的和，不管任何算法，时间基本都一样，不好做出度量；但是计算 1～1000 亿这些数字的和，又会因为数据基数过大，计算时间过长，还会因为各种不同的算法导致差异过大，从而实际操作起来难度很大。所以一般不使用这种方法进行度量。

2. 事前分析估算法

为了能更加准确方便地度量算法的效率，相关学者研究出了一种更科学、有效的方法，即事前分析估算法。

事前分析估算法：在编辑计算机所用的程序前，依据统计方法对算法基本语句的执行次数进行估算。基本语句不包括 for 循环、if 判断等语句的执行次数。这种方法不用考虑算法编辑的语言、运用在什么系统，只考虑基本语句具体运行了多少次，从而确定算法效率。所以程序的运行时间取决于算法设计的优秀程度与需要计算的数据量。需要计算的数据量越小，算法效率越高。

例如，等差数列求和的公式为

$$S_n = na_1 + \frac{n(n-1)}{2}d, \quad n \in \mathbf{N}$$

计算机中实现这个算法的程序有很多种，本书选取其中两种，分别估算它的算法效率。假设计算首项为 1、末项为 500、公差为 1 的等差数列的和。

算法 1：

```
int i,sum = 0,n = 500;(执行了 1 次)
for (i = 1;i <= n;i = i + 1)
{
     sum = sum + i;(执行了 500 次)
}
```

算法 2：

```
int sum;(执行了 1 次)
i = 1,n = 500;(执行了 1 次)
d = 1;(执行了 1 次)
sum = i + n(n-1)d/2;(执行了 1 次)
```

可以看出，算法 1 一共执行了 501 次，算法 2 一共执行了 4 次。算法的效率显而易见。

在具体分析算法效率时，通过实验总结出结论：当执行次数为 $An^x + Bn^y + Cn^z + D$ $(D > C > B > A, x > y > z)$ 时，应关注最高阶项的阶数，常数项和其他次要项往往都可以忽略，所以执行次数可以简化为 An^x。随着 n 的增大，效率高的算法会优于效率低的算法。

2.4 算法复杂度

根据运行时间和在计算机内占用的内存大小，算法的复杂度分为时间复杂度和空间复杂度。

2.4.1 算法时间复杂度

对于较为简单的算法，可以直接计算出算法中所有基本语句的执行次数；而对于复杂的算法，通常难以直接计算出执行次数，即使可以给出，也可能是非常复杂的函数。因此，为了客观地反映一个算法所执行的时间，可以只用算法中“基本语句”的执行次数来度量算法的工作量。当一个算法的基本语句执行了 n 次，且 n 趋向于无穷大时，$f(n)$ 和 n^x 之比是一个不等于 0 的常数，即 $f(n)$ 和 n^x 是同阶的，或者说是同数量级。我们用“O”来表示数量级，记作 $T(n)=O(f(n))=O(n^x)$，由此可以给出算法时间复杂度的定义。

简而言之，时间复杂度是基本语句执行的规模。随着问题规模 n 的增大，算法执行时间的增长率和 $f(n)$ 的增长率相同，称为算法的渐进时间复杂度，简称时间复杂度，用 O 进行表示。分析其基本语句执行的次数可以忽略最高价项以外的次阶项，函数中只留 n 的最高阶项（当式子中没有含 n 的项时，则保留常数项 1）。所以，$O(f(n))$ 简化后可能为 $O(1)$、$O(n)$、$O(n^2)$、$O(\log n)$，分别称为常数阶、线性阶、平方阶和对数阶。

1. 常数阶

```
int i,sum = 0,n = 500;(执行了 1 次)
for (i = 1;i <= n;i = i+1)
{
    sum = sum + i;(执行了 500 次)
}
```

这个算法总共执行了 501 次，记作 T(501)。但时间复杂度不是 O(501)，而是 O(1)，常数 501 简化为 1，没有含 n 的项，就不用保留，因此这个算法的时间复杂度为 O(1)，称为常数阶。但要注意，无论常数的值为多少，常数阶只能写为 O(1)，而 O(1002)、O(12) 等其他任何数字，都是不正确的写法。

2. 线性阶

```
int i,sum = 0,n(执行了 1 次)
for (i = 1;i <= n;i = i+1)
{
    sum = sum + i;(执行了 n 次)
}
```

这个算法总共执行了 n+1 次，记作 $T(n+1)$。用 O 进行表示，只保留最高项，则 $f(n)$ 为 n。因此这个算法的时间复杂度为 $O(n)$，称为线性阶。往往这种算法较常数阶算法会复杂得多，需要读者认真分析，提高正确性。

3. 平方阶

```
int i,j,k;(执行了 1 次)
for (i = 1;i < n; i++)
{
    for (j = 1;j < n; j++)
    {
        k = i * j;(执行了 n² 次)
    }
}
```

这个算法的总执行次数为 n^2+1。保留最高项，得出 n^2。因此用 O 表示得出的时间复杂度为 $O(n^2)$，称为平方阶。

4. 对数阶

```
int i = 1,sum = 0;(执行了 1 次)
while(i<n)
{
     i = i * 2;(执行了(log₂n 次)
   sum = sum + i;(执行了(log₂n 次)
}
```

这个算法执行了 $2\log_2 n+1$ 次。保留 n 的最高项，省略系数，得出 $\log n$。因此，用 O 表示得出的时间复杂度为 $O(\log n)$，称为对数阶。

常见的时间复杂度如表 2-1 所示。

表 2-1　常见的时间复杂度

类型	意义	举例
O(1)	最低复杂度，常量值，也就是耗时/耗空间与输入数据大小无关，无论输入数据增大多少倍，耗时/耗空间都不变	哈希算法就是经典的 O(1)时间复杂度，无论数据规模多大，都可以在一次计算后找到目标（不考虑冲突）
$O(n)$	数据规模增大几倍，耗时也增大几倍	遍历算法
$O(n^2)$	时间复杂度是问题规模 n 的平方	冒泡排序
$O(\log n)$	当数据规模增大 n 倍时，耗时增大 $\log n$ 倍（这里的 log 是以 2 为底）。比如当数据规模增大 256 倍时，耗时只增大 8 倍	二分查找就是 $O(\log n)$ 的算法，每找一次排除一半的可能，256 个数据中查找只要找 8 次就可以找到目标
$O(n\log n)$	时间复杂度函数 $f(n)=n*\log n$，当数据增大 256 倍时，耗时增大 256×8=2048 倍。这个复杂度高于线性阶、低于平方阶	归并排序

以下是本书总结出的常见的时间复杂度。

（1）$T(1002)=O(1)$；

（2）$T(6n+8)=O(n)$；

（3）$T(6n^2+8n+12)=O(n^2)$；

（4）$T(6n^3+5n^2+13n+16)=O(n^3)$；

（5）$T(6\log_3 n+16)=O(\log n)$；

（6）$T(15n\log_4 n+16\log_2 n)=O(n\log n)$；

（7）$T(n!)=O(n!)$（阶乘阶为特殊形式，不做任何改变）；

（8）$T(2^n)=O(2^n)$（指数阶为特殊形式，不做任何改变）。

以上常用的算法时间复杂度最基础的大小对比为 $O(1)<O(\log n)<O(n)<O(2^n)<O(n!)$。在此基础上，就可以自行推出其他时间复杂度的大小。

2.4.2　最好情况、最坏情况与平均情况

算法多种多样，执行的次数可以是固定的，也可以是在一个范围里浮动的，最常见

的查找类算法，其执行次数就是在一个范围值浮动的。有时执行一次就找到需求的值，有时在最后一个存储空间才找到。这也就引出了最好情况、最坏情况、一般情况。

假设共有 10 个文件柜，序号从 1 到 10，有一份需要修改的文件存放在这 10 个文件柜中的任意一个，需要找到这份文件，可以按文件柜的序号，依次寻找。第一种情况，在第一个文件柜中找到，即算法仅执行了一次，算法结束。这种情况称为最好情况。第二种情况，检索完所有文件柜，在最后一个文件柜里找到，即算法执行了 10 次。这种情况称为最坏情况。也可以说，最坏情况就是算法的一种保证，算法最多也只能用这么长时间。其余执行次数称为平均运行时间，它是一个算法的期望运行时间。对平均运行时间的统计，往往需要大量实验数据的支持，所以，也可以用算法运行时间的期望来表示算法平均运行时间。

算法平均运行时间=每种情况执行次数相加/总的情况数

一般情况下分析算法时间复杂度时，没有任何条件说明下，算法的时间复杂度是指平均情况下的时间复杂度。

2.4.3　算法空间复杂度

算法空间复杂度是指算法编完后，在计算机运行时所需存储空间大小的度量。一个算法解决问题后，都会有相应的输出，这个输出也会占用计算机的存储空间。算法空间复杂度的计算方法记作：$S(n)=O(f(n))$。其中，n 为问题的规模或大小，$f(n)$指有关 n 所占的存储空间的函数。无论算法的时间复杂度多大，如果得出的结果为一个数或一个值，则只占用一个存储空间，那么这个算法的空间复杂度为 O(1)。对一个数组 $a[n]$中的每个数据，都执行这个算法，得出 n 个结果，也就需要 n 个存储空间，那么这个算法的空间复杂度为 $S(n)=O(n)$。同理可知，对于二维数组 $a[n][m]$，其空间复杂度为 $S(n*m)=O(n*m)$。

上述两种算法复杂度分别表示算法对时间和存储空间的需求，但是在本书中，通常情况下若无其他额外要求，算法的复杂度均指时间复杂度。

课 后 习 题

一、填空题

1．算法具有________、________、________、________、________五个基本特性。

2．计算机执行下面语句时，语句 s=s+1 的执行次数为________。

```
for(i=1;i<n-1;i++)
        for(j=n;j>=i;j--);
s=s+1;
```

3．下面程序的时间复杂度为________。

```
sum=1;
for(i=0;sum<n;i++)
```

```
sum+=1;
```

4. 下面程序的时间复杂度为________。

```
i=1;
while(i<=n)
        i=i*3;
```

5. 下面程序的时间复杂度为________。

```
x=5;
if(x<-4)
    x=x+4;
else
    x=x+3;
```

二、简答题

1. 简述算法的定义以及五个基本特性。
2. 简述算法与程序之间的区别与联系。
3. 简述算法的时间复杂度和空间复杂度。
4. 简述斐波那契数列实现的算法复杂度。

第3章　线　性　表

通俗来讲，线性表是指具有线性逻辑结构的数据结构，逻辑上相邻的元素在存储空间中也相邻。例如图 3-1 中的游客购票场景，游客在游乐场购票时，游客会进行有序排队，第一位游客前无游客，最后一位游客后无游客，除第一位游客和最后一位游客之外，其余每位游客的前后均存在一位游客，那么此类型的组织方式称作线性表。

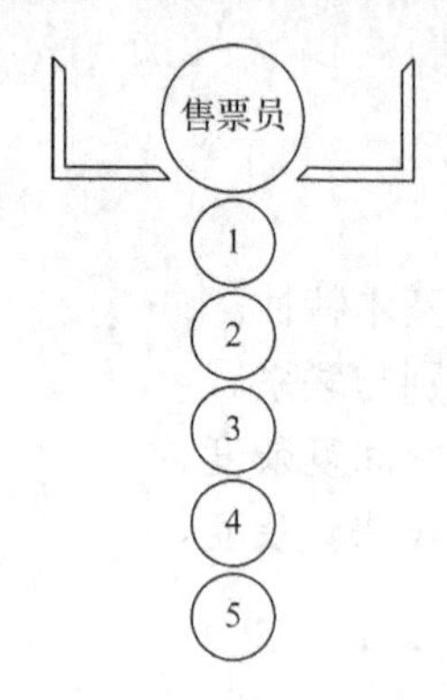

图 3-1　游客排队购票图

3.1　线性表的定义

线性表就是零个或者多个数据元素的有限序列。线性表具有以下特点：首先，这里所说的序列就是说元素之间是有顺序的，若存在多个元素，则第一个元素无直接前驱，最后一个元素无直接后继，其他的元素有且只有一个前驱和后继。其次，线性表是有限的，在计算机中处理的数据元素也是有限的。若用数学语言来进行定义，可将线性表记作（$a_1,a_2,\cdots,a_{i-1},a_i,a_{i+1},\cdots,a_n$），$a_1$ 无直接前驱，a_n 无直接后继，a_{i-1} 是 a_i 的直接前驱，a_{i+1} 是 a_i 的直接后继。具体结构如图 3-2 所示。

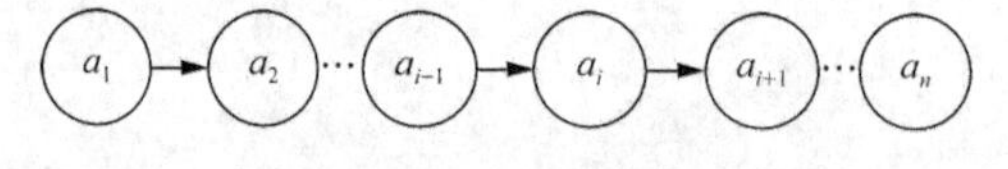

图 3-2　线性表的结构

线性表元素的个数 n（$n \geqslant 0$）称为线性表的长度；若 n=0，则称线性表为空表。

在非空表的数据元素都有一个确定的位置，比如 a_1 是第一个数据元素，a_n 是最后一个数据元素，a_i 是第 i 个数据元素，这里的 i 称为数据元素 a_i 在线性表中的位序。例如十二生肖的排列，如图 3-3 所示。图中第一个子鼠无直接前驱，最后一个亥猪无直接后继，剩下的生肖有且只有一个前驱和后继，而且生肖总共有 12 个，所以它完全符合线性表的定义。

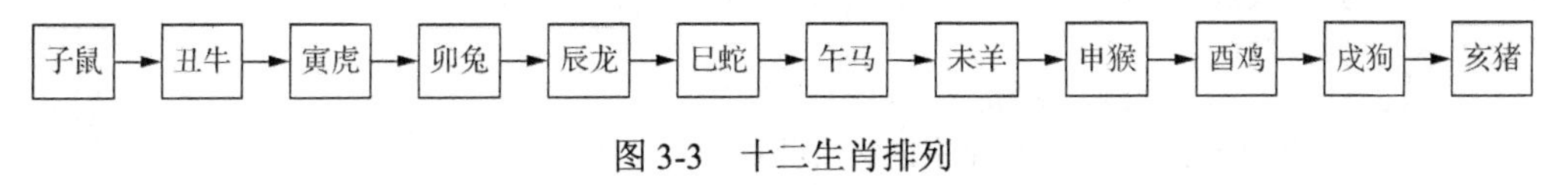

图 3-3　十二生肖排列

表 3-1 所示的学生基本信息表是一个有限序列，也满足类型相同的特点，因此它也是线性表。表中每个元素除了学生的学号之外，还有学生的姓名、性别、出生年月等，这些就是数据项。在一个线性表中，一个数据元素可以由若干个数据项组成。

表 3-1　学生基本信息表

学号	姓名	性别	出生年月
1	李萌	女	1999.9.10
2	林楠	女	1998.10.25
3	陈小稀	女	1998.4.12
4	赵柯南	男	1999.7.14

举一个反例，如图 3-4 所示的公司组织架构图例就不是线性结构。

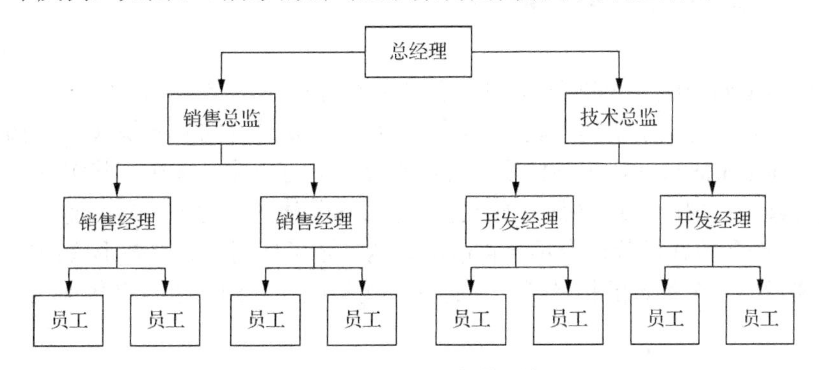

图 3-4　公司组织架构图例

3.2　线性表的抽象数据类型定义

举个例子，大学生要军训，集合前学生都是随机无序地排成一行，为了方便清点人数，就重新对全体学员进行了排队。第一次排队为随机无序排列，排完以后出现了学生身高高矮无序的问题，所以又进行了有序排队，按照身高值从小到大重新排队。类似这种按照一定顺序重新进行有序排队的过程，在线性表操作中称为重置为空表的操作。排好队以后，可以随时了解到队伍里某一个人的具体情况，比如，教官对站在第一排第二个位置的男生印象很深，想知道他叫什么名字，那么这个男生就会很快将名字告知教官。像这种通过位序得到数据元素的操作也是一种很重要的线性表操作。

下面给出线性表的抽象数据类型的定义：

```
ADT List{
    数据对象 D:D ={ai|ai∈ElemSet,i=1,2, … ,n,n≥0}
    数据关系 R:R1={<ai-1,ai>|ai-1,ai∈D,i=2, … ,n}
    基本操作:
        (1)InitList(&L)
      初始化操作,建立一个空的线性表 L
        (2)ListEmpty(L)
      若线性表为空,返回 true,否则返回 false
        (3)ClearList(&L)
      将线性表清空
        (4)GetElem(L,i,&e)
      将线性表 L 中的第 i 个位置元素值返回给 e
        (5)LocateElem(L,e)
      在线性表 L 中查找与给定值 e 相等的元素并返回位置信息
        (6)ListInsert(&L,i,e)
      在线性表 L 中的第 i 个位置插入新元素 e
        (7)ListDelete(&L,i)
      删除线性表 L 中的第 i 个位置的元素
        (8)ListLength(L)
      返回线性表 L 中的元素个数
}ADT List
```

如果要实现两个线性表集合 A 和集合 B 的合并操作，就要把存在于集合 B 但不存在于集合 A 中的数据元素插入集合 A 中，所以需要用到的基本操作有 ListLength、GetElem、LocateElem、ListInsert 等。这种比较复杂的个性化操作，其实就是把最基本的操作组合起来实现的。此类操作须注意一个很容易混淆的地方：当传递一个参数给函数的时候，这个参数在函数内会不会被改动？这决定了使用什么参数形式：如需被改动，则需要传递指向这个参数的指针或引用；如不需被改动，则可以直接传递这个参数。

3.3　线性表的存储结构

1. 线性表顺序存储定义

线性表的顺序存储结构指用一段地址连续的存储单元依次存储线性表的数据元素。可以用（$a_1,a_2,\cdots,a_n$）表示线性表的顺序存储结构，结构如图 3-5 所示。

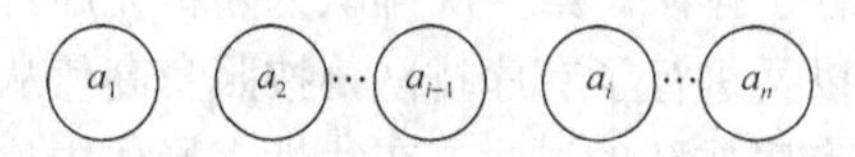

图 3-5　线性表的存储结构

2. 线性表顺序存储方式

线性表的顺序存储结构和占座的道理是一样的，就是找到空的存储空间，通过占座的形式把空的存储空间都给占满，然后将相同类型的数据元素依次存放在空位。既然线性表的每个数据元素的类型都相同，就可以用C语言中的一维数组来实现线性表的顺序存储结构，若有 n 个数据，则将第一个数据元素放到数组下标为零的位置中，将最后一个元素放到数组下标为 n−1 的位置中。也有例子在第一个位置存放线性表大小。

线性表的顺序存储的结构定义（结构体）如下：

```
 #define MaxSize  100
typedef int ElemType;              //定义 ElemType 为 int 类型
typedef struct
{
   ElemType data[MAXSIZE];         //存放线性表中的元素
   int    length;                  //存放线性表当前的长度
}SqList;                           //声明线性表的类型
```

3. 地址计算方法

存储数据的数组从下标0开始，所以用数组存储数据的时候，第 i 个元素的数组下标是 i−1。图3-6是数据元素的序号和数组下标之间存在的关系图。

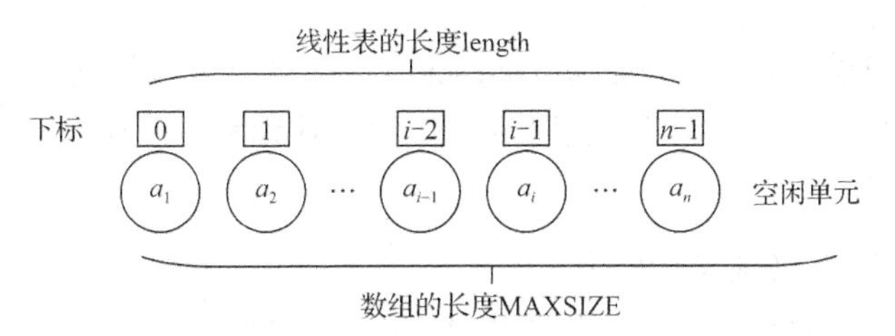

图3-6　数据元素的序号和数组下标之间存在的关系

存储器中的每个存储单元都有编号，这个编号叫作地址。对于每一个数据元素来说，无论整型、浮点型、实型还是字符型，都要占用一定的内存单元，假如占用的是 c 个存储单元，那么线性表中第 i+1 个数据元素的存储位置和第 i 个数据元素的存储位置的关系是

$$\mathrm{Loc}(a_i+1)=\mathrm{Loc}(a_i)+c$$

所以元素 a_i 的存储位置为

$$\mathrm{Loc}(a_i)=\mathrm{Loc}(a_1)+(i-1)*c$$

通过图3-7进一步来解释公式。

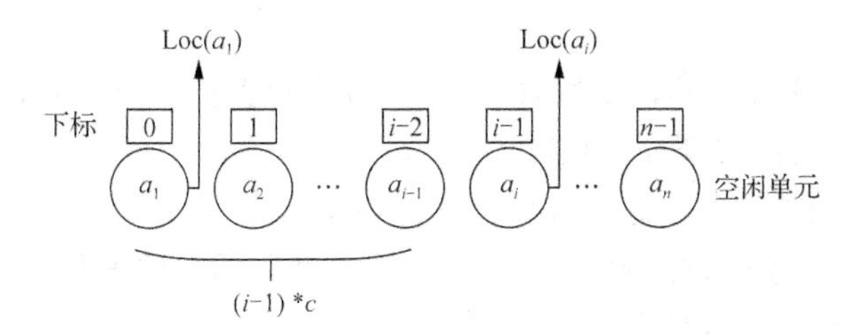

图3-7　数据元素之间存储位置的关系

通过公式可以计算出线性表中任意元素的地址，无论是第一个还是最后一个，所需时间都是相同的，那么存储时间性能就为O(1)，通常称为随机存储结构。

4. 顺序表初始化

实现代码如下：

```
Status InitList(SqList L)
{
    L.data[MAXSIZE];            //顺序表的元素
    L.length =0;                //顺序表的当前长度
    return OK;
}
```

3.4 顺序存储结构的插入与删除

1. 获得元素的操作

获得元素的算法思路如下：实现 GetElem 的具体操作，即线性表 L 中的第 i 个位置元素值返回。就程序而言，只需要把下标 i-1 对应的元素返回即可。

实现代码如下：

```
//返回 L 中第 i 个元素的值
Status GetElem(Sqlist L, int i, ElemType &e)
{
    if(i<1 || i>L.length)                              //参数 i 错误时提示 0
        return ERROR;
    else
    {
        e = L.data[i-1];
        return OK;
    }
}
```

2. 插入操作

实现 ListInsert(&L,i,e)，即在线性表 L 中的第 i 个位置插入新元素 e 的算法思路如下。

（1）如果插入位置不合理，抛出异常。

（2）如果线性表长度大于等于数组长度，则抛出异常。

（3）从最后一个元素开始遍历到第 i 个位置，然后插入位置及之后的元素右移。

（4）将要插入元素填入位置 i 处。

（5）线性表长加 1。

实现代码如下：

```
Status ListInsert(SqList &L, int i, ElemType e)
{
     int j=0;
     if(i<1||i>L.length)
        return ERROR;
     for(j=L.length; j>i; j--)
         L.data[j] = L.data[j-1];     //将 i 后面的元素向后移动一位
     L.data[i-1] =e;                  //加入元素 e
     L.length++;                      //长度加 1
     return OK;
}
```

3. 删除操作

删除元素的算法思路如下：

（1）如果删除位置不合理，抛出异常。

（2）从删除元素位置开始依次向后遍历到最后一个，把它们都向前移动一个位置。

（3）表长减 1。

实现代码如下：

```
Status ListDelete(Sqlist &L, int i)
{
    int j=0;
    if(i<1||i>L.length)
       return ERROR;
    for(j=i; j<L.length; j++)
       L.data[j-1] = L.data[j];
    L.length--;
    return OK;
}
```

4. 线性表顺序存储结构的优缺点

线性表顺序存储结构的优点如下：

（1）无须为表中的元素之间的逻辑关系而增加额外的空间。

（2）可以比较快速地访问表中的任意元素。

线性表顺序存储结构的缺点如下：

（1）当进行插入和删除操作的时候需要移动大量的元素。

（2）当线性表长度变化较大的时候，难以确定存储空间的容量。

（3）容易造成存储空间的“碎片”。

3.5 线性表的链式存储结构

3.5.1 线性表链式存储定义

线性表顺序存储结构的缺点是插入、删除元素时需要频繁移动元素，运算效率低，必须事先估计最大元素个数并申请连续的存储空间。如果存储空间估计大了，则会造成资源浪费；若估计小了，则会发生溢出现象。要解决这个问题，先要考虑问题根源，即为什么插入和删除时需要移动大量的元素呢？原因就在于相邻两个元素的存储位置也具有邻居关系，其在内存中的位置彼此相邻，没有间隙，导致进行插入或者删除元素的操作时需要大量移动元素，当然也就无法快速地删除和插入。

思路 1：每个元素之间都留有一个空位置，这样要插入一个元素时就不需要移动了，可一个空位置不能解决多个相同位置插入数据的问题，所以这个想法明显是不行的。

思路 2：每个元素之间都留足够多的位置，根据实际情况制定空隙大小，比如每个空隙都留出 10 个空位，但是这样的话就造成资源的极大浪费。

思路 3：在相邻元素间留多少空隙都有可能是不够的，不如不要考虑相邻位置这个问题。哪里没被占用就放在哪里，哪里有空就放在哪里，每个元素多用一个位置来指向下一个元素的位置的指针。这样的话，通过第一个元素可以找到第二个元素，通过第二个元素可以找到第三个元素，以此类推，后面的元素都可以通过这种遍历的方式找到。

思路 3 的这种存储结构称为链式存储结构。采用链式存储结构可以克服顺序存储结构所存在的不足。采用链式存储结构的线性表称为链表，链表分为单链表、循环链表、双向链表。

3.5.2 线性表链式存储结构

线性表链式存储结构的特点是用一组任意的存储单元存储线性表的数据元素，这组存储单元可以在内存中占用任意未被占用的位置。

顺序存储结构的每个数据元素只需要存储一个数据元素信息就可以，而链式存储结构中，除了要存储数据元素信息以外，还要存储它的后续元素的存储地址（指针）。也就是说除了存储其本身的信息外，还需存储一个指示其直接后继的存储位置信息。

存储数据元素信息的域称为数据域，存储直接后继位置的域称为指针域。指针域中存储的信息称为指针或者链域。

n 个结点链接成一个链表，即为线性表（$a_1,a_2,a_3,\cdots,a_n$）的链式存储结构。因为此链表的每个结点中只包含一个指针域，故又称为线性链表或单链表，如图 3-8 所示。

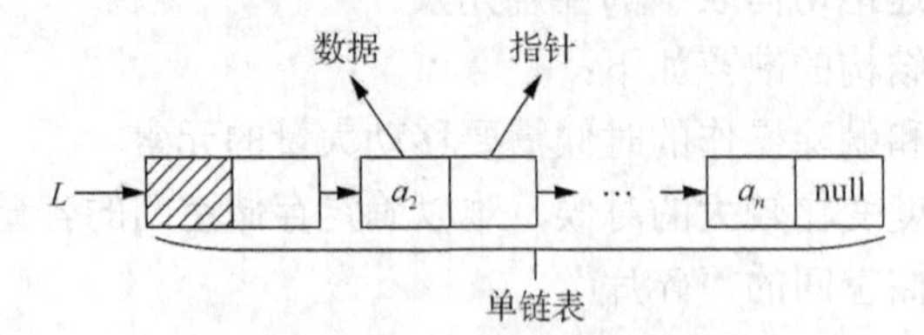

图 3-8 线性表的链式存储结构

对于线性表来说，得有一个头部和一个尾部的结构，链表也不例外。第一个结点称为头结点，指向头结点的指针称为头指针，最后一个结点指针指向为空（null）。

线性表的链式存储的结构代码（结构体）如下：

```
typedef struct LNode
{
   ElemType  data;
   struct LNode  *next;
}LNode,*LinkList;
```

头指针的特点如下：

（1）头指针是指向头结点的指针，若链表有头结点，则其存储除头结点之外的链表第一个结点的地址。

（2）头指针具有标识的作用，所以常用头指针冠以链表的名字（指针变量的名字）。

（3）无论链表是否为空，头指针均不为空。

（4）头指针是链表的必要元素。

头结点的特点如下：

（1）头结点是为了操作的统一和方便而设立的，放在第一个元素的结点之前，其数据域一般无意义（但也可以用来存放链表的长度）。

（2）有了头结点，对于在第一元素结点之前插入结点和删除第一结点的操作与其他结点的操作就统一了。

（3）头结点不一定是链表的必需要素。

3.5.3 线性表链式存储结构代码描述

带有头结点的单链表图例如图 3-9 所示。

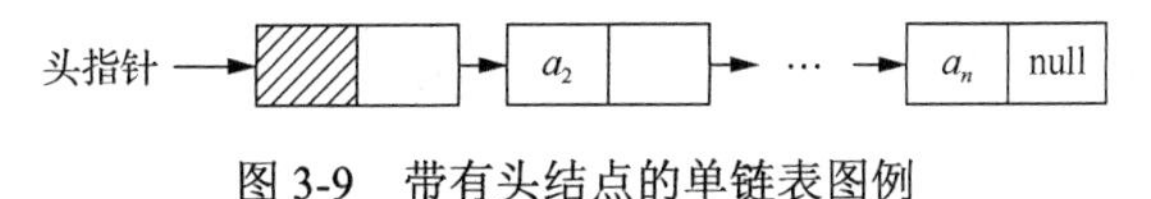

图 3-9 带有头结点的单链表图例

空链表图例如图 3-10 所示。

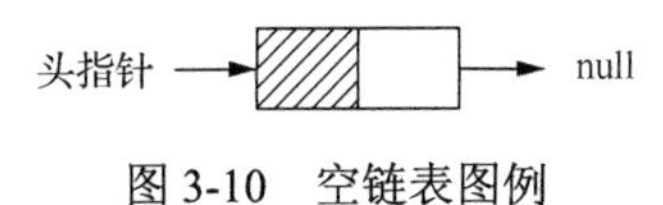

图 3-10 空链表图例

单链表的初始化 C 语言代码如下：

```
//带头结点的单链表的初始化
Status InitList(LinkList &L)             //强调是一个链表
{
 L=(LNode*)malloc(sizeof(LNode));       //分配一个头结点
 if(L==NULL)
return ERROR;                           //分配不成功
```

```
    L->next=NULL;                  //头结点之后还没有结点
    return OK;
    }
```

由此可知，结点由存放数据元素的数据域和存放后继结点地址的指针域组成。

假设 L 是指向线性表第 i 个元素的指针，则该结点 a_i 的数据域可以用 L->data 表示，访问结点 a_i 的指针域可以用 L->next 表示，L->next 的值是一地址。那么 L->next 指向谁呢？当然指向第 i+1 个元素，也就是指向 a_{i+1} 的地址。

3.6　单链表的操作

3.6.1　单链表的查找

在线性表的顺序存储结构中，想要得到任意一个元素的存储位置，根据位序就可以找到。但在单链表中，第 i 个元素的位置在哪里根本无从得知，必须从第一个结点开始找。因此，对于单链表实现获取第 i 个元素的数据的操作 GetElem，在算法上相对麻烦。

获得单链表第 i 个数的算法思路如下：

（1）让 p 指向第一个结点，j 为计数器。

（2）while 循环，直到 p 指向第 i 个元素或 p 为空。

实现代码如下：

```
Status GetElem(LinkList L,int i,ElemType &e)
{
    p->L->next;
    j=1;
    while(p&&j<i)
    {
        p=p->next;++j;
    }
    if(!p||j>i)
        return ERROR;
    e=p->data;
    return OK;
}
```

简而言之就是从头开始找，直到找到第 i 个元素为止。由于此算法的时间复杂度取决于 i 的位置，所以当 i=1 时，不需要遍历，而 i=n 时则遍历 n−1 次才可以，由此最坏情况的时间复杂度为 O(n)。因为在单链表的结构中没有定义表长，导致不清楚循环次数，所以不宜使用 for 语句来控制循环次数。

3.6.2 单链表的插入与删除

1. 单链表的插入（中间插入法）

假设存储元素 e 的结点为 s，那么应该怎么实现指针 p、p->next 和 s 之间的逻辑关系的变化呢？可参考图 3-11 思考。

通过思考，只需要让 s->next 和 p->next 的指针做出一点改变。

```
s->next=p->next;      //将 s 的后继指向 p 的后继结点
p->next=s;            //将 p 的后继指向 s
```

以上两条语句不能先执行 p->next=s，然后再执行 s->next=p->next。如果先执行 p->next=s，则会将之前 p->next 的地址被覆盖为 s 的地址，那么当执行 s->next=p->next 时就等于 s->next=s。对于单链表的第 i 个元素插入元素前和插入元素后的对比简图如图 3-12 所示。

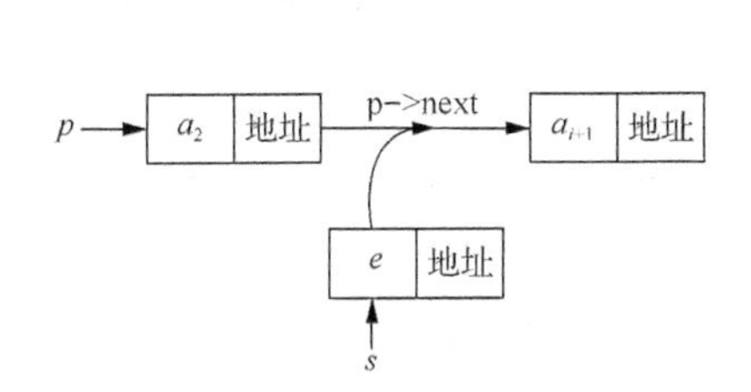

图 3-11 将结点 s 插入 a_i 和 a_{i+1} 之间

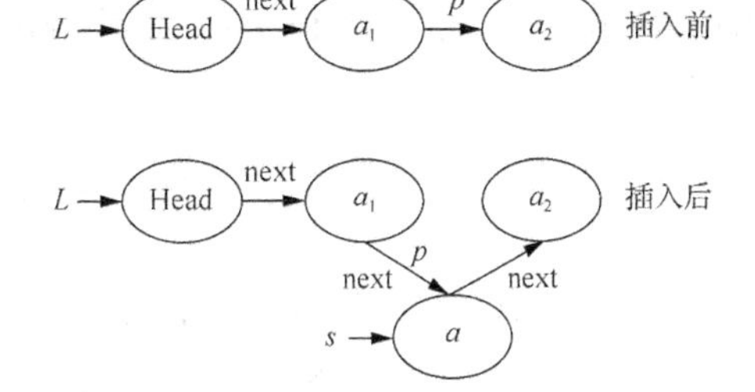

图 3-12 单链表的插入元素前后对比

单链表第 i 个元素位置插入结点的算法思路如下：

（1）声明一指针 p 指向链表头结点，初始化 j 从 0 开始。

（2）当 $j<i-1$ 时就遍历整个链表，让 p 的指针向后移动，不断指向下一个结点，j 累加 1。

（3）若到链表末尾 p 为空，则说明第 i 个元素不存在。

（4）否则查找成功，在系统中生成一个空结点 s。

（5）将数据元素 e 赋值给 s->data。

（6）单链表中插入结点：s->next=p->next。

（7）返回成功。

实现代码如下：

```
//单链表的插入，在链表的第 i 个位置插入元素 x
//要在第 i 个位置插入，就得先找到第(i-1)个位置，将元素 x 插在它后面
Status ListInsert(LinkList &L,int i,ElemType &e)
{
    p=L; j=0;
    while(p && j<i-1)
    {
```

```
        p = p->next;
        ++j;
    }
    if (p|| j>i -1)
        return ERROR;
    s= (LNode *)malloc(sizeof(LNode));
    s->data=e;
    s->next=p->next;
    p->next=s;
    return OK;
}
```

2. 单链表的删除

如图 3-13 所示，假设元素 a_2 的指针为 q，如果要实现单链表的结点删除操作，在这里删除指针 q 以删除 a_2，那么将 a_2 的前驱结点的指针绕过它指向后继结点就可以了。语句为：p->next=p->next->next;或者 q=p->next;p->next=q->next。注意，后面这种形式最常用。

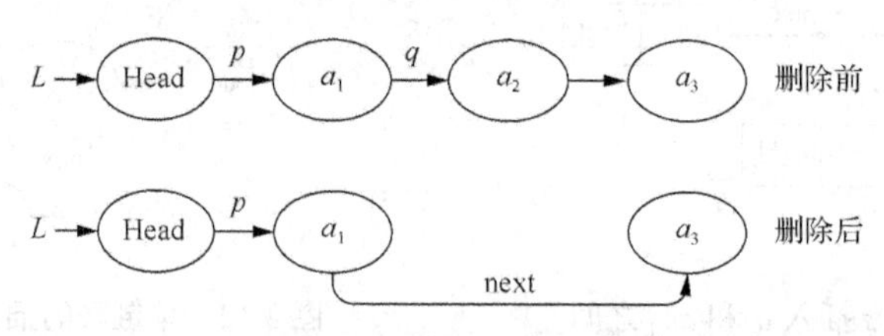

图 3-13　单链表的删除

单链表第 i 个元素删除结点的算法思路如下：

（1）声明一个结点 p 指向链表 L，初始化 j 从 0 开始；

（2）遍历链表，直到链表末尾 p 为空，则说明第 i 个元素不存在；

（3）否则查找成功，将删除的结点指针 p->next 赋值给 q；

（4）删除单链表中的结点：p->next=q->next；

（5）将 q 结点的数据赋值给 e 并返回；

（6）释放 q 结点；

（7）返回成功。

实现代码如下：

```
//单链表的删除，在链表中删除第 i 个数据
Status ListDelete(LinkList &L, int i, ElemType &e)
{
    p=L; j=0;
    while(p->next && j<i-1)
    {
        p = p->next;
```

```
        ++j;
    }
    if (!p->next || j>i -1)
        return ERROR;
    q = p->next;
    p->next = q->next;
    e = q->data;
    free(q);
    return OK;
}
```

单链表的插入算法和删除算法都由两部分组成：第一部分就是遍历查找第 i 个元素，第二部分就是插入或者删除某个元素。从整个算法看，单链表的删除算法和插入算法的时间复杂度都是 $O(n)$。通过进一步分析，对于顺序表来说，如果从第 i 个位置开始，插入连续 10 个元素，就说明每一次插入都需要移动 $n-i$ 个位置，所以每次的时间复杂度都是 $O(n)$。而对于单链表来说，只需要在第一次操作时，找到第 i 个位置的指针即可，此操作时间复杂度为 $O(n)$，之后只是通过指针赋值而已，时间复杂度都是 $O(1)$。所以，对于插入数据或者删除数据等比较频繁的操作来说，单链表的效率优势显而易见。

3.6.3 单链表的整表创建

对于顺序存储结构的线性表整表创建，可以用数组的初始化来直观理解。而单链表和顺序存储结构就不一样了，其存储位置不像线性表的顺序存储结构那么集中，其数据分散在内存的各个位置，其增长也是动态的。对于每个链表来说，所占用空间的大小和位置不需要预先分配，直接根据系统的情况和实际的需求即时生成。创建单链表的过程就是一个动态生成链表的过程，从“空表”的初始状态起，依次建立各元素结点并逐个插入链表。

所以单链表整表创建的算法思路如下：

（1）初始化一空链表 L。

（2）声明计数器变量 i。

（3）让 L 的头结点的指针指向 null，即建立一个带头结点的单链表。

（4）循环实现后继结点的赋值和插入。

建立单链表可以分为头插法建立单链表和尾插法建立单链表。

1. 头插法建立单链表

头插法是从一个空表开始生成新结点，读取数据存放到新结点的数据域中，然后将新结点插入当前链表的头结点之后，直到结束为止。

简单来说，就是把新元素放在表头后的第一个位置：

（1）先让新结点的 next 指针指向头结点之后的第一个元素。

（2）然后让表头的 next 指针指向新结点。

实现代码如下：

```
//单链表的创建一：头插法建立单链表
Status CreateListHead(LinkList *L,int n)
{
    LinkList *s;
    L=(LNode *)malloc(sizeof(LNode)); //给头结点分配空间，并让 L 指向该空间
    L->next=NULL;                      //将头结点 next 域置空
    for(int i=0;i<n;i++)
    {
        s=(LNode *)malloc(sizeof(LNode));
        //将结点 s 插在原开始结点之前，头结点之后
        if(s=NULL)
            return ERROR;
        s->data=a[i];
        s->next=L->next;
    L->next=s;
    }
    return OK;
}
```

头插法类似生活中插队的方法，始终让新结点插在第一个的位置，如图 3-14 所示。

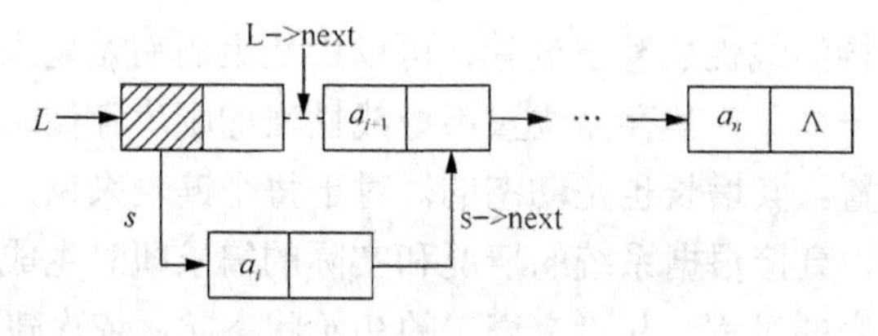

图 3-14　头插法建立单链表

2. 尾插法建立单链表

若要求生成的链表中结点的次序和输入的顺序相同，可采用尾插法建表，即把新结点都插入最后。为此需增加一个尾指针 *r*，使之总是指向当前单链表的表尾。

实现代码如下：

```
//单链表的创建二：尾插法建立单链表
Status CreateFromTail(LinkList &L)
{
    LNode *r,*s;
    int flag=1;                        //设置一个标志，初值为 1
    L=(LNode *)malloc(sizeof(LNode)); //给头结点分配空间，并让 L 指向该空间
    if (L==NULL)
        return ERROR;
    L->next=Null;
    r=L;
    while(flag)
```

```
        {
          c=getchar();
          if(c! ='$')    //$为控制结束的符号
          {
             s=(LinkList)malloc(sizeof(LNode));
             if (s==NULL)
                return ERROR;
             s->data=c;
             s->next=NULL;
             r->next=s;
             r=s;
           }
           else
             flag=0;
        }
        return OK;
    }
```

尾插法建立单链表如图 3-15 所示。

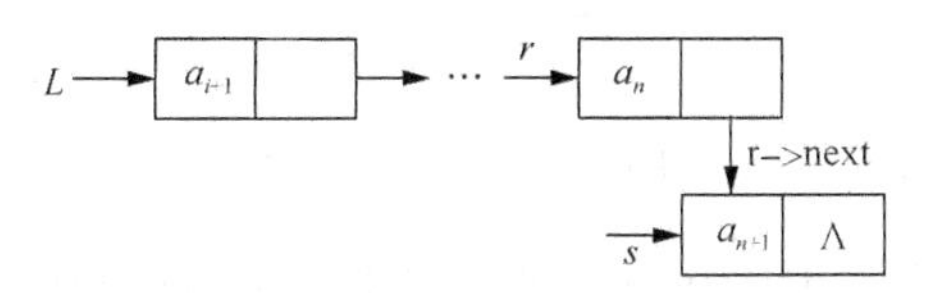

图 3-15 尾插法建立单链表

3.7 顺序表与链表的比较

顺序表和链表各有优缺点，不能直接说哪个存储结构更好一点，只能根据实际问题的具体需要，对顺序表和链表各方面的优缺点加以综合分析和比较，才能选择出符合需求的存储结构。以下对顺序表和链表从时间性能、空间性能两个方面进行比较。

1. 时间性能方面

顺序表是随机存取结构，按位置随机访问的时间复杂度为 O(1)；链表不具有随机访问的特点，按位置访问元素时只能从表头开始依次遍历链表，直至找到特定的位置，平均时间复杂度为 O(n)。

对于链表，在确定插入或删除的位置后，只需修改指针就可以完成插入或删除操作，所需的时间复杂度为 O(1)；顺序表进行插入或删除操作时，须移动近乎表长一半的元素，平均时间复杂度为 O(n)，尤其是当线性表中元素个数较多时，移动元素的时间就会更多。

如上所述，若线性表须频繁进行插入和删除操作，则宜采用链表做存储结构。若线性表须频繁查找却很少进行插入和删除操作，则采用顺序表作为存储结构比较适合。

2. 空间性能方面

顺序表需要预分配一定长度的存储空间，若存储空间预分配过大，将导致存储空间浪费；若存储空间预分配过小，会造成空间溢出问题。链表不需要预分配空间，只要有可用的内存空间分配，链表中的元素个数就没有限制。

综上所述，当线性表中元素个数变化较大或者未知时，应尽量采用链表作为存储结构；当线性表中元素个数变化不大，并且可事先确定线性表的大致长度时，可采用顺序表作为存储结构。

3.8 单循环链表

单循环链表是另一种线性表链式存储方式，其在单链表中最后一个结点的指针域存储头结点的地址，使得整个单链表形成一个环，这种头尾相接的单链表称为单循环链表，如图 3-16 所示。

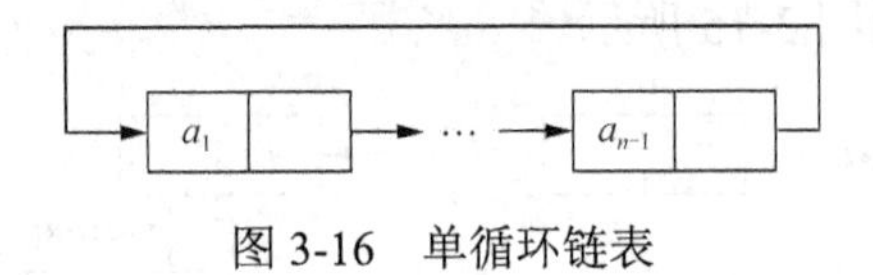

图 3-16　单循环链表

也可为单循环链表增加表头结点，则构成带表头结点的单循环链表，如图 3-17 所示。空的带表头结点的单循环链表如图 3-18 所示。

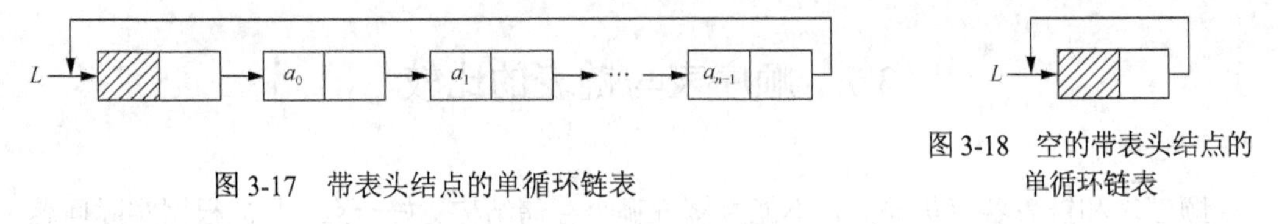

图 3-17　带表头结点的单循环链表

图 3-18　空的带表头结点的单循环链表

单循环链表的查找、删除结点与单链表一样，不一样的地方有：

（1）初始化时，头结点的 next 指向它自己，即 L->next=L；

（2）判空条件为 L->next==L；

（3）判断 p 是否为尾结点的条件是 p->next==L。

3.9 双 向 链 表

线性表链式存储结构中，每个结点只有一个指针域，从某个结点出发只能顺着指针域向后查找后继结点。若要再向前查找前驱结点，则需从头结点开始再次查找。为了克服单链表存在的各种问题，可使用双向链表，也就是一个结点有两个指针域，如图 3-19 所示。

双向链表的结点有三个域，结点的结构如图 3-20 所示。其中，存储数据元素的域称为数据域，记为 element。左指针域是存储直接前驱结点地址的域，记为 prior。右指针域是存储直接后继结点地址的域，记为 next，如图 3-20 所示。

空双向链表如图 3-21 所示。

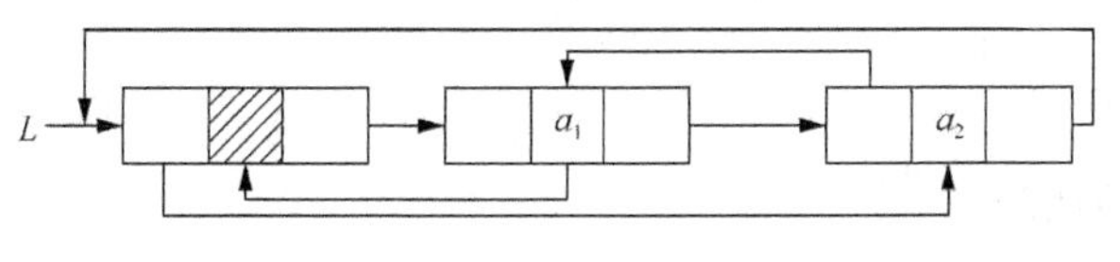

图 3-19　双向链表

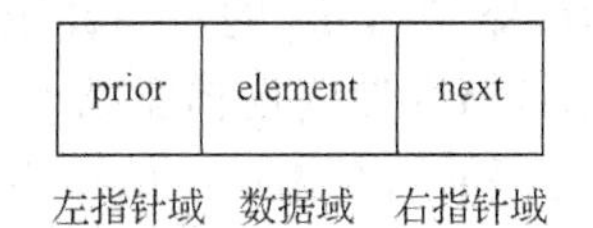

图 3-20　双向链表结点的三个域

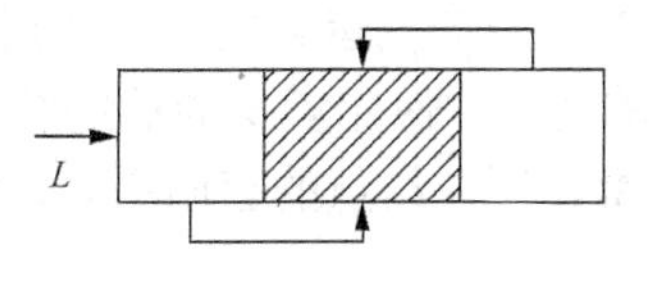

图 3-21　空双向链表

双向链表的存储结构定义如下：

```
typedef struct DuLNode
{
   ElemType data;
   struct DuLNode *prior;
   struct DuLNode *next;
}DNode,*DuLinkList;
```

1. 双向链表的插入

为了实现在双向链表的元素 a_i 之前插入 x，首先需查找到元素 a_i，并使指针 p 指向它，此过程与单链表中查找运算类似。然后生成新的结点，将新结点的数据域置为 x，指针 q 指向此结点。在 p 所指向的结点之前插入 q 所指向的新结点 x，其过程如图 3-22 所示。

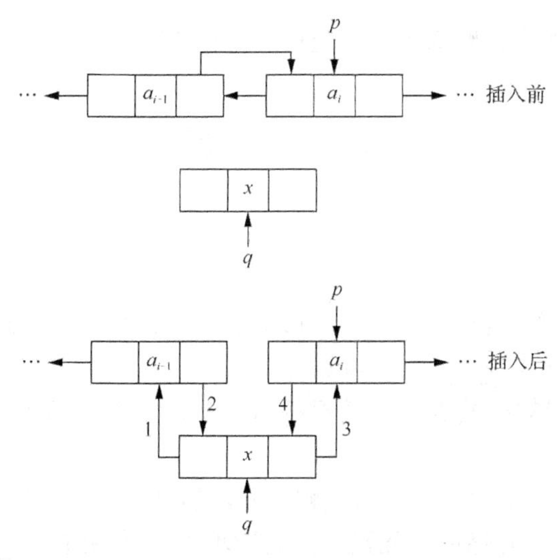

图 3-22　双向链表的插入

双向链表插入运算的核心代码如下：

```
s->prior=p->prior;
p->prior->next=s;
s->next=p;
p->prior=s;
```

2．双向链表的删除

为了在双向链表中删除元素 a_i，首先需要查找元素 a_i，并令指针 p 指向该结点，这个过程与单链表中查找运算类似，然后使元素 a_i 的前驱结点 a_{i-1} 的右指针域存储 a_i 的后继结点 a_{i+1} 的地址，使元素 a_i 的后继结点 a_{i+1} 的左指针域存储 a_i 的前驱结点 a_{i-1} 的地址，最后释放元素 a_i 所在结点的存储空间，断开与 a_i 相连接的所有指针，如图 3-23 所示。

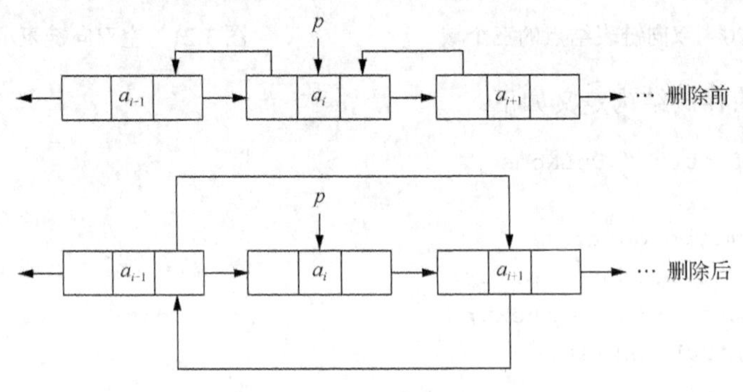

图 3-23　双向链表的删除

双向链表删除操作的核心代码如下：

```
p>prior->next=p->next;
p>next->prior=p->prior;
free(p);
```

双向链表的插入操作、删除操作、查找操作和单链表类似，这里不再赘述。

课 后 习 题

一、填空题

1．在线性结构中第一结点________前驱结点，其余每个结点有且只有________个前驱结点，最后一个结点________后继结点。

2．对于顺序存储的线性表，当随机插入或删除一个元素时，约需平均移动表长________的元素。

3．对于长度为 n 的顺序表，插入或删除元素的时间复杂性为________。

4．在线性表的顺序存储中，元素之间的逻辑关系是通过________决定的，在线性表的链式存储中，元素之间的逻辑关系是通过________决定的。

5. 一个单链表中删除结点 p 时，应执行如下操作：

```
(1) q=p->next;
(2) p->data=p->next->data;
(3) p->next=____;
(4) free(q);
```

6. 在一个长度为 n 的顺序表中删除第 1 个元素($0<=j<=n-1$)时，需向前移动________个元素。

7. 在单链表中设置头结点的作用是________。

8. 在单链表中，要删除某一指定的结点，必须找到该结点的________结点。

9. 访问单链表中的结点，必须沿着________依次进行。

10. 在双链表中，每个结点有两个指针域，一个指向________，另一个指向________。

二、判断题

1. 顺序存储方式的优点是存储密度大，且插入、删除运算效率高。　（　　）
2. 线性表在物理存储空间中也一定是连续的。　（　　）
3. 线性表在顺序存储时，逻辑上相邻的元素未必在存储的物理位置次序上相邻。　（　　）
4. 顺序存储方式只能用于存储线性结构。　（　　）
5. 线性表的逻辑顺序与存储顺序总是一致的。　（　　）

三、简答题

1. 动态顺序表和动态链式表各有哪些优缺点？
2. 顺序表、链表各自的使用场合有哪些？
3. 简述顺序存储与链式存储的联系与区别。

四、算法设计题

1. 将两个递增的有序链表合并为一个递增的有序链表，要求结果链表仍使用原来两个链表的存储空间，不另外占用其他存储空间，表中不允许有重复的数据。

2. 已知两个链表 A 和 B 分别表示两个集合，其元素递增排列。请设计算法求出 A 与 B 的交集，并存放于 A 链表中。

3. 已知两个链表 A 和 B 分别表示两个集合，其元素递增排列。请设计算法求出两个集合 A 和 B 的差集（即仅由在 A 中出现而不在 B 中出现的元素所构成的集合），并以同样的形式存储，同时返回该集合的元素个数。

4. 设计一个算法，通过一趟遍历在单链表中确定值最大的结点。

5. 设计一个算法，实现将链表中的元素前后调换位置。

6. 分别实现在第 i 个结点之前插入一个结点 q 的顺序实现和链式实现。

第4章　栈和队列

栈和队列均属于线性数据结构，但是与线性表不同，它们在进行元素插入或者删除的时候只能在头部或者尾部进行。栈和队列也是一种非常重要的数据结构，被广泛应用于物流管理、交通控制等领域。

4.1　栈的定义和抽象数据类型

堆栈（简称栈）是限定插入和删除操作都在表的同一端进行的线性表。

允许插入和删除元素的一端称为栈顶（top），另一端称为栈底（base）。若栈中无元素，则为空栈。设堆栈 $S=(a_0,a_1,\cdots,a_{n-1})$，如图 4-1 所示，将 a_0 称为栈底元素，a_{n-1} 称为栈顶元素。若元素 $a_0,\cdots,a_{n-1}$ 依次进栈，则这些元素出栈的顺序与进栈时完全相反，具有后进先出（last in first out，LIFO）的特点。例如，元素 a_{n-1} 最后进栈，却最先出栈，如图 4-1 所示。

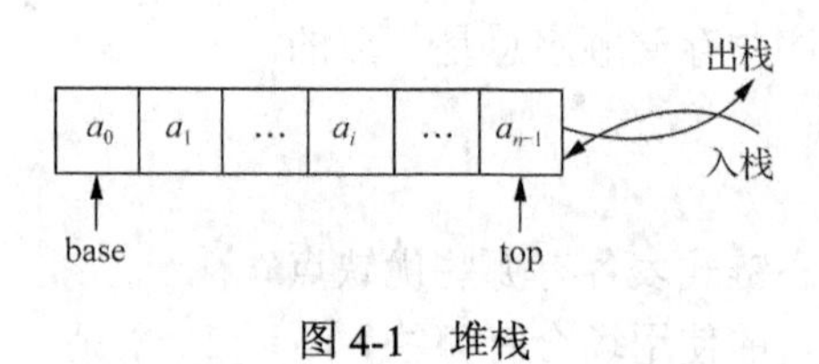

图 4-1　堆栈

对于栈来说，理论上线性表具有的操作特征它也应该具备，可由于它的特殊性，所以在操作上会有些变化，特别是删除和插入操作，这两种操作叫 push 和 pop，也就是压栈和弹栈，一般叫作入栈和出栈。

栈的抽象数据类型定义如下：

```
ADT Stack{
数据对象 D:D ={ai|ai∈ElemSet,i=1,2, … ,n,n≥0}
数据关系 R:R1={<ai-1,ai>|ai-1,ai∈D,i=2, … ,n}
基本操作:
        (1)InitStack(&S)
        初始化操作,建立一个空栈
        (2)DestoryStack(&S)
        若栈存在,则销毁栈
        (3)ClearStack(&S)
        将栈清空
        (4)StackEmpty(S)
```

```
        若栈为空,则返回 true,否则返回 false
        (5)GetTop(S)
        若栈存在且非空,返回 s 的栈顶元素
         (6)Push(&S,e)
        若栈 S 存在插入新元素 e 到栈 S 中并称为栈顶元素
         (7)Pop(*S,*e)
        删除栈 S 中的栈顶元素,并用 e 返回其值
         (8)StackLength(S)
        返回栈 S 的元素个数
}ADT Stack
```

4.2 栈的存储结构及实现

4.2.1 栈的顺序存储结构及实现

1. 栈的顺序存储结构

栈的实质是一个线性表。线性表有两种存储形式，那么栈相应也有栈的顺序存储结构和栈的链式存储结构。不含有任何数据的栈称为空栈，空栈的时候栈顶就是栈底。当越来越多的数据从栈顶进入时，栈顶与栈底分离，整个栈的容量越来越大；数据出栈时从栈顶弹出，栈顶下移，整个栈的容量就越来越小，如图 4-2 所示。

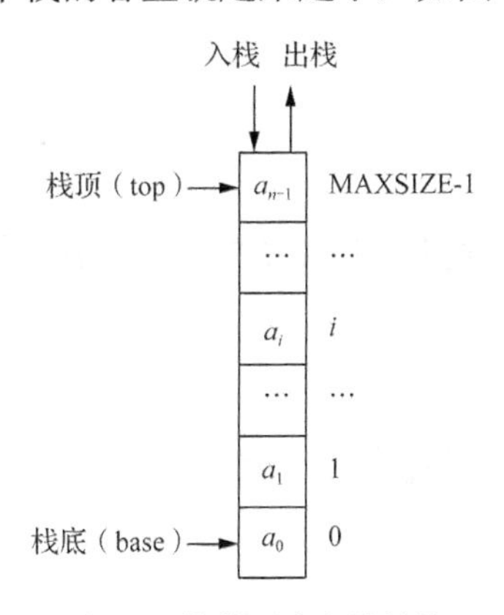

图 4-2 栈的顺序存储结构

以下对栈的顺序存储进行了定义：

```
#define MAXSIZE 100        //定义栈中元素的最大个数
typedef struct SqStack
{
    int data[MAXSIZE];     //存放栈中的元素
    int top; //栈顶指针
}SqStack;
```

2. 栈的初始化

实现代码如下：

```
Status InitStack(SqStack *S)    //构造一个空栈 S
{
   S->top= -1;
}
```

3. 入栈操作

入栈操作又叫压栈操作，就是向栈中存放数据。入栈操作要在栈顶进行，每次向栈中压入一个数据，top 变量就要+1，直到栈满为止。

实现代码如下：

```
Status Push(SqStack *S, SElemType e)
{
   if(S->top == MAXSIZE-1)          //栈满
   {
      return ERROR;
   }
   S->top++;                        //栈顶指针向上移动 1 个位置
   S->data[S->top] = e;             //将新元素放入栈顶指针所指向空间中
   return OK;
}
```

4. 出栈操作

出栈操作是指在栈顶取出数据，栈顶指针随之下移。每当从栈内弹出一个数据，栈的当前容量就要-1。

实现代码如下：

```
Status Pop(SqStack *S, SElemType *e)
{
   if(S->top == -1)
   {
      return ERROR;
   }
   *e = S->data[S->top];            //取出栈顶元素
   S->top--;                        //栈顶指针向下移动 1 个位置
   return OK;
}
```

5. 取栈顶元素

取栈顶元素就是将栈顶元素弹出，放到 x 所指的存储空间中，但栈顶指针保持不变。

实现代码如下：

```
Status GetTop(SqStack S, StackElementType *x)
{
    if(S->top==-1)                  //栈为空
       return ERROR;
    else
    {
      *x = S->elem[S->top];
      return OK;
     }
 }
```

4.2.2　栈的链式存储结构及实现

1. 栈的链式存储结构

栈的链式存储结构，简称栈链。栈因为只是栈顶来做插入和删除操作，所以比较好的方法就是将栈顶放在单链表的头部，将栈顶指针和单链表的头指针合二为一，如图4-3所示。

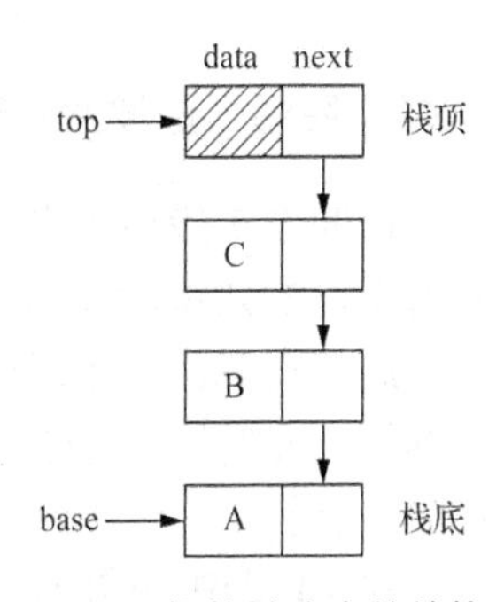

图4-3　栈的链式存储结构

以下对栈的链式存储进行了定义：

```
typedef struct Stacknode
{
   ElemType data;
   struct Stacknode *next;
} Stacknode;       //结点的类型标识符
```

2. 入栈操作

对于栈链的入栈操作，假设top为栈顶指针。

实现代码如下：

```
Status Push(Stacknode *top,ElemType x)
{
   p=(Stacknode *)malloc(sizeof(Stacknode));
   p->data=x;
   p->next=top->next;
   top->next=p;
   return ERROR;
 }
```

3. 出栈操作

至于链栈的出栈操作，假设变量p用来存储要删除的栈顶结点，将栈顶指针下移一位，最后释放p即可。

实现代码如下：

```
Status Pop(Stacknode *top,Elemtype &x)
{
    p=top->next;
    if (p==NULL)   //栈为空
       return ERROR;
    top->next=p->next;
    *x=p->data;
    free(p);
    return OK;
 }
```

4.3 栈的应用

4.3.1 后缀（逆波兰）表达式

栈的现实应用很多，常见的如数学表达式的求值。像这种(1-2)*(4+5)表达式，通过以前学过的知识就能知道计算结果为-9，因为括号的优先级比较高，则先要对括号里的式子进行计算。但是对于计算机来说，这种计算方式却不是最适合的，因为有小括号、中括号、大括号，还允许一个嵌套一个，这样计算机要进行很多次 if 判断才能决定从哪里先计算。

在 20 世纪 30 年代，波兰逻辑学家发明了一种不需要括号的后缀表达式，也就是本节要进行讲解的逆波兰表达式(RPN)。如中缀表达式为(1-2)*(4+5)，转换后的后缀表达式为 12-45+*。一般来讲这种表达式较难接受，但是对于计算机来说是适合的。接下来以图文并茂的方式来看看计算机是如何应用后缀表达式计算出最终结果的。

（1）数字 1 和 2 进栈，遇到减号运算符则弹出两个元素进行运算并把结果入栈，如图 4-4 所示。

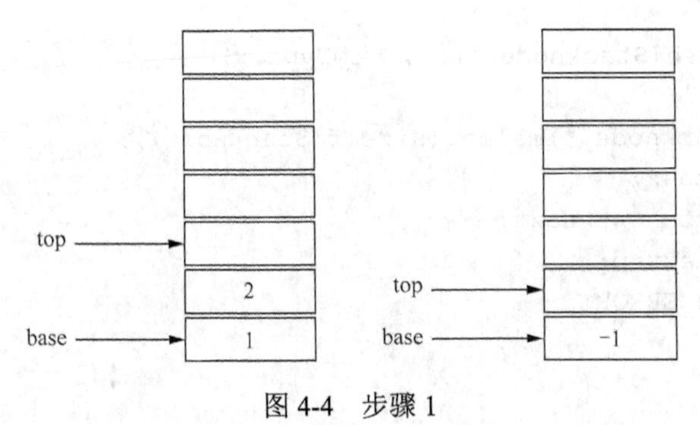

图 4-4　步骤 1

（2）数字 4 和 5 入栈，遇到加号运算符，4 和 5 弹出栈，相加后将结果 9 入栈，如图 4-5 所示。

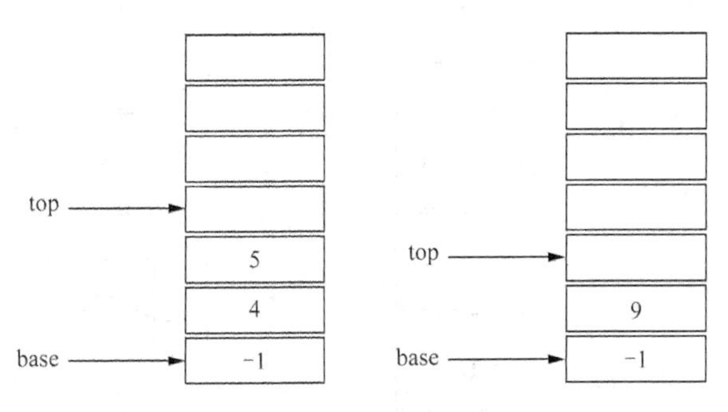

图 4-5　步骤 2

（3）然后又遇到乘法运算符，将数字 9 和-1 弹出栈进行乘法计算，此时栈空且并无数据压栈，-9 为最终运算结果，如图 4-6 所示。

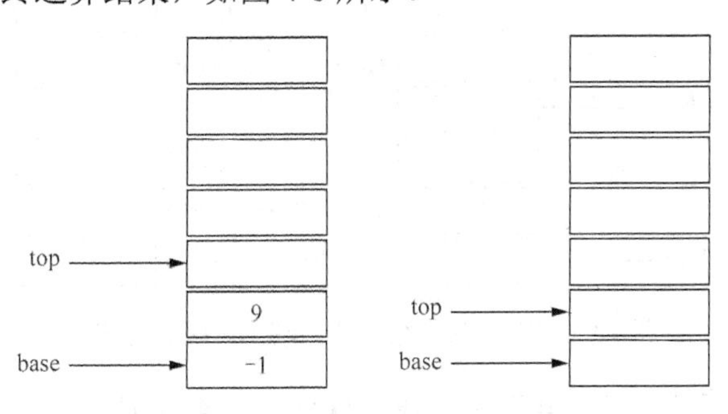

图 4-6　步骤 3

4.3.2　中缀表达式转为后缀表达式

本例将中缀表达式 1+(2-3)*4+10/5 转为后缀表达式。

（1）首先遇到第一个输入是数字 1，数字在后缀表达式中都是直接输出；接着是符号“+”，其入栈，过程如图 4-7 所示。

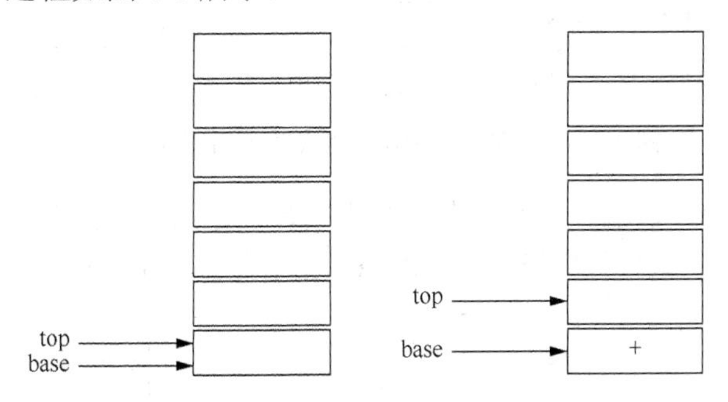

图 4-7　步骤 1（中缀表达式转为后缀表达式）

（2）第三个字符是“(”，依然是符号，其入栈，接着是数字 2，其被输出，然后是符号“-”，其被入栈，过程如图 4-8 所示。

（3）接下来是数字 3，其被输出，随后是符号“)”，此时，我们需要去匹配栈里的“(”，然后在匹配前将栈顶数据依次出栈，过程如图 4-9 所示。

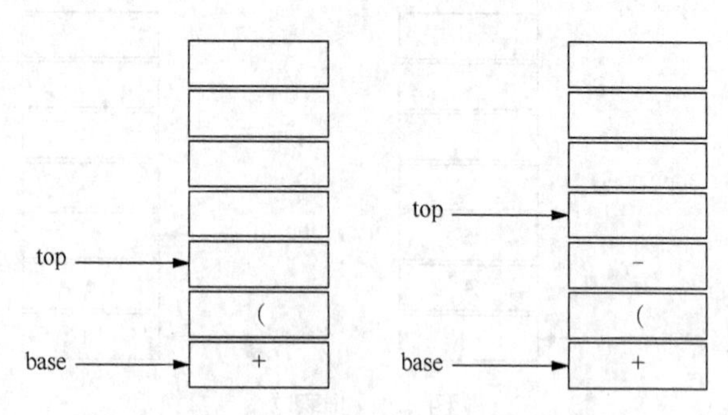

图 4-8　步骤 2（中缀表达式转为后缀表达式）

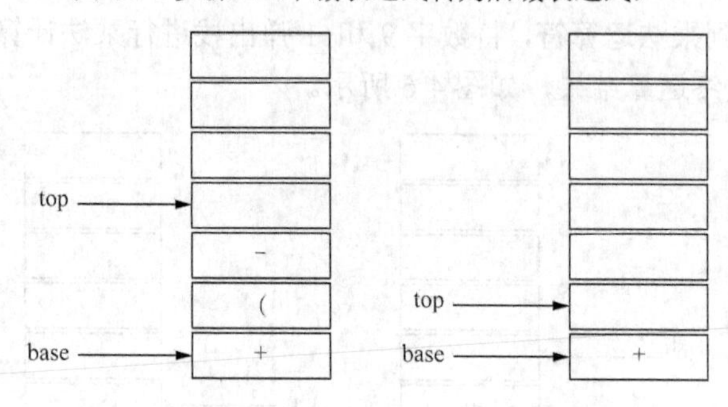

图 4-9　步骤 3（中缀表达式转为后缀表达式）

（4）紧接着是符号“*”，其直接入栈，过程如图 4-10 所示。

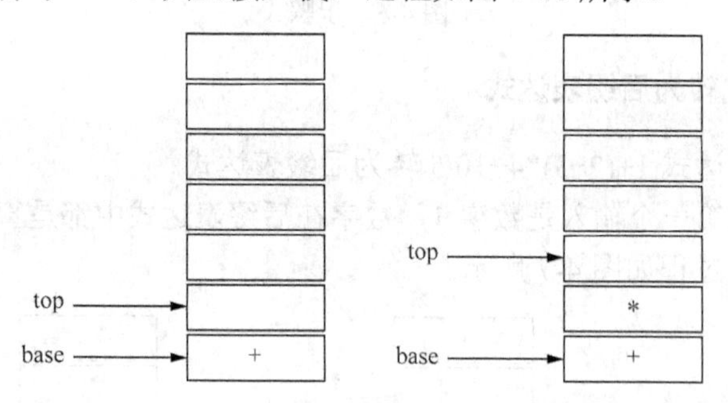

图 4-10　步骤 4（中缀表达式转为后缀表达式）

（5）遇到数字 4，输出，之后是符号“+”，此时栈顶元素是符号“*”，按照先乘除后加减原理，此时栈顶的乘号优先级比即将入栈的加号要大，所以出栈，过程如图 4-11 所示。

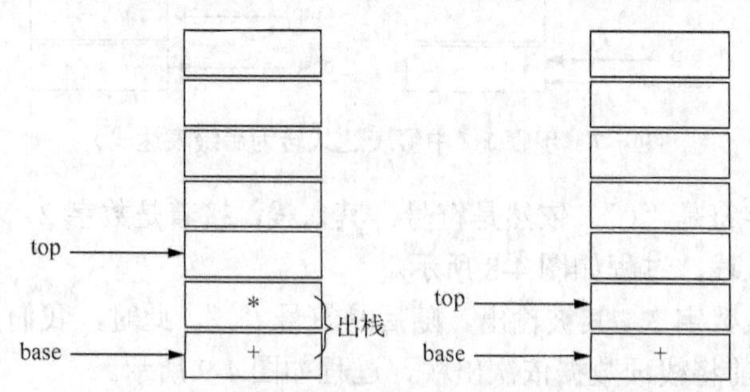

图 4-11　步骤 5（中缀表达式转为后缀表达式）

（6）紧接着是数字 10，输出，最后是符号“/”，进栈，过程如图 4-12 所示。

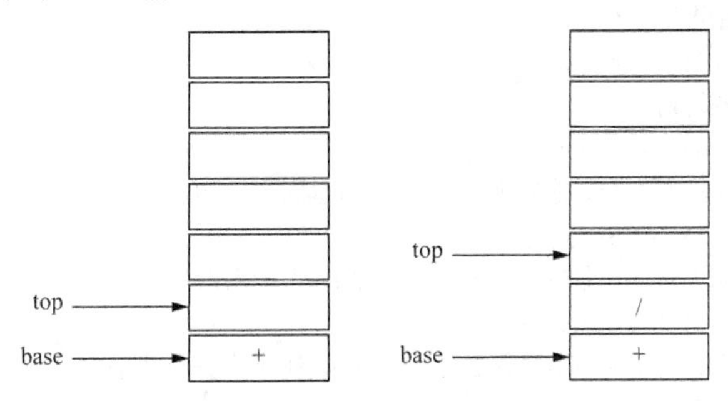

图 4-12　步骤 6（中缀表达式转为后缀表达式）

（7）最后一个数字 5，输出，但是栈中仍然有数据，所以将栈中符号依次出栈。最终输出的后缀表达式结果为 123-4*+105/+。

总结规则：从左到右遍历中缀表达式的每个数字和符号，若是数字则直接输出，若是符号，则判断其与栈顶符号的优先级，是右括号或者优先级低于栈顶符号，则栈顶元素依次出栈并输出，并将当前符号进栈，一直到最终输出后缀表达式为止。

4.4　队列的定义和抽象数据类型

队列是只允许在一端进行插入操作，而在另一端进行删除操作的线性表。

队列是一种先进先出的线性表，允许插入的一端称为队尾，允许删除的一端称为队头。假设队列 $Q=(a_1, a_2, a_3, \ldots, a_n)$，那么 a_1 就是队头元素，而 a_n 是队尾元素。这样就在删除时总是从 a_1 开始，在插入时总是从 a_n 后插入。与栈相同的是，队列也是一种重要的线性结构，实现一个队列同样需要顺序表或链表作为基础。队列结构如图 4-13 所示。

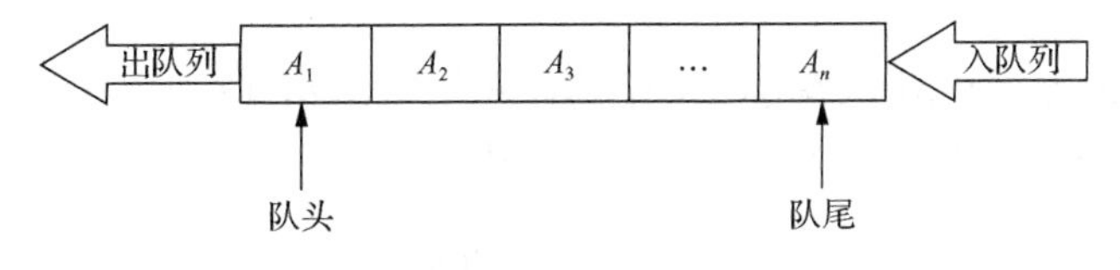

图 4-13　队列结构

队列的实质同样是线性表，队列的各种操作也和线性表类似，不同的就是插入数据只能在队尾进行，删除数据只能在队头进行。

队列的抽象数据类型定义如下：

```
ADT Queue{
    数据对象 D:D ={ai|ai∈ElemSet,i=1,2, … ,n,n≥0}
    数据关系 R:R1={<ai-1,ai>|ai-1,ai∈D,i=2, … ,n}
    基本操作:
        (1)InitQueue(&Q)
        初始化操作,建立一个空队列。
```

(2)DestoryQueue(&Q)

若队列存在,则销毁队列。

(3)ClearQueue(&Q)

将队列清空。

(4)QueueEmpty(Q)

若队列为空,则返回 true,否则返回 false。

(5)GetHead(Q,&e)

若队列存在且非空,返回队列 Q 的队头元素。

(6)EnQueue(&Q,e)

若队列 Q 存在,插入新元素 e 到队列 Q 中并称为队尾元素。

(7)DeQueue(&Q,&e)

删除队列 Q 中队头元素,并用 e 返回其值。

(8)QueueLength(Q)

返回队列 Q 的元素个数。

}ADT Queue

4.5 链队列——队列的链式表示和实现

用链表表示的队列简称为链队列，一个链队列显然需要两个分别指示队头和队尾的指针（分别称为头指针和尾指针）才能唯一确定。

以下对队列的链式存储进行了定义：

```
typedef struct QNode
{
      QElemType data;        //结点数据域
      struct QNode *next;    //结点指针域
}QNode,*QueuePtr;
//指向某个结点的指针类型 QNode*，指向队头和队尾结点的指针类型 QueuePtr
typedef struct               //链队结构
{
      QueuePtr front;        //队头指针
      QueuePtr rear;         //队尾指针
}LinkQueue;
```

1. 创建一个队列

创建一个队列要完成两个任务：一是在内存中创建一个头结点，二是将队列的头指针和尾指针都指向这个生成的头结点，因为此时是空队列。

实现代码如下：

```
Status InitQueue(LinkQueue &Q)
{
```

```
    Q.front=Q.rear=(QueuePtr)malloc(sizeof(QNode));
    if( !Q.front )
        return ERROR;
    Q.front->next= NULL;
    return OK;
}
```

2. 入队列操作

入队操作时，在链表尾部插入结点 p，过程如图 4-14 所示。

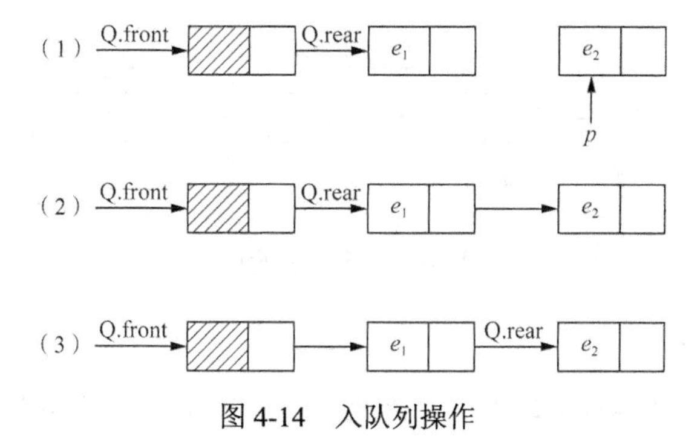

图 4-14 入队列操作

实现代码如下：

```
Status EnQueue(LinkQueue &Q,ElemType e)
{
    p= (QueuePtr)malloc(sizeof(QNode));
    if(!p )
    return ERROR;
    p->data = e;
    p->next = NULL;
    Q.rear->next =p;
    Q.rear = p;
    return OK;
}
```

3. 出队列操作

出队列操作是将队列中的第一个元素移出，队头指针不发生改变，改变头结点的 next 指针即可。出队列的操作过程如图 4-15 所示。

实现代码如下：

```
DeQueue(LinkQueue &Q,ElemType &e)
{
    if(Q.front==Q.rear)
        return ERROR;
```

```
    p=Q.front->next;
    e=p->data;
    Q.front->next=p->next;
    if(Q.rear==p)
        Q.rear=q.front;
    free(p);
    return OK;
}
```

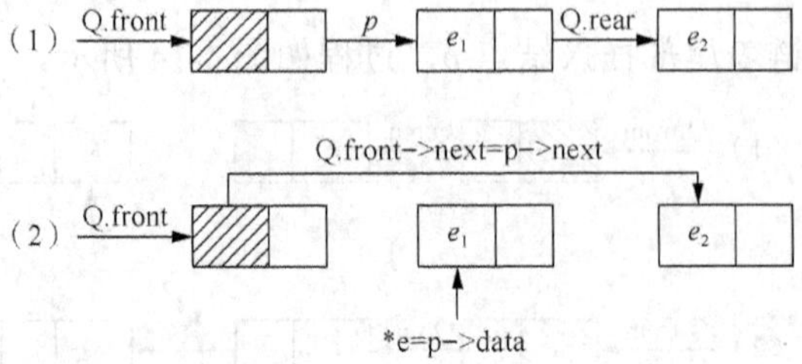

(1) Q.front　p　e_1　Q.rear　e_2

Q.front->next=p->next

(2) Q.front　e_1　e_2

*e=p->data

图 4-15　出队列操作

4. 销毁一个队列

由于链队列建立在内存的动态区，因此当一个队列不再有用时应当把它及时销毁，以免过多地占用内存空间。

实现代码如下：

```
Status DestroyQueue(LinkQueue &Q)
{
    while(Q.front)
    {
        Q.rear =Q.front->next;
        free( Q->front );
        Q.front= Q.rear;
    }
    return OK;
}
```

4.6　循环队列——队列的顺序表示和实现

在队列的顺序存储结构中，除了用一组连续的存储单元依次存放队列头到队列尾的元素之外，尚需附设两个指针 front 和 rear 分别指示队列头元素和队列尾元素的位置。

以下对队列的链式存储进行了定义：

```
#define MAXQSIZE 100     //最大队列长度
typedef struct
{
```

```
    QElemType *base;        //初始化的动态分配存储空间
    Int front;              //头指针，若队列不空，指向队头元素
    Int rear;               //尾指针，若队列不空，指向队列尾元素的下一个位置
}SqQueue;
```

1. 队列顺序存储的不足

假设一个队列有 n 个元素，则顺序存储的队列需要建立一个大于 n 的数组，并把队列的所有元素存储在数组的前 n 个单元，数组下标为 0 的一端即是队头。所谓的入队操作其实就是在队尾追加一个元素，不需要移动任何元素，因此时间复杂度为 O(1)，如图 4-16 所示。

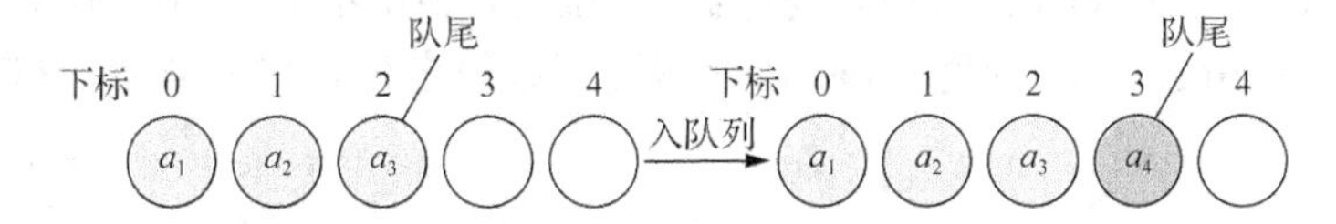

图 4-16 入队列操作 1

与栈结构不同的是，队列元素的出列是在队头，即下标为 0 的位置，意思是队列中的所有元素都得向前移动，以保证队列的队头，也就是下标为 0 的位置不能为空，此时的时间复杂度为 O(n)，如图 4-17 所示。

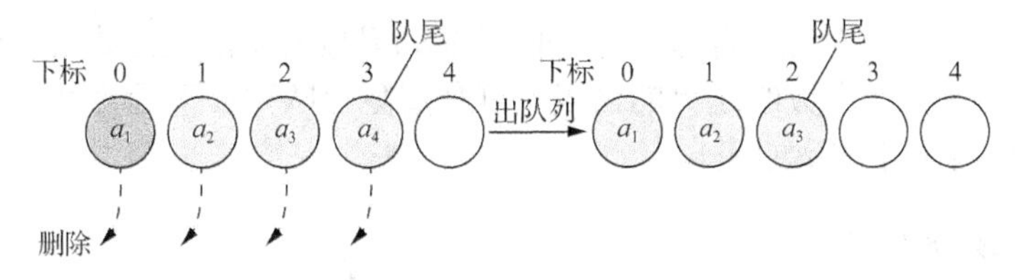

图 4-17 入队列操作 2

如果出队列时不一定全部移动，不去限制队列的元素必须存储在数组的前 n 个单元这一条件，出队的性能就会大大增加，也就是说，队头不需要一定在下标为 0 的位置，如图 4-18 所示。

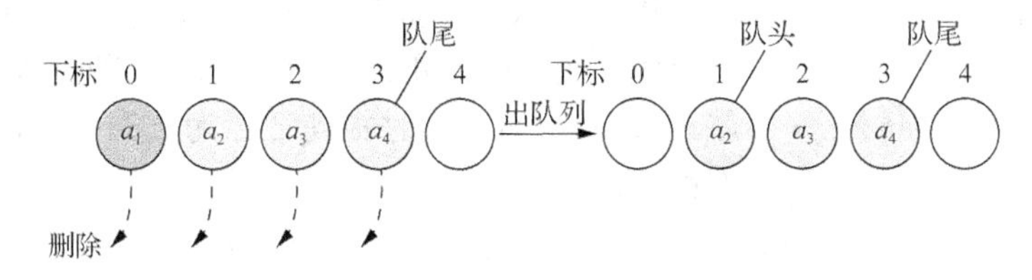

图 4-18 入队列操作 3

为了避免当只有一个元素时，队头和队尾重合使处理变得麻烦，所以引入两个整型变量，front 指向队头元素，rear 指向队尾元素的下一个位置，这样的话当 front 等于 rear 时，此队列不是还剩一个元素，而是空队列。

假设长度是 5 的数组，在初始状态，空队列如图 4-19 的左图所示，front 与 rear 指

针均指向下标为 0 的位置，然后入队 a_1、a_2、a_3、a_4，front 依然指向下标为 0 的位置，而 rear 指针指向下标为 4 的位置，如图 4-19 的右图所示。

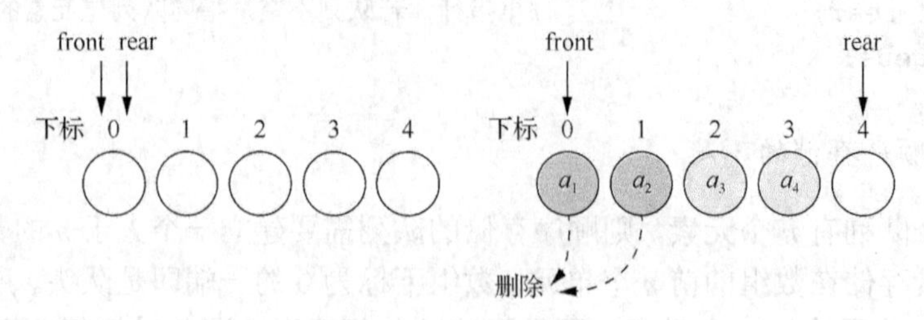

图 4-19　入队列操作 4

出队 a_1、a_2，则 front 指针指向下标为 2 的位置，rear 不变，如图 4-20 的左图所示，再入队 a_5，此时 front 指针不变，rear 指针移动到数组之外，如图 4-20 的右图所示。

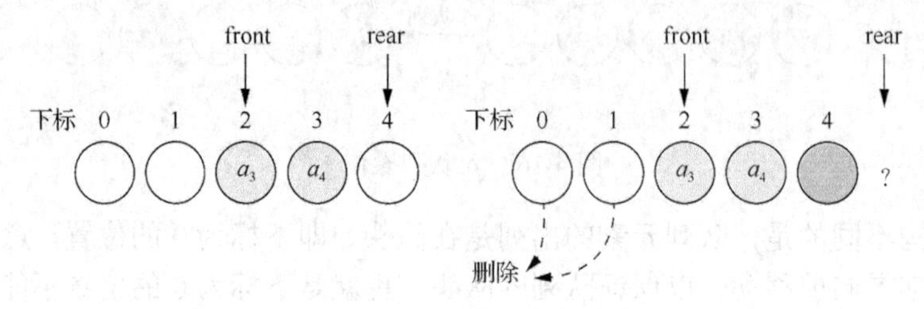

图 4-20　入队列操作 5

假如说这个队列的总数不超过 5 个，但目前如果接着入队，因数组末尾元素已经占用，再向后加，就会产生数组越界的错误，可是实际上队列在下标为 0 和 1 的地方还是空闲的，这种现象叫作假溢出。

2. 循环队列的定义

解决假溢出的办法就是头尾相接的循环，队列的这种头尾相接的顺序存储结构称为循环队列。如果图 4-20 中的 rear 可以改为指向下标为 0 的位置，这样就不会造成指针指向不明的问题了，如图 4-21 所示。

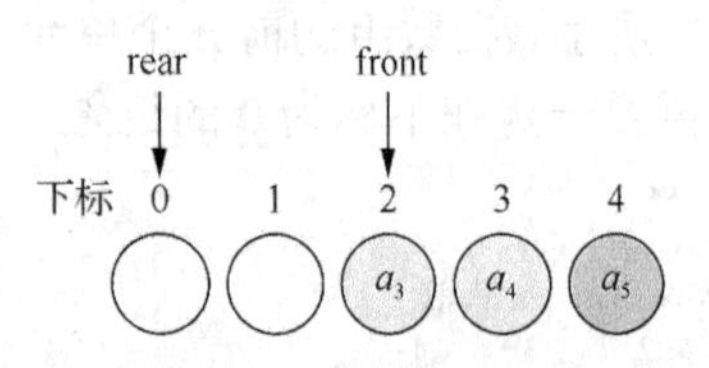

图 4-21　入队列操作 6

接着入队 a_6，将其放置于下标为 0 处，rear 指针指向下标为 1 处，如图 4-22 的左图所示。若再入队 a_7，则 rear 就与 front 重合，同时指向下标为 2 的位置，如图 4-22 的右图所示。

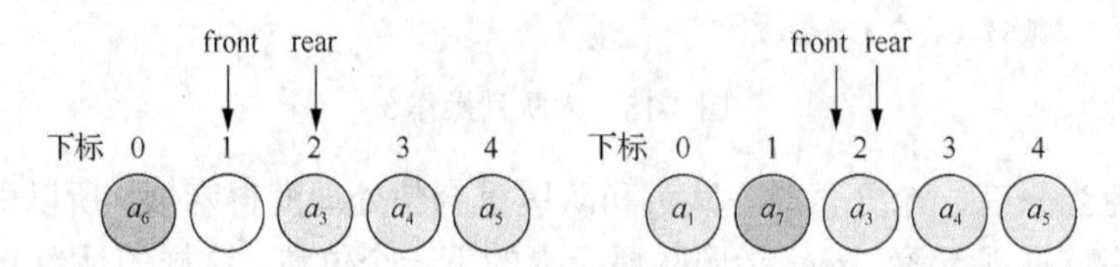

图 4-22　入队列操作 7

当队列空时 front=rear，当队列满时也是 front=rear，那么如何判断此时的队列究竟是空的还是满的呢？

方法一：附设一个存储队列中元素个数的变量为num，当num=0时队空，当num=MaxQsize时为队满。

方法二：修改队满条件，浪费一个元素空间，队满时数组中只有一个空闲单元。

方法三：设置标志flag，当front=rear且flag=0时为队空；当front=rear且flag=1时为队满。

本书采用方法二，具体如图4-23所示。

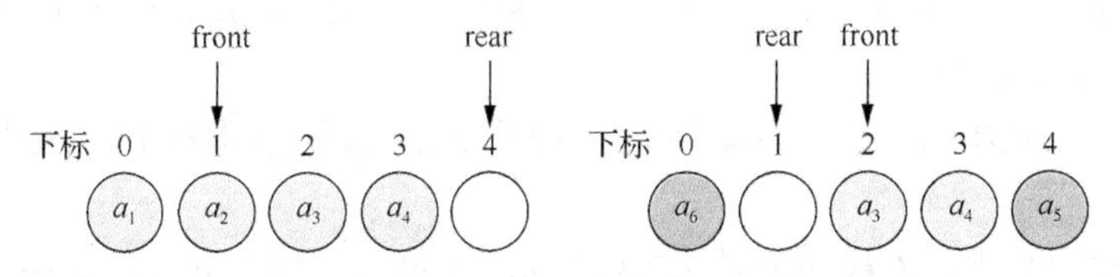

图4-23　入队列操作8

若队列的最大容量为MAXQSIZE，那么队列满的条件就是(rear+1)%MAXQSIZE==Q.front（取模“%”的目的是让front和rear循环起来，否则就会造成越界），队列判空的条件为Q.front=Q.rear。

初始化一个循环队列代码如下：

```
Status InitQueue(SqQueue &Q)
{
    Q.front = Q.rear=0;
    return OK;
}
```

入队列操作代码如下：

```
Status EnQueue(SqQueue &Q, int e)
{
    if( (Q.rear+1 )%MAXQSIZE==Q.front )
        return ERROR;
    Q.base[Q.rear]=e;
    Q.rear = (Q.rear+1) % MAXQSIZE;
    return OK;
}
```

出队列操作代码如下：

```
Status DeQueue(SqQueue &q, int &e)
{
    if( Q.front==Q.rear )
        return ERROR ;
    e = Q.base[Q.front] ;
    Q.front = (Q.front+1) % MAXQSIZE;
    return OK;
}
```

课 后 习 题

一、填空题

1．若某堆栈初始为空，PUSH 与 POP 分别表示对栈进行一次进栈与出栈操作，那么，对于输入序列 a、b、c、d、e，经过 PUSH、PUSH、POP、PUSH、POP、PUSH、PUSH 以后，输出序列是________。

2．在栈的 ADT 定义中，除初始化操作外，其他基本操作的初始条件都要求________。

3．若已知一个栈的入栈序列是 1,2,3,…, n，其输出序列为 $p_1, p_2, p_3,\cdots, p_n$，若 $p_1=n$，则 p_i 为________。

4．栈是________的线性表，其运算遵循________的原则。

5．堆栈是一种操作受限的线性表，它只能在线性表的________进行插入和删除操作，对栈的访问是按照________的原则进行的。

6．向栈中压入元素的操作是先________，后________。

7．设有一个空栈，栈顶指针为 1000H（十六进制），现有输入序列为 1、2、3、4、5，经过 PUSH、PUSH、POP、PUSH、POP、PUSH、PUSH 之后，输出序列是________，而栈顶指针值是________。设栈为顺序栈，每个元素占 4 字节。

8．当两个栈共享一存储区时，栈利用一维数组 stack(1, n)表示，两栈顶指针为 top[1]与 top[2]，则当栈 1 空时，top[1]为________，栈 2 空时，top[2]为________，栈满时为________。

9．两个栈共享空间时栈满的条件________。

10．设 a=6, b=4, c=2, d=3, e=2，则后缀表达式 $abc-/de*+$的值为________。

11．在按算符优先法求解表达式 3−1+5×2 时，最先执行的运算是________，最后执行的运算是________。

12．用 S 表示入栈操作，X 表示出栈操作，若元素入栈顺序为 1、2、3、4，为了得到 1、3、4、2 的出栈顺序，相应的 S 和 X 操作串为________。

13．________又称作先进先出表。

14．队列的特点是________。

15．循环队列是队列的一种________存储结构。

16．循环队列的引入，目的是克服________。

17．在循环队列中，队列长度为 n，存储位置从 0 到 n−1 编号，以 rear 指示实际的队尾元素，现要在此队列中插入一个新元素，新元素的位置是________。

18．用一个大小为 1000 的数组来实现循环队列，当前 rear 和 front 的值分别为 0 和 994，若要达到队满的条件，还需要继续入队的元素个数是________。

19．下面程序的功能是用递归算法将一个整数按逆序存放到一个字符数组中。如 123

存放成321，请填空：

```
#include<stdio.h>
void convert (char *a,int n)
{
   int i;
   if (i=n/10)  convert (__________,i);
   *a=__________;
}
main()
{
   int number ; char str [10]=""
   scanf ("号d",&number) ;
   convert (str, number) ;puts (str) ;
}
```

二、程序设计题

1．设从键盘输入一整数的序列：$a_1,a_2,\cdots,a_n$，用栈结构存储输入的整数，当 $a_i\neq-1$ 时，将 a_i 进栈，当 $a_i=-1$ 时，输出栈顶整数并出栈。算法应对异常情况（入栈满等）给出相应的信息。

2．设整数序列 $a_1,a_2,\cdots,a_n$，给出求解最大值的递归程序。

3．线性表中元素存放在向量 $\boldsymbol{A}(1,\cdots,n)$中，元素是整型数。试写出递归算法求出 $\boldsymbol{A}$ 中的最大和最小元素。

第5章　串

计算机处理的对象分为数值数据和非数值数据，字符串即最基本的非数值数据。字符串处理在语言编辑、内容检索、信息传输等问题中被广泛应用。字符串是一种特殊的线性表，其特殊性在于组成线性表的每个元素是一个单独的字符。

5.1　串的定义和抽象数据类型

1. 串的定义

最初的计算机功能较少，主要是做一些简单的计算工作，如加减乘除等数值计算及处理。随着技术的发展，计算机开始处理大量非数值的问题，于是人们引入了对字符的处理，进而产生了字符串的概念。字符串简称为串，是一种操作受限的线性表。

字符串广泛用在文本编辑和处理领域。比如，在浏览器搜索框输入“字符串”时，下方就会出现一系列相关的内容。这里用到了字符串查找匹配的操作，如图 5-1 所示。

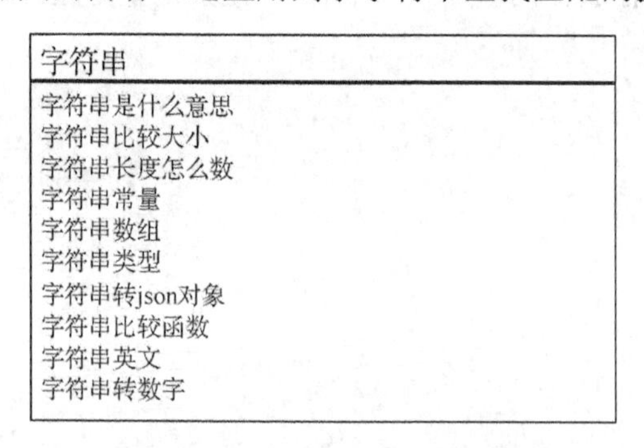

图 5-1　字符串查找匹配示例

串是由零个或多个字符组成的有限序列。一般记为

$$s=\text{“}a_1a_2\cdots a_n\text{”} \quad (n\geqslant 0)$$

s 是串的名称；双引号（部分书中用单引号）之间的字符序列就是串的值；a_i（$1\leqslant i\leqslant n$）可以是字母、数字或其他字符；i 表示该字符在串中第 i 个位置；n 表示串中字符的个数，称为串的长度。

零个字符的串称为空串（null string），其长度为 0，通常用两个双引号或者希腊字母“Φ”表示。空格串（blank string）由一个或多个空格组成。空格串与空串的区别在于空格串有内容且有长度。

串中任意个数的连续字符组成的子序列称为该串的子串。相应地，包含子串的串称为主串。字符在串中的位置就是该字符在序列中的序号。子串在主串中的位置就是子串的第一个字符在主串中的序号。

例如，现有 *a*、*b*、*c*、*d* 这 4 个串：*a*= "SHANG"，*b*= "HAI"，*c*= "SHANGHAI"，*d*= "SHANG HAI"。*a*、*b*、*c*、*d* 长度分别为 5、3、8 和 9。*a* 和 *b* 不仅是 *c* 的子串，还是 *d* 的子串。*a* 在 *c* 和 *d* 中的位置都是 1。而 *b* 在 *c* 中的位置是 6, 在 *d* 中的位置则是 7。

比较两个串，必须是它们串的长度以及它们各个对应位置的字符都相等时，才称为是相等。

例如，*s*= "cat"，*t*= "cap"，这两个串就不相等。

2. 串的抽象数据类型

串的逻辑结构与线性表十分相似，其相邻元素具有前驱和后继关系，不同点在于串针对的是字符集，即串中的每个元素都是字符。串的基本操作和线性表有很大差别，在线性表的基本操作中，大多数操作将单个元素作为操作对象，例如，在线性表中查找某个元素、在某个位置删除一个元素等。然而在串的基本操作中，往往以子串作为操作对象，例如，在串中查找某个子串、求取一个子串、删除指定位置子串等。串的抽象数据类型如下：

```
ADT String{
    数据对象：D={a_i|a_i∈CharacterSet,i=1,2,…,n,  n≥0}
    数据关系：R_1={<a_{i-1},a_i> |a_{i-1},a_i∈D,i=1,2,…,n}
    基本操作：
        (1)StrAssign(T,*chars)
        生成一个值等于 chars 的串 T。
        (2)StrCopy(T,S)
        串 S 存在,由串 S 复制得串 T。
        (3)ClearString(S)
        串 S 存在,将串清空。
        (4)StringEmpty(S)
        若串 S 为空串,则返回 true, 否则返回 false。
        (5)StrLength(S)
        返回串 S 元素的个数,即串的长度。
        (6)StrCompare(S,T)
        串 S 和 T 存在,如果 S>T,返回值>0;如果 S=T,返回 0;如果 S<T,返回值<0。
        (7)Contact(T,S1,S2)
        用 T 返回由 S1 和 S2 连接而成的新串。
        (8)SubString(Sub,S,pos,len)
        串 S 存在并满足条件 1≤pos≤StrLength(S)且 1≤len≤StrLength(S)-pos+1,
则用 Sub 返回串 S 的第 pos 个字符开始长度为 len 的子串。
        (9)Index(S,T,pos)
        串 S 和 T 存在,T 是非空串, 1≤pos≤StrLength(S)。若主串 S 中存在与串 T 相
同的子串, 则返回它在串 S 中第 pos 个字符之后第一次出现的位置,否则返回 0。
```

(10) Replace(S,T,V)

若串 S、T 和 V 存在，且 T 是非空串，用 V 替换主串 S 中出现的所有与 T 相等的不重叠的子串。

(11) StrInsert(S,pos,T)

串 S 和 T 存在且 1≤pos≤StrLength(S)+1，则在串 S 的第 pos 个字符处插入串 T。

(12) StrDelete(S,pos,len)

串 S 存在且 1≤pos≤StrLength(S)-len+1，则从串 S 中删除第 pos 个字符起长度为 len 的子串。

} ADT String

在使用某种高级程序语言设计串的类型时，应该以该编程语言参考手册中关于字符串的基本操作为准。一般来说，不同的语言除了方法名称外，操作的实质都是类似的。上面介绍的操作中，某些串操作可利用其他串操作来实现，比如 Index 操作可由 StrLength、SubString 和 StrCompare 等基本操作来实现。算法如下：

```
//T 为非空串。若主串 S 中第 pos 个字符之后存在与 T 相等的子串，
//则返回第一个这样的子串在 S 中的位置，否则返回 0
int Index(String S, String T, int pos)
{
    int n, m, i;
    String sub;
    if (pos > 0)
    {
        n = StrLength(S);                     //得到主串 S 的长度
        m = StrLength(T);                     //得到子串 T 的长度
        i = pos;
        while (i <= n - m + 1)
        {
            SubString(sub, S, i, m);          //取主串中第 i 个位置长度与 T 相等
的子串给 sub
            if (StrCompare(sub, T) != 0)      //如果两串不相等
    ++i;
            else                              //如果两串相等,则返回 i 值
                return i;
        }
    }
    return 0;                                 //若无子串与 T 相等，返回 0
}
```

5.2　串的存储结构

串有两种基本存储结构，分别是顺序存储结构和链式存储结构，这与线性表的存储结构类似。考虑到存储效率和算法的方便性，串一般采用顺序存储结构。

5.2.1　串的顺序存储结构

串的顺序存储结构是指用一组地址连续的存储单元来存储串中的字符序列。按照预定义的大小，为每个定义的串变量分配一个固定长度的存储区（一般采用固定长度的数组，即定长数组存储串）。

串长在不同的书中有不同的表示方法，有的书中规定串的实际长度存放在数组0下标位置，有的规定串的实际长度存放在数组的最后一个下标位置，还有的是在串值末尾加入一个不计串长的标记字符，比如“\0”，很明显这样不利于进行某些串操作，而且还多占用一个空间。通常将实际的串长度存放在数组的0下标位置，如图5-2所示。

图5-2　串的顺序存储结构示例

使用以上顺序存储方式进行某些字符串操作时可能出现串序列的长度超过了数组长度的问题。这样串的变量设定为固定大小的空间是不合理的。 因此最好是根据实际需要，在程序执行过程中动态地分配和释放字符数组空间。在C语言中，存在一个称之为“堆”（Heap）的自由存储区就满足这样的需要，由动态分配函数malloc()和free()来管理。

5.2.2　串的链式存储结构

串也是一种受限的线性表，因此也可以采用链式存储。由于串的结构比较特殊，它里面的每个数据元素都是一个字符，在用链表存储串值时，可以一个结点存放一个字符或多个字符。结点大于1时且最后一个结点未被占满时，通常使用“#”或其他非串值字符补全。结点大小为1和4的链表如图5-3所示。

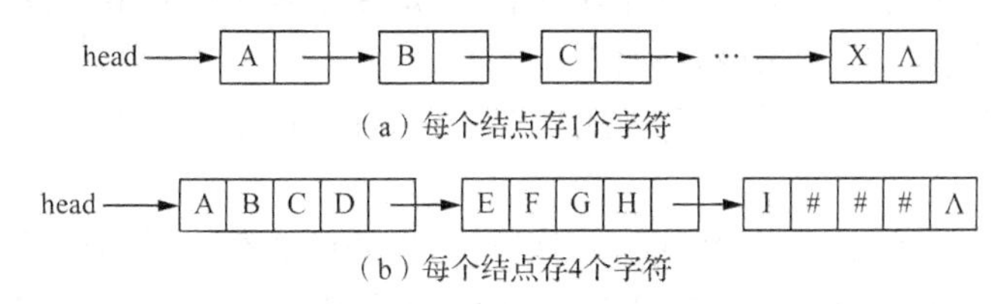

图5-3　串的链式存储结构示例

当用链表存储串值时，除头指针外，还可附设一个尾指针指示链表中的最后一个结点，并给出当前串的长度，目的是使串的操作更方便。设立尾指针的目的是便于进行联结操作。把如此定义的串存储结构称为块链结构，表示如下：

```
#define CHUNKSIZE 50          //块的大小可由用户定义,这里定义为50
typedef struct Chunk
{
```

```
        char ch[CHUNKSIZE+1];
        struct Chunk * next;
    } Chunk;
    typedef struct
    {
        Chunk * head, * tail;     //串的头指针、尾指针
        int length;               //串的当前长度
    } LString;
```

链式存储中，结点大小的选择十分重要，它直接影响到串的存储效率。存储密度定义为

$$存储密度=\frac{串值所占的存储位}{实际分配的存储位}$$

很明显，存储密度越小（比如结点大小为 1），运算处理越方便。

串的链式存储结构对某些串操作，如联结操作等，有一定方便之处，但总的来说不如顺序存储结构灵活，原因如下：

（1）占用存储量大而且操作复杂。

（2）串值在链式存储结构时，串操作的实现和线性表存储结构中的操作类似。

5.3 串的模式匹配算法

子串的定位运算通常称为串的模式匹配。常见的串的模式匹配算法有朴素的模式匹配算法和 KMP 算法。

5.3.1 朴素的模式匹配算法

模式匹配：给定主串（目标串）S= “$s_1s_2\cdots s_n$” 和子串（模式串）T= “$t_1t_2\cdots t_m$”，在 S 中寻找 T 的过程称为模式匹配。若匹配成功，返回 T 在 S 中从 pos 位置开始第一次出现的位置序号，否则，匹配失败，返回 0。

假如要在主串 S= “foxyfoxes” 中找到 T= “foxes” 这个子串的位置，通常需要以下步骤。

（1）从主串 S 的第 1 位开始匹配，主串与子串的前 3 个字母匹配成功，但在第 4 个字母时匹配失败，主串的第 4 个字母是 y，而子串的是 e，如图 5-4（a）所示。

（2）从主串 S 的第 2 位开始匹配，主串的字母 o 和子串的字母 f 不相等，匹配失败，如图 5-4（b）所示。

（3）从主串 S 的第 3 位开始匹配，主串的字母 x 和子串的字母 f 不相等，匹配失败，如图 5-4（c）所示。

（4）从主串 S 的第 4 位开始匹配，主串的字母 y 和子串的字母 f 不相等，匹配失败，如图 5-4（d）所示。

（5）从主串 S 的第 5 位开始匹配，主串与子串的 5 个字母全部匹配，结果匹配成

功，如图 5-4（e）所示。

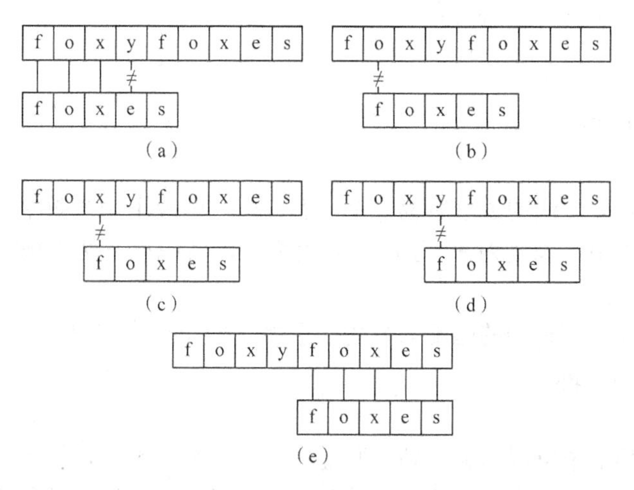

图 5-4　朴素的模式匹配算法

简而言之，从主串开始起的第 pos 个字符和子串的第一个字符比较，如果相等，继续比较后续字符；否则，接着从主串的下一个字符重新和子串的第一个字符比较。直至子串中的每个字符依次和主串中的一个连续的字符序列相等，匹配成功，返回值为子串在主串中从 pos 位置开始第一次出现的位置序号，否则匹配失败，返回 0。这就是朴素的模式匹配算法。

现在用基本的数组来实现朴素的模式匹配算法，串采用顺序存储结构，主串和子串的长度存放在数组的 0 号单元，串值从 1 号单元开始存放。

实现代码如下：

```
int Index(String S, String T, int pos)
{
    int i = pos;  // i 用于记录主串 S 中当前位置的下标值
    int j = 1;                              //j 用于子串 T 中当前位置下标值
    while (i <= S[0] && j <= T[0])          //若 i 小于 S 的长度并且 j 小于 T 的长度
时,循环继续
    {
        if (S[i] == T[j])                   //两字母相等则继续
        {
                ++i;
                ++j;
            }
        else                                //指针后退重新开始匹配
        {
            i = i - j + 2;                  // i 退回到上次匹配首位的下一位
            j = 1;                          // j 退回到子串 T 的首位
        }
    }
    if (j > T[0])
```

```
        {
            return i - T[0];
        }
        else
            return 0;
    }
```

朴素的模式匹配算法的过程容易理解，而且在一些应用场合效率也较高。在匹配成功的前提下，设主串 S 长度为 n，子串 T 长度为 m，考虑以下两种极端情况算法时间复杂度。

（1）最好情况：不成功的匹配都发生在子串 T 的第一个字符。例如：

S=“bbbbbbcdeqqqq”

T=“cde”

设在主串的第 i 个位置匹配成功，则前 $i-1$ 趟匹配均不成功，且共比较了 $i-1$ 次，在第 i 趟的成功匹配中比较了 m 次，所以总共比较了 $i-1+m$ 次，所有匹配成功的可能情况共有 $n-m+1$ 种。因此，最好情况下匹配成功的平均比较次数为

$$\sum_{i=1}^{n-m+1} p_i(i-1+m)=\frac{1}{n-m+1}\sum_{i=1}^{n-m+1}(i-1+m)=\frac{(n+m)}{2}$$

所以最好情况下的平均时间复杂度为 $O(n+m)$。

（2）最坏情况：不成功的匹配都发生在子串 T 的最后一个字符。例如：

S=“bbbbbbbbcqqqq”

T=“bbbc”

设在主串的第 i 个位置匹配成功，则前 $i-1$ 趟匹配均不成功，且共比较了$(i-1)\times m$ 次，在第 i 趟的成功匹配中比较了 m 次，所以总共比较了 $i\times m$ 次。因此，最坏情况下匹配成功的平均比较次数为

$$\sum_{i=1}^{n-m+1} p_i(i\times m)=\frac{1}{n-m+1}\sum_{i=1}^{n-m+1}(i\times m)=\frac{m(n-m+2)}{2}$$

所以最坏情况下的平均时间复杂度为 $O(n\times m)$。

5.3.2 KMP 算法

D.E.Knuth、J.H.Morris 和 V.R.Pratt 提出一种改进的模式匹配算法，被称为克努特-莫里斯-普拉特操作，简称 KMP 算法。该算法主要消除了主串指针回溯，使得算法效率有了某种程度的提高。

先来看下主串 S=“ababaabaabc”，模式串 T=“abaabc”的朴素的模式匹配算法以及 KMP 模式匹配算法过程，如图 5-5、图 5-6 所示。

可以发现在 KMP 的整个匹配过程中，每一次匹配出现字符比较不相等时，i 指针不需要回溯，而是让模式串向右移动最大的距离，然后继续比较。j 指针回溯的距离就相当于模式串向右移动的距离。j 指针回溯得越多，说明模式串向右移动的距离越长。计算模式串向右移动的距离，就可以转化为计算当某字符匹配失败后，j 指针回溯的位置。

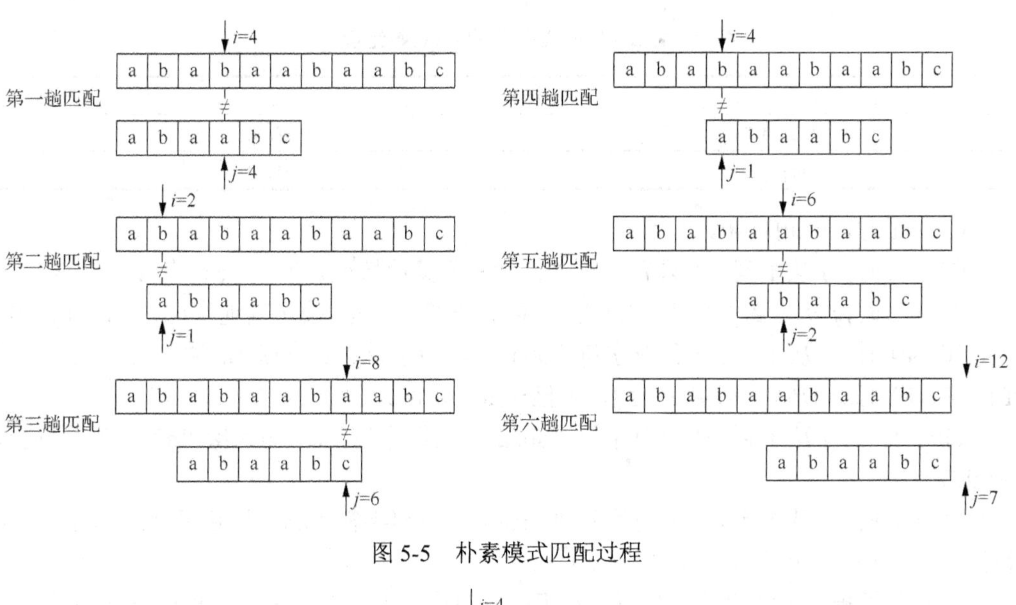

图 5-5　朴素模式匹配过程

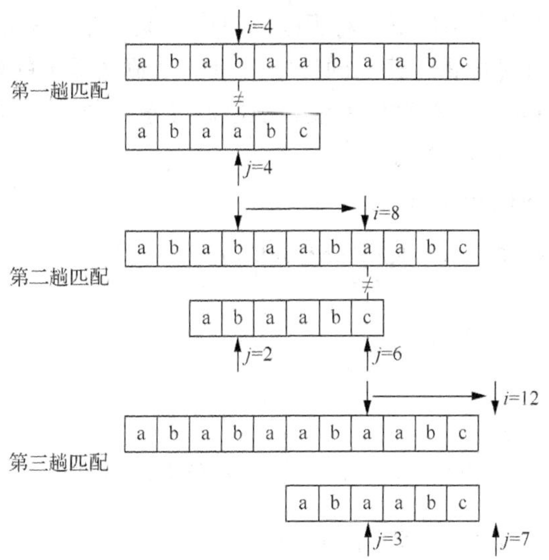

图 5-6　KMP 模式匹配算法过程

对于一个给定的模式串，其中每个字符都有可能会遇到匹配失败的情况，这时对应的 j 需要回溯，具体回溯的位置取决于子串，与主串无关。

令 next[j]=k，其匹配失败时，在模式中重新寻找比较字符的位置，其可定义如下：

$$\text{next}[j]=\begin{cases}0 & \text{当} j=1 \text{时} \\ \text{Max}\{k \mid 1<k<j，\text{且}"t_1\cdots t_{k-1}"="t_{j-k+1}\cdots t_{j-1}"\} & \text{当此集合不为空时} \\ 1 & k=1\end{cases}$$

模式串 T=“abaabc”的 next 数组值的推导如表 5-1 所示。

表 5-1　模式串 T 的 next 数组值

j	123456
模式串 T	abaabc
next[j]	011223

① j=1 时，next[1]=0。

② j=2 时，j 从 1 到 j-1 只有字符“a”，属于其他情况，所以 next[2]=1。

③ j=3 时，j 从 1 到 j-1 串是“ab”，明显“a”与“b”不等，属于其他情况，故 next[3]=1。

④ j=4 时，j 从 1 到 j-1 只有字符“aba”，前缀字符“a”与后缀字符“a”相等，由'P1…P_{k-1}'='P_{j-k+1}…P_{j-1}'，得到 P_1=P_3，可推出 next[4]=2。

⑤ j=5 时，j 从 1 到 j-1 只有字符“abaa”，前缀字符“a”与后缀“a”相等，同上，next[5]=2。

⑥ j=6 时，j 从 1 到 j-1 只有字符“abaab”，前缀字符“ab”与后缀“ab”相等，可得到 P_1P_2=P_4P_5，所以 next[6]=3。

next 数组推导方法可总结如下：对于模式串中的某一字符来说，提取它前面的字符串，分别从字符串的两端查看连续相同的字符串的个数（即串的前后缀的相似度），在其基础上加 1，结果就是该字符对应的值。这里要注意，每个模式串的第一个字符对应的值为 0，第二个字符对应的值为 1。

求子串 next 数组的代码如下：

```
void get_next(String T, int* next)
{
    int i, k;
    i = 1;
    k = 0;
    next[1] = 0;
    while (i < T[0])            //T[0]存储串 T 的长度
    {
        if (k == 0 || T[i] == T[k])
        {
            ++i;
            ++k;
            next[i] = k;
        }
        else
            k = next[k];        //若字符不相同，则 k 值回溯
    }
}
```

KMP 模式匹配算法代码如下：

```
int Index_KMP(String S, String T, int pos)
{
```

```
    int i = pos;                    //i 为主串 S 中当前位置下标值
    int j = 1;                      //j 用于子串 T 中当前位置下标值
    int next[255];                  //定义 next 数组
    get_next(T, next);              //对串 T 作分析，得到 next 数组
    while (i <= S[0] && j <= T[0])
    //若 i 小于 S 的长度并且 j 小于 T 的长度时，循环继续
    {
        if (j == 0 || S[i] == T[j])
        //两字母相等则继续，与朴素算法增加了 j=0 判断
        {
            ++i;
            ++j;
        }
        else                        //指针后退重新开始匹配
        {
            j = next[j];            //j 退回合适的位置，i 值不变
        }
    }
    if (j > T[0])
        return i - T[0];
    else
        return 0;
}
```

KMP 算法还是有缺点的。例如，主串 *S*=“aaaaqwe”，子串 *T*=“aaaab”，子串 next 数组值分别为 01234。一开始，进行到 *i*=5、*j*=5 时，主串第五位置的“q”与子串第五位置的“b”不相等，因此 *j*=next[5]=4，此时 *i*=5、*j*=4，“q”与子串第四位置的“a”依旧不等，同理，*i*=5、*j*=3，*i*=5、*j*=2，*i*=5、*j*=1 时，“q”与子串对应位置的“a”依旧不等。直到 *j*=next[1]=0,根据算法，此时 *i*++，*j*++，得到 *i*=6，*j*=1，即从主串的第六位置与子串第一位置开始比较。可以发现，上述有些步骤是多余的，可以用 nextval 数组对其改进，改进后的数组值分别为 00004。改进的 next 数组实现代码如下：

```
//求模式串 T 的 next 函数修正值并存入数组 nextval
void get_nextval(String T, int* nextval)
{
    int i, k;
    i = 1;
    k = 0;
    nextval[1] = 0;
    while (i < T[0])                        //T[0]为串 T 的长度
    {
        if (k == 0 || T[i] == T[k])         // T[i]表示后缀的单个字符,
                                            //T[k]表示前缀的单个字符
```

```
        {
            ++i;
            ++k;
            if (T[i] != T[k])            // 若当前字符与前缀字符不同
                nextval[i] = k;          // 则当前的 k 为 nextval 在 i 位置的值
            else
                nextval[i] = nextval[k]; //如果与前缀字符相同，则将前缀字符的
                                           nextval 值赋值给 nextval 在 i 位置的值
        }
        else
            k = nextval[k];              //若字符不相同，则 k 值回溯
    }
}
```

下面举两个例子看看串的 nextval 数组值的推导。

（1）子串 *T*= “abaabaab”，则推导如表 5-2 所示。

表 5-2　子串 *T* 的 nextval 数组值

j	12345678
模式串 *T*	abaabaab
next[*j*]	01122345
nextval[*j*]	01021021

首先，计算出 next 数组的值，再逐一计算判断。

① *j*=1 时，nextval[1]=0。

② *j*=2 时，第二位字符“b”的 next 值为 1，于是在模式串中查找第一位字符为“a”，“b”与“a”不相等，因此 nextval[2]=next[2]=1，保持原值。

③ *j*=3 时，第三位字符“a”的 next 值为 1，于是在模式串中查找第一位字符为“a”，“a”与“a”相等，nextval[3]=nextval[1]=0。

④ *j*=4 时，第四位字符“a”的 next 值为 2，于是在模式串中查找第二位字符为“b”，“a”与“b”不相等，因此 nextval[4]=next[4]=2。

⑤ *j*=5 时，第五位字符“b”的 next 值为 2，于是在模式串中查找第二位字符为“b”，“b”与“b”相等，因此 nextval[5]=nextval[2]=1。

⑥ *j*=6 时，第六位字符“a”的 next 值为 3，于是在模式串中查找第三位字符为“a”，“a”与“a”相等，因此 nextval[6]=nextval[3]=0。

⑦ *j*=7 时，第七位字符“a”的 next 值为 4，于是在模式串中查找第四位字符为“a”，“a”与“a”相等，因此 nextval[7]=nextval[4]=2。

⑧ *j*=8 时，第八位字符“b”的 next 值为 5，于是在模式串中查找第五位字符为“b”，“b”与“b”相等，因此 nextval[8]=nextval[5]=1。

（2）子串 *H*= “nnnnnnng”，则推导如表 5-3 所示。

表 5-3　子串 H 的 nextval 数组值

j	123456789
模式串 H	nnnnnnnng
next[j]	012345678
nextval[j]	000000008

首先，计算出 next 数组的值 012345678，接着分别判断。

① j=1 时，nextval[1]=0。

② j=2 时，next 值为 1，第二位字符“n”与第一位字符“n”相等，所以 nextval[2]=nextval[1]=0。

③ 同理，其后都为 0。

④ 直到 j=9，next 值为 8，第九位字符“g”与第八位字符“a”不相等，所以 nextval[9]=next[9]=8。

nextval 数组推导方法可总结如下：先计算出 next 数组值，如果模式串第 m 位字符与它的 next 值指向的第 n 位字符相等，则第 m 位的 nextval 值就指向第 n 位的 nextval 值；反之，第 m 位的 nextval 值就是第 m 位的 next 值。

课后习题

一、填空题

1．串的长度是指串中所含________的个数。

2．含零个字符的串称为________串，由一个或多个空格组成的串称为________串。

3．串 a=“shujujiegou”，串 b=“jiegou”，则串 b 在串 a 中的位置是________。

4．若串 c=“jiegou”，其子串的数目是________。

5．字符运算 Index(S,T,pos)的返回值是________。

6．字符串“aaab”的 next 数组值序列为________。

7．字符串“ababaaab”的 nextval 数组值序列为________。

二、简答题

1．令主串为 aaabbbababaabb，子串为 abaa，分别用 BF 算法和 KMP 算法给出其匹配过程，并讨论模式匹配的效率。

2．寻找两个字符串 M 和 N 中的最长公共子串。要求算法的时间复杂度为 O(m×n)。m 为串 M 的串长度，n 为串 N 的串长度。

第 6 章　数组与广义表

可以把数组与广义表看作是一种扩展的线性数据结构，其特殊性不像栈与队列那样反映在对数据元素的操作受限方面，而是反映在数据元素的结构上。从组成线性表的元素角度来看，数组是由具有某种结构的数据元素构成的，广义表则是由单个元素或子表构成的。因此数据和广义表中的数据元素可以是单个元素，也可以是具有线性结构的数据。从该角度讲，数组和广义表可以看作是线性表的扩充。

6.1　数组的定义

数组是由类型相同的数据元素构成的有序集合。其中每个元素称为数组元素，受到 n（$n \geqslant 1$）个线性关系的约束。元素在 n 个线性关系中的序号 i_1，i_2，…，i_n 称为该元素的下标，可以通过下标访问该数据元素。因为数组中每个元素处于 n（$n \geqslant 1$）个关系中，所以称该数组为 n 维数组。

数组是实现数据顺序存储表示的基本数据结构，线性表、树、图、集合等借助数组实现顺序存储。

m 行 n 列二维数组 $A[m][n]$以矩阵形式表示，如图 6-1（a）所示。它可以看成是由 n 个列向量组成的线性表，或者是一个 m 个行向量组成的线性表，分别如图 6-1（b）、（c）所示。

$$A_{m\times n}=\begin{bmatrix} a_{00} & a_{01} & \cdots & a_{0,n-1} \\ a_{10} & a_{11} & \cdots & a_{1,n-1} \\ \vdots & \vdots & & \vdots \\ a_{m-1,0} & a_{m-1,1} & \cdots & a_{m-1,n-1} \end{bmatrix}$$

（a）二维数组的矩阵形式表示

$$A_{m\times n}=\left[\begin{bmatrix} a_{00} \\ a_{10} \\ \vdots \\ a_{m-1,0} \end{bmatrix}\begin{bmatrix} a_{01} \\ a_{11} \\ \vdots \\ a_{m-1,1} \end{bmatrix}\cdots\begin{bmatrix} a_{0,n-1} \\ a_{1,n-1} \\ \vdots \\ a_{m-1,n-1} \end{bmatrix}\right]$$

（b）列向量的一维数组

$$A_{m\times n}=\begin{bmatrix} [a_{00} & a_{01} & \cdots & a_{0,n-1}] \\ [a_{10} & a_{11} & \cdots & a_{1,n-1}] \\ \vdots & \vdots & & \vdots \\ [a_{m-1,0} & a_{m-1,1} & \cdots & a_{m-1,n-1}] \end{bmatrix}$$

（c）行向量的一维数组

图 6-1　二维数组图例

一维数组即为线性表，二维数组则是数据元素是一维数组（线性表）的线性表。由此可得，一个 n 维数组类型可以定义为其数据元素为 n-1 维数组的一维数组类型，即 n 维数组中每个数据元素均是一个 n-1 维数组。

数组在定义之后，它的维数和维界就不再发生变化。因此，除了结构的初始化和销毁之外，数组只有存取元素和修改元素值的操作。存取和修改操作本质上只对应一种操作，即寻址（数据元素的定位）。

数组的抽象数据类型如下：

```
ADT Array{
    数据对象:ji=0,…,bi-1,i=1,2,…,n
             D={aj1j2…jn|aj1j2…jn ∈ElemSet,n(>0)称为数组的维数,
             bi是数组第i维的长度, ji是数组元素的第i维下标}
    数据关系:R={R1,R2, … , Rn}
                          Ri={<aj1…ji…jn, aj1…ji+1…jn>|
                                0≤jk≤bk-1, 1≤k≤n, 且k≠i,
                                0≤ji≤bk-2,
                                aj1…ji…jn, aj1…ji+1…jn ∈D, i=2,…,n}
    基本操作:
     (1)InitArray(&A, n, bound1, … , boundn)
    若维数n和各维的长度合法,则构造相应的数组A,并返回OK。
     (2)DestroyArray(&A)
    销毁数组A。
     (3)Value(A, &e, index1, … , indexn)
    若下标合法,则用e返回数组A中由index1, … , indexn所指定的元素的值,并返
回OK。
     (4)Assign(&A, e, index1, … , indexn)
    若下标合法,则将e赋值为数组A中由index1, … , indexn所指定的元素。
} ADT Array
```

6.2　数组的顺序存储

数组建立后，结构中的数据元素个数和元素之间的关系不再变化。所以，使用顺序存储结构表示数组较合适。

一维数组的顺序存储，数组中的元素按照一定规则顺序存放在一个连续存储空间。由于计算机中的存储空间是一维的，一维数组元素可直接映射到存储空间中。

设给长度为 n 的一维数组 $A[n]$分配的存储块的起始地址是 LOC(0)，假设每个数据元素占 L 个存储单元，则下标为 i 的数组元素存放地址 LOC(i)是

$$\mathrm{LOC}(i)=\mathrm{LOC}(0)+i\times L \quad (0\leqslant i\leqslant n)$$

接着看二维数组的顺序存储，它需要按照一定规则映射到一维存储空间。二维数组可看成是数据元素是一维数组的数组，有两种存储方式：行优先存储和列优先存储。二维数组 $B[m][n]$的存储方式如图 6-2 所示。

$a_{00}a_{01}\cdots a_{0,n-1}$	$a_{10}a_{11}\cdots a_{1,n-1}$	…	$a_{m-1,0}a_{m-1,1}\cdots a_{m-1,n-1}$

（a）行优先存储

$a_{00}a_{10}\cdots a_{m-1,0}$	$a_{01}a_{11}\cdots a_{m-1,1}$	…	$a_{0,n-1}a_{1,n-1}\cdots a_{m-1,n-1}$

（b）列优先存储

图 6-2　二维数组的两种存储方式

大多数语言都是使用行优先存储方式，如 C 语言和 Pascal 语言。设 $B[m][n]$ 的首个元素 a_{00} 的存储地址为 LOC(0,0)，现以行优先顺序存储数据元素，每个数据元素占 L 个存储单元，则数组元素 a_{ij} 的存储地址 $\mathrm{LOC}(i,j)$ 为

$$\mathrm{LOC}(i,j)=\mathrm{LOC}(0,0)+(i\times n+j)\times L\quad(0\leqslant i<m,\ 0\leqslant j<n)$$

三维数组按页、行、列存放，页优先的顺序存储。设有三维数组 $C[m_1][m_2][m_3]$，各维元素个数为 m_1，m_2，m_3。首个元素 a_{000} 的地址为 LOC(0,0,0)，每个数据元素占 L 个存储单元，则下标为 i_1，i_2，i_3 的数组元素的存储地址 $\mathrm{LOC}(i_1,i_2,i_3)$ 为

$$\mathrm{LOC}(i_1,i_2,i_3)=\mathrm{LOC}(0,0,0)+(i_1\times m_2\times m_3+i_2\times m_3+i_3)\times L\quad(0\leqslant i_1<\mathrm{m}_1,\ 0\leqslant i_2<\mathrm{m}_2,\ 0\leqslant i_3<m_3)$$

其中的 $i_1\times m_2\times m_3$ 代表的是前 i_1 页元素个数，$i_2\times m_3$ 代表的是第 i_1 页的前 i_2 行元素个数，i_3 代表的是第 i_2 行前 i_3 列元素个数。

将三维数组的存储地址推广，可得到多维数组的数据元素存储位置。

设有多维数组 $D[m_1][m_2]\ldots[m_n]$，则下标为 $i_1,i_2,\cdots,i_n$ 的数组元素存储地址为

$$\begin{aligned}\mathrm{LOC}(i_1,i_2,\cdots,i_n)=\mathrm{LOC}(0,0,\cdots,0)+\ &(i_1\times m_2\times m_3\times\cdots\times m_{n-1}\times m_n\\&+i_2\times m_3\times m_4\times\cdots\times m_{n-1}\times m_n+\cdots+i_{n-1}\times m_n+i_n)\times L\end{aligned}$$

该公式是首地址加上偏移量的形式，偏移量是存储在给定元素之前的元素个数总和乘以单个元素占的存储空间。计算存储地址的关键在于计算给定元素之前的元素个数。构造一个矩阵，其对角线为给定元素的下标，下三角全为 1，上三角则对应维度的长度，将矩阵的每一行相乘，然后将每一行的结果相加，就得到了给定元素之前的元素个数，如图 6-3 所示。

$$\begin{array}{ccccccccccccc} & i_1 & \times & m_2 & \times & m_3 & \times & m_4 & \times & \cdots & \times & m_n\\ + & 1 & \times & i_2 & \times & m_3 & \times & m_4 & \times & \cdots & \times & m_n\\ + & 1 & \times & 1 & \times & i_3 & \times & m_4 & \times & \cdots & \times & m_n\\ + & 1 & \times & 1 & \times & 1 & \times & i_4 & \times & \cdots & \times & m_n\\ + & 1 & \times & 1 & \times & 1 & \times & 1 & \times & \ddots & \times & m_n\\ + & 1 & \times & 1 & \times & 1 & \times & 1 & \times & \cdots & \times & i_n\end{array}$$

图 6-3　多维数组存储地址的求法

可以看出，数组元素的存储位置是其下标的线性函数，计算每个元素存储位置的时间相等，所以存取数组中任一元素的时间也相等，即数组为随机存取结构。

6.3　矩阵的压缩存储

矩阵是很多科学与工程计算问题中研究的数学对象。计算机相关人员关心的是矩阵在计算机中如何存储，从而使得矩阵的各种运算能有效地进行。

矩阵用二维数组来表示是最自然的方法。然而，在数值分析中经常出现一些阶数很高的矩阵，且同时在矩阵中有很多值相同的元素或者是零元素，这些矩阵在存储时很浪费空间，为了节省存储空间，可以对这类矩阵进行压缩存储。压缩存储指的是为多个值相同的元素只分配一个存储空间，对零元素不分配空间。

6.3.1　特殊矩阵的压缩存储

不管什么矩阵，最后都是存储到一维数组中。假若值相同的元素或者零元素在矩阵中的分布有一定规律，则称此类矩阵为特殊矩阵。特殊矩阵主要包括对称矩阵、三角矩阵和对角矩阵等，下面分别介绍这些矩阵的压缩存储。

1. 对称矩阵

在 n 阶矩阵 $\boldsymbol{A}$ 中，若有 $a_{ij}=a_{ji}(1\leqslant i,\ j\leqslant n)$，则称其为 n 阶对称矩阵。例如，三阶对称矩阵如图 6-4 所示。

$$A=\begin{bmatrix}1 & 2 & 3\\ 2 & 5 & 4\\ 3 & 4 & 7\end{bmatrix}$$

图 6-4　三阶对称矩阵示例

由于矩阵中沿主对角线两侧的矩阵元素相等，可以为每一对对称元素分配一个存储空间，这样 n^2 个矩阵元素就可压缩存储到大小为 $n(n+1)/2$ 的空间了。采用以行序为主序存储其下三角（包括对角线）中的元素。

现以一维数组 $b[n(n+1)/2]$作为 n 阶对称矩阵的存储结构，则任一矩阵元素 a_{ij} 在数组中的下标 k 与 i、j 的对应关系如下：

$$k=\begin{cases}\dfrac{i(i-1)}{2}+j-1 & 当 i\geqslant j\\ \dfrac{j(j-1)}{2}+i-1 & 当 i<j\end{cases}$$

任意的下标（i，j）（$1\leqslant i$，$j\leqslant n$）均可在 b 中找到矩阵元素 a_{ij}；反之，对所有的 k（$0\leqslant k\leqslant n(n+1)/2$）都可确定 $b[k]$中的元素在矩阵中对应的位置（i，j）。为此，称数组 $b[n(n+1)/2]$为 n 阶对称矩阵 $\boldsymbol{A}$ 的压缩存储，如图 6-5 所示。

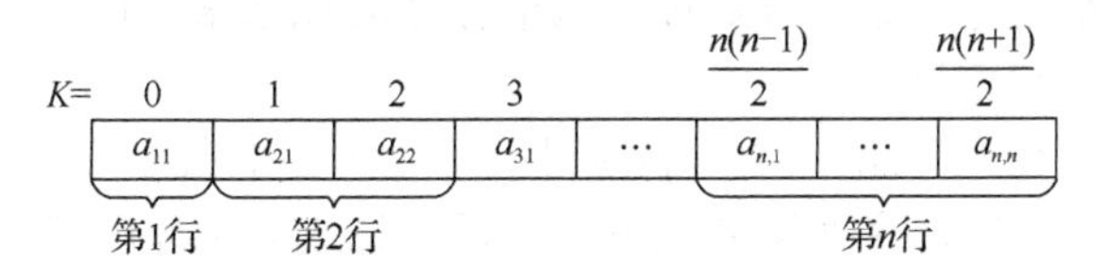

图 6-5　对称矩阵的压缩存储

2. 三角矩阵

主对角线以下元素全为零或者为常数 c 的矩阵称为上三角矩阵。主对角线以上元素全为零或者为常数 c 的矩阵称为下三角矩阵。上、下三角矩阵采用对称矩阵的存储方式，存储主对角及其以上（或以下）的元素，再加一个存储常数 c 的空间。例如，四阶上三角矩阵如图 6-6 所示。

$$A=\begin{bmatrix}1 & 2 & 3 & 4\\ 0 & 5 & 6 & 7\\ 0 & 0 & 8 & 9\\ 0 & 0 & 0 & 10\end{bmatrix}$$

图 6-6　四阶上三角矩阵示例

（1）上三角矩阵中 $b[k]$与元素 a_{ij} 的对应关系为

$$k=\begin{cases}\dfrac{(2n-i+2)(i-1)}{2}+j-i & 当 i\leqslant j\\ \dfrac{n(n+1)}{2} & 当 i>j\end{cases}$$

（2）下三角矩阵中 $b[k]$与元素 a_{ij} 的对应关系为

$$k=\begin{cases}\dfrac{i(i-1)}{2}+j-1 & \text{当} i \geqslant j \\ \dfrac{n(n+1)}{2} & \text{当} i<j\end{cases}$$

3. 对角矩阵

对角矩阵所有的非零元素都集中在以主对角线为中心的带状区域中，对角矩阵也称带状矩阵。特点是除了带状区域中的元素，其他元素都是零。三对角矩阵如图 6-7 所示。对于对角矩阵，可以按照某个原则（或以行为主，或以对角线为主）将其压缩到一维数组上。

$$A=\begin{bmatrix} a_{11} & a_{12} & 0 & 0 & 0 \\ a_{21} & a_{22} & a_{23} & 0 & 0 \\ 0 & a_{32} & a_{33} & a_{34} & 0 \\ 0 & 0 & a_{43} & a_{44} & a_{45} \\ 0 & 0 & 0 & a_{54} & a_{55} \end{bmatrix}$$

图 6-7　三对角矩阵

上述几类特殊矩阵，非零元素的分布都有着明显的规律，因此可将其压缩存储到一维数组中去，且能够找到每个非零元素在一维数组中的对应关系。

6.3.2　稀疏矩阵

矩阵中非零元素数量占总元素总数的比例称为矩阵的稠密度。通常认为矩阵的稠密度小于 0.05 时就称作稀疏矩阵。稀疏矩阵包含大量的零元素，而且零元素的位置分布没有规律。稀疏矩阵常用于图像处理、大规模集成电路设计等领域。

存储稀疏矩阵的两种主要方式是三元组表和十字链表。

1. 三元组表

稀疏矩阵中大都是零元素，若是按照压缩存储的概念来存储非零元素，那么非零元素的位置信息也要一起存储。

稀疏矩阵采用一个三元组(i，j，a_{ij})便可确定矩阵中的某个元素，其中 i 是行号，j 是列号，a_{ij} 是元素值。在顺序存储方式下，按行优先或列优先顺序存储稀疏矩阵的所有三元组，便可得到三元组表，三元组表用一维数组顺序存储。

例如，稀疏矩阵 ***M***、***T*** 对应的三元组表如图 6-8 所示。

稀疏矩阵的三元组顺序存储表示如下：

```
#define MAXSIZE 10000                //假设非零元素个数的最大值是 10000
typedef struct
{
    int i, j;                        //该非零元素的行下标、列下标
    ElemType e;                      //非零元素值
}Triple;
typedef struct
{
    Triple data[MAXSIZE + 1];        // data[0]未用
    int mu, nu, tu;                  //矩阵的行数、列数以及非零元素个数
}TSMatrix;
```

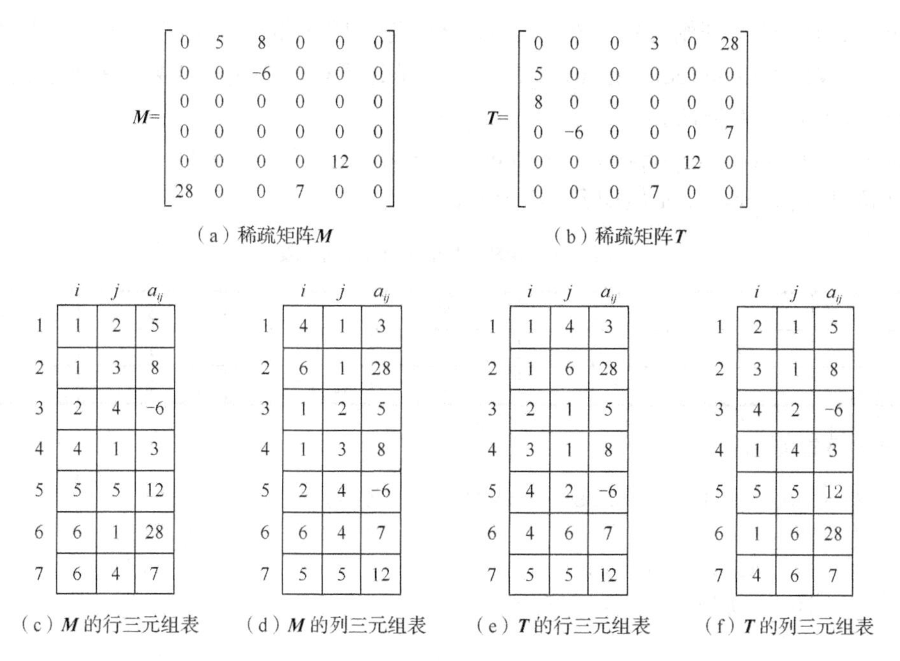

$$
M=\begin{bmatrix}0&5&8&0&0&0\\0&0&-6&0&0&0\\0&0&0&0&0&0\\0&0&0&0&0&0\\0&0&0&0&12&0\\28&0&0&7&0&0\end{bmatrix}
$$

（a）稀疏矩阵 M

$$
T=\begin{bmatrix}0&0&0&3&0&28\\5&0&0&0&0&0\\8&0&0&0&0&0\\0&-6&0&0&0&7\\0&0&0&0&12&0\\0&0&0&7&0&0\end{bmatrix}
$$

（b）稀疏矩阵 T

	i	j	a_{ij}
1	1	2	5
2	1	3	8
3	2	4	−6
4	4	1	3
5	5	5	12
6	6	1	28
7	6	4	7

（c）M 的行三元组表

	i	j	a_{ij}
1	4	1	3
2	6	1	28
3	1	2	5
4	1	3	8
5	2	4	−6
6	6	4	7
7	5	5	12

（d）M 的列三元组表

	i	j	a_{ij}
1	1	4	3
2	1	6	28
3	2	1	5
4	3	1	8
5	4	2	−6
6	4	6	7
7	5	5	12

（e）T 的行三元组表

	i	j	a_{ij}
1	2	1	5
2	3	1	8
3	4	2	−6
4	1	4	3
5	5	5	12
6	1	6	28
7	4	6	7

（f）T 的列三元组表

图 6-8　稀疏矩阵

此处，data 域表示非零元素的三元组是以行序为主序顺序排列的。下面介绍在这种压缩存储结构下的矩阵转置运算。

稀疏矩阵转置过后的矩阵依旧是稀疏矩阵。例如，一个 $s\times t$ 的矩阵 $\boldsymbol{E}$，它的转置矩阵就是 $t\times s$ 的矩阵 $\boldsymbol{F}$，并且 $\boldsymbol{F}(i,j)=\boldsymbol{E}(j,i)$。其中，$1\leqslant i\leqslant t$，$1\leqslant j\leqslant s$。一般矩阵转置的算法如下，其算法时间复杂度为 $O(m\times n)$。

```
//source 是一个 m×n 矩阵，转置以后的矩阵为 dest
for (i=1; i<=m; i++)
    for (j=1; j<=n; j++)
        dest[j][i] = source[i][j];
```

对于稀疏矩阵，可采用快速转置方法来实现转置。以图 6-8 中的矩阵为例，依次按 $\boldsymbol{M}$ 的三元组表的次序进行转置，转置后直接放到矩阵 $\boldsymbol{T}$ 的三元组表的正确位置上。这种转置算法称为快速转置算法。

为了能将待转置矩阵 $\boldsymbol{M}$ 中的元素一次性定位到矩阵 $\boldsymbol{T}$ 的三元组表中的正确位置上，需要提前计算以下数据：

（1）待转置矩阵 $\boldsymbol{M}$ 的每一列中非零元素的个数（即转置后矩阵 $\boldsymbol{T}$ 每一行中非零元素的个数）；

（2）在待转置矩阵 $\boldsymbol{M}$ 中，每一列第一个非零元素在矩阵 $\boldsymbol{T}$ 的三元组表中的正确位置。

为此，需要设两个数组 num 和 cpot，其中 num[col]用来存放矩阵 $\boldsymbol{M}$ 第 col 列中非零元素个数，cpot[col]用来存放矩阵 $\boldsymbol{M}$ 第 col 列中第一个非零元素在矩阵 $\boldsymbol{T}$ 的三元组表中的正确位置。

num[col]的计算方法如下：

num[col]的值一开始设置为 0，然后扫描一遍矩阵 ***M*** 的三元组表，一旦扫描到列号为 col 的元素，则 num[col]=num[col]+1。也就是计算矩阵 ***M*** 第 col 列非零元素的个数。

cpot[col]的计算方法如下：

cpot[1]=1，cpot[col]=cpot[col−1]+num[col−1]，其中 2≤col≤M.nu。

矩阵 ***M*** 的 num、copt 值如表 6-1 所示。

表 6-1　矩阵 *M* 的 num、copt 值

col	1	2	3	4	5	6
num[col]	2	1	1	2	1	0
copt[col]	1	3	4	5	7	8

快速转置算法如下：

```
Status FastTransposeSMatrix(TSMatrix M, TSMatrix &T)
{
    int col, t, p, q;
    int num[20], cpot[20];
    T.mu = M.nu;
    T.nu = M.mu;
    T.tu = M.tu;
    if (T.tu)
    {
        for (col = 1; col <= M.nu; ++col)
            num[col] = 0;
        for (t = 1; t <= M.tu; ++t)
            ++num[M.data[t].j];               //求 M 中每一列的非零元素个数
        cpot[1] = 1;
        for (col = 2; col <= M.nu; ++col)
            cpot[col] = cpot[col - 1] + num[col - 1];
          //求 M 第 col 列中第一个非零元素在 T 的三元组表的序号
        for (p = 1; p <= M.tu; ++p)
        {
            col = M.data[p].j;
            q = cpot[col];
            T.data[q].i = M.data[p].j;
            T.data[q].j = M.data[p].i;
            T.data[q].e = M.data[p].e;
            ++cpot[col];
        }
    }
  return OK;
}
```

与用二维数组存储稀疏矩阵比较，用三元组表所表示的稀疏矩阵不仅节约了空间，而且使得矩阵某些运算的运算时间比经典算法还少。但是在进行矩阵加法、减法和乘法等运算时，矩阵中的非零元素的位置和个数会发生很大的变化。为避免大量数据元素的移动，可采用链接存储方式来存储稀疏矩阵，下面来介绍这种链接存储方式——十字链表。

2. 十字链表

十字链表是计算机科学中的一种高级数据结构。在十字链表中，矩阵的每一个非零元素用一个包含 5 个域的结点表示。除了(row，col，value)以外，该结点还要有以下两个链域：向右域 right（用于链接同一行中的下一个非零元素）和向下域 down（用于链接同一列中的下一个非零元素）。十字链表中结点的结构示意如图 6-9 所示。

下面给出稀疏矩阵 $\boldsymbol{Q}$ 的十字链表，如图 6-10 所示。

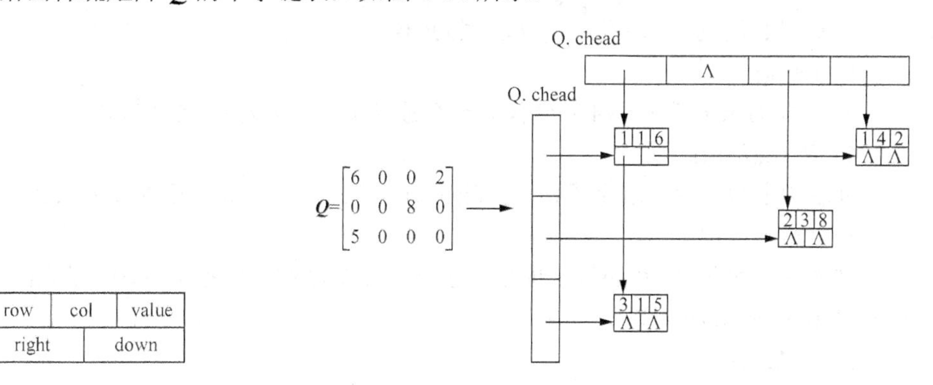

图 6-9　十字链表中结点的结构示意　　　图 6-10　稀疏矩阵 $\boldsymbol{Q}$ 的十字链表

从图 6-10 可以发现，使用十字链表压缩存储稀疏矩阵时，矩阵中的各行各列都用链表存储，同一行的非零元素通过 right 域连接成一个线性链表，同一列的非零元素通过 down 域连接成一个线性链表，每个非零元素既是某个行链表中的一个结点，又是某个列链表中的一个结点，整个矩阵构成了一个十字交叉的链表，因此称这样的存储结构为十字链表。与此同时，行链表的头指针存储到 rhead 数组中，列链表的头指针存储到 chead 数组中。

十字链表的优点在于它能灵活地插入因运算而产生的新的非零元素，删除因运算而产生的新的零元素，实现矩阵的各种运算。

6.4 广　义　表

6.4.1 广义表的定义

广义表（generalized lists）又称为列表（lists，用复数表示与一般线性表的区别），是 $n \geqslant 1$ 个元素 $a_1, a_2, \cdots, a_n$ 的有限序列，广义表一般记作

$$\mathrm{LS} = (a_1, a_2, \cdots, a_n)$$

其中，每一个 $a_i\,(1 \leqslant i \leqslant n)$既可以是单个元素，也可以是广义表，分别称为广义表 LS 的原子和子表。

然而，在线性表中 a_i 只能是单个元素。LS 是广义表$(a_1, a_2, \cdots, a_n)$的名字，n 是广义

表的长度。通常情况下，广义表的名字用大写字母表示，原子用小写字母表示。当广义表 LS 不是空表时，称第一个数据元素 a_1 为表头（Head），剩下的元素构成的表$(a_2,\cdots, a_n)$为表尾（Tail）。除非广义表为空表，否则广义表一定具有表头和表尾，且广义表的表尾一定是一个广义表。

由此可见，广义表的定义是递归定义的，因为在定义广义表时又使用了广义表的概念。下面列举一些广义表的例子来帮助理解。

1）M=()

M 是一个空表，长度为 0。

2）N=(( ))

列表 N 长度为 1，表头为( )，表尾为( )。

3）O=(u)

列表 O 的长度是 1，列表 O 仅有一个原子 u。表头为 u，表尾为( )。

4）P=(a,(b, c))

列表 P 长度为 2，由原子 a、子表(b, c)组成。表头为 a，表尾为 (b, c)。

5）R=(M,O,P)

列表 R 长度为 3，R 的每一项都是子表。表头为 M，表尾为(O,P)。子表的值代入后，则有 R=(( ), (u),(a,(b, c)))。

6）S=(a, S)

列表长度为 2。第一项为原子，第二项为它本身。表头为 a，表尾为(S)。这是一个递归的表。S 相当于一个无限的列表 S=(a,(a,(a, …)))。

6.4.2 广义表的性质

广义表有一些重要的性质：

（1）广义表的长度定义为最外层所包含的元素个数。例如，P=(a,(b,c))是长度为 2 的广义表。

（2）广义表的深度定义为该广义表展开后所包含括号的重数。例如，R=(( ), (u),(a,(b,c)))的深度为 3。这里要注意，原子的深度为 0，空表的深度为 1。

（3）广义表是一个多层次的结构。因为广义表的元素可以是子表，子表的元素还可以是子表……如此，广义表可以用图形表示出来。广义表 R 如图 6-11 所示。图中圆圈表示列表，方块表示原子。

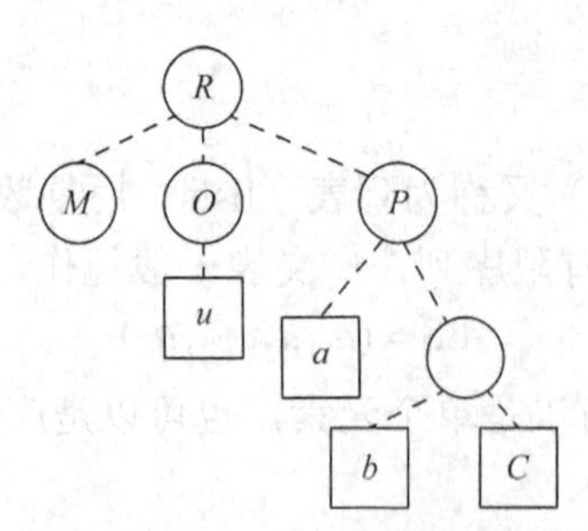

图 6-11 广义表的图形表示

（4）广义表可为其他广义表共享。上面例子中，列表 M、O、P 是 R 的子表，在 R 中可以不用列出子表的值，而是通过子表的名称来引用。

（5）广义表可以是一个递归的表。例如，列表 $S=(a,S)=(a,(a,(a,\cdots)))$。这里要注意递归表的深度是无穷值，长度是有限值。

6.4.3　广义表的运算

广义表最常见的两个运算如下：

（1）取表头 GetHead(LS)：取出的表头是非空广义表的第一个元素，该元素可以是一个单原子或者是一个子表。

（2）取表尾 GetTail(LS)：取出的表尾为除去表头元素以外其他元素所构成的表。表尾是一个子表。

例如：

GetHead(O)=u，GetTail(O)=( )；

GetHead(R)=M，GetTail(R)=(O,P)。

因为(O,P)是非空列表，还可继续分解：

GetHead((O,P))=O，GetTail((O,P))=(P)。

已知 $A=(a,b,(c,d),(e,(f,g)))$，求 GetHead(GetTail(GetHead(GetTail(GetTail(A))))) =?

① 计算 GetTail(A)=(b,(c,d),(e,(f,g)))；

② 计算 GetTail(GetTail(A))=((c,d),(e,(f,g)))；

③ 计算 GetHead(GetTail(GetTail(A)))=(c,d)；

④ 计算 GetTail(GetHead(GetTail(GetTail(A))))=(d)；

⑤ 最后计算 GetHead(GetTail(GetHead(GetTail(GetTail(A)))))=d。

6.4.4　广义表的存储结构

由于广义表中既可以存储原子（不可再分的数据元素），也可以存储子表，因此很难使用顺序存储结构表示，通常情况下广义表结构采用链式存储结构。

使用链表存储广义表，首先需要确定链表中结点的结构。广义表中有两类结点：一类是单个元素结点，另一类是子表结点。任何一个非空的广义表都可以分解成表头和表尾两部分；反之，一对确定的表头和表尾可以唯一地确定一个广义表。由此，一个表结点可由三个域构成：标志域、指向表头的指针域和指向表尾的指针域。而元素结点只需要两个域：标志域和值域。广义表的头尾链表存储结构如图 6-12 所示。

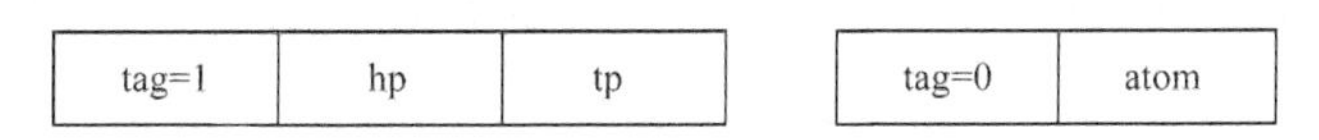

图 6-12　广义表的头尾链表存储结构

其形式定义如下：

```
    //广义表的头尾链表存储结构
    typedef enum { ATOM,LIST }ElemTag;   //当 ATOM 为 0 表示原子结构，当 LIST
为 1 表示子表结构
```

```
typedef struct GLNode
{
   ElemTag tag;                    //标志位 tag 用来区别原子结点和子表结点
union
{
        //当表示原子结点时，使用 atom 变量，反之使用结构体
        AtomType atom;             //定义原子结点的变量
        struct { struct GLNode* hp, * tp; } ptr
                               //ptr 是表结点的指针域，hp 指向表头，tp 指向表尾
    };
} *GList;
```

广义表 $H=(e,(f,g,h))$由一个原子 e 和子表(f,g,h)构成，其中子表(f,g,h)是由原子 f、g、h 构成。广义表 H 的存储结构如图 6-13 所示。

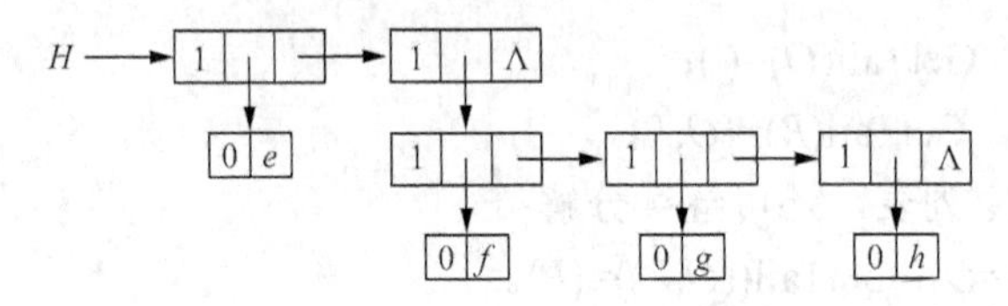

图 6-13 广义表 H 的存储结构

由图 6-13 可知，存储原子 e、f、g、h 时均利用子表包裹来表示，原子 e 和子表(f,g,h)在广义表中同属一级，而原子 f、g、h 也同属一级。

还有另一种广义表存储结构，称为扩展性链表存储结构。在这种结构中，无论是单元素结点还是子表结点均由三个域构成。其结构如图 6-14 所示。

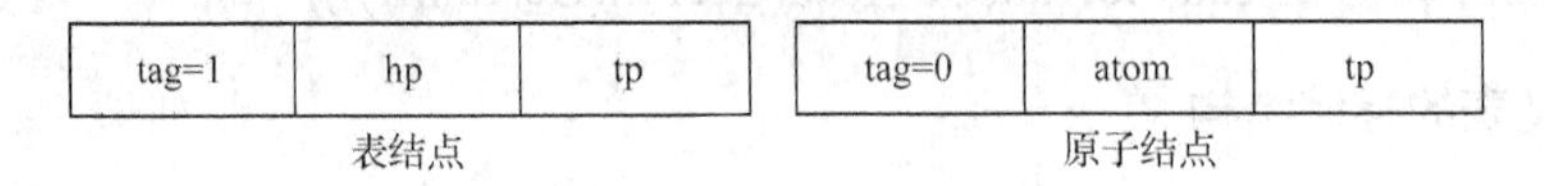

图 6-14 广义表的扩展性链表存储结构

其定义形式如下：

```
//广义表的扩展线性链表存储表示
typedef enum {ATOM, LIST} ElemTag; //当 ATOM 为 0 表示原子结构，当 LIST 为
1 表示子表结构
typedef struct GLNode
{
   ElemTag  tag;                    //标志域 tag 用来区别原子结点和子表结点
   union
{
      AtomType atom;                //定义原子结点的变量
      struct GLNode * hp;           //表结点的指针域，hp 指向表头
};
   struct GLNode * tp;              //tp 相当于链表的 next 指针，用于指向下一
个数据元素
} *GList;
```

广义表 H=(e,(f,g,h))的另一种存储结构如图 6-15 所示。

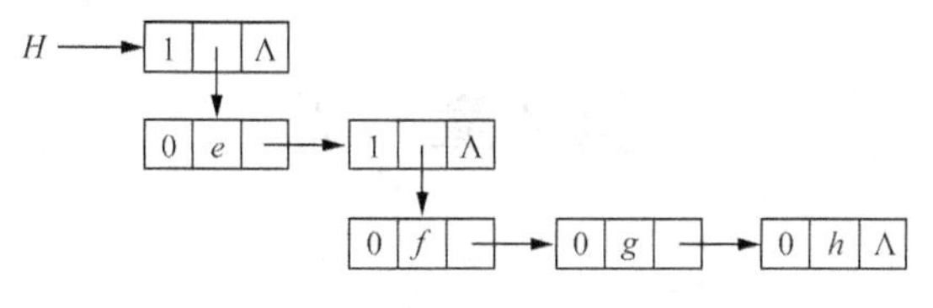

图 6-15　广义表的另一种存储结构

观察图 6-13 和图 6-15，可以发现第二种方式与第一种方式不同的是该存储方式中的表结点和原子结点都有一个指针指向同一层中下一个元素结点的指针。该指针类似于单向链表中的 next 指针，把同一层的元素结点链接到一起。

课 后 习 题

一、填空题

1．现以行优先顺序存储数组 A[6][6]，假设 A[0][0]的地址为 100，每个元素占 4 个字节，则下标变量 A[4][2]的地址是________。

2．存储稀疏矩阵一般的压缩存储方法有两种，即________和________。

3．对矩阵压缩存储是为了________。

4．假设有一个 8 阶的对称矩阵 $\boldsymbol{A}$，采用压缩存储方式，以行序为主序压缩存储其下三角（包括对角线）中的元素在一维数组 b 中，则矩阵元素 a_{56} 在数组 b 中对应的下标 k=________。

5．在稀疏矩阵的快速转置算法中，num[col]表示源矩阵 $\boldsymbol{M}$ 中第 col 列中________的个数。

6．假设有一个 90×90 的稀疏矩阵，非 0 元素有 5 个，设每个整型数占两个字节，则用三元组表示该矩阵时，所需的字节数是________。

7．广义表((a,b,m,n))的表头是________，表尾是________。

8．已知广义表 LS=((a,b,c),(m,n,o))，则 GetHead(GetTail(GetHead(GetTail(LS))))=________。

二、简答题

1．假设有 6 行 7 列的二维数组 A（下标从 0 开始），每个元素占用 4 个字节存储，二维数组的基地址为 1000，请计算：

（1）该数组占用的字节数；

（2）该数组的最后一个元素的地址；

（3）按行优先顺序存储元素时 A[3][5]的地址。

2．画出广义表 J=((),a,(b,(c,m)),(n,o))的两种存储结构图示。

第7章　树

前面章节介绍的数据结构均为线性结构。线性结构是一个有序数据元素的集合，数据元素之间为一对一的关系，除首尾元素外，其余元素均有唯一前驱与唯一后继，首元素有唯一后继无前驱，尾元素有唯一前驱无后继。

本章和第 8 章分别介绍两种非线性数据结构——树和图。非线性数据结构的结点关系和形态不再像线性结构那么单纯、直接。基于它的特性，在生活当中非线性数据结构所能描述和处理的问题更加广泛、复杂化。

7.1　树的定义及相关概念

7.1.1　树的定义

树（tree）：$n(n \geqslant 0)$个结点的有限集。若$n=0$，称为空树；若$n>0$，则它满足如下两个条件：

（1）有且仅有一个特定的称为根（root）的结点，它没有直接前驱，但有零个或多个直接后继；

（2）其余结点可划分为$m(m \geqslant 0)$个互不相交的有限集$T_1,T_2,T_3,\cdots,T_m$，其中每一个集合本身又是一棵树，并且称为根的子树。

为便于对上述定义的理解，给出一棵树的逻辑结构示例，如图 7-1 所示。

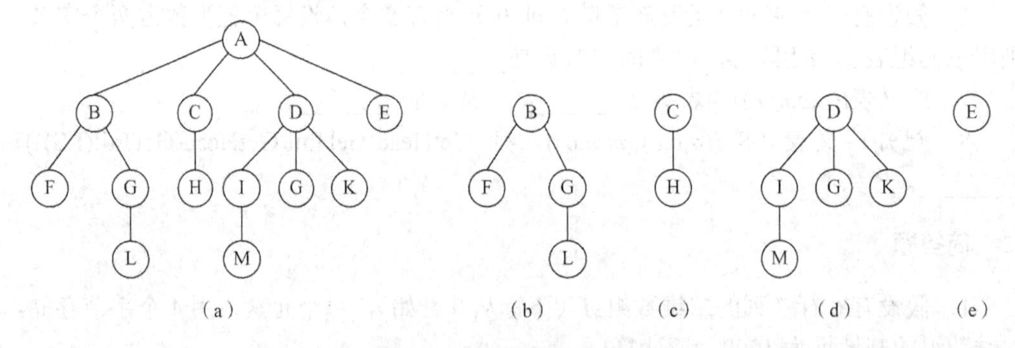

图 7-1　树的逻辑结构示例

图 7-1（a）是一棵以 A 为根结点的树，它有四棵子树，分别为图 7-1（b）、图 7-1（c）、图 7-1（d）、图 7-1（e）。而这四棵树又各自是一棵独立的树。图 7-1（b）是以 B 为根结点的树，有两棵子树，分别为 F 和由 G、L 组成的树；图 7-1（c）是以 C 为根结点的

树，有一棵子树 H；图 7-1（d）是以 D 为根结点的树，有三棵子树，分别为由 I 与 M 组成的树、G 和 K；图 7-1（e）是以 E 为根结点的树（同时 E 也为叶子结点，后续会讲到），其无子树。根据对树定义的讲解，也可以清楚地看出树的定义其实也是递归。

7.1.2　树的图解方法

图 7-1（a）是树的一种非常直观的图解表示方法，但树的表示方式不止这一种，现在将用树的其他图解表示法对图 7-1（a）依次进行表示。

方法一：嵌套集合表示法（又称文氏图表示法），如图 7-2 所示。

方法二：凹入表示法，它是用位置缩进来表示层次的，如图 7-3 所示。

方法三：广义表形式（又称嵌套括号表示法），即(A(B(F,(G(L))),C(H),D(I(M),J,K),E)。

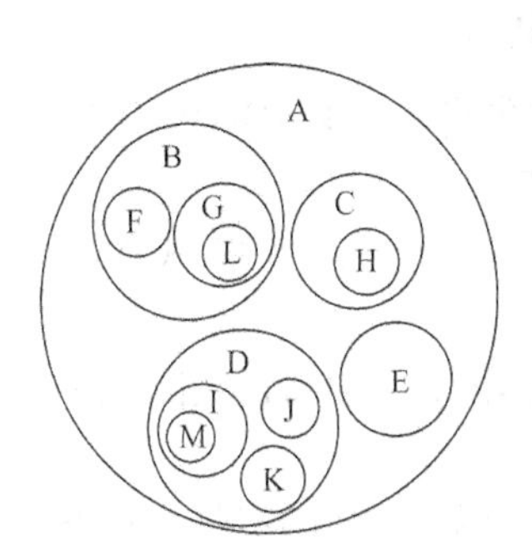

图 7-2　嵌套集合表示法

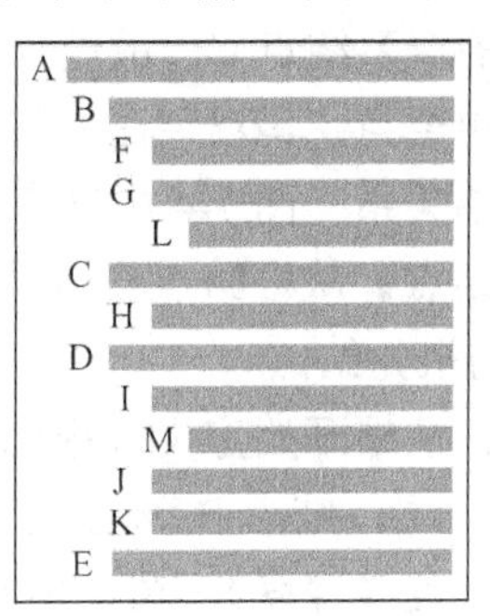

图 7-3　凹入表示法

7.1.3　树的基本术语

对于基本术语的解释，用图 7-4 作为示例。要想深刻理解，最好将它们与生活实际相结合。比如说对于兄弟结点的理解，在生活中有共同父母的两个孩子称为兄弟，那么在数据结构中的兄弟结点也有着共同的双亲结点。

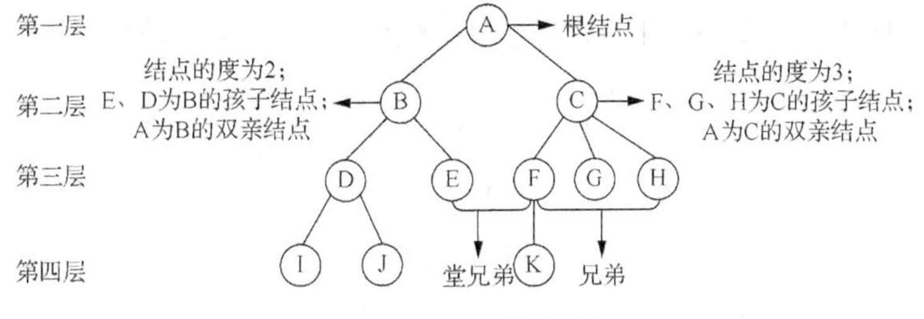

图 7-4　二叉树示例

结点：包括一个数据元素及若干指向其他结点的分支信息。图 7-4 中 A～K 均为结点。

根结点：非空树中，无前驱的结点。图 7-4 中结点 A 为根结点，一棵树中只有一个根结点。

内部结点：既有前驱又有后继的结点。图 7-4 中结点 B、C、D、F 称为内部结点。

结点的度：一个结点的子树个数。图 7-4 中结点 B 有两个孩子结点 D、E，所以度为 2。结点 C 有三个孩子结点 F、G、H，所以度为 3。其余结点同理。

叶子结点（终端结点）：度为 0 的结点，即结点无后继。图 7-4 中结点 I、J、E、K、G、H 无后继，则为叶子结点。反之，为**分支结点（非终端结点）**，即度不为 0 的结点。图 7-4 中结点 A、B、C、D、F 为分支结点。

树的度：树中所有结点的度的最大值。图 7-4 中结点 C 的度为 3，为该树所有结点中度的最大值，故该树的度为 3。

孩子结点：一个结点的直接后继。图 7-4 中结点 D、E 为结点 B 的孩子，结点 F、G、H 为结点 C 的孩子。

双亲结点：一个结点的直接前驱。结点 B 和 C 的双亲为结点 A。

兄弟结点：同一个双亲结点的孩子结点之间互称为兄弟结点。图 7-4 中结点 F、G、H 有共同的双亲结点 C，故结点 F、G、H 互为兄弟结点。

堂兄弟结点：其双亲在同一层的结点互为堂兄弟结点，也就是说其父亲是兄弟关系或者堂兄弟关系。图 7-4 中结点 E、F 互为堂兄弟结点。

祖先结点：从根结点到该结点的路径上的所有结点。图 7-4 中结点 A、B、D 为结点 I 和 J 的祖先结点。

层次：从根开始定义，根为第一层，根的孩子为第二层，以此类推。图 7-8 中根结点 A 为第一层，结点 B 和 C 为第二层。

树的高度（深度）：树中所有结点层次的最大值。图 7-4 中的树最大层次为 4。

前辈结点：层号比该结点小的结点，均称为该结点的前辈结点。图 7-4 中结点 A、B、C 均可称为结点 D 的前辈结点。

后辈结点：层号比该结点大的结点，均称为该结点的后辈结点。图 7-4 中结点 I、J、K 均可称为结点 D 的后辈结点。

有序树：在树中，如果各子树之间是有先后次序的，左右不可互换，称为有序树。反之称为**无序树**。

丰满树（理想平衡树）：除最底层外，其他层都是满的。

森林：若干棵互不相交的树的集合。图 7-5 为三棵树，它们组成了一个森林。

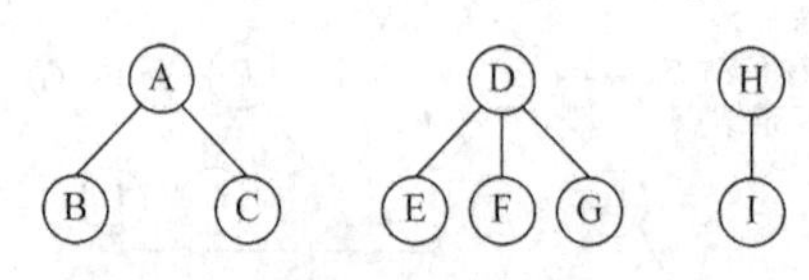

图 7-5 森林

7.1.4 树的抽象数据类型

下面给出树的抽象数据类型定义。

```
ADT Tree{
    数据对象 D:一个集合 D,该集合所有的元素均具有相同的特性。
    数据关系 R:如若 D 为空集,则为空树。若 D 中仅有一个数据元素,则导致 R 为空集。否则
R={H},H 是如下的二元关系:
            (1)在 D 中存在唯一的元素称为根 root,在关系 H 中无前驱;
```

(2)除 root 外,D 中每个结点在关系 H 当中有且仅有一个前驱。

基本操作:

(1)InitTree(Tree)

将 Tree 转化为一棵空树。

(2)DestoryTree(Tree)

销毁树 Tree。

(3)CreateTree(Tree)

创建树 Tree。

(4)TreeEmpty(Tree)

若 Tree 为空,则返回 True,否则返回 False。

(5)Root(Tree)

返回树 Tree 的根。

(6)Parent(Tree,x)

若 x 为非根结点,则返回它的双亲,否则返回"空"。

(7)FirstChild(Tree,x)

若 x 为非叶子结点,则返回它的第一个孩子结点,否则返回"空"。

(8)NextSibling(Tree,x)

若 x 不是其双亲的最后一个孩子结点,则返回 x 后面的下一个兄弟结点,否则返回"空"。

(9)InsertChild(Tree,p,Child)

将 Child 插入 Tree 中,做 p 所指向结点的子树。

(10)DeleteChild(Tree,p,i)

删除 Tree 中 p 所指向结点的第 i 棵子树。

(11)TraverseTree(Tree,Visit())

按照某种次序对树 Tree 的每个结点调用 Visit()函数访问一次且最多一次,一旦 visit()失败,则操作失败。

}ADT Tree;

7.1.5　树的存储结构

对于逻辑结构简单的线性结构，前面介绍了两种存储方式，分别为顺序存储结构和链式存储存储，那么树的存储也要用到这两种最为主要的存储方式。本小节将介绍树的三种主要存储方式：双亲表示法（顺序存储结构）、孩子表示法（顺序链式存储结构结合）、孩子兄弟表示法（链式存储结构）。

1. 双亲表示法

双亲表示法是一种简单直观的顺序存储结构，因此，用一个一维数组即可实现对树的存储。同时在每个结点中附设一个下标（伪指针）指示其双亲结点的位置。结点结构如图 7-6 所示。

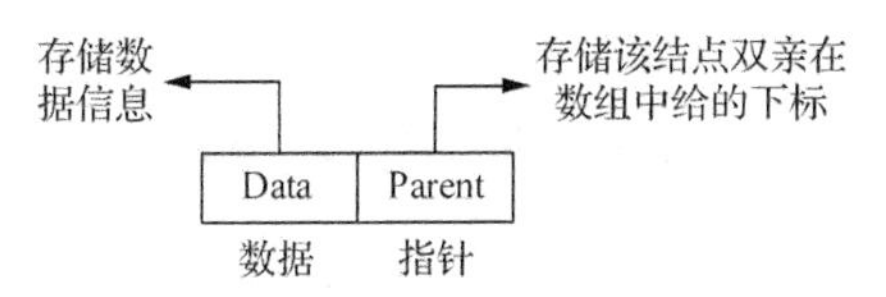

图 7-6　双亲表示法结点结构

对双亲表示法的存储结构定义如下：

```
#define tree_size 100           //宏定义树中结点的最大数量
#define TElemType int           //宏定义树结构中数据类型
typedef struct PTNode
{
    TElemType data;             //树中结点的数据类型
    int parent;                 //结点的父结点在数组中的位置下标
}PTNode;
typedef struct
{
    PTNode nodes[tree_size];    //存放树中所有结点
    int r,n;                    //根的位置下标和结点数
}PTree;
```

用一个例子来辅助双亲表示法的理解，将图 7-7 左面的树进行存储，得到右边的双亲表示法结果。

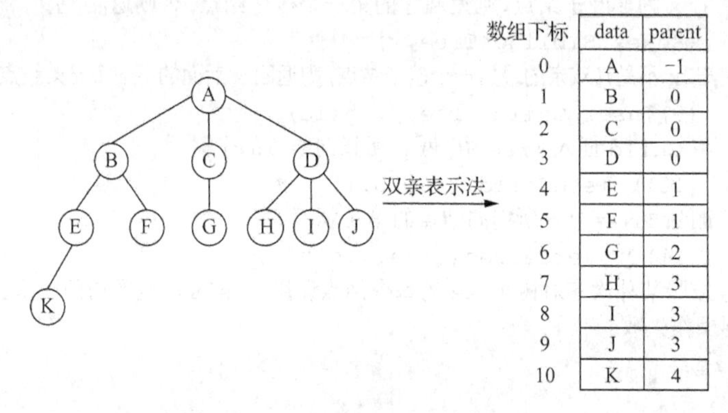

数组下标	data	parent
0	A	-1
1	B	0
2	C	0
3	D	0
4	E	1
5	F	1
6	G	2
7	H	3
8	I	3
9	J	3
10	K	4

图 7-7　树的双亲存储结构

在右图的一维数组中，一个元素代表树中的一个结点，data 列存储的是结点的数据内容，parent 列存储的是其双亲在数组中的下标。可以发现树的根结点 A 在数组中 parent 这一列标的-1 并不是一个准确的数组下标，这是因为根结点没有双亲，所以就默认根结点的 parent 为-1。结点 B、C、D 的双亲为结点 A，而结点 A 在数组中的下标为 0，故结点 B、C、D 的 parent 为 0，其余结点同理。

根据双亲表示法的存储特点，其优缺点总结如图 7-8 所示。

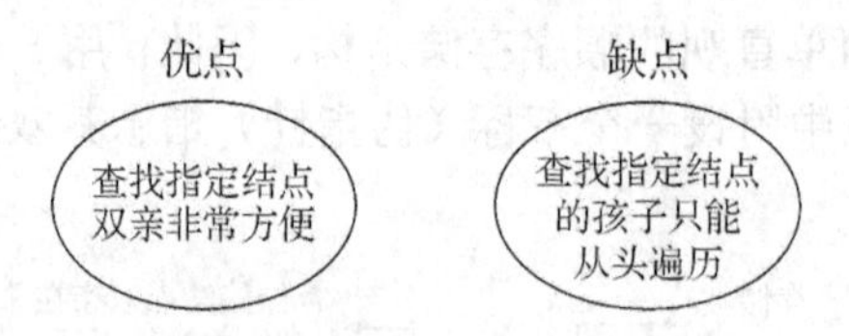

图 7-8　双亲表示法优缺点

2. 孩子表示法

孩子表示法结合了顺序存储方式和链式存储方式的特点。具体地说，就是把每个结点的孩子结点进行排列，将它们构成一个单链表（也称孩子链表），此时 *n* 个结点就会

有 *n* 个单链表（孩子链表），如为叶子结点则此单链表为空。最后将这 *n* 个孩子链表的头指针用顺序存储的方式将它存储在一个线性表中。那么它的孩子表示法使用的结点是如何构造的呢？它会使用到两种结点：顺序结构中的结点和孩子链表中的结点，其结点结构如图 7-9 所示。

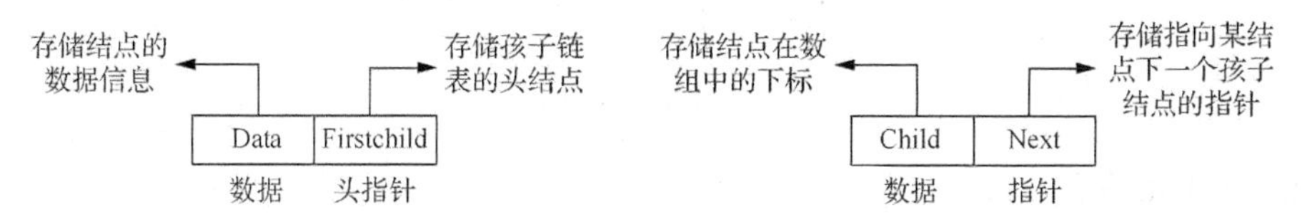

图 7-9　孩子表示法中两种结点的结构图

图 7-9 的左半部分为顺序结构中的结点结构，结点由数据和头指针组成；图 7-9 的右半部分为孩子链表中结点结构，结点由数据和指针构成。在部分教材中，把孩子表示法归入链式表示法当中。

对孩子表示法的形式进行定义，代码如下：

```
typedef struct CTNode
{
    int child;  //链表中每个结点存储的不是数据本身，而是数据在数组中存储的位置下标
    struct CTNode * next;
}*ChildPtr;
typedef struct
{
    TElemType data;              //结点的数据类型
    ChildPtr firstchild;         //孩子链表的头指针
}CTBox;
typedef struct
{
    CTBox nodes[Tree_Size];      //存储结点的数组
    int n,r;                     //结点数量和树根的位置
}CTree;
```

将图 7-7 中的树使用孩子表示法进行表示，如图 7-10 所示。

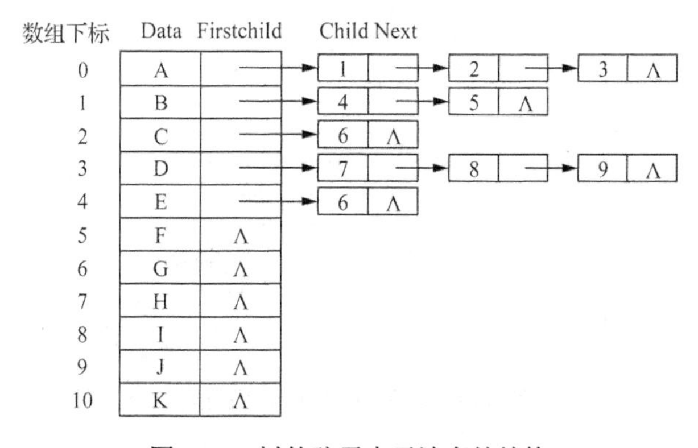

图 7-10　树的孩子表示法存储结构

根据孩子表示法的存储特点，其优缺点总结如图 7-11 所示。

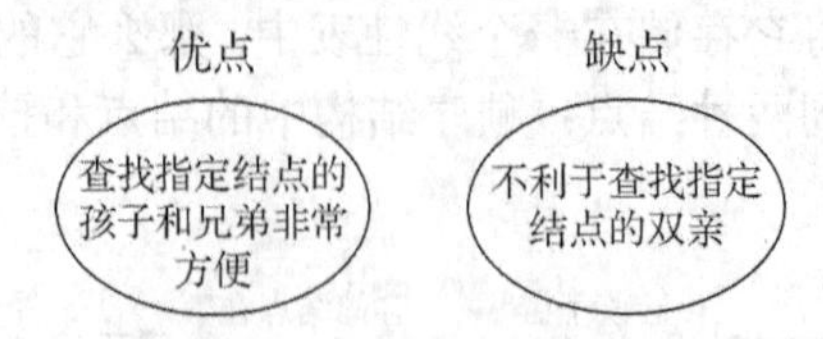

图 7-11　孩子表示法优缺点

3. 孩子兄弟表示法

孩子兄弟表示法使用的是链式存储结构，是一种很重要的树的表示方法。而一棵普通树经过它的表示就转化为一棵二叉树，所以这种表示方法又称为二叉表示法或者二叉链表表示法。孩子兄弟表示法的结点结构如图 7-12 所示。

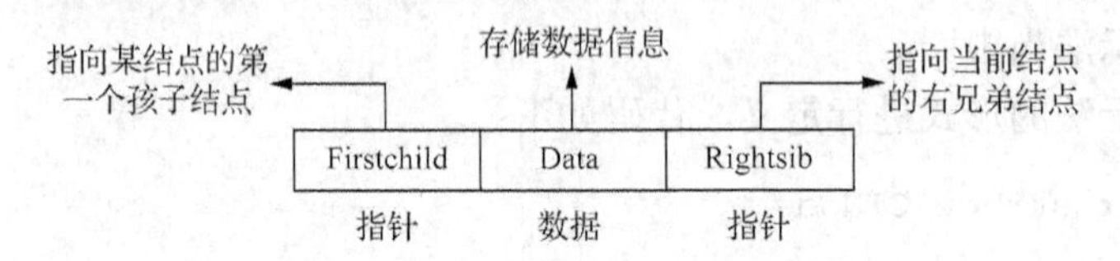

图 7-12　孩子兄弟表示法的结点结构

图 7-12 中这个结点由三部分构成，左面的指针指向该结点的第一个孩子，右面的指针指向该结点的右兄弟结点。

对孩子兄弟表示法的存储结构定义如下：

```
#define ElemType int
typedef struct CSNode
{
   ElemType data;
   struct CSNode * firstchild,*nextsibling;
}CSNode,*CSTree;
```

同样将图 7-7 中的树使用孩子兄弟表示法进行表示得到图 7-13 的结果。

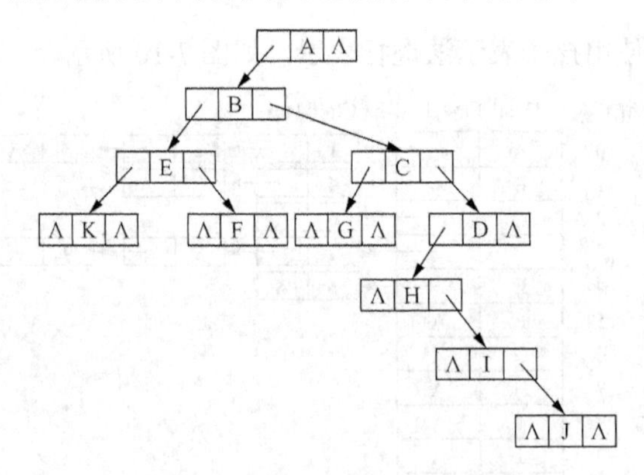

图 7-13　树的孩子兄弟存储结构

根据孩子兄弟表示法的存储特点，其优缺点总结如图 7-14 所示。

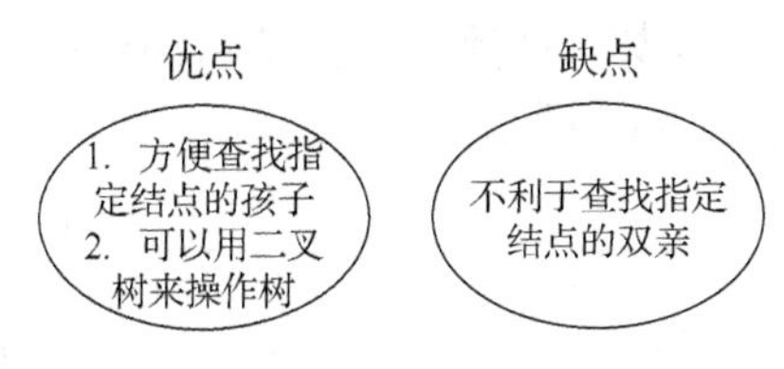

图7-14　孩子兄弟表示法优缺点

7.2　二叉树的基础知识

7.2.1　二叉树定义

二叉树：每个结点的度不大于2且每个结点的孩子结点次序不能任意颠倒。二叉树孩子结点左右次序需要区分，这也是树和二叉树的最大差别。二叉树如果只有一个孩子结点也要表明是左孩子还是右孩子，而树如果只有一个孩子结点，就无须区分，因为树的结点位置是相对于别的结点来进行决定的。

根据二叉树的定义及解释，可以得知一棵二叉树有五种基本形态，分别为：空二叉树；只有根结点；只有左子树，右子树为空；只有右子树，左子树为空；既有左子树，又有右子树。五种基本形态如图7-15（a）～（e）所示。

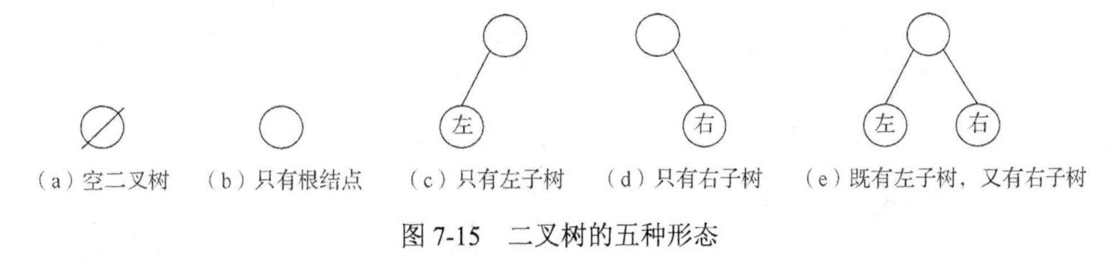

图7-15　二叉树的五种形态

7.2.2　特殊二叉树

下面将介绍几种特殊的二叉树，然后对这些二叉树的特别之处进行讨论。

1. 斜二叉树

所有结点都只有左子树或者只有右子树的树称为斜二叉树。树结构中所有结点都只有左子树的树称为左斜二叉树，所有结点都只有右子树的树称为右斜二叉树，如图7-16所示。

特点：

（1）度为1；

（2）只有左结点或者右结点。

2. 满二叉树

除最下面一层结点无任何孩子结点外，其余每一层上的所有结点都有两个孩子结点，这样的二叉树被称为满二叉树，即所有分支结点都有左子树或者右子树，并且所有叶子结点均在同一层上，如图 7-17 所示。

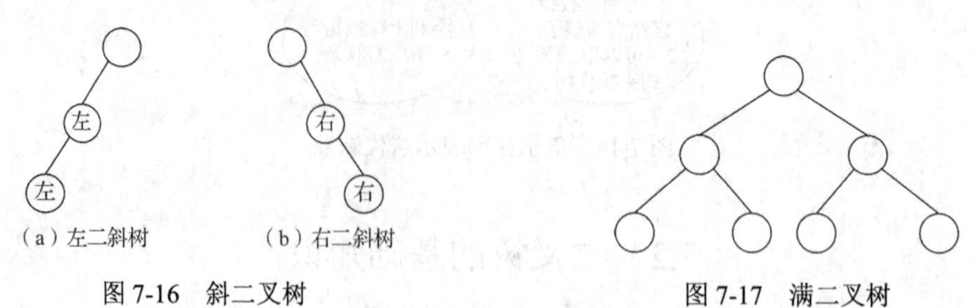

（a）左二斜树　（b）右二斜树

图 7-16　斜二叉树　　图 7-17　满二叉树

特点：

（1）分支结点的度是 2；

（2）叶子结点在同一层上；

（3）同一深度二叉树，满二叉树的结点数最多。

3. 完全二叉树

对一棵具有 n 个结点的二叉树按层序编号，如果编号为 $i(1 \leqslant i \leqslant n)$ 的结点与同样深度的满二叉树中编号为 i 的结点在二叉树中位置完全相同，则这棵二叉树称为完全二叉树，如图 7-18 所示。

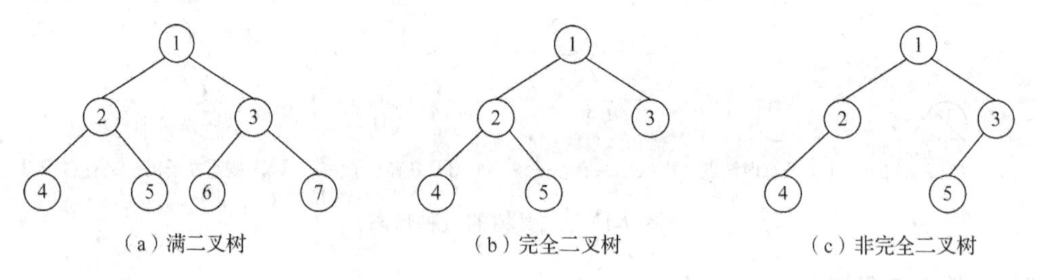

（a）满二叉树　（b）完全二叉树　（c）非完全二叉树

图 7-18　辨别完全二叉树

图 7-18（a）是一棵满二叉树，已经按层序进行编号；图 7-18（b）的结点与图 7-18（a）相同位置上的结点编号均相同，所以是完全二叉树；图 7-18（c）结点 2 缺少右子树，导致结点 3 的左子树编号为 5，而满二叉树结点 3 的左子树编号为 6，显然图 7-18（c）与图 7-18（a）同样位置上的编号不同，故不是完全二叉树。另外，满二叉树也是一棵完全二叉树。

特点：

（1）叶子结点只能出现在最下两层；

（2）最下层的叶子结点一定集中在左面且连续；

（3）若结点度为 1，则该结点只有左子结点而无右子结点。

7.2.3　二叉树性质

性质 1：二叉树的第 i 层上最多有 $2^{i-1}(i \geqslant 1)$ 个结点。

对此性质做一个简单的验证。一棵二叉树只有当它为满二叉树时每层结点最多。图 7-19 中第一层只有 1 个根结点，即为$2^{1-1}=1$；第二层有 2 个结点，即为$2^{2-1}=2$；第三层有 4 个结点，即为$2^{3-1}=4$。

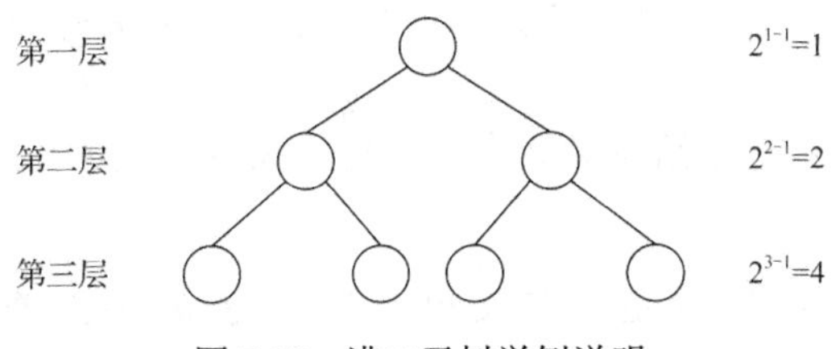

图 7-19　满二叉树举例说明

性质 2：深度（或者高度）为k的二叉树最多有$2^k-1(k\geqslant 1个)$。图 7-19 是一棵层数为 3 的满二叉树，它的结点总数为$2^3-1=9$。

性质 3：对任意一棵二叉树，如果叶子结点数为n_0，度为 2 的结点数为n_2，则有$n_0=n_2+1$。

证明：假设一棵二叉树的叶子结点数为n_0，度为 1 的结点数为n_1，度为 2 的结点数为n_2，那么这棵二叉树的总结点数为$n_0+n_1+n_2$；而在一棵二叉树中总分支数等于单分支结点数与双分支结点数的 2 倍进行相加，即总分支数=n_1+2n_2；一棵二叉树当中除了根结点，它的每个结点都有唯一的一个分支指向它，所以二叉树中总分支数=总结点数−1，则$n_0+n_1+n_2-1=n_1+2n_2$，化简得：$n_0=n_2+1$。

对于证明过程中第二句话的理解，如图 7-20 所示。在图 7-20 的二叉树中，总共有 4 个分支，单分支结点有 2 个，分别为结点 2 和结点 3，双分支结点有 1 个，为结点 1，而$4=2+1\times2$，由此总分支数=n_1+2n_2。

性质 4：一棵完全二叉树有n个结点，对各个结点从左到右、从上到下依次进行编号，则各结点之间有如下关系，倘若结点 a 的编号为$k(1\leqslant k\leqslant n)$：

（1）如果$k=1$，则结点 a 是二叉树的根；如果$k\neq1$，结点 a 的双亲结点编号为$\lfloor k/2\rfloor$。

（2）如果$2k\leqslant n$，则结点 a 的左孩子编号为$2k$；如果$2k>n$，则结点 a 无左孩子。

（3）如果$2k+1\leqslant n$，则结点 a 的右孩子编号为$2k+1$；如果$2k+1>n$，则结点 a 无右孩子。

对于上述性质，用一个例子来帮助理解，图 7-21 是一棵完全二叉树，结点数共计为 6。

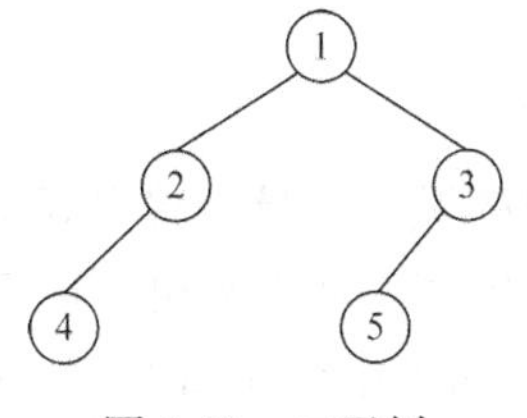

图 7-20　二叉树

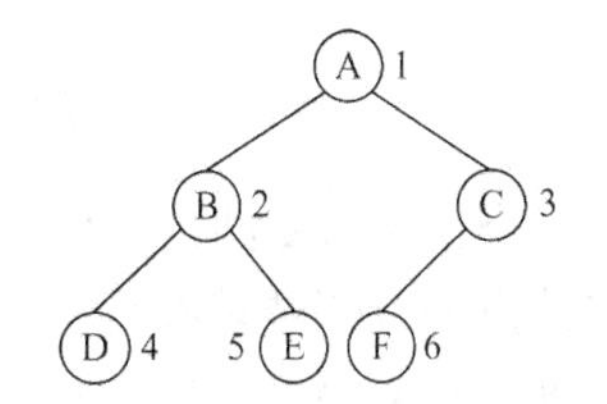

图 7-21　结点数为 6 的完全二叉树

首先，验证性质 4 的第一条，图 7-21 中，当$k=1$时，结点 A 正好是根结点，当$k\neq1$

时，比如结点 B，它的双亲编号为$\lfloor 2/2 \rfloor=1$；其次，验证第二条，结点 B 的编号为 2，$2\times 2 \leqslant 6$，所以结点 B 的左孩子编号为$2\times 2=4$，即为结点 D，结点 D 的编号为 4，$2\times 4>6$，所以结点 D 无左孩子；最后，验证第三条，结点 B 的编号是 2，$2\times 2+1 \leqslant 6$，所以结点 B 的右孩子编号为$2\times 2+1=5$，即为结点 E。结点 C 的编号为 3，$2\times 3+1>6$，所以无右孩子。

性质 5：具有$n(n\geqslant 1)$个结点的完全二叉树的深度（或者高度）为$\lfloor \log_2 n \rfloor+1$或者$\lceil \log_2(n+1) \rceil$。

证明第一个公式：假设完全二叉树的高度为 h 必为整数，由性质 2 可知$2^{h-1}-1<n\leqslant 2^h-1$，也可写为$2^{h-1}\leqslant n<2^h$，对此不等式两边进行取对数得$h-1\leqslant \log_2 n<h$，进行向下取整得$h-1=\lfloor \log_2 n \rfloor$，即$h=\lfloor \log_2 n \rfloor+1$，即证。

证明第二个公式：同样由性质 2 可知$2^{h-1}-1<n\leqslant 2^h$，对此不等式两边加 1 得$2^{h-1}<n+1\leqslant 2^h$，对此不等式两边进行取对数得$h-1<\log_2(n+1)\leqslant h$，然后进行向上取整得$h=\lceil \log_2(n+1) \rceil$，即证。

性质 6：如果有 n 个结点，能构成 $h(n)$种不同的二叉树，即

$$h(n)=\frac{C_{2n}^{n}}{n+1}$$

7.2.4　二叉树的存储结构

二叉树的存储结构分别为顺序存储结构、链式存储结构。

1．*顺序存储结构*

顺序存储结构就是将一棵二叉树用一个数组来存储，举一个存储完全二叉树的例子，对这棵树的每个结点按序号进行编号，然后按编号依次存储在对应的一维数组当中，存储过程如图 7-22 所示。

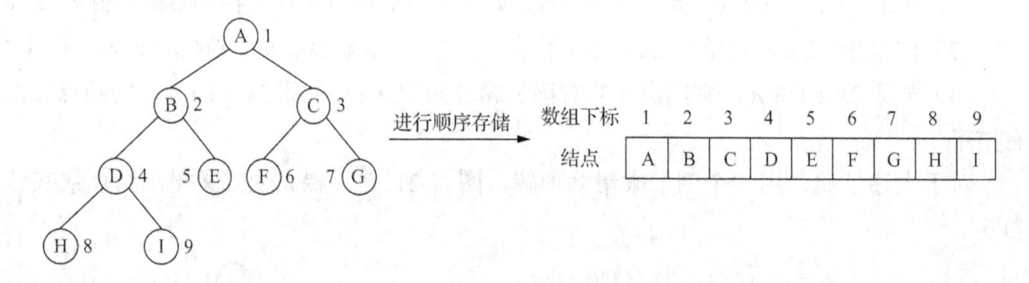

图 7-22　完全二叉树的顺序存储

再举一个存储单支结点的例子。对于非完全二叉树的顺序存储，首先要将非完全二叉树用空结点进行假装填补为“完全二叉树”，然后对此“完全二叉树”进行依次编号并存入一维数组当中（空结点也参与编号，需在存储空间当中留位置），此次存储过程如图 7-23 所示。

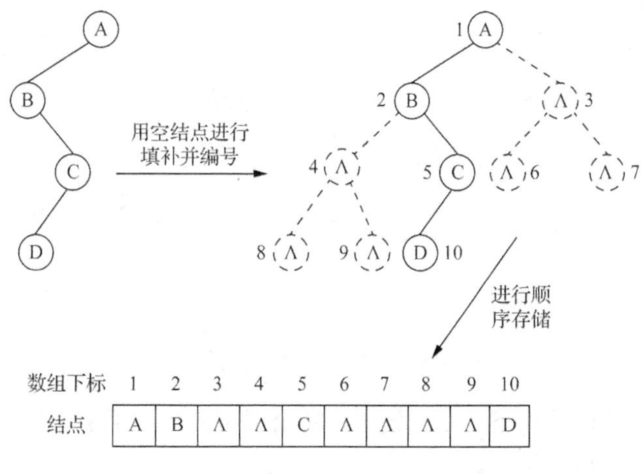

图 7-23　单支二叉树的顺序存储

从上述两种不同二叉树的存储结果来看，存储完全二叉树的内存没有浪费，而存储单支二叉树内存的浪费较大，所以说顺序存储最适合用于存储完全二叉树。

2. 链式存储结构

通过对二叉树的顺序结构的学习，可以发现二叉树的顺序结构对于普通二叉树的存储很不友好，造成了内存空间很大的浪费，因此为了方便二叉树的存储，介绍一种新的二叉树存储方式——链式存储方式，简称为二叉链表。

在二叉树当中，一个结点不仅存储数据还需要存储左孩子和右孩子，所以二叉链表的结点如图 7-24 所示。

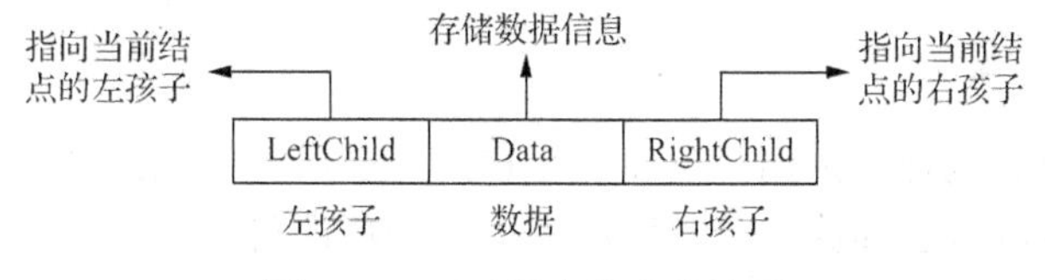

图 7-24　二叉链表结点结构图

LeftChild 代表此结点的左孩子域，Data 代表此结点的数据信息，RightChild 代表此结点的右孩子域。

二叉链表的结构体定义如下：

```
#define ElemType int
typedef struct BiTNode
{
    TElemType Data;  //数据域
    struct BiTNode *LeftChild,*RihtChild;  //指向左右孩子结点的指针
    struct BiTNode *Parent;
}BiTNode,*BiTree;
```

将一棵树用二叉链表进行表示，如图 7-25 所示。

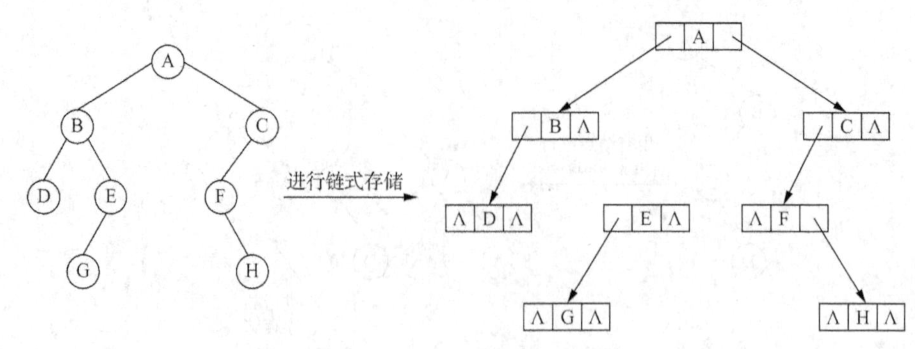

图 7-25　二叉树转化为二叉链表

二叉树的链式存储结构不止二叉链表，其余类型例如三叉链表等不再详述，读者可通过互联网资源进行自主学习。

7.3　遍历及其线索化二叉树

在学习单链表的时候，比如解决输出单链表中所有值这个问题时，就必须从单链表的头指针开始对每个结点进行依次访问，其实这就实现了对单链表的遍历，这与二叉树遍历有异曲同工之妙。但不同之处在于二叉树结构较为复杂，不是一个结点仅有唯一的后继，这就会导致按照不同的次序去遍历二叉树会出现不同的结果。

所以二叉树的遍历是指从某个结点出发，按照某种次序依次访问二叉树中的所有结点，使得每个结点被访问一次且仅被访问一次。

7.3.1　遍历方式介绍

二叉树的结点结构是由数据、左孩子和右孩子三部分构成，要实现对一棵非空二叉树的遍历，只需对着这三部分按照某种次序依次遍历即可。首先做一个约定，D 代表访问结点本身，L 代表遍历该结点的左子树，R 代表遍历该结点的右子树。

根据排列组合的不同，得出六种不同的方案，分别为 DLR、LDR、LRD、RLD、RDL、DRL。而在这六种方案当中，前三种方案和后三种方案顺序对称，所以只需要讨论前三种方案即可。除了这三种遍历方式以外，另外还会介绍一种按照层次定义的层次遍历。所以本小节将介绍四种遍历方案：DLR（先序遍历）、LDR（中序遍历）、LRD（后序遍历）和层次遍历。

1. 先序遍历（DLR）——根左右

二叉树若为空树，则进行空操作，否则执行以下步骤：①访问根结点；②遍历左子树；③遍历右子树。

对于先序遍历的理解，以图 7-26 为例。

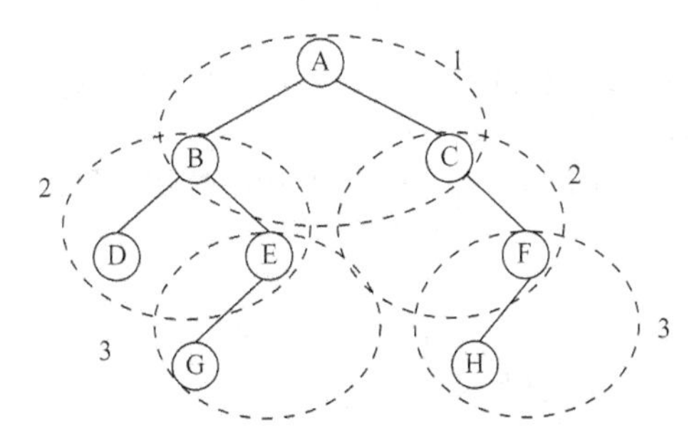

图 7-26　层序为 4 的二叉树

首先在圈 1 当中，根据先序遍历规则可得 ABC（根左右）；其次开始先序遍历结点 A 的左右子树，在圈 2 当中，左面先序遍历顺序为 BDE，右面先序遍历顺序为 CF，所以 B 展开为 BDE，C 展开为 CF，此时顺序为 ABDECF（根（根左右）（根右））；最后，先序遍历圈 3 当中的结点，左面先序遍历顺序为 EG，右面先序遍历顺序为 FH，所以 E 展开为 EG，F 展开为 FH，此时顺序为 ABDEGCFH（根（根左（根左））（根（根左）））。故该二叉树先序遍历顺序为 ABDEGCFH。

先序遍历算法如下：

```
void PreOrder(BiTNode *R)          //R 为指向二叉树根结点的指针
{
    if(R!==NULL)
    {
        Visit(R);                  //访问根结点
        PreOrder(R->LeftChild);    //遍历左子树
        PreOrder(R->RightChild);   //遍历右子树
    }
}
```

2. 中序遍历（LDR）——左根右

二叉树若为空树，则进行空操作，否则执行以下操作：①遍历左子树；②访问根结点；③遍历右子树。

中序遍历图 7-26 中的二叉树。首先在圈 1 当中，根据中序遍历规则，得 BAC（左根右）；其次在圈 2 当中，左面中序遍历顺序为 DBE，右面中序遍历顺序为 CF，所以结点 B 展开为 DBE，结点 C 展开为 CF，此时顺序为 DBEACF（(左根右）根（根右））；最后中序遍历圈 3 当中的结点，左面中序遍历顺序为 GE，右面中序遍历顺序为 HF，所以 E 展开为 GE，F 展开为 HF，此时顺序为 DBGEACHF（(左根（左根））根（根（左根）））。故该二叉树中序遍历为 DBGEACHF。

中序遍历算法如下：

```
void InOrder(BiTNode *R)  //R 为指向二叉树根结点的指针
{
    if(R!==NULL)
```

```
        {
            InOrder(R->LeftChild);    //中序遍历左子树
            Visit(R);  //访问根结点
            InOrder(R->RightChild);  //中序遍历右子树
        }
    }
```

3. *后序遍历（LRD）——左右根*

二叉树若为空树，则进行空操作，否则执行以下操作：①遍历左子树；②遍历右子树；③访问根结点。

后序遍历图 7-26 中的二叉树。首先在圈 1 当中，根据后序遍历规则，得 BCA（左右根）；其次在圈 2 当中，左面后序遍历顺序为 DEB，右面后序遍历顺序为 FC，所以结点 B 展开为 DEB，结点 C 展开为 FC，此时顺序为 DEBFCA［（左右根）（右根）根］；最后后序遍历圈 3 当中的结点，左面后序遍历顺序为 GE，右面后序遍历顺序为 HF，所以 E 展开为 GE，F 展开为 HF，此时顺序为 DGEBHFCA［（左（左根）根）（（左根）根）根］。故该二叉树中序遍历为 DGEBHFCA。

后序遍历算法如下：

```
void PostOrder(BiTNode *R)  //R 为指向二叉树根结点的指针
{
    if(R!==NULL)
    {
        PostOrder(R-> LeftChild);    //后序遍历左子树
        PostOrder(R->RightChild);  //后序遍历右子树
        Visit(R);  //访问根结点
    }
}
```

4. *层次遍历*

层次遍历是从所在二叉树的根结点出发，先开始访问第一层树根结点，之后进行从左到右访问第二层上的结点，以此类推，自上而下、自左至右逐层访问树结点的过程。

在实现层次遍历的实际操作过程当中需要一个循环队列作为支撑。首先将二叉树的根结点入队列，之后出队列并对其进行访问，倘若此结点有左子树或者右子树，则将它们按照从左到右的规则进行入队操作。之后出队列并对出队结点进行访问。如此反复操作直至队列为空。

图 7-27 中二叉树的层序遍历详细过程为：A 入队→A 出队→BC 入队→B 出队→DE 入队→C 出队→F 入队→D 出队→E 出队→G 入队→F 出队→H 入队→G 出队→H 出队。最终得到此二叉树遍历顺序为 ABCDEFGH。

层序遍历算法如下：

```
void LevelOrder(BiTree T)  //二叉树的层序遍历
{
    InitQueue(Q);  //初始化辅助队列
    BiTree p;
    EnQueue(Q,T);  //根结点入队
    while(!IsEmpty(Q))  //如果队列不空则循环
    {
        DeQueue(Q,p)  //队头结点出队
        visit(p);  //访问出队结点
        if(p->lchild!=NULL)
        {
            EnQueue(Q,p->lchild);  //若左子树不空，则左子树根结点入队
        }
        if(p->rchild!=NULL)
        {
            EnQueue(Q,p->rchild);  //若右子树不空，则右子树根结点入队
        }
    }
}
```

若已知一棵二叉树的前序遍历序列和中序遍历序列，能否唯一确定这棵二叉树呢？怎样确定呢？例如，已知一棵二叉树的前序遍历序列和中序遍历序列分别为 ABCDEFGHI 和 BCAEDGHFI，如何构造该二叉树呢？

已知一棵二叉树的前序遍历序列和中序遍历序列，则构造该二叉树的过程如下：

① 根据前序序列的第一个元素建立根结点；

② 在中序序列中找到该元素，确定根结点的左右子树的中序序列；

③ 在前序序列中确定左右子树的前序序列；

④ 由左子树的前序序列和中序序列建立左子树；

⑤ 由右子树的前序序列和中序序列建立右子树。

需要注意的是，单个遍历序列不能确定一棵树，至少两种遍历序列才能确定一棵树。该操作最简单的方法是分块确定左孩子和右孩子。首先在根结点下面画两个框，即左孩子和右孩子，然后继续分块确定左孩子和右孩子，具体如图 7-28 所示。

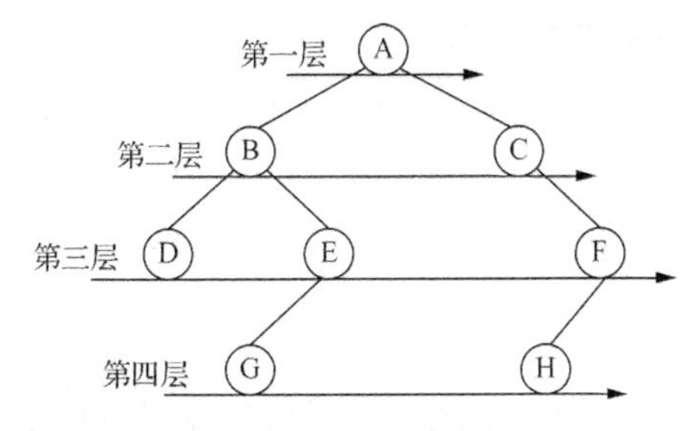

图 7-27　层序遍历

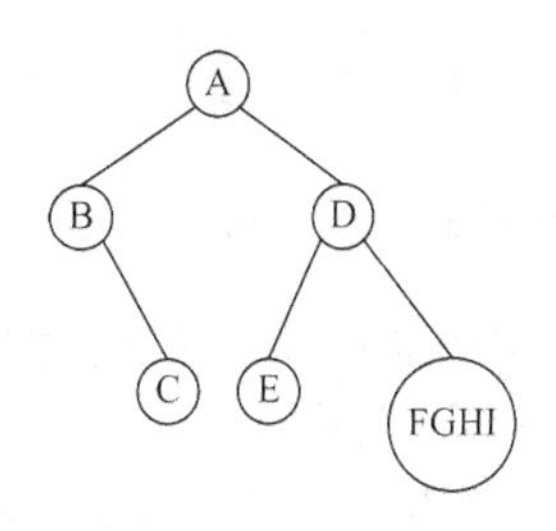

图 7-28　二叉树构造示例

7.3.2　三种遍历方式的优化

前面学习的二叉树的遍历是一种递归算法，递归算法其实是把规模大的问题转化为规模小的相似的子问题来解决，解决完一个小的问题再进行回溯递归直至返回到最顶层，整个过程中是需要系统提供栈来作为支撑的，这就导致递归算法执行效率低下。本小节将介绍二叉树遍历算法的非递归实现，这种非递归实现方式使用的是自定义栈，自然实现过程中显得烦琐，但是也解决了算法执行效率低下的问题。

1. 先序遍历非递归算法

先序遍历非递归算法步骤如下：

① 根结点入栈；

② 出栈并输出，然后将其左右孩子入栈，要求右孩子先入栈左孩子后入栈（出栈一个元素就将此元素的右孩子先入栈左孩子后入栈）；

③ 栈空时此算法结束。

对图 7-29 进行先序非递归遍历，结点进出栈过程如图 7-30 所示。

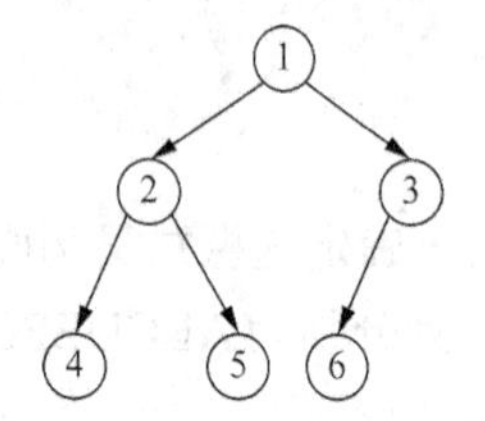

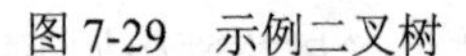

图 7-29　示例二叉树

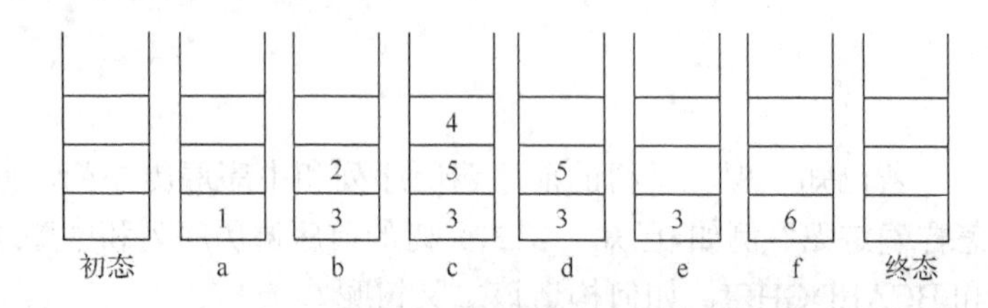

图 7-30　先序非递归遍历结点进出栈过程

对图 7-29 的出栈过程进行细致说明：

① 结点 1 入栈；

② 结点 1 出栈并输出结点 1，且将其左右孩子入栈，先入其右孩子（结点 3）后入其左孩子（结点 2）；

③ 结点 2 出栈并输出结点 2，且将其左右孩子（结点 4 和结点 5）入栈；

④ 结点 4 出栈并输出结点 4，无孩子故无须进行入栈操作；

⑤ 结点 5 出栈并输出结点 5，无孩子故无须进行入栈操作；

⑥ 结点 3 出栈并输出结点 3，且将其左孩子（结点 6）入栈；

⑦ 结点 6 出栈并输出结点 6，此时栈空进入终态。

经过上述步骤，得出先序遍历序列为：124536。

2. 中序遍历非递归算法

中序遍历非递归算法步骤如下：

① 根结点入栈。

② 如果栈顶结点左孩子，则将左孩子入栈；反之，则出栈并输出栈顶结点，然后对其右孩子进行检查，如果存在，则将右孩子入栈（此步骤循环执行）。

③ 栈空时此算法结束。

对图 7-29 进行中序非递归遍历，结点进出栈过程如图 7-31 所示。

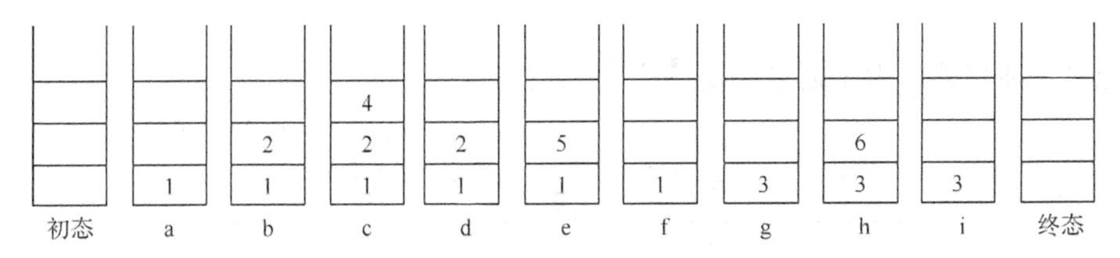

图 7-31　中序非递归遍历结点进出栈过程

对图 7-29 进行中序非递归遍历，结点进出栈情况如下：

① 结点 1 入栈，其左孩子存在；

② 结点 2 入栈，其左孩子存在；

③ 结点 4 入栈，其左孩子不存在；

④ 结点 4 出栈并将其输出，结点 4 右孩子不存在；

⑤ 结点 2 出栈并将其输出，结点 2 的右孩子存在，其右孩子结点 5 入栈，结点 5 左孩子不存在；

⑥ 结点 5 出栈并将其输出，其左孩子不存在；

⑦ 结点 1 出栈并将其输出，结点 1 右孩子存在，其右孩子结点 3 入栈，结点 3 存在左孩子，则将结点 3 的左孩子结点 6 入栈；

⑧ 结点 6 出栈并将其输出，其左孩子不存在；

⑨ 结点 3 出栈并将其输出，其左孩子不存在，此时栈空进入终态。

经过上述步骤，得出中序遍历序列为：425163。

3. 后序非递归遍历算法

后序非递归遍历相对前两种遍历方式难度较大，它实现的过程中使用了两个栈。先序非递归遍历过程中将左右子树遍历顺序交换可得到逆后序遍历算法，逆后序遍历算法的逆序即为后序遍历。根据该思路就可知第一个栈是用来辅助得出逆后序遍历序列的，第二个栈是将第一个栈输出的结果转换为后序遍历序列的。

对图 7-29 进行后序非递归遍历，结点进出栈过程如图 7-32 所示。

对图 7-29 进行后序非递归遍历，结点进出栈情况如下：

① 结点 1 入 stack1；

② 结点 1 出 stack1，并将其入 stack2，结点 1 的左右孩子均存在，左孩子结点 2 入 stack1，右孩子结点 3 入 stack1；

③ 结点 3 出 stack1，并将其入 stack2，结点 3 存在左孩子，故将结点 3 左孩子结点 6 入 stack1；

④ 结点 6 出 stack1，并将其入 stack2，结点 6 左右孩子均不存在；

⑤ 结点 2 出 stack1，并将其入 stack2，结点 2 的左右孩子均存在，左孩子结点 4 入 stack1，右孩子结点 5 入 stack1；

⑥ 结点 5 出 stack1，并将其入 stack2；

⑦ 结点 4 出 stack1，并将其入 stack2，此时 stack1 空，stack2 中的元素自顶向下出栈。

经过上述步骤，得出后序遍历序列为：452631。

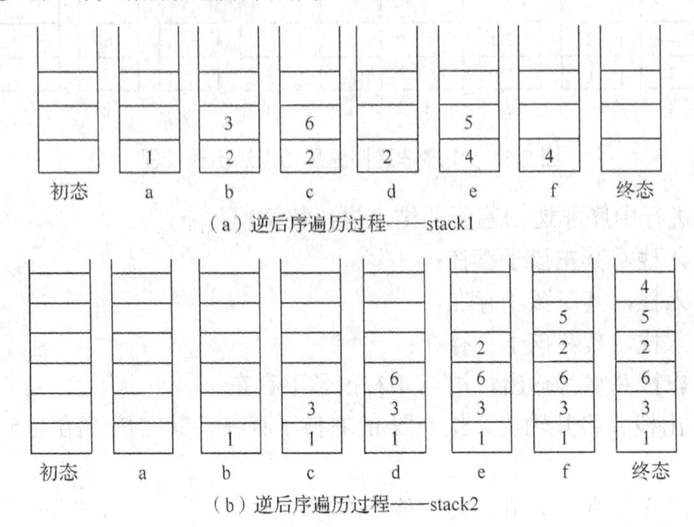

（a）逆后序遍历过程——stack1

（b）逆后序遍历过程——stack2

图 7-32　后序非递归遍历结点进出栈过程

7.3.3　线索二叉树

当用二叉链表来存储二叉树时，可以非常方便地找到某个结点的左右孩子，但是对于寻找遍历序列当中某结点的前驱和后继就无法实现。那么对于这个问题该如何解决呢？方法一是将整个二叉树遍历一次；方法二是在二叉链表结点的基础上增设前驱和后继指针域；对于这两种解决方案都存在浪费资源问题，方法一浪费大量时间，方法二在存储方面增加了一定的负担，浪费空间，两种方法均不可取。

那么在现有的状况下，哪些东西可以被利用？其实在具有 n 个结点的二叉链表当中，共有 $2n$ 个指针域，而 n 个结点当中有 $n-1$ 个孩子，即有 $n-1$ 个被使用的指针域，那么就会有 $n+1$ 个指针域为空。将这 $n+1$ 个空指针域合理利用就诞生了方法三，即用 $n+1$ 个空指针域来保存遍历序列当中结点的前驱和后继。倘若某个结点的左孩子为空，就将空的左孩子指针域改为指向其前驱，倘若某结点的右孩子为空，就将空的右孩子指针域改为指向其后继。

对于上述这种改变指向（指向前驱和后继结点）的指针称为线索。加上线索的二叉树称为线索二叉树。加上线索的二叉链表称为线索链表。对二叉树按某种遍历次序使其变为线索二叉树的过程称为线索化。

目前为止，存在一个问题，对于一个指针到底是指向孩子还是指向前驱后继呢？因此给二叉链表中的结点的结构进行改造，增设两个标志域 Ltag 和 Rtag，结点结构如图 7-33 所示。

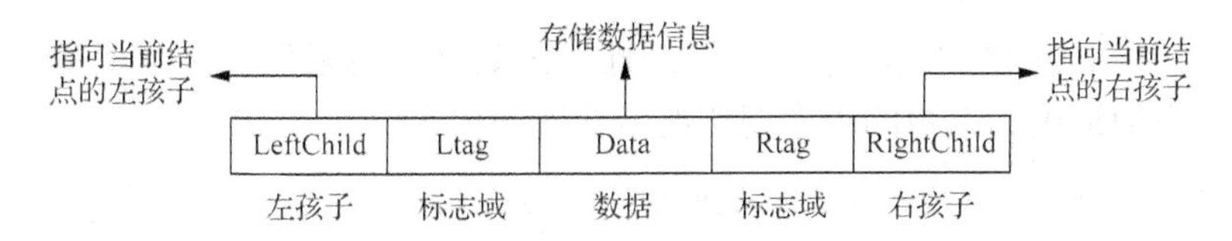

图 7-33　线索二叉树的结点结构

Ltag 和 Rtag 只存放布尔型变量 0 和 1。当 Ltag=0 时，LeftChild 指向该结点的左孩子；当 Ltag=1 时，LeftChild 指向该结点的前驱；当 Rtag=0 时，RightChild 指向该结点的右孩子；当 Rtag=1 时，RightChild 指向该结点的后继。

线索二叉树结点结构定义如下：

```
#define ElemType int
typedef struct TBTNode
{
   TElemType Data;        //数据域
   Boolean Ltag,Rtag;  //标志域
   struct TBTNode *LeftChild, *RihtChild;  //定义指向左右孩子的指针
}TBTNode, *TBTree;
```

现将一棵二叉树进行线索化，以中序线索化为例来帮助理解线索二叉树的形成，如图 7-34 所示。

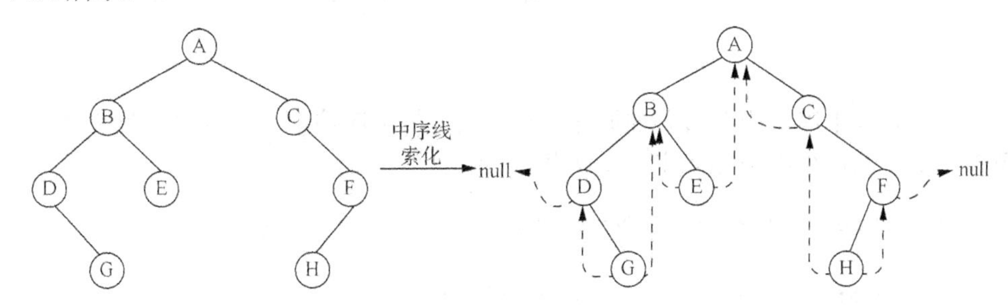

图 7-34　二叉树的中序线索化

将图 7-34 中左面的二叉树进行中序遍历，结果为 DGBEACHF。严格按照线索化规则将指针域为空结点的指针做出改变。比如结点 D 无左孩子且无前驱，所以左孩子指针域指向空；结点 G 无左右孩子，其前驱为 D，故左孩子指针域指向 D，其后继为 B，故右孩子指针域指向 B；其他指针域为空的结点同理。现一并给出图 7-34 中左面二叉树的前序线索二叉树和后序线索二叉树示意图，结果如图 7-35 所示。

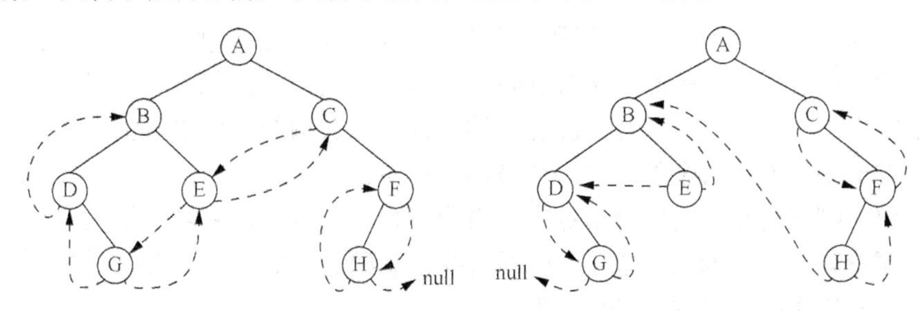

图 7-35　前序线索二叉树和后序线索二叉树

在上述线索二叉树的过程中可以深刻地感知到整个线索化的过程就是一个修改指针的过程。下面给出二叉树的中序遍历线索化递归代码。

```
void InThread(TBTNode *p,TBTNode *&pre)
{
    if(p!=NULL)
    {
        InThread(p->LeftChild,pre)  //采用递归方法对左子树进行线索化
        if(p->LeftChild==NULL)     //当前结点无左孩子时，建立其前驱线索
        {
            p->LeftChild=pre;
            p->Ltag=1;
        }
        if(pre!=NULL&&pre->RightChild==NULL)
        //前驱结点不为空且其右孩子为空时，建立前驱结点的后继线索
        {
            pre->RightChild=p;
            pre->Rtag=1;
        }
        pre=p;  //保持 pre 指向 p 的前驱
        InThread(p->RightChild,pre)  //采用递归策略对右子树进行线索化
    }
}
```

上述代码与中序遍历有着异曲同工之妙，只是将中序遍历中访问结点操作改为线索化操作。中序遍历建立中序线索二叉树代码如下：

```
Void CreatInThread(TBTNode *T)
{
    TBTNode *pre=NULL;  //前驱结点指针
    If(T!=NULL)  //对非空二叉树进行线索化
    {
        TnThread(T,pre);
        Pre->RightChild=NULL;
        Pre->Rtag=1;
    }
}
```

将图 7-34 中的中序线索二叉树用二叉链表进行表示，结果如图 7-36 所示。先序线索二叉树和后序线索二叉树的二叉链表表示与前者同理，故在此不再赘述。

对于线索二叉树该如何进行遍历呢？遍历线索二叉树的主要思想为：

（1）求出某种遍历次序下的第一个被访问结点；

（2）求出刚访问结点的后继结点，一直反复操作，直至所有结点均被访问。

以中序线索二叉树为例，这种遍历不需要借助栈的支撑，其中缘由在于结点当中已经隐含了线索二叉树的前驱信息和后继信息。

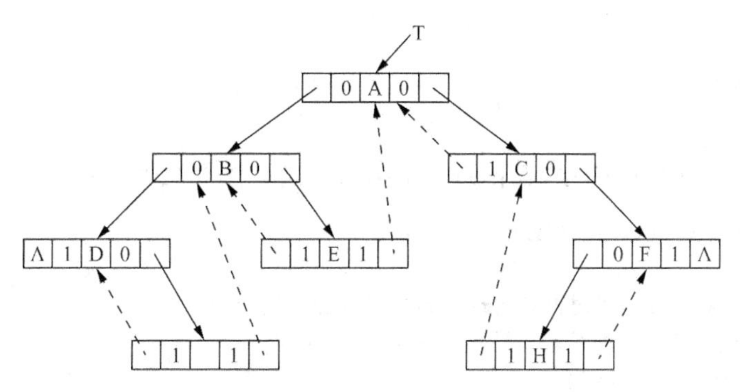

图 7-36　中序线索二叉树的二叉链表表示

下面给出中序线索二叉树的几个常用算法。

（1）返回中序序列的第一个结点，其具体算法如下：

```
TBTNode *FirstNode(TBTNode *p)
{
    while(p->Ltag==0)  //最左下结点(不一定是叶子结点)
    {
        p=p->LeftChild;
    }
    return p;
}
```

（2）返回中序遍历下结点 p 的后继结点，其具体算法如下：

```
TBTNode *NextNode(TBTNode *p)
{
    //当存在右孩子时,就可理解为求以 p 的右孩子为
    根结点的中序线索二叉树下的第一个结点
    if(p->Rtag==0)
    {
        return FirstNode(p->RightChild);
    }
    else
    {
        //若无右孩子则 RightChild 指针域指向后继结点
        return p->RightChild;
    }
}
```

（3）返回寻找中序序列中的最后一个结点，其具体算法如下：

```
TBTNode *LastNode(TBTNode *p)
{
    while(p->Rtag!=0)  //最右下结点(不一定是叶子结点)
    {
        p=p->RightChild;
```

```
    }
    return p;
}
```

（4）返回中序遍历下的结点 p 的前驱结点，其具体算法如下：

```
TBTNode *PreNode(TBTNode *p)
{
    //当存在左孩子时，就可理解为求以 p 的左孩子为
    //根结点的中序线索二叉树下的最后一个结点
    if(p->Ltag==0)
    {
        return PreNode(p->LeftChild);
    }
    else
    {
        //若无左孩子则 LeftChild 指针域指向前驱结点
        return p->LeftChild;
    }
}
```

结合上述四种算法，可得出不含有头结点的中序线索二叉树的中序遍历算法：

```
void InOrder(TBTNode *R)
{
    for(TBTNode *p=R;p!=NULL;p=NextNode(p))
        Visit(p);  //此 Visit()函数是已定义的访问函数
}
```

7.4　二叉树与树、森林的互相转换

通过学习二叉树和树，可以发现二叉树的操作比树的操作要简单得多，所以如果将树转换为二叉树，很多问题就变得容易解决。树的孩子兄弟存储结构是基于二叉树链表实现的，而它与二叉树的二叉链表结构是相同的，只是二者所代表的含义有所不同，所以树与二叉树必定可相互进行转换。森林是由若干棵树组成的，故森林和二叉树相互也可进行转换。

7.4.1　互相转换树与二叉树

1. 树转换为二叉树

树转换为二叉树的步骤如图 7-37 所示。

① 加线：树中所有兄弟结点之间加一条线；

② 抹线：对树中每个结点，只保留它与第一个孩子结点之间的连线，删除它与其他孩子结点之间的连线；

③ 旋转：以树的根结点为轴心，将整棵树顺时针旋转一定角度，使之符合二叉树的层次结构。

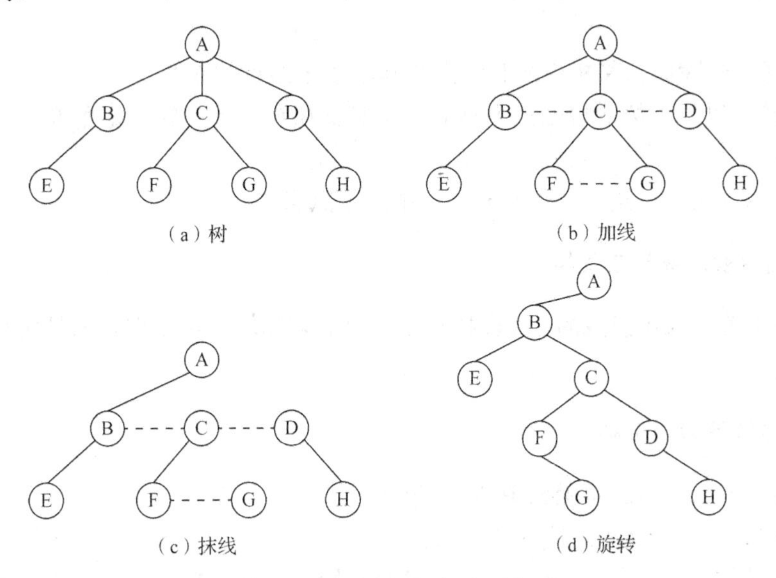

图 7-37　树转换为二叉树

简便记忆方法：右兄弟变为右孩子。

2. 二叉树转换为树

二叉树转换为树的过程就是树转换为二叉树过程的逆过程。

二叉树转换为树的步骤如图 7-38 所示。

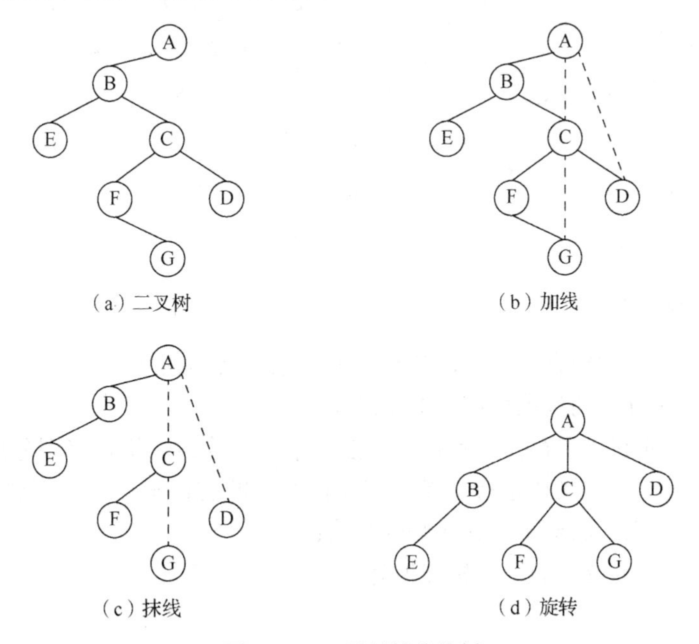

图 7-38　二叉树转换为树

① 加线：倘若某结点的左孩子结点存在，则将左孩子结点的右孩子结点、右孩子结点的右孩子结点……都作为该结点的孩子结点，将该结点与这些右孩子结点用线连接起来；

② 抹线：删除原二叉树中所有结点与其右孩子结点的连线；

③ 旋转：以二叉树的根结点为轴心，将整棵树逆时针旋转一定角度，使之符合树的层次结构。

简便记忆方法：右孩子变为右兄弟，中间结点居右。

7.4.2　互相转换森林与二叉树

森林是由若干棵树组成的，故森林与二叉树的互相转换可以理解为是树与二叉树互相转换的延伸。

1. 森林转换为二叉树

森林转换为二叉树的步骤如图 7-39 所示。

① 先把每棵树转换为对应的二叉树；

② 第一棵二叉树不动，从第二棵二叉树开始，依次把后一棵二叉树的根结点作为前一棵二叉树的根结点的右孩子结点，用线连接起来。当所有的二叉树连接起来后，所得到的二叉树就是由森林转换得到的二叉树。

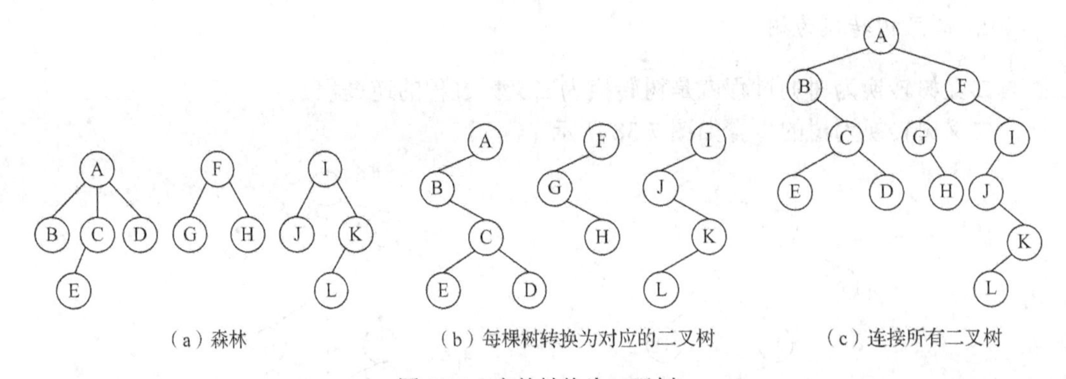

图 7-39　森林转换为二叉树

2. 二叉树转换为森林

倘若一棵二叉树的根有右孩子，那么它就可以转换为森林。

二叉树转换为森林的步骤如图 7-40 所示。

① 若根结点的右孩子存在，就把与右孩子结点的连线删除，得到分离的二叉树；

② 再对分离后的二叉树进行检查，若其根结点的右孩子存在，则进行连线删除操作。直至所有根结点的右孩子的连线删除为止；

③ 最后将每棵分离后的二叉树转换为树。

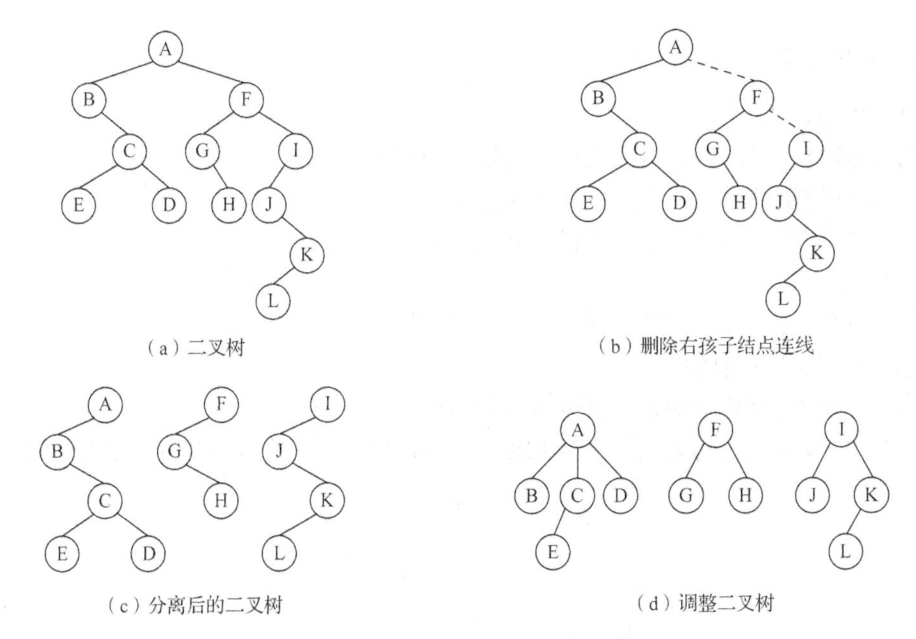

图 7-40　二叉树转换为森林

7.4.3　树、森林的遍历

本小节将介绍树、森林的遍历方式。树的遍历方式主要为先根遍历、后根遍历；森林的遍历方式主要为先序遍历、后序遍历。

1. 树的遍历

（1）先根遍历：

① 若树非空，则先访问根结点；

② 按照从左到右的顺序依次先根遍历根结点的每一棵子树。

（2）后根遍历：

① 若树非空，则按照从左到右的顺序后根遍历根结点的每一棵子树；

② 访问根结点。

图 7-41 中树的先根遍历结果为 ABECFGD，后根遍历结果为 EBFGCDA。

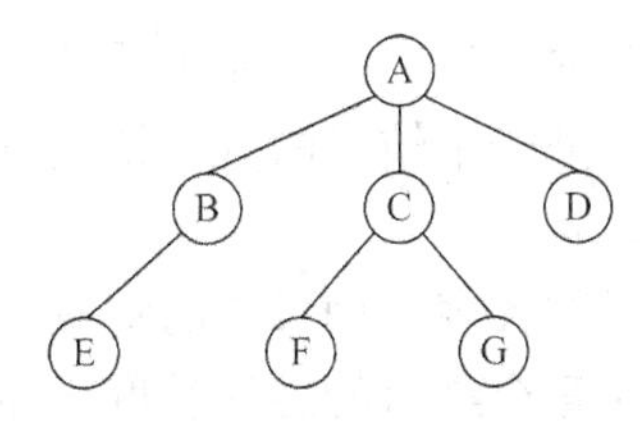

图 7-41　树的遍历示意图

当树转换为二叉树时，树的先根遍历结果与其对应二叉树的先序遍历结果相同，树的后根遍历结果与其对应二叉树的后序遍历结果相同。

2. 森林的遍历

（1）先序遍历：

① 若森林非空，则先访问森林中的第一棵树的根结点；

② 先序遍历第一棵树中的根结点的子树；

③ 先序遍历森林中除第一棵树以外的其他树。

（2）后序遍历：

① 后序遍历森林中的第一棵树根结点的子树；

② 访问第一棵树的根结点；

③ 后序遍历森林中除去一棵树以后的森林。

图 7-42 中森林的先序遍历结果为 ABCEDFGHIJLK，后序遍历结果为 BECFDAHGLJKI。

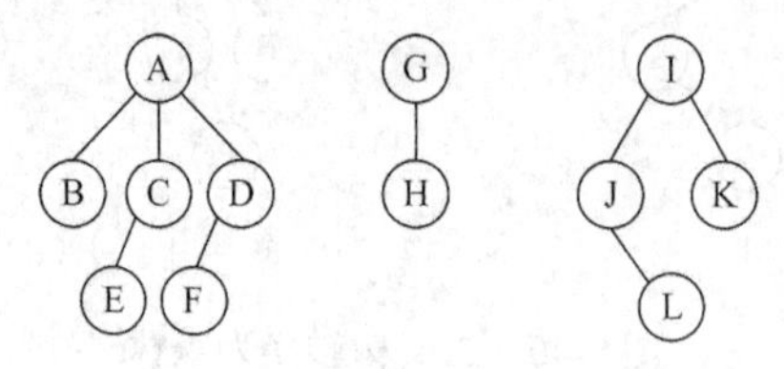

图 7-42　森林的遍历示意图

森林的先序遍历、中序遍历和后序遍历与其相应的二叉树的先序遍历、中序遍历和后序遍历是对应相同的，因此可以用相应二叉树的遍历结果来验证森林的遍历结果，即森林的遍历算法也可以采用其对应的二叉树遍历算法来实现。树可以看成只有一棵树的森林，所以树的先根遍历和后根遍历分别与森林的先序遍历和中序遍历对应。

7.5　哈夫曼树应用

大数据时代，数据存储和数据传输备受关注，需要人们不断地做出更新。David Huffman 所创造的哈夫曼树是一种被人们广泛使用的数据压缩技术，有效处理了数据存储问题。

7.5.1　哈夫曼树的基本概念

要想对哈夫曼树有一个深刻的认识，必须先了解几个概念。

路径：从树中一个结点到另外一个结点的分支结点所构成的路线。

路径长度：路径上的分支数目。

权：给树的每个结点所赋予的代表某种意义的实数。

树的路径长度：从树的根到每个结点的路径长度之和。

树的带权路径长度（WPL）：树中所有叶子结点的带权路径长度之和。

如图 7-43（a）所示，结点 A～F 的权值分别为 20、40、55、68、43、27，将这些结点构造成二叉树［图 7-43（b）］，并算出带权路径长度。

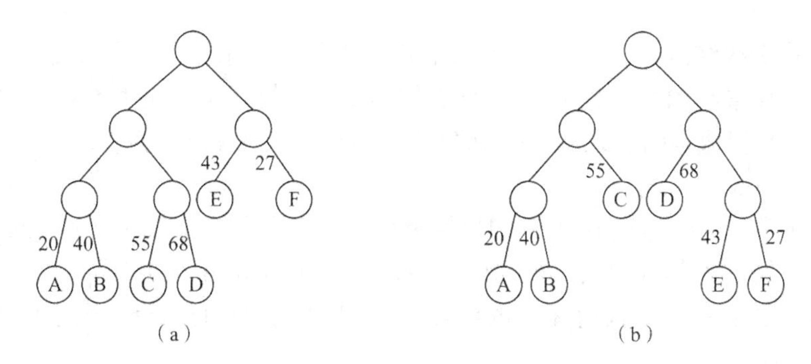

图 7-43　带权二叉树

用结点 A～F 构造二叉树，上述随意给出了两种不同方式，其带权路径长度如下：

$$WPL_a = 3\times20+3\times40+3\times55+3\times68+2\times43+2\times27=689$$

$$WPL_b = 3\times20+3\times40+2\times55+2\times68+3\times43+3\times27=661$$

从上述计算结果可以得知，对于二叉树来说，不同的构造方法得到的带权路径的长度是不同的，那么如何才能得到带权路径最短的二叉树呢？现在介绍一个新概念——哈夫曼树（最优二叉树）。哈夫曼树指带权路径最短的二叉树。

7.5.2　哈夫曼树的构造

哈夫曼树的定义要求一棵二叉树的 WPL 最小，这就必须使得权值大的叶子结点更加靠近根结点。哈夫曼树构造方法如下：

（1）给定 n 个权值构造 n 棵二叉树的集合 F，每棵二叉树只有根结点且无左右孩子；

（2）从 F 中选取出两棵根结点权值最小的树作为左右子树构造出一棵新的二叉树，新二叉树的根结点的权值为左右子树根结点的权值之和；

（3）从 F 中删除原来最小权值的两棵二叉树，同时将新的二叉树加入 F 中；

（4）重复进行步骤（2）（3），直到 F 中只有一棵树为止，那么哈夫曼树就诞生了。

根据上述构造哈夫曼树的步骤，再将图 7-44（a）中结点 A～F 进行重新构造。具体步骤如下：

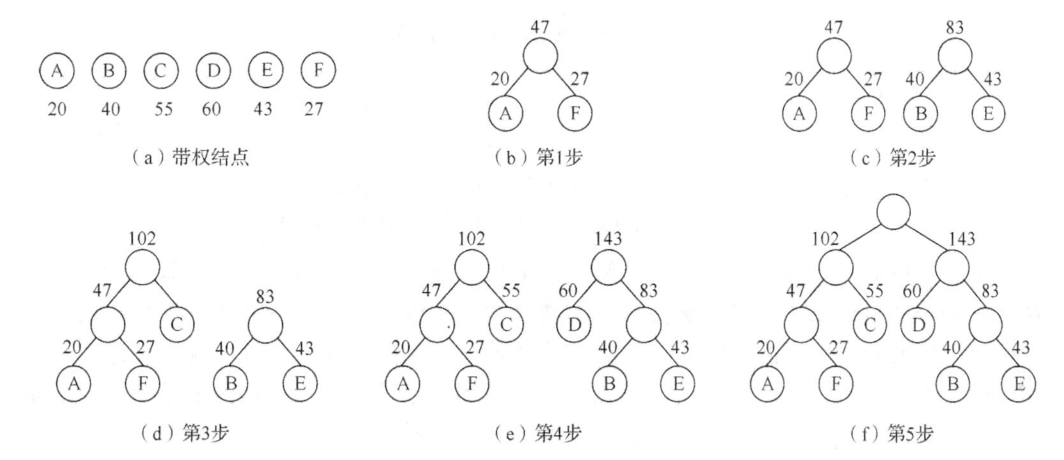

图 7-44　哈夫曼树构造过程

（1）先将带权结点 A、B、C、D、E、F 分别看作只有根的 6 棵二叉树；

（2）取权值最小的两个根 A 和 F 分别作为左右子树（小为左大为右），构造成一棵新的二叉树，其权值为两者之和 47，在集合中删除结点 A 和 F，并将新二叉树加入集合中，如图 7-44（b）所示；

（3）目前序列当中结点 B 和 E 的权值最小，故将被选取构造成一个新的二叉树，并且将新的二叉树并入集合中去，删除结点 B 和 E，如图 7-44（c）所示；

（4）再次选取集合中权值最小的结点 C 和权值为 47 的结点，同理操作，结果如图 7-44（d）所示；

（5）选取结点 D 和权值为 83 的结点，同理操作，结果如图 7-44（e）所示；

（6）最后选取权值为 102 和 143 的结点，结果如图 7-44（f）所示。

图 7-44 中哈夫曼树的 $\text{WPL} = 3\times 20 + 3\times 27 + 2\times 55 + 2\times 60 + 3\times 40 + 3\times 43 = 620$。这个带权路径长度明显减少了。

哈夫曼树法的特点如下：

（1）树中没有度为 1 的结点；n 个叶子结点的哈夫曼树共有 $2n-1$ 个结点；

（2）哈夫曼树中任意非叶子结点的左右子树交换依然是哈夫曼树；

（3）权值越大的结点，越靠近根结点；

（4）树的带权路径长度最短。

7.5.3 哈夫曼编码

哈夫曼所处的那个年代，远程通信主要靠的就是电报，而它在传输的过程中必定需要一套编码方法减少数据的发送量，从而就可以很好地解决数据压缩问题。首先给出前缀码的定义如下。

前缀码：如果在一个编码系统当中，任一编码都不是其他任何编码的前缀（最左子串），则称该编码系统中的编码是前缀码。

现在有一串字符内容“DAACBEACCDED”需要进行传输，将 A、B、C、D、E 这五个字符采用三位长度的二进制进行编码，编码规则如表 7-1 所示。

表 7-1　A～E 的二进制编码规则表

字符	A	B	C	D	E
二进制	000	001	010	011	100

用表 7-1 中的编码规则对“DAACBEACCCED”进行编码如下：

T(S)=011000000010001100000010010010100011

编码完成后对其进行传输，至于解码只需按照三位一个字符进行分割处理即可。但是上述编码明显过长，存储方面会十分浪费空间，在传输过程当中对计算机来说也是一个负担，如果编码长度能够缩短自然会使得传输更加高效。其实可以将编码设计成长度不等的二进制编码，即让待传字符中出现次数较多的字符采用尽可能短的编码，则转换的二进制字符串便可减少，这样的编码就是哈夫曼编码。

哈夫曼编码：对一棵具有 n 个叶子的哈夫曼树，若对树的每个左分支赋予 0，右分支赋予 1，则从根到每个叶子的通路上，各分支的赋值分别构成一个二进制串，该二进制串就称为哈夫曼编码。哈夫曼编码是前缀码，同时也是最优前缀码。哈夫曼树最典型的就是在编码技术上的应用。利用哈夫曼树，可以得到平均长度最短的编码。研究操作码的优化问题主要是为了缩短指令字的长度，减少程序的总长度以及增加指令所能表示的操作信息和地址信息。

生成哈夫曼编码的整个构造过程为：

（1）统计字符集中每个字符出现的平均概率或频次；

（2）将每个字符的概率或者频次作为权值，进行构造哈夫曼树；

（3）将哈夫曼树的每个分子进行编号，左分支标 0 右分支标 1；

（4）把根到每个叶子的路径上标号进行连接，将其作为该叶子对应字符的编码。

构造哈夫曼树的过程是，先选择两个权值最小的结点作为左孩子和右孩子，其权值和作为父结点的权重，然后所有未被选择的权重中选择一个最小权重的结点与该父结点生成更高层次的负结点，以此类推，得到一个二叉树结构的哈夫曼树。

现在对“DAACBEACCDED”这串字符进行重新编码，在这串编码当中字符 A～E 出现的频率分别为 3、1、4、2、2，以这些频率作为每个字符的权值构造哈夫曼二叉树，其结果如图 7-45（a）所示，然后根据哈夫曼树对每个字符进行重新编码（左 0 右 1），结果如图 7-45（b）所示。

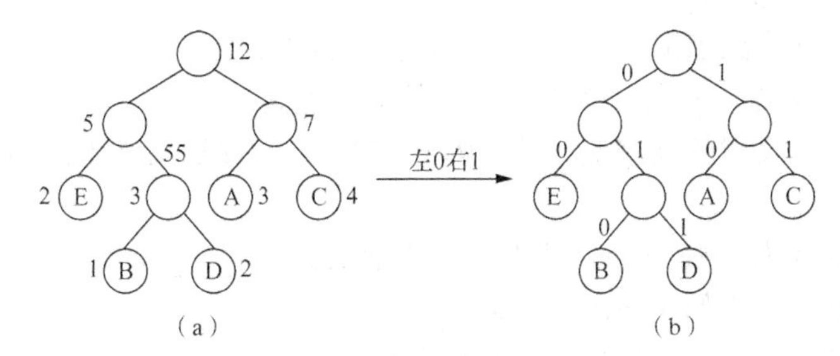

图 7-45 哈夫曼树

A～E 结点的哈夫曼编码如表 7-2 所示。

表 7-2 A～E 结点的哈夫曼编码

字符	A	B	C	D	E
二进制	10	010	11	011	00

根据上述哈夫曼编码规则重新写出“DAACBEACCDED”的编码如下：

H(S)=0111010110100010111101100011

将 T(S)和 H(S)两个串进行对比，可以发现 H(S)的长度明显变短，这就实现了数据压缩，传输过程中资源浪费也大大减少。

若一段程序有 1000 条指令，其中：I1 大约有 400 条，I2 大约有 300 条，I3 大约有 150 条，I4 大约有 50 条，I5 大约有 40 条，I6 大约有 30 条，I7 大约有 30 条。

对于定长编码，该段程序的总位数大约为 3×1000＝3000。

采用哈夫曼编码后，该段程序的总位数大约为 1×400+2×300+3×150+5×(50+40+30+30)=2200。可见，哈夫曼编码中虽然大部分编码的长度大于定长编码的长度 3，却使得程序的总位数变小了。

该哈夫曼编码的平均码长为

$$\begin{aligned}\sum_{i=1}^{7} p_i \times I_i &= 0.40\times1+0.30\times2+0.15\times3+0.05\times5+0.04\times5 \\ &\quad +0.03\times5+0.03\times5 \\ &=2.20\end{aligned}$$

课 后 习 题

一、填空题

1．已知一棵完全二叉树的第 6 层（设根是第 1 层）有 8 个叶结点，则该完全二叉树的结点个数最多是________。

2．设二叉树中 n_2 个度为 2 的结点，有 n_1 个度的结点，有 n_0 个度为 0 的结点，则该二叉树中的空指针个数为________。

3．一棵具有 n 个结点的完全二叉树的树高（深度）是________。

4．有 n（$n>0$）个结点的二叉树的深度的最小值是________。

5．已知一棵二叉树的前序遍历结果为 ABCDF，中序遍历结果为 BADFC，则后序遍历的结果为________。

6．后缀表达式为 ab*cde−/+，则其中缀表达式为________。

7．完全二叉树结点的平衡因子取值只可能为________。

8．将一棵树转换为二叉树后，根结点没有________子树。

9．有数据 WG={7,19,2,6,32,3,21,10}，则所建的哈夫曼树的树高为________，带权路径长度 WPL 为________。

二、判断题

1．完全二叉树当中，若一个结点没有左孩子，则它必是树叶。 （ ）

2．在任意一棵二叉树中，分支结点的数目一定少于叶结点的数目。 （ ）

3．深度为 k 具有 n 个结点的完全二叉树，其编号最小的叶结点序号 $\lfloor 2^{k-2} \rfloor+1$。 （ ）

4．二叉树按某种顺序线索化后，任一结点均有指向其前驱和后继的线索。 （ ）

5．树有先序遍历和后序遍历，树可以转化为对应的二叉树，树的后序遍历与其对应的二叉的后序遍历相同。 （ ）

6．任何一棵二叉搜索树的平均搜索时间都小于在顺序表中用顺序搜索法搜索同样结点的平均搜索时间。 （ ）

7．向二叉排序树中插入一个新结点，需要比较的次数可能大于此二叉树的高度。（　）

8．一棵满二叉树又是一棵平衡树。（　）

9．哈夫曼树的带权路径长度最短的树，路径上权值较大的结点离根较近。（　）

10．若从二叉树的任一结点出发，到根的路径上所经过的结点序列 1，其关键字有序，则该二叉树一定是哈夫曼树。（　）

三、简答题

1．设一棵二叉树的先序遍历为 ABDFCEGH，中序遍历为 BFDAGEHC：

（1）画出该二叉树；

（2）画出该二叉树的后续线索二叉树；

（3）画出该二叉树转换为对应的树（或者森林）。

2．将下图所示的森林转换为对应的二叉树，并且写出二叉树的先序、中序和后序遍历序列。

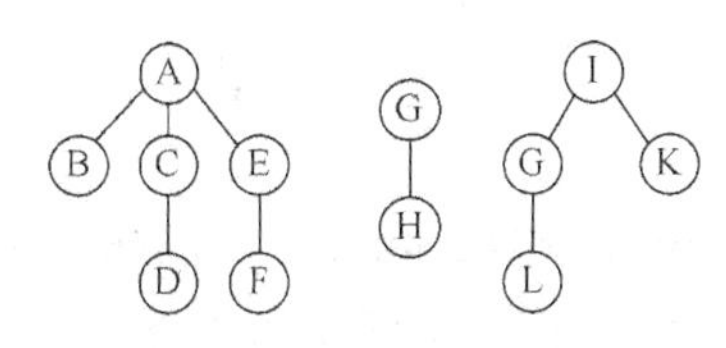

3．假设用于通信的电文仅仅由 8 个字母组成，字母在电文中出现的频率为 0.08、0.21、0.02、0.06、0.30、0.01、0.24、0.14，请为这 8 个字母设计哈夫曼编码。

四、编程题

1．编写递归程序求树中叶子结点数。

2．编写计算二叉树最大宽度的算法。

3．已知二叉树按照顺序方式存储，请写出计算二叉树中非叶子结点数目的算法。

4．写出中序线索二叉树的线索化过程关键代码。

第 8 章　图

本章介绍另外一种非线性数据结构——图。在实际生活中很多问题可以用图进行表示，它也成为了算法设计的一种有效的模型。基于图独特的特点，它已经被广泛应用到物理、化学、计算机、逻辑、电子信息、数学、医学以及语言学等领域当中。例如，旅游出行时如何规划出合理的路线才能使得体验感更好，这个问题就可以用图论中的算法进行求解。

8.1　图的定义及相关概念

8.1.1　图的定义

图（graph）：由顶点的有穷非空集合和顶点之间的边的集合组成，通常表示形式为 $G(V,E)$，其中 G 表示一个图，V 是图 G 中顶点的集合，E 是图 G 中边的集合。

上述定义中图的顶点其实就是结点，只是对于不同的结构命名不同，而且图中必须存在顶点；图的边是指顶点的有序偶对，图中任意两个顶点之间都有可能存在关系，只要顶点之间有边就意味着这两个顶点之间关系的存在。需要注意的是，在图中，顶点和结点是相同的概念。

8.1.2　图的基本术语

有向图：每条边均有方向的图称为有向图，如图 8-1（a）所示。

无向图：每条边均无方向的图称为无向图，如图 8-1（b）所示。

有向图中的边称为**弧**，记作 $<v_i,v_j>$，含箭头的一端称为**弧头（终端点）**，不含箭头的一端称为**弧尾（起始点）**；无向图中的边就称为边，记作 (v_i,v_j) 或者 (v_j,v_i)。

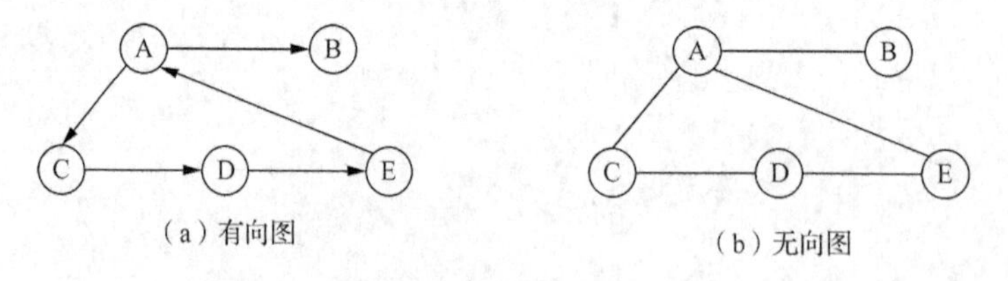

图 8-1　有向图和无向图

完全图：任意两个顶点间均有一条边相连。而完全图根据边有无方向又可分为有向完全图和无向完全图；若有向图中有 n 个顶点，将具有 $n(n-1)$条边的有向图称为**有向完全图**；若无向图中有 n 个顶点，将具有 $n(n-1)/2$ 条边的无向图称为**无向完全图**。图 8-2（a）

中有 3×2=6 条弧，图 8-2（b）中有(3×2)/2=3 条边。注意：在有向图中称为弧，在无向图中称为边。

稀疏图：有很少条边或者弧的图（$e<n\log n$）。

稠密图：有较多边和弧的图。

权：部分图的边或者弧具有与它相关的数字，这种数字称为权。权可以表示从一个顶点到另外一个顶点的距离和耗费等信息。

网：带权的图称为网，如图 8-3 所示。

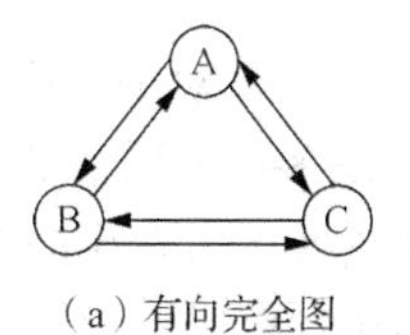

（a）有向完全图

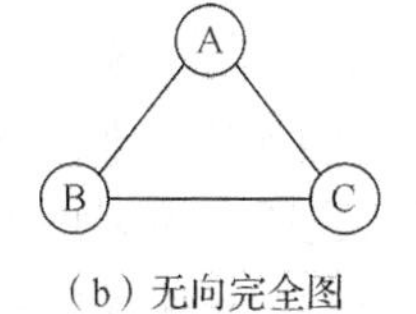

（b）无向完全图

图 8-2　完全图

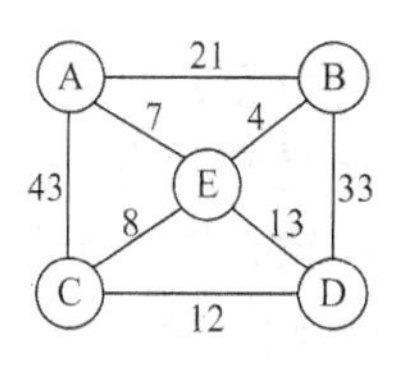

图 8-3　网

邻接：有边或者弧相连的两个顶点之间的关系。在无向图中存在(v_i,v_j)，则称v_i和v_j互为邻结点；在有向图中存在$<v_i,v_j>$，则称v_i邻接到v_j，v_j邻接于v_i。

关联（依附）：边或者弧与顶点之间的关系，如图 8-3 中权为 7 的这条边就关联于顶点 A 和顶点 E。

顶点 v 的度：是指与顶点 v 相关联的边的数目，即为 TD(v)。特别在有向图中，顶点的度等于顶点的出度与顶点的入度之和。

顶点 v 的入度：是指以顶点 v 为终点的弧的条数，记作 ID(v)。

顶点 v 的出度：是指以顶点 v 为始点的弧的条数，记作 OD(v)。例如，在有向完全图 8-2（a）中，顶点 A 的入度为 2、出度为 2，度就为 4；无向完全图 8-2（b）中顶点 A 的度为 2。

路径：相邻顶点序偶所构成的序列。

路径长度：路径上边或者弧的数目，对拥有权值的路径计算权值之和。例如，在图 8-2（a）中<A,C>、<C,B>是一条路径，路径长度为 2；在图 8-3 中（A,B)、(B,D)、(D,C）是一条路径，路径长度为 66。

回路（环）：一个顶点和最后一个顶点相同的路径称为回路，如图 8-4 和图 8-5 两者均为回路。图 8-4 中顶点 A 出发经过顶点 DBE 又回到顶点 A，图 8-5 中顶点 A 出发经过顶点 CDBCD 又回到顶点 A。

简单路径：序列中顶点不重复出现的路径称为简单路径。图 8-6 就为简单路径，顶点 E 出发经过顶点 AD 再到顶点 C 而路径当中无重复的顶点出现，故为简单路径。

简单回路：除第一个顶点和最后一个顶点之外，其余顶点不重复出现的回路称为简单回路（简单环）。图 8-4 中顶点 A 出发经过顶点 DBE 又回到顶点 A，而路径当中无重复顶点，故图 8-4 为简单回路。

连通：在无向图中，如果从顶点v_i到v_j有路径，则称v_i和v_j是连通的。

连通图：如果图中任意两个顶点都连通，则称该图为连通图。

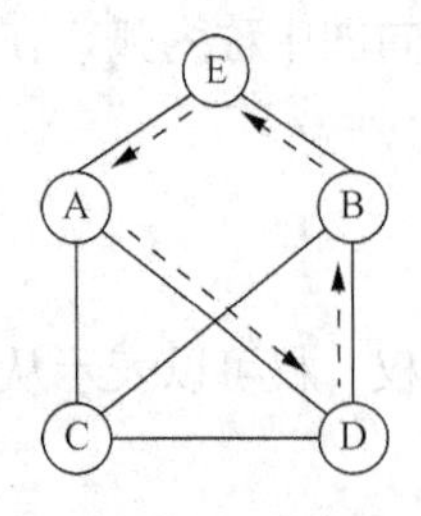

图 8-4　简单回路

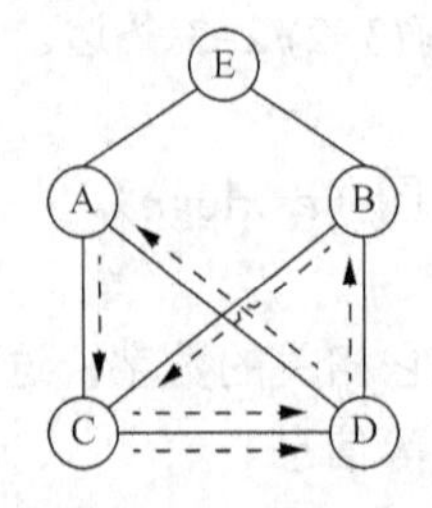

图 8-5　非简单回路

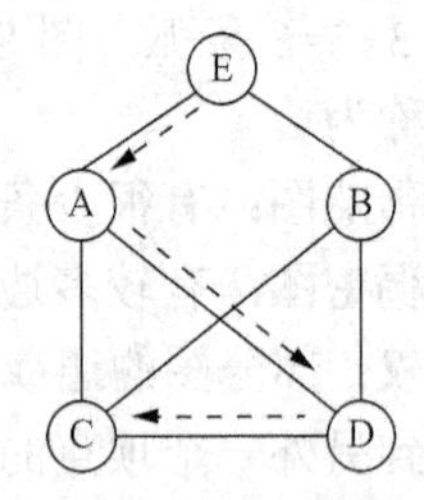

图 8-6　简单路径

连通分量：为无向图中的极大连通子图。在图 8-7 中顶点 A 到顶点 B、C、D 均有路径，但是到顶点 E、F、G 无路径，所以图 8-7 为非连通图。图 8-8 中顶点 A、B、C、D 互相连通，图 8-9 中顶点 E、F、G 互相连通，所以图 8-8 和图 8-9 均为连通图。对于图 8-7 所示的非连通图，它有两个连通分量，分别为图 8-8 和图 8-9。

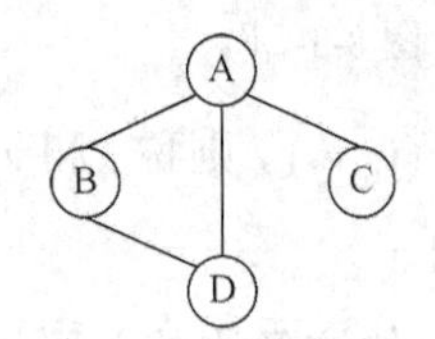

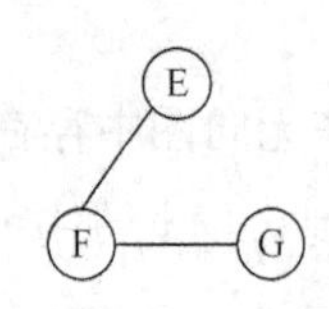

图 8-7　非连通图

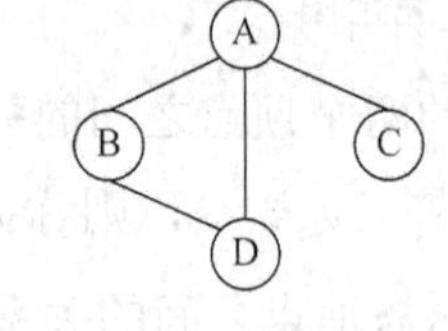

图 8-8　连通图 1

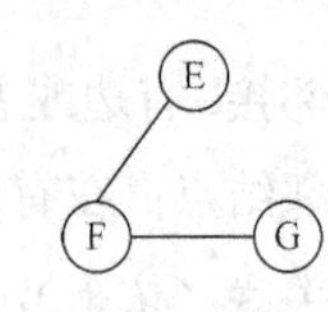

图 8-9　连通图 2

强连通图：在有向图中，对于每一对顶点 v_i 和 v_j，如果从 v_i 到 v_j 和从 v_j 到 v_i 均有路径，则称该图为强连通图。

强连通分量：为有向图中的极大强连通子图。图 8-10 顶点 D 到顶点 A、B 无路径，故不是强连通图。图 8-11 当中顶点 A、B、C 互相有路径，故是强连通图，同时图 8-11 也为图 8-10 的强连通分量。

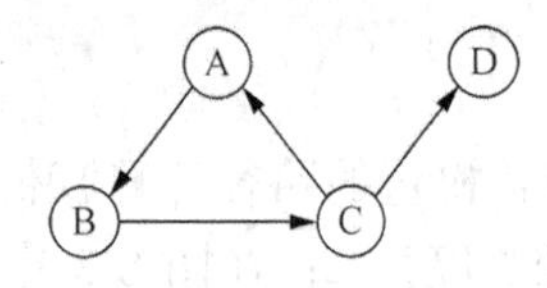

图 8-10　非强连通图

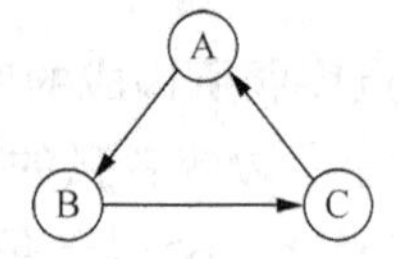

图 8-11　强连通图

生成树：为包含无向图中所有顶点的极小连通子图。

生成森林：对于非连通图，其为各个连通分量生成树的集合。

8.1.3　图的抽象数据类型

下面给出图的抽象数据类型定义：

```
ADT Graph{
    数据对象 D:V 是顶点集,该集合中含的是具有相同特性的数据元素。
    数据关系 R: R={VR}
                VR={<v,w>|(v,w∈V)^P(v,w),<v,w>表示从 v 到 w 的弧,
                    P(v,w)代表弧<v,w>的相关信息}
```

```
    基本操作:
     (1)CreateGraph(G)
    创建图。
     (2)DestoryGraph(G)
    销毁图。
     (3)LocateVex(G,v)
    返回顶点 v 在图中的位置。
     (4)GetVex(G,v)
    返回图 G 中 v 的值。
     (5)PutVex(G,v,value)
    对图 G 中顶点 v 赋值 value。
     (6)FirstAdjVex(G,v)
    返回顶点 v 的第一个邻接点;若顶点 v 不存在邻接点,则返回空。
     (7)NextAdjVex(G,V,W)
    返回 v 的(相对于 w 的)下一个邻接点;若 w 是 v 的最后一个邻居点,则返回为"空"。
     (8)InsertVex(G,v)
    图 G 中增添新顶点 v。
     (9)DeleteVex(G,v)
    删除图 G 中顶点 v 及其相关的弧。
     (10)InsertArc(G,v,w)
    在图 G 中增添弧<v,w>,若图 G 是无向图,还需另外增添对称弧<w,v>。
     (11)DeleteArc(G,v,w)
    从图 G 中删除弧<v,w>,若图 G 为无向图,则需一并删除对称弧<w,v>。
     (12)DFSTraverse(G,v,Visit())
    从顶点 v 开始深度优先遍历图 G。
     (13)BFSTraverse(G,v,Visit())
    从顶点 v 开始广度优先遍历图 G。
}ADT Graph
```

8.2　图的存储结构

根据图的逻辑结构，可知图的顶点之间是一种多对多的关系，图中任意两顶点之间都可能存在联系。基于此特性，图中每个顶点均可看作为第一个顶点，其邻接点之间也不存在次序关系。简单的顺序存储结构不能满足图存储的需要，但是可以借助二维数组进行表示，而图的链式存储结构方法较多。下面介绍常用的四种存储表示法：邻接矩阵表示法、邻接表表示法、十字链表、邻接多重表。

8.2.1　邻接矩阵表示法

邻接矩阵表示法又称为数组表示法。它用两个数组来表示图：一个一维数组用来存储图中的顶点信息，被称为邻接表；另一个二维数组用来存储图中顶点之间的关系（弧或者边的信息），被称为邻接矩阵。

假设图 $G=(V,E)$是拥有 n 个顶点的无权图，则它的邻接矩阵是一个 $n \times n$ 的矩阵，其定义如下：

$$\text{arc}[i][j]=\begin{cases}1,\text{ 若} < v_i, v_j > \in E\text{或者}(v_i, v_j)\in E \\ 0,\text{ 否则}\end{cases}$$

根据上述定义，将一个无向图进行邻接矩阵表示，如图 8-12 所示。

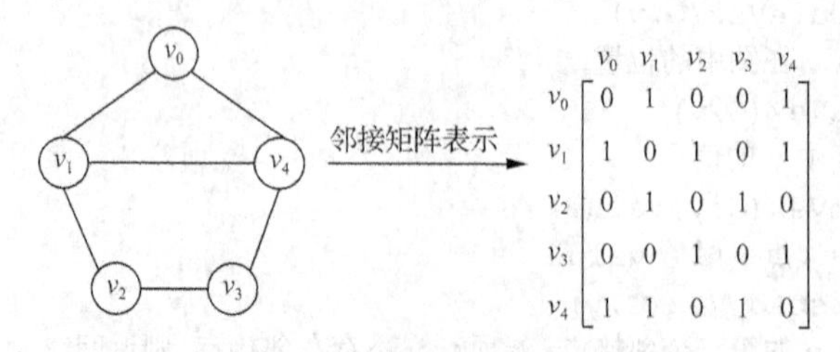

图 8-12　无向图的邻接矩阵表示

从无向图的邻接矩阵图中可知：

（1）邻接矩阵是对称的，这是因为无向图中两顶点之间只要存在边就代表相互有联系，比如 v_0 到 v_1 存在边，矩阵中 arc[0][1]=arc[1][0]=1；

（2）顶点 v_i 的度就等于第 i+1 行（列）（因为二维数组下标从 0 开始）的元素之和，比如 v_0 的度为 2，在矩阵当中第一行（列）的元素之和为 2。基于无向图邻接矩阵对称这个特点，在存储无向图的时候可以采用压缩矩阵法，在原有的存储空间上减少了存储空间的浪费。

将一个有向图进行邻接矩阵表示，如图 8-13 所示。

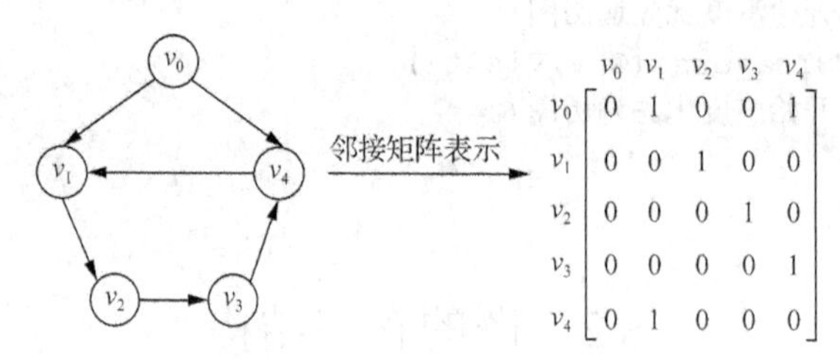

图 8-13　有向图的邻接矩阵表示

从有向图邻接矩阵图中可知：

（1）有向图的邻接矩阵可能是不对称的；

（2）顶点的 v_i 出度等于第 i+1 行的元素之和，顶点 v_i 的入度等于第 i+1 列的元素之和，这是因为有向图的邻接矩阵中，第 i+1 行代表以顶点 v_i 为尾的弧，第 i+1 列代表以顶点 v_i 为头的弧，比如 v_1 的出度为 1，矩阵中第二列元素之和为 1，v_1 的入度为 2，矩阵中第二行的元素之和为 2。

还有一种带权的网，它用邻接矩阵该如何进行存储呢？当然需要根据网的特性对邻接矩阵进行定义。假设图 G 是含有 n 个顶点的网，它的邻接矩阵是一个 $i\times j$ 的矩阵，可用数组的形式存储网结构，其定义如下：

$$\text{arc}[i][j]=\begin{cases}w_{ij},\text{若} < v_i, v_j > \in E\text{或者}(v_i, v_j)\in E \\ \infty,\text{ 否则}\end{cases}$$

根据上述定义，实现一个网的邻接矩阵存储，如图8-14所示。

网的邻接矩阵存储中，两顶点间若存在权值，就在邻接矩阵对应位置填入权值，其余互相没有关系的顶点的弧就用“∞”表示，这是因为在计算机当中∞就代表不可能的值。

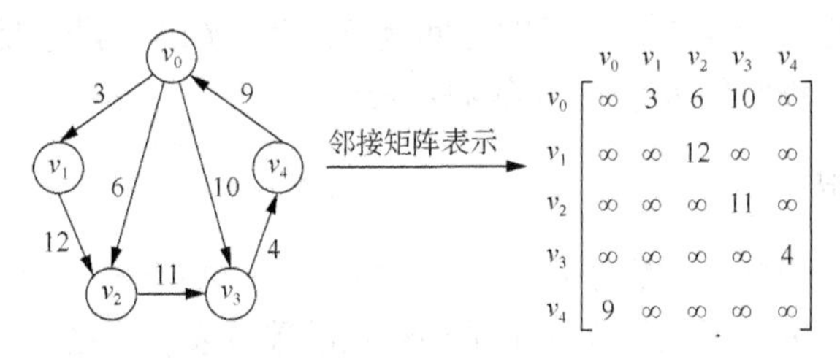

图8-14　网的邻接矩阵表示

图的邻接矩阵存储结构定义如下：

```
#define INFINTY 98997                           //用98997代替无穷大
#define MAXVEX 100                              //最大顶点数
typedef char VertexType;                        //顶点类型
typedef int EdgeType;                           //边权值的数据类型
type struct
{
   VertexType vexs[MAXVER];                     //顶点表，存放顶点信息
   EdgeType arc[MAXVER][ MAXVER];               //邻接矩阵，边表
   int numVertexes,numEdges;                    //顶点数和边数
}MGraph;
```

用此邻接矩阵类型可定义无向网，其算法思想是：

（1）输入总顶点数和边数；

（2）输入顶点信息建立顶点表；

（3）初始化邻接矩阵，每个权值初始化为最大值；

（4）对邻接矩阵进行构造（输入边权）。

下面给出创建无向网的代码如下：

```
void CreateMGraph(MGraph *G)
{
   int i,j,k,w;
   printf("输入顶点数和边数:\n");
   scanf("%d,%d",&G->numVertexes,&G->numEdges);   //输入顶点数和边数
   for(i=0;i<G->numVertexes;i++)
      scanf(&G->vexs[i]);                      //读入顶点信息,建立顶点表
   for(i=0;i<G->numVertexes;i++)
      for(j=0;j<G->numVertexes;j++)
         G->arc[i][j]=INFINITY;                //邻接矩阵初始化
for(k=0;k<G->numEdges;k++)
{  //给边表赋值
      printf("输入边(vi,vj)上的下标i,下标j和权值w:\n");
      scanf("%d,%d,%d",&i,&j,&w);  //输入边(vi,vj)上的权值w
      G->arc[i][j]=w;
```

```
        G->arc[j][i]=G->arc[i][j];    //无向图,矩阵对称
    }
}
```

此代码中初始化邻接矩阵这一段的时间复杂度为 $O(n^2)$，创建拥有 n 个顶点和 e 条边的无向网的整个过程时间复杂度为 $O(n+n^2+e)$。

8.2.2 邻接表表示法

为了解决空间浪费问题，需要引入一个新概念——邻接表，它是一种链式存储结构。邻接表中，为图中的每个顶点建立一个带头结点的单链表，头结点中存储的是顶点相关信息，其余结点中存储的是有关边的信息，所以邻接表是由表头结点表和边表两部分构成的，如图 8-15 所示。表头结点表中存储的是顶点，它是由顶点域和链域构成的。顶点域中存储顶点信息，链域中存储与该顶点邻接的第一个邻接点，即边表中的第一个顶点。

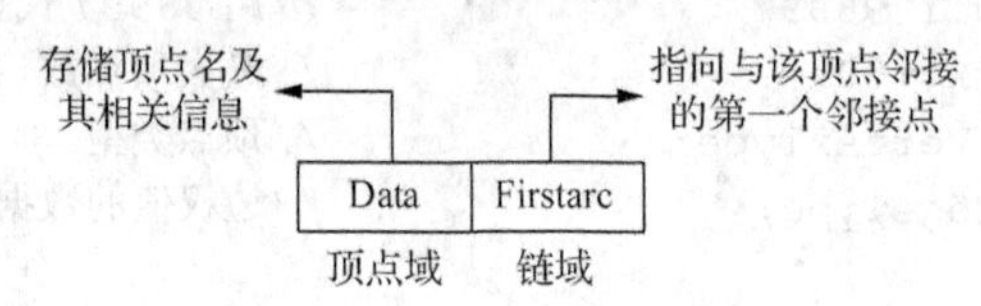

图 8-15　表头结点结构图

边表是由不带头结点的单链表（又称边链表）组成的，且其中存储的是与顶点 v_i 存在弧或边关系的所有顶点。假设图中含有 n 个顶点，那么就会有 n 个边链表。而边链表中的结点结构是由三部分组成的，分别为邻接点域、数据域、链域，如图 8-16 所示。

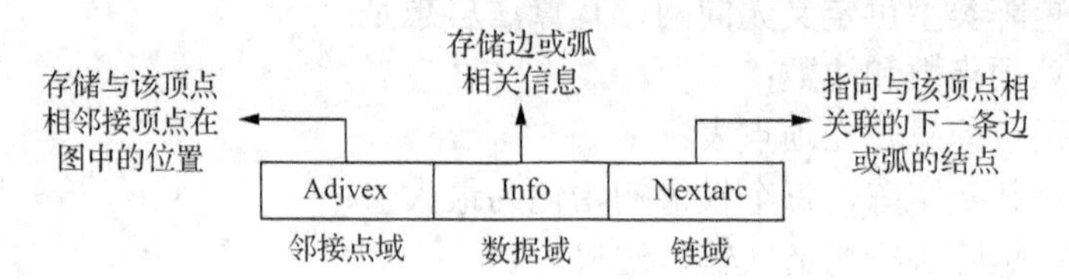

图 8-16　弧结点结构图

图的邻接表存储结构定义如下：

```
typedef char VertexType;       //顶点类型
typedef int EdgeType;          //边权值的数据类型
typedef struct EdgeNode        //边表结点
{
   int adjvex;  //邻接点域，其存储该弧所指向顶点的位置（下标）
   EdgeType info;  //存储边或弧相关信息
   struct EdgeNode *nextarc;  //链域，其存储下一条弧的指针
}EdgeNode;
typedef struct VertexNode  //顶点表结点
{
   VertexType data;        //顶点域，存储顶点信息
   EdgeNode *firstedge; //边表头指针，指向该顶点第一条弧的指针
}VertexNode,Adjlist[MAXVEX];
```

```
typedef struct
{
    AdjList adjList;
    int numNode,numEdges;  //该图顶点数和边数
}GraphAdjList;
```

将无向图和有向图分别用邻接表表示，如图 8-17、图 8-18 所示。

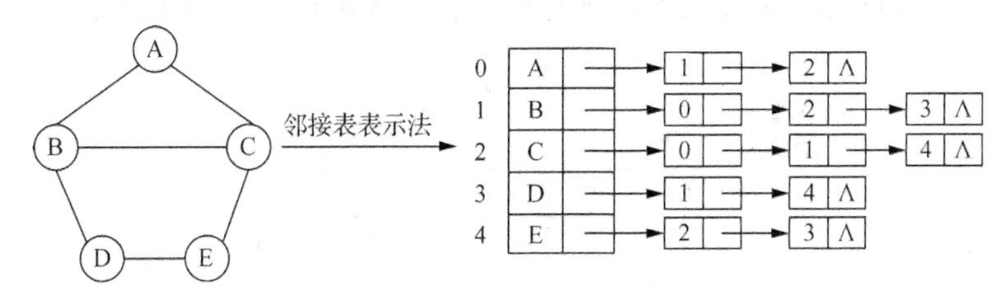

图 8-17　无向图的邻接表存储

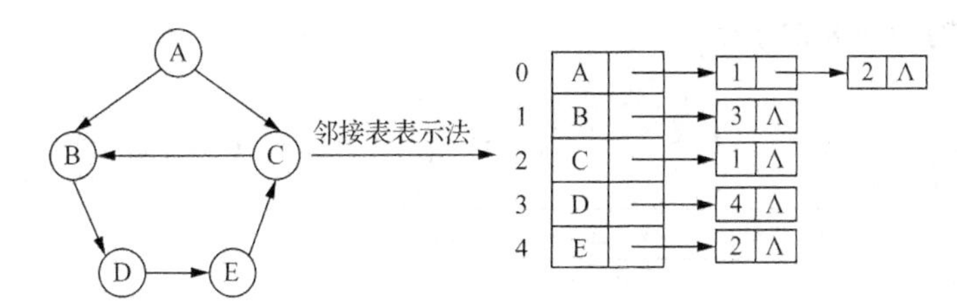

图 8-18　有向图的邻接表存储

无向图的邻接表存储特点如下：

（1）它的邻接表并不是唯一的，这是因为与该顶点相邻的顶点先后顺序不唯一。

（2）如果无向图中有 n 个顶点、e 条边，则其邻接表中需要 n 个表头结点和 $2e$ 个表结点，显然非常适合存储稀疏图。

（3）顶点 v_i 的度等于第 i 个单链表上结点的个数。

对于有向图的邻接表存储，寻找顶点 v_i 的出度较为容易，入度较难。顶点 v_i 的出度就是第 i 个单链表上结点的个数。而求顶点 v_i 的入度就必须遍历所有单链表。单链表中邻接点域值是 i-1 的结点个数。

为了方便得到有向图中顶点的入度，引入一个新概念——逆邻接表。它是对每个顶点 v_i 建立一个以 v_i 为弧头的弧的表。将一个有向图用逆邻接表进行表示的结果如图 8-19 所示。

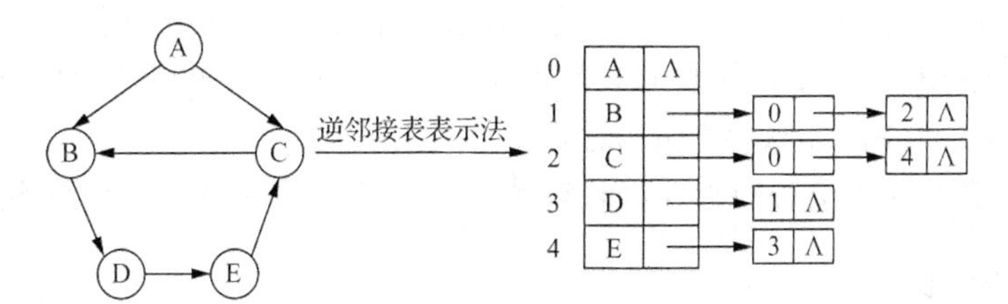

图 8-19　有向图的邻接表存储

有向图的逆邻接表当中，顶点 v_i 的入度等于第 i 个顶点的单链表中结点的个数。

8.2.3　十字链表

有向图的邻接表存储存在一定的弊端，要求出图中顶点的入度，就必须遍历整个邻接表。有向图的逆邻接表存储方式亦是如此。如果将两者存储方法结合，这个问题就可以迎刃而解。而这种将邻接表和逆邻接表相结合的存储方法被称为十字链表。

十字链表是有向图的另外一种链式存储结构，其中顶点结构如图 8-20 所示。

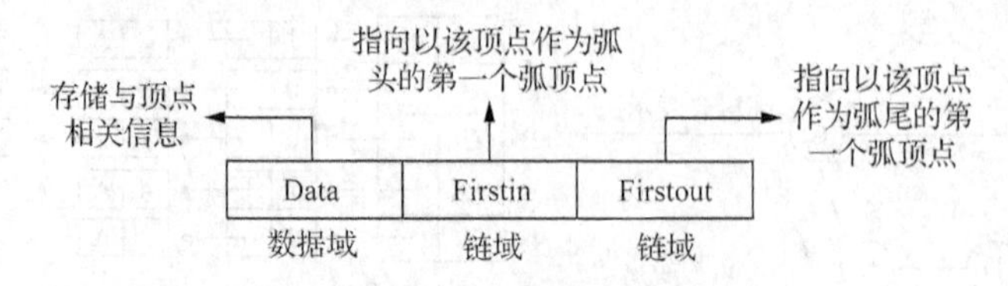

图 8-20　十字链表顶点结构

弧结点结构如图 8-21 所示。

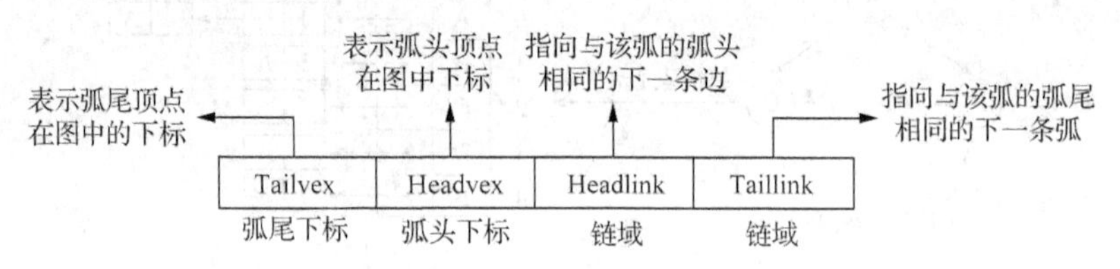

图 8-21　十字链表弧结点结构

将一个有向图用十字链表进行表示，其结果如图 8-22 所示。

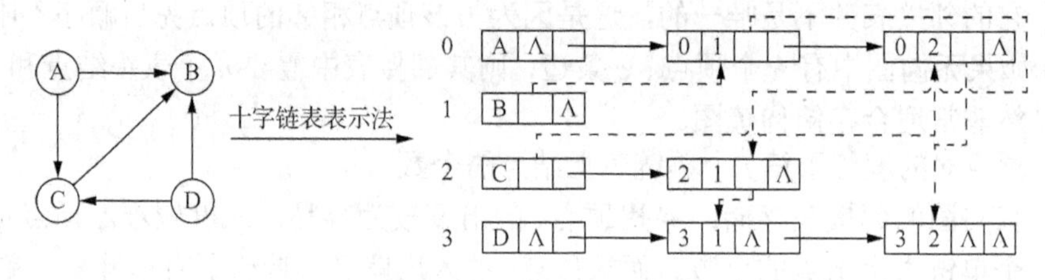

图 8-22　有向图的十字链表表示

图 8-22 中实线和虚线所代表的意义不同。实线其实就是该图的邻接表表示，虚线其实就是该图的逆邻接表表示。选取图中顶点 C 作为一个例子，顶点 C 有一个出度边（C,B），因此顶点表中顶点 C 的 Firstout 指向 Tailvex 为 2、Headvex 为 1 和 Taillink 为空的弧结点；顶点 C 有两个入度边<A,C>和<D,C>，因此顶点表中顶点 C 的 Firstin 指向 Tailvex 为 0、Headvex 为 2 的弧结点，然后从此弧结点的 Headlink 出发指向 Headvex 为 3、Headvex 为 2 和 Headlink 为空的弧结点。

结合邻接表和逆邻接表的十字链表自然融合了两者的优势，只是结构上显得复杂。

8.2.4　邻接多重表

无向图中的一条边使用邻接表存储时需要存储两次，如果要对其进行删除操作，就要在边表当中遍历寻找到两条边然后进行删除，这就导致时间和空间的资源浪费。为此只需将弧结点进行改造，以达到解决问题的目的。

邻接多重表边表中弧结点结构如图 8-23 所示。

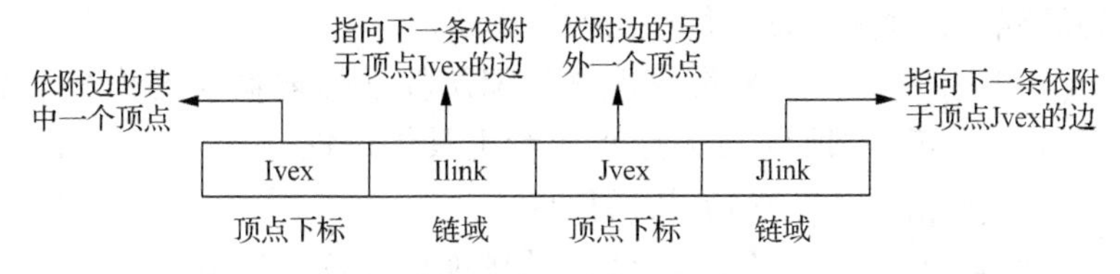

图 8-23　邻接多重表边表中弧结点结构

将一个无向图用邻接多重表进行表示，结果如图 8-24 所示。

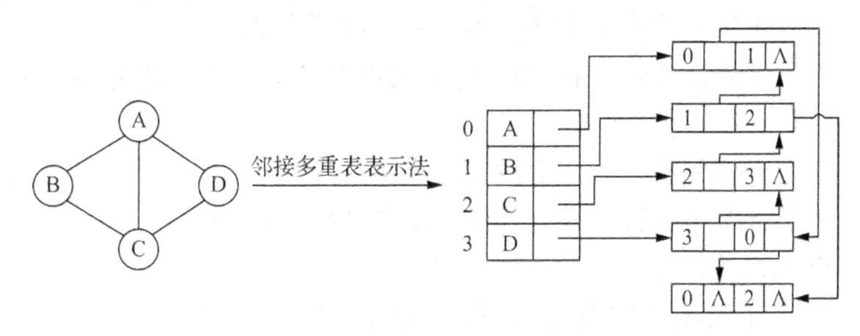

图 8-24　无向图的邻接多重表表示

8.3　图的遍历算法

图的遍历就是从图中某一顶点出发访问其余顶点，并且使每一个顶点仅被访问一次。图的结构比树的结构复杂，这就导致图的遍历比树的遍历更复杂。图中任一顶点都可能和其余顶点相邻接，在访问的过程中可能出现回到已访问过顶点的情况，因此需要在遍历过程中对已访问过的顶点进行标记，防止出现多次访问同一顶点却不自知的情况。对于这种问题的解决方法是建立一个访问数组 visited[n]（n 代表图中顶点个数），并将数组初始化为 0，如果此顶点已经访问过就将它的 visited[n]数组中的值设置为 1。

基于图结构复杂的特点，本节将介绍两种遍历方式：深度优先遍历方式、广度优先遍历方式。

8.3.1　深度优先遍历算法

深度优先遍历算法的思想和树的先序遍历算法有着异曲同工之妙。其实深度优先遍历算法是基于树的先序遍历算法的一种延伸。

深度优先遍历的基本思想如下：

（1）首先访问顶点 v_i，并对其进行标记；

（2）其次选取与 v_i 相连接且未被访问过的任一顶点 v_j，并且对其进行访问；

（3）之后再选取与 v_j 相连接且未被访问过的顶点，对其进行访问；

（4）当遇到已经访问过的结点（visited[*i*]数组标为 1 时），则原路返回退至被访问过的结点，若此结点还有其他连接顶点未被访问，则从这些未被访问的顶点当中选取一个并且重复上述过程，直至所有顶点均被访问过为止。

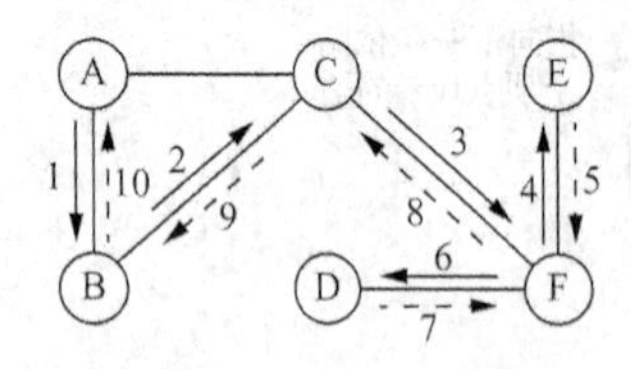

图 8-25　深度优先遍历

对图深度优先遍历算法的理解以图 8-25 为例。下面以顶点 A 为起点，给出具体过程：

（1）访问顶点 A；

（2）顶点 A 邻接顶点为 B、C，访问顶点 A 的第一个未访邻接点 B（B、C 中任意选取）；

（3）顶点 B 的未访邻接点只有顶点 C，故访问顶点 C；

（4）顶点 C 的未访邻接点只有顶点 F，故访问顶点 F；

（5）顶点 F 的未访邻接点为 E、D，访问顶点 F 的第一个未访邻接点 E（E、D 中任意选取）；

（6）顶点 E 无未访邻接点，故回溯到顶点 F；

（7）顶点 F 未访邻接点目前只有顶点 D，故访问顶点 D；

（8）顶点 D 无未访问顶点，故回溯到顶点 F；

（9）顶点 F 目前无未被访邻接点，故回溯到顶点 C；

（10）顶点 C 无未被访邻接点，故回溯到顶点 B；

（11）顶点 B 无未被访邻接点，故回溯到顶点 A，结束。

最后深度优先遍历算法的访问序列是 ABCFED。上述深度优先遍历过程结束后，图中标有实线箭头的边构成了深度优先搜索树。如果需要对非连通图进行深度优先遍历，就将其中每个图进行深度优先遍历，直至图中所有顶点均被访问即可。

基于邻接矩阵的深度优先遍历算法代码定义如下：

```
void DFS(MGraph G,int i)  //基于邻接矩阵的深度优先递归算法
{
    int j;
    visited[i]=TRUE;
    printf("%c",G.vexs[i]);
    for(j=0;j<G.numVertexes;j++)
    {
        if(G.arc[i][j]==1&&!visited[j])
            DFS(G,j);            //对未访问的邻接点递归调用
    }
}
void DFSTraverse(MGraph G)  //邻接矩阵的深度遍历操作
{
    int i;
    for(i=0;i<G,numVertexes;i++)
{
        visited[i]=FALSE;       //初始化所有顶点为未被访问状态
}
```

```
    for(i=0;i<G,numVertexes;i++)
    {
        if(!visited[i])            //对未访问过的顶点调用 DFS
            DFS(G,i);
        }
    }
```

基于邻接表的深度优先遍历算法代码定义如下：

```
    void DFS(GraphAdjList G,int i)   //基于邻接表的深度优先递归算法
    {
        edgeNode *p;
        visited[i]=TURE;
        printf("%c",G->adjList[i].data); //输出被访问的顶点

        p=G->adjList[i].firstedge;
        while(p)
        {
            if(!visited[p->adjvex])
                DFS(G, p->adjvex)        //对未访问的邻接顶点递归调用
            p=p->next;
        }
    }
    void DFSTraverse(GraphAdjList G)//邻接表的深度遍历操作
    {
        int i;
        for(i=0;i<G->numVertexes;i++)
        {
            visited[i]=FALSE;  //初始化所有顶点为未被访问状态
        }
        for(i=0;i<G->numVertexes;i++)
        {
        if(!visited[i])  //对未访问过的顶点调用 DFS
            DFS(G,i);
        }
    }
```

用邻接矩阵来存储图，遍历图中每个顶点均需从头扫描该顶点所在行，故时间复杂度为$O(n^2)$；用邻接表来存储图，完成遍历需扫描e个结点，加上对头结点的访问时间，时间复杂度为$O(n+e)$。所以邻接矩阵上进行深度遍历适用于稠密图，而邻接表上进行深度遍历适用于稀疏图。

8.3.2 广度优先遍历算法

广度优先遍历算法是在树的层序遍历上的推广，两者有着相似之处，所以进行广度优先遍历的时候需要队列的支撑。

广度优先遍历的基本思想是：

（1）从图中某个顶点 v_0 出发，对其进行访问；

（2）对顶点 v_0 邻接的各个未被访问的邻接点进行依次访问；

（3）分别从这些邻接点出发，依次访问它们的各个未被访问的邻接点，之后不断重复该步骤，直至图中所有顶点均不存在未被访问的邻接点为止。

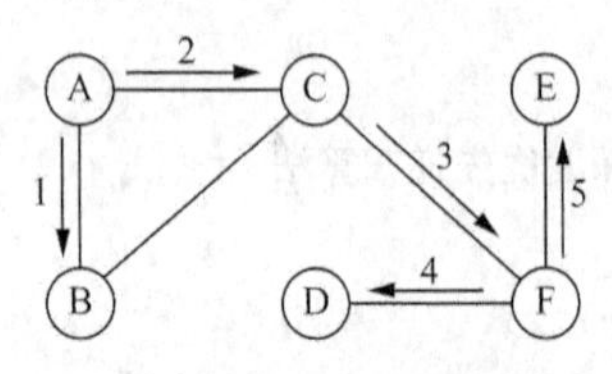

图 8-26　广度优先遍历

对图广度优先遍历算法的理解以图 8-26 为例。

对图 8-26 进行广度优先遍历，以顶点 A 为起点。下面给出具体过程：

（1）访问顶点 A。

（2）顶点 A 的未访邻接点为顶点 B、C。先访问顶点 A 的第一个未访邻接点 B，然后访问顶点 A 的第二个邻接点 C。因为顶点 B 在顶点 C 之前，所以目前应访问顶点 B 的未访邻接点；但是顶点 B 无未访邻接点，因此直接考虑在顶点 B 之后被访问的顶点 C，因为顶点 C 未访邻接点只有顶点 F，所以对其进行访问。

（3）顶点 F 的未访邻接点为顶点 E、D。先访问顶点 F 的第一个未访邻接点 D，然后访问顶点 F 的第二个邻接点 E，结束。

最后广度优先遍历算法的访问序列是 ABCFDE。

上述广度优先遍历过程结束后，图中标有实线箭头的边构成了广度优先搜索树。

基于邻接矩阵的广度优先遍历算法代码如下：

```
void BFSTraverse(MGraph G)
{
    int i,j;
    Queue Q;
    for(i=0;i<G.numVertexes;i++)
    {
        visited[i]=FALSE;
    }
    InitQueue(&Q);  //初始化辅助队列
    for(i=0;i<G.numVertexes;i++)  //遍历所有顶点
    {
        if(!visited[i])  //如若未访问过就处理
        {
            visited[i]=TURE;  //将当前顶点设置为访问过
            printf("%c",G.vexs[i]);
            EnQueue(&Q,i);  //将此顶点入队
            while(!QueueEmpty(Q))  //若当前队列不为空
            {
                DeQueue(&Q,&i);  //将队首元素出队列,并赋值给 i
                for(j=0;j<G.numVertexes;j++)
                {
                    if(G.arc[i][j]==1&&!visited[j])  //对其他顶点进行判断
```

```
                        {
                            visited[j]=TURE; //将找到的此顶点标记为已访问过
                            printf("%c",G.vexs[j]);
                            EnQueue(&Q,j);  //将找到的此顶点入队列
                        }
                    }
                }
            }
        }
    }
```

邻接表下的广度优先遍历算法代码如下：

```
void BFSTraverse(GraphAdjList G)  //邻接表下的广度优先遍历算法
{
    int i;
    EdgeNode *p;
    Queue Q;
    for(i=0;i<G->numVertexes;i++)
    {
        visited[i]=FALSE;
    }
    InitQueue(&Q);
    for(i=0;i<G->numVertexes;i++)
    {
        if(!visited[i])
        {
            visited[i]=TURE;
            printf("%c",G->adjvex[i].data);  //输出被访问的顶点
            EnQueue(&Q,i);
            while(!QueueEmpty(Q))
            {
                DeQueue(&Q,&i);
                p=G->adjList[i].firstedge; //找到当前顶点的边表链的表头指针
                while(p)
                {
                    if(!visited[p->adjvex])  //如果此顶点为被访问
                    {
                        visited[p->adjvex]=TURE;
                        printf("%c",G->adjList[p->adjvex].data);
                        EnQueue(&Q,p->adjList);  //将此顶点入队列
                    }
                    p=p->next;  //指针指向下一个邻接点
                }
            }
        }
```

```
        }
    }
```

邻接矩阵下的广度优先遍历对于每一个被访问到的顶点，均需要循环检测矩阵中的整整一行，时间复杂度为 $O(n^2)$。邻接表下的广度优先遍历，表中虽然有 $2e$ 个表结点，但是只需要对 e 个顶点进行扫描即可完成遍历，再加上对 n 个头结点的访问时间，时间复杂度为 $O(n+e)$。

8.4　最小生成树

如果想在 n 个城市之间建立通信网，就需在 n 个城市间铺 $n-1$ 条线路，而每条线路所建造的经济成本均不同，建造方案也是数不尽数，那么如何选择 $n-1$ 条线路才能使总费用最少？其实这个问题的解决就涉及最小生成树。

最小生成树（minimum-spanning-tree，MST）：给定一个无向网，在该网的所有生成树中，使得各边权值之和最小的那棵生成树称为该网的最小生成树。最小生成树的重要性质(MST 性质)为：设 $N=(V,\{E\})$ 是一个连通网，U 是顶点 V 的一个非空子集。若 (u,v) 是一条具有最小权值的边，其中 $u\in U, v\in V-U$，则存在一棵包含边 (u,v) 的最小生成树。最小生成树也被称为最小代价生成树。

本节介绍基于 MST 性质生成最小生成树的两种算法：普利姆（Prim）算法和克鲁斯卡尔（Kruskal）算法。

8.4.1　普利姆算法

假设 $G=(V,E)$ 是一张网图，V 为网图中所有顶点的集合，E 为网图中所有带权边的集合，集合 U 存放 G 的最小生成树的顶点，集合 T 存放 G 的最小生成树中的边。令 $U=\{u_1\}$（从顶点 u_1 出发），集合 T 初值为 $T=\{\}$。

普利姆算法思想为：从所有 $u\in U, v\in V-U$ 的边中，选取具有最小权值的边 (u,v)，将顶点 v 加入集合 U 中，将边 (u,v) 加入集合 T 中，如此不断重复，直至 $U=V$ 时，最小生成树构造完毕，此时集合 T 中包含了最小生成树的所有边。

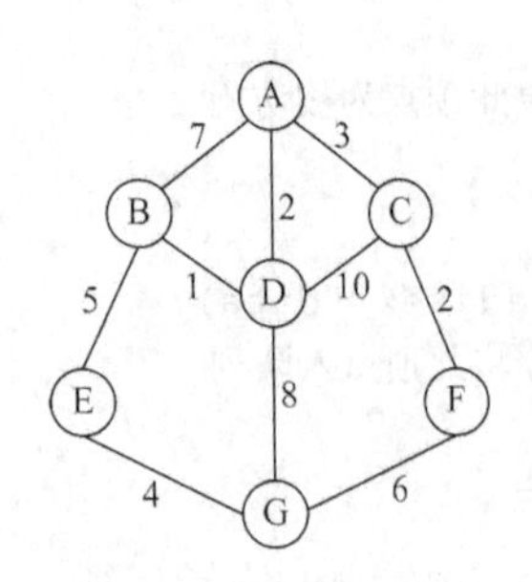

图 8-27　带权无向图

将带权无向图 8-27 采用普利姆算法生成最小生成树，以顶点 A 为起点，其具体过程如下：

（1）图 8-28 中，以顶点 A 为起点的候选边为 7、2、3，其中权值最小的边为 2，所以选择边长为 2 的边，此时候选边分别为 7、1、3、10，如图 8-28（a）所示；

（2）如图 8-28（b）所示，选择边长为 1 的边，此时候选边为 5、8、10、3；

（3）如图 8-28（c）所示，选择边长为 3 的边，此时候选边为 5、8、2；

（4）如图 8-28（d）所示，选择边长为 2 的边，此时候选边为 5、8、6;

（5）如图 8-28（e）所示，选择边长为 5 的边，此时候选边为 4、8、6;

（6）如图 8-28（f）所示，选择边长为 4 的边，此时候选边为 8、6;

（7）选择边长为 6 的边，此时所有顶点皆纳入生成树中，求解过程结束。

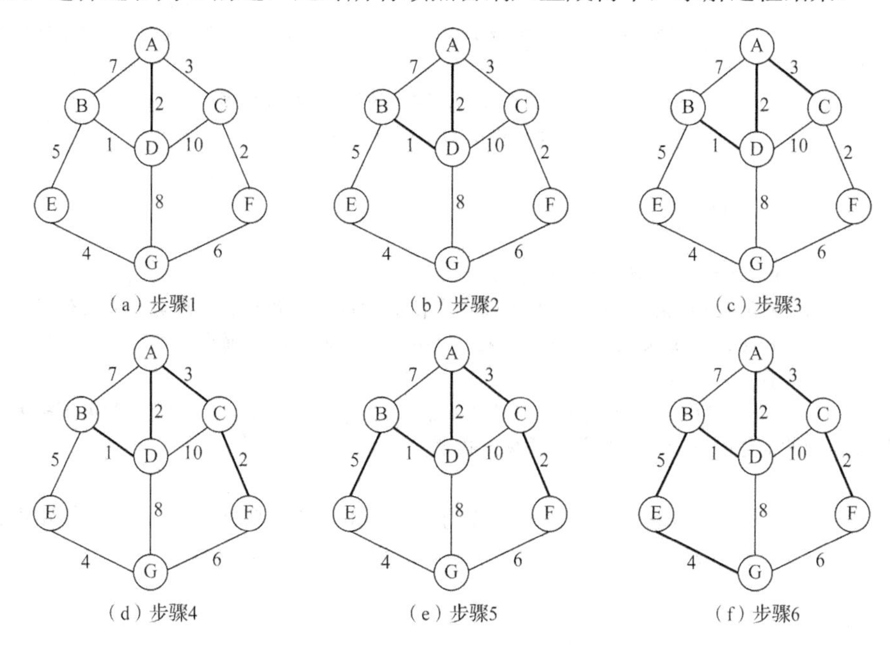

图 8-28　普利姆算法生成最小生成树过程

在采用普利姆算法构造最小生成树的过程中，一直在对点进行处理，所以普利姆算法还被称为加点法。该算法就是一个不断将集合扩大的过程，每次在该集合之外选择一个权重最小的表进行连接。初试的集合只有一条边，最后的集合包含权重最小的边，这些边能够将所有结点连接起来，且不存在回路。

普利姆算法代码如下：

```
void Prim(MGraph G)
{
    int min,i,j,k;
    int adjvex[MAXVEX];  //保存相关顶点的下标
    int lowcost[MAXVEX];  //保存相关顶点之间边的权值
    lowcost[0]=0;  //初始化第一个权值为 0
    adjvex[0]=0;  //初始化第一个顶点下标为 0
    for(i=1;i<G.numVertexes;i++)  //循环遍历除下标为 0 以外全部顶点
    {
        lowcost[i]=G.arc[0][i];  //将与 v0 顶点有边的权值存入数组
        adjvex[i]=0;
    }
    for(i=1;i<g.numVertexes;i++)
    {
```

```
        min=INFNITY;
        j=1;
        k=0;
        while(j<G.numVertexes)  //对全部顶点进行循环
        {
            if(lowcost[j]!=0&&lowcost[j]<min)  //如果权值不为0且小于min
            {
                min=lowcost[j];  //当前权值成为最小值
                k=j;  //当前最小值的下标存入k
            }
            j++;
        }
        printf("(%d,%d)\n",adjvex[k],k);
        lowcost[k]=0;  //将当前顶点权值设置为0意味着此顶点已完成任务
        for(j=1;j<G.numVertexes;j++)  //循环所有顶点
        {
            if(lowcost[j]!=0&&G.arc[k][j]<lowcost[j]) //如果下标为k的顶点的各权值小于此前这些顶点未被加入生成树的权值
            {
            lowcost[j]=G.arc[k][j];  //将较小的权值存入lowcost相应位置
            adjvex[j]=k;  //将下标为k的顶点存入adjvex
            }
        }
    }
}
```

根据普利姆算法可知，邻接矩阵存储结构下，普利姆算法的时间复杂度为$O(n^2)$，且适合用于存储稠密图。

8.4.2 克鲁斯卡尔算法

克鲁斯卡尔算法是一种按照网中边权值递增的顺序构造最小生成树的方法。整个算法过程由于一直在对边进行操作，故克鲁斯卡尔算法还被称为加边法。

克鲁斯卡尔算法思想为：设无向连通网 $G=(V,E)$，G 的最小生成树为 T，其初态为 $T=(V,\{\})$，即开始时，最小生成树 T 由 G 中 n 个顶点构成且顶点之间无边，T 中各个顶点各自构成一个连通分量。按照边的权值从小到大的顺序考查 G 的边集 E 中的各边（每次选出权值最小的边）。若所考查的边的两个顶点属于 T 中两个不同连通分量，则将此边作为最小生成树的边加入 T 中，即将两个连通分量连接为一个连通分量；若所考查边的两个顶点属于同一个连通分量，则舍去此边（防止造成回路），如此下去，当 T 中的连通分量个数为 1 时，此连通分量就为 G 的一棵最小生成树。

将图 8-27 采用克鲁斯卡尔算法生成最小生成树，其具体过程如下。

在图 8-27 的所有边中权值最小的边为 1，故首先将其纳入最小生成树中，如图 8-29（a）所示；此时图中最小权值为 2，顶点 A 和 D 之间的边和顶点 C 和 F 之间的边，两者任选其一，在此选取顶点 A 和 D 之间的边纳入最小生成树当中，如图 8-29（b）所示；目前最小权值为 2，故将顶点 C 和 F 之间的边纳入最小生成树当中，如图 8-29（c）所示；以此类推，如图 8-29（d）、（e）所示；最后将权值为 5 的边纳入最小生成树当中，如图 8-29（f）所示。该算法的本质是每次均选择一个权值最小的边进行连接，已被使用过的最小权值不被再次使用，直到将所有的点都连接起来。

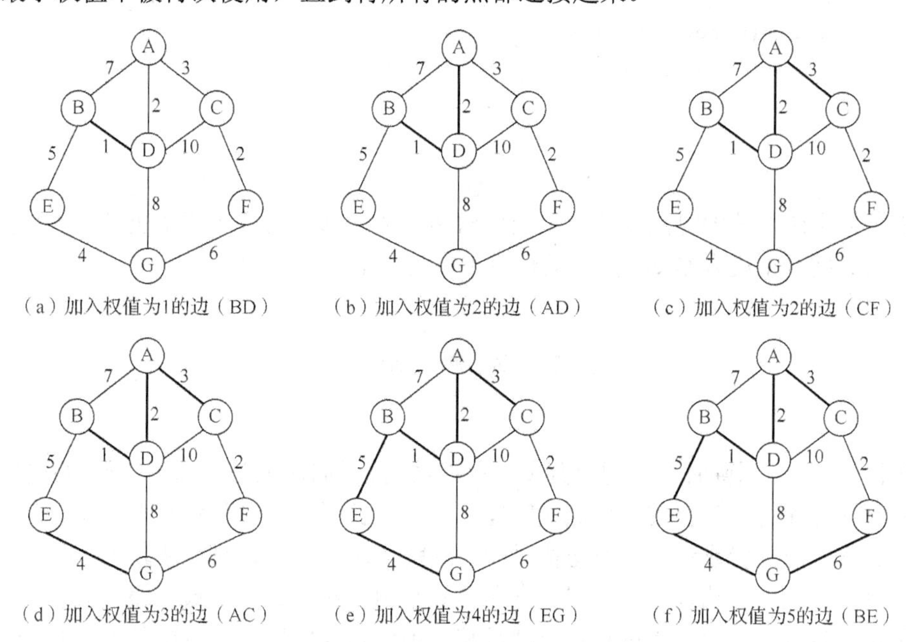

（a）加入权值为1的边（BD）　（b）加入权值为2的边（AD）　（c）加入权值为2的边（CF）

（d）加入权值为3的边（AC）　（e）加入权值为4的边（EG）　（f）加入权值为5的边（BE）

图 8-29　克鲁斯卡尔算法生成最小生成树过程

克鲁斯卡尔算法代码如下：

```
void Kruskal(MGraph G)              //克鲁斯卡尔算法生成最小生成树
{
    int i,n,m;
    Edge edges[MAXEDGE];            //定义边集数组
    int parent[MAXVEX];             //定义一数组用于判断边与边是否形成回路
      //此处省略将邻接矩阵转换为边集数组并按权值从小到大排序的代码
    for(i=0;i<G.numVertexes;i++)
    {
        parent[i]=0                 //初始化数组为 0
    }
    for(i=0;i<G.numEdges;i++)       //循环遍历所有的边
    {
        n=Find(parent,edges[i].begin);
        m=Find(parent,edges[i].end);
        if(n!=m)  //n 和 m 不等，说明此边没有与现有的生成树形成环路
        {
            parent[n]=m;
            printf("(%d,%d)%d\n",edges[i].begin,edges[i].end,
```

```
edges[i].weight);
                }
            }
        }
        int Find(int *parent,int f)         //查找连线顶点的尾部下标
        {
            while(parent[f]>0){
                f=parent[f];
            }
            return f;
        }
```

克鲁斯卡尔算法的时间复杂度主要由对边权值所选取的排序算法决定，与图中顶点无关，其时间复杂度为 O(eloge)，适合用于稀疏图中。

8.5 最短路径

生活中旅行、通勤时总希望得到最优化路线，此类问题就是交通网络最短路径问题。将交通网络比作有向带权图，顶点代表地点，弧代表两地之间有路连通，弧上权值代表两地间距离、交通费或者途中所花费时间，这就实现了对实际问题抽象化，即在有向网中源点到终点的多条路径当中，寻找一条各边权值最小的路径（最短路径）。

最短路径问题主要分为两种：一种是某一顶点到其他顶点的最短路径（单源最短路径）；另一种是任意一对顶点间的最短路径。本节对这两个问题分别提出不同的方法，即单源路径问题使用迪杰斯特拉（Dijkstra）算法，任意一对顶点间最短路径问题使用弗洛伊德（Floyd）算法。

8.5.1 单源路径问题——迪杰斯特拉算法

迪杰斯特拉算法是典型的单源路径算法，其主要特点是以起点为中心向外层层扩展，直至扩展到终点为止。

迪杰斯特拉算法基本思想：假设有两个集合 S 和 T，集合 S 用于存放已找到最短路径的顶点，集合 T 用于存放图中的剩余顶点。初始状态下，集合 S 中只包含源点 v_0，然后不断从集合 T 中选取与源点路径长度最短的顶点 v_u 并将其并入集合 S 当中。当集合 S 中每并入一个新的顶点 v_u，都要更新顶点 v_0 到集合 T 中顶点的最短路径长度值。不断重复此过程，直至集合 T 中的顶点全部并入集合 S 当中为止。

在迪杰斯特拉算法的整个实现过程中，需要用到 dist[ ]、path[ ]、final[ ]这三个数组。其中 dist[ ]数组用于存放源点 v_0 到其他各顶点当前的最短路径；path[ ]数组用于存放从源点 v_0 到顶点之间的最短路径的前驱结点；final[ ]数组为标记数组，标记各顶点是否已找到最短路径，final[v]=0 代表未被并入最短路径，final[v]=1 代表已经被并入最短路径。

有了这三个辅助数组，现在对迪杰斯特拉算法执行过程进行详细阐述。

首先，从当前 dist[ ]数组选取出最小值并将其并入，假设并入顶点为 dist[v_m]，同时 final[v_m]数组将设置为 1。

其次，循环扫描图中顶点，并对每个顶点进行检测，检测具体过程为：假设当前顶点为v_n，检测v_n是否已经并入 S 当中（观察 final[]数组的值），如果 final[v_n]=0，则比较 dist[v_n]与 dist[v_m]+w（w 为弧$<v_m,v_n>$的权值），如果 dist[v_n]>dist[v_m]+w，则用新的路径长度去更新旧的路径长度，并且将顶点v_m并入新的路径当中且将其作为v_n之前的那个顶点，反之则不进行任何操作。

下面将通过实例来对迪杰斯特拉算法进行说明。

对图 8-30 用迪杰斯特拉算法进行最短路径求解，具体过程如表 8-1 所示。

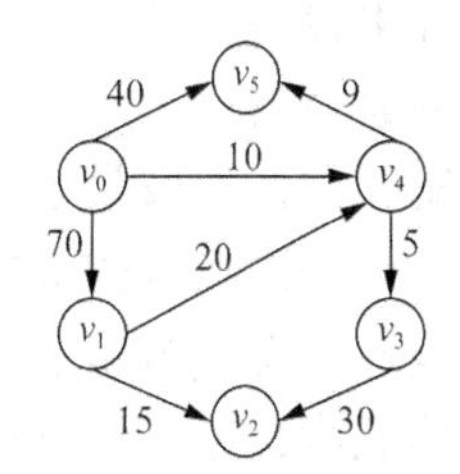

图 8-30　应用迪杰斯特拉算法图

表 8-1　从v_0到各个顶点的 dist 值和最短路径的求解过程

顶点	i=1	i=2	i=3	i=4	i=5
v_1	70 $v_0 \to v_1$	70 $v_0 \to v_1$	70 $v_0 \to v_1$	70 $v_0 \to v_1$	70 $v_0 \to v_1$
v_2	∞	∞	45 $v_0 \to v_4 \to v_3 \to v_2$	45 $v_0 \to v_4 \to v_3 \to v_2$	
v_3	∞	15 $v_0 \to v_4 \to v_3$			
v_4	10 $v_0 \to v_4$				
v_5	40 $v_0 \to v_5$	19 $v_0 \to v_4 \to v_5$	19 $v_0 \to v_4 \to v_5$		
v_i	v_4	v_3	v_5	v_2	v_1
S	$\{v_0, v_4\}$	$\{v_0, v_4, v_3\}$	$\{v_0, v_4, v_3, v_5\}$	$\{v_0, v_4, v_3, v_5, v_2\}$	$\{v_0, v_4, v_3, v_5, v_2, v_1\}$

对表 8-1 中的迪杰斯特拉算法求最短路径进行说明。

初始化：集合 S 初始为$\{v_0\}$，v_0只可到达v_1、v_4和v_5，故数组 dist[ ]各元素初始值设置为 dist[0]=0，dist[1]=70，dist[2]=∞，dist[3]=∞，dist[4]=10，dist[5]=40，数组 path[ ]各元素初始值设置为 path[1]=−1，path[1]=0，path[2]=−1，path[3]=−1，path[4]=0，path[5]=0，数组 final[ ]各元素初始值设置为 final[0]=1，final[1]=0，final[2]=0，final[3]=0，final[4]=0，final[5]=0。

第一次：在未并入结点（final[ ]=0）中选出最小值 dist[4]，并将顶点v_4并入集合 S 当中，final[4]置为 1，即已找到顶点v_0到顶点v_4的最短路径$v_0 \to v_4$。此时以v_4为中心点，检测剩余结点$\{v_1,v_2,v_3,v_5\}$，顶点v_4可到达顶点v_3且$v_0 \to v_4 \to v_3$的路径长度 15 比 dist[3]小，所以更新 dist[3]=15，path[3]=4。顶点v_4可到达顶点v_5且$v_0 \to v_4 \to v_5$的路径长度 19 比 dist[5]小，所以更新 dist[5]=19，path[5]=4。

第二次：选取最小值 dist[3]，并将顶点v_3并入集合 S 当中，final[3]置为 1，即已找到顶点v_0到顶点v_3的最短路径$v_0 \to v_4 \to v_3$。此时以v_3为中心点，检测剩余结点$\{v_1,v_2,v_5\}$，

顶点 v_3 可到达顶点 v_2 且 $v_0 \to v_4 \to v_3 \to v_2$ 的路径长度 45 比 dist[2]小，所以更新 dist[2]=45，path[2]=3。

第三次：选取最小值 dist[5]，并将顶点 v_5 并入集合 S 当中，final[5]置为 1，即已找到顶点 v_0 到顶点 v_5 的最短路径 $v_0 \to v_4 \to v_5$。此时以 v_5 为中心点，检测剩余结点 $\{v_1,v_2\}$，但是并未发现有数组 dist[ ]需要进行更新（只有当新发现的路径长度小于 dist[ ]的现有值时才需要更新）。

第四次：选取最小值 dist[2]，并将顶点 v_2 并入集合 S 当中，final[2]置为 1，即已找到顶点 v_0 到顶点 v_2 的最短路径 $v_0 \to v_4 \to v_3 \to v_2$。此时以 v_2 为中心点，检测剩余结点 $\{v_1\}$，但是也并未发现数组 dist[ ]需要进行更新。

第五次：选取目前唯一的最小值 dist[1]，将顶点 v_1 并入集合 S 当中，final[1]置为 1，即已找到顶点 v_0 到顶点 v_1 的最短路径 $v_0 \to v_1$，此时已经将全部顶点并入集合 S 当中，用迪杰斯特拉算法求最短路径过程结束。

图 8-30 所讨论的是权值为正数的图，那么对带有负数权值的图迪杰斯特拉算法还适用吗？答案是否定的，若边上带有负权值，则在更新数组 dist[ ]的时候，其最短路径可能小于原先确定的最短路径长度，这就会导致其无法进行更新，从而无法得出正确的结果。

上述过程非常复杂，其实理解过程和普利姆算法非常相似，均是先从一个小的集合慢慢加边，直到包含了所有顶点。迪杰斯特拉算法求解从某个源点到其余各顶点的最短路径问题，不管是使用邻接矩阵表还是使用带权的邻接表表示，其时间复杂度均为 $O(n^2)$。

8.5.2　任意一对顶点间的最短路径——弗洛伊德算法

通常用弗洛伊德算法去求任意一对顶点间的最短路径，弗洛伊德算法采用的是动态规划思想，将问题的求解分为多个阶段进行。

弗洛伊德算法基本思想为：递推产生一个 n 阶方阵序列 $A_{(-1)}, A_{(0)}, \cdots, A_{(k)}, \cdots, A_{(n-1)}$，初始时，对于任意两个顶点 v_i 和 v_j，若它们之间存在边，则以此边上的权值作为它们之间的最短路径长度；若它们之间不存在边，则以∞作为它们之间的最短路径。以后逐步尝试在原有路径中加入顶点 $k(k=0,1,\cdots,n-1)$作为中间顶点。若增加中间顶点后，所得到的路径比原来的路径长度减少了，则以新路径来代替原路径。

弗洛伊德算法在整个实现的过程中需要两个矩阵作为支撑，分别为矩阵 $\boldsymbol{A}$ 和矩阵 ***Path***，矩阵 $\boldsymbol{A}$ 中存储当前已经求得的任意两个顶点之间的最短路径长度，矩阵 ***Path*** 中存储当前两顶点间最短路径上要经过的中间顶点。

下面将通过实例来对弗洛伊德算法进行说明。

初始时：图 8-31 中的顶点编号从 0 开始且无中间点，故下标设为-1，两个矩阵如图 8-32 所示。

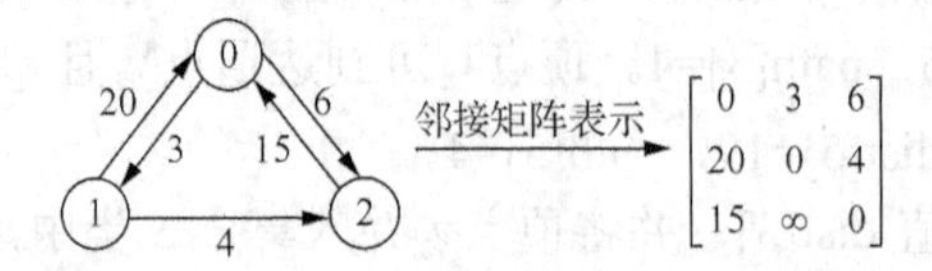

图 8-31　带权有向图的以及其邻接矩阵

$$A_{(-1)}=\begin{bmatrix}0 & 3 & 6\\20 & 0 & 4\\15 & \infty & 0\end{bmatrix}\qquad \boldsymbol{Path}_{(-1)}=\begin{bmatrix}-1 & -1 & -1\\-1 & -1 & -1\\-1 & -1 & -1\end{bmatrix}$$

图 8-32　所得矩阵 1

第一趟：以顶点 0 为中间点，检查所有顶点对，假设当前所检测的顶点对为$\{i,j\}$，倘若 $\boldsymbol{A}[i][j]>\boldsymbol{A}[i][0]+\boldsymbol{A}[0][j]$，则将 $\boldsymbol{A}[i][j]$更新为 $\boldsymbol{A}[i][0]+\boldsymbol{A}[0][j]$的值，并且将 ***Path***$[i][j]$更新为 0，此时在这些顶点对当中 $\boldsymbol{A}[2][1]>\boldsymbol{A}[2][0]+\boldsymbol{A}[0][1]$，所以将 $\boldsymbol{A}[2][1]$更新为 18，***Path***[2][1]更新为 0，所得矩阵如图 8-33 所示。

$$A_{(0)}=\begin{bmatrix}0 & 3 & 6\\20 & 0 & 4\\15 & 18 & 0\end{bmatrix}\qquad Path_{(0)}=\begin{bmatrix}-1 & -1 & -1\\-1 & -1 & -1\\-1 & 0 & -1\end{bmatrix}$$

图 8-33　所得矩阵 2

第二趟：以顶点 1 作为中间点，检查所有顶点对，其中并未发现需要进行更新的顶点，故矩阵如图 8-34 所示。

$$A_{(1)}=\begin{bmatrix}0 & 3 & 6\\20 & 0 & 4\\15 & 18 & 0\end{bmatrix}\qquad Path_{(1)}=\begin{bmatrix}-1 & -1 & -1\\-1 & -1 & -1\\-1 & 0 & -1\end{bmatrix}$$

图 8-34　所得矩阵 3

第三趟：以顶点 2 作为中间点，检查所有顶点对，其中 $\boldsymbol{A}[1][0]>\boldsymbol{A}[1][2]+\boldsymbol{A}[2][0]$，所以将 $\boldsymbol{A}[1][0]$更新为 19 和 ***Path***[1][0]更新为 2，所得矩阵如图 8-35 所示。

$$A_{(2)}=\begin{bmatrix}0 & 3 & 6\\19 & 0 & 4\\15 & 18 & 0\end{bmatrix}\qquad Path_{(2)}=\begin{bmatrix}-1 & -1 & -1\\2 & -1 & -1\\-1 & 0 & -1\end{bmatrix}$$

图 8-35　所得矩阵 4

第三趟所得矩阵为最终矩阵，根据矩阵 $\boldsymbol{A}_{(2)}$和 $\boldsymbol{Path}_{(2)}$可以查出任意两点间的最短路径长度。弗洛伊德算法复杂度为 $O(n^3)$。

8.6　拓 扑 排 序

本节介绍有向无环图（DAG 图）的应用之一——拓扑排序。有向无环图为一个无环的有向图，它经常被用来描述一个工程（计划、施工、生产、程序等）或者系统的进行过程，而一个工程又可分为若干个子工程，只要完成这些子工程即可实现整个工程的完成。

AOV 网：用一个有向图表示一个工程的各个子工程及其相互制约的关系，其中顶点表示活动，弧表示活动之间的优先制约关系，称这种网为顶点表示活动的网，即 AOV 网。比如青椒肉丝烹饪过程，洗菜活动进行之前必须进行买菜活动，切菜活动进行之前必须进行洗菜和准备厨具活动，烹饪活动进行之前必须进行切菜活动，等到一系列活动按顺序执行完后才可以进行吃菜活动，也就是说前者活动是后者活动的充分条件，这样一个工程各个活动之间就可以用一个有向图来表示，即 AOV 网，如图 8-36 所示。

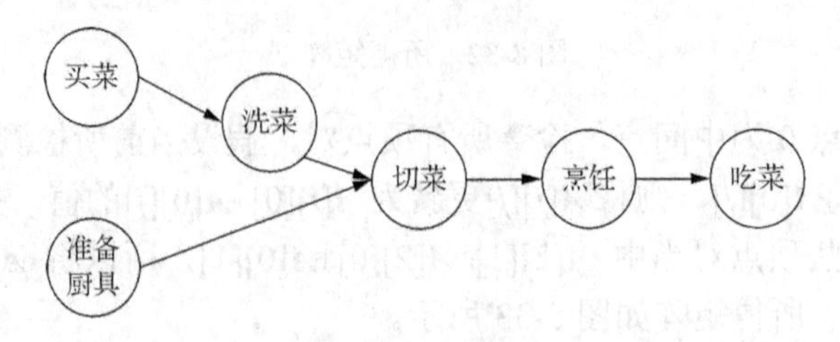

图 8-36　反映一道菜烹饪过程先后次序的 AOV 网

AOV 网特点如下：

（1）若<i,j>是网中的有向边，则 i 为 j 的直接前驱且 j 为 i 的直接后继；

（2）AOV 网中不允许存在回路，因为如果有回路存在，则表明某项活动以自己为先决条件，显然是不符合事实且无法执行的；

（3）AOV 网的拓扑排序不是唯一的。

拓扑序列：在有向图 $G=(V,\{E\})$中，V 中顶点的线性序列称为拓扑序列。比如图 8-36 中拓扑序列为{买菜，洗菜，准备厨具，切菜，烹饪，吃菜}。

拓扑排序：对有向图构造拓扑序列的过程，当且仅当满足下列条件：

（1）每个顶点出现且只出现一次；

（2）若顶点 A 在序列中排在顶点 B 前面，则图中不存在顶点 B 到顶点 A 的路径。

拓扑排序的实现步骤如下：

（1）从有向图中选择一个没有前驱（入度为 0）的顶点输出；

（2）删除（1）中的顶点，并且删除从该顶点发出的全部边；

（3）重复上述两步，直到剩余的图中不存在没有前驱的顶点为止。

根据拓扑排序的实现步骤，对图 8-37 进行拓扑排序：图中入度为 0 的顶点是 1，故将其输出并删除该顶点发出的全部边，即进行标①处；此时图中入度为 0 的顶点是 2、4，两者可随意选取，在此选取顶点 2，则将顶点 2 输出并删除该顶点发出的全部边，即进行标②处；此时图中入度为 0 的顶点是 4，故将其输出并删除该顶点发出的全部边，即进行标③处；此时图中入度为 0 的顶点是 3，故将其输出并删除该顶点发出的全部边，即进行标④处；最后图中入度为 0 的顶点只有 5，故将其输出，此时所有顶点均被输出，拓扑排序结束。根据以上步骤所得的拓扑有序序列为{1，2，4，3，5}。

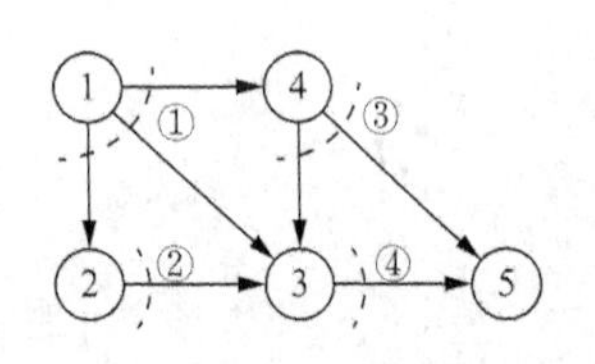

图 8-37　有向无环图

AOV 网中可以对顶点的出度进行研究并且采用下列步骤进行排序，这种排序则称为逆拓扑排序，输出的结果称为逆拓扑有序序列：

（1）从 AOV 网中选择一个没有后继（出度为 0）的顶点输出；

（2）从网中删除该顶点和所有到达该顶点的边；

（3）重复上述两步，直至当前 AOV 网中为空。

8.7 关键路径

8.7.1 AOE 网

若在带权的有向无环图中，以顶点表示事件，以有向边表示活动，边上的权值表示活动所需要的时间或者开销，则此带权的有向图称为 AOE 网。有向无环图不仅可以用 AOV 网进行表示也可以用 AOE 网进行表示，但是二者在表现形式上顶点和边所代表的含义不同。AOV 网一般涉及一个庞大的工程，关注各个子工程实施的先后顺序，AOE 网则不仅关注各个子工程实施的先后顺序，也关系整个工程所完成的最短时间。AOE 网研究的两个问题如下：

（1）完成整个工程所需要的时间；

（2）寻找影响整个工程进度的关键。

AOE 网特点如下：

（1）只有一个入度为 0 的顶点称为源点，代表整个工程的开始；

（2）只有一个出度为 0 的顶点称为汇点，代表整个工程的结束；

（3）只有在某顶点所代表的事情发生后，从该顶点出发的各个有向边所代表的活动才能开始；

（4）只有在进入某顶点的各个有向边所代表的活动已经结束时，该顶点所代表的事件才能发生。

8.7.2 关键路径算法

求关键路径之前必须了解一些相关术语。

关键路径：在 AOE 网中，从源点到汇点的所有路径当中，具有最大路径长度的路径称为关键路径；关键路径代表最长又代表最短，最长指图中的最长路径，最短指整个工期所完成的最短时间。

整个工期最短时间：关键路径所代表的时间。

事件 k 的最早发生时间 ve(k)：从源点到顶点 k 的所有路径中的最长者，即 ve(k)为 ve(j)+$<j,k>$权值后所得结果中的最大值（j 为 k 的前驱事件且 j 可能有多个）。事件最早发生时间是路径中的最长者，这是因为在 AOE 网中，如果事件 k 要发生必须在事件 k 之前的活动都已经完成的情况下，而源点到 k 的路径不仅仅是一条且它们同时进行，这就要取其中所持续时间最长的路径。

事件 k 的最迟发生时间 vl(k)：在不推迟整个工程完成的前提下，该事件最迟必须发生时间，即 vl(k)为 vl(j)减去$<k,j>$的权值后所得结果中的最小值（j 为 k 的后继事件且 j 可能有多个）。事件最迟发生时间是路径长度中的最小者，这是因为事件 k 的发生，一定不能推迟所有后继事件的最迟发生时间，所以 k 必须尽可能早地发生，vl(k)是 vl(j)减去$<k,j>$权值后所得的结果，其值越小，则事件 k 发生最早。另一方面，时间最迟发生时间就是该事件后面的事件发生的时间最长，为了简便计算，在总的时间中，减去后面最长时间就可得到事件的最迟发生时间。

活动的最早发生时间 e(a*k*)：该活动弧的起点所表示的事件的最早发生时间。这是因为事件代表一个新活动的开始和旧活动的结束。

活动的最迟发生时间 l(a*k*)：该活动弧的终点所表示的事件的最迟发生时间与该活动所需时间之差。同样，也可以用总的最长时间减去后面活动的最长时间，得到前面活动的最迟发生时间。

松弛时间（剩余时间）：活动的最迟发生时间减去活动的最早发生时间，即 l(a*k*)-e(a*k*)，也是活动可以拖延的时间（松弛度）。倘若一个活动的时间余量为零说明此活动必须如期完成，否则会拖延整个工程的进度，松弛时间为 0 的活动即为关键活动。

关键活动：关键路径上的活动称为关键活动，即活动最迟发生时间等于活动最早发生时间［l(a*k*)= e(a*k*)］的活动。

求得关键路径的一般步骤如下：

（1）根据图求出拓扑有序序列 a，按照此序列求出每个事件的最早发生时间；

（2）根据图求出逆拓扑有序序列 b，按照此序列求出每个事件的最迟发生时间；

（3）根据步骤（1）（2）的结果求出每个活动的最早发生时间和最迟发生时间；

（4）根据步骤（3）的结果找出关键活动，由关键活动所构成的路径即为关键路径。

求图 8-38 所示的关键路径，具体过程如下：

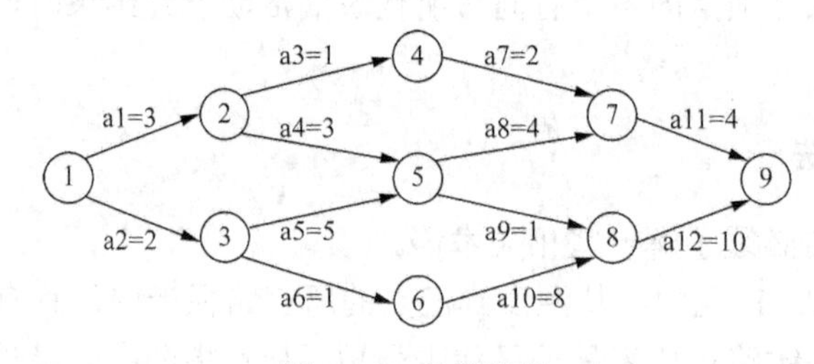

图 8-38　关键路径

（1）对图 8-38 进行拓扑排序，其序列为{1，2，3，4，5，6，7，8，9}。根据此序列依次求得图中各顶点所代表事件的最早发生时间。

初始时将事件 1 开始时间设置为 0，即 ve(1)=0，则

ve(2)=ve(1)+a1=0+3=3

ve(3)=ve(1)+a2=0+2=2

ve(4)=ve(2)+a3=3+1=4

ve(5)=max{ve(2)+a4,ve(3)+a5}=max{6,7}=7

ve(6)=ve(3)+a6=2+1=3

ve(7)=max{ve(4)+a7,ve(5)+a8}=max{6,11}=11

ve(8)=max{ve(5)+a9,ve(6)+a10}=max{8,11}=11

ve(9)=max{ve(7)+a11,ve(8)+a12}=max{15,21}=21

（2）对图 8-38 进行逆拓扑排序，其序列为{9，7，8，4，5，6，2，3，1}。根据此序列依次求得图中各顶点所代表事件的最迟发生时间。

vl(9)=ve(9)=21

vl(7)=vl(9)−a11=17

vl(8)=vl(9)−a12=11

vl(4)=vl(7)−a7=15

vl(5)=min{vl(7)−a8,vl(8)−a9}=min{13,10}=10

vl(6)=vl(8)−a10=11−8=3

vl(2)=min{vl(4)−a3,vl(5)−a4}=min{14,7}=7

vl(3)=min{vl(5)−a5,vl(6)−a6}=min{5,2}=2

vl(1)=min{vl(2)−a1,vl(3)−a2}=min{4,0}=0

（3）活动最早发生时间。

e(a1)=e(a2)=ve(1)=0

e(a3)=e(a4)=ve(2)=3

e(a5)=e(a6)=ve(3)=2

e(a7)= ve(4)=4

e(a8)=e(a9)=ve(5)=7

e(a10)= ve(6)=3

e(a11)= ve(7)=11

e(a12)= ve(8)=11

（4）活动最迟发生时间。

l(a1)=vl(2)−3=4

l(a2)=vl(3)−2=0

l(a3)=vl(4)−1=14

l(a4)=vl(5)−3=7

l(a5)=vl(5)−5=5

l(a6)=vl(6)−1=2

l(a7)=vl(7)−2=15

l(a8)=vl(7)−4=13

l(a9)=vl(8)−1=10

l(a10)=vl(8)−8=3

l(a11)=vl(9)−4=17

l(a12)=vl(9)−10=11

（5）根据步骤（4）找出关键活动，从而写出关键路径。

从表 8-2 中可以得出关键活动为 a2、a6、a10、a12，关键路径为{ a2，a6，a10，a12}，整个工程所需要的时间为 a2+a6+a10+a12=21。

表 8-2 寻找关键路径表

事件	a1	a2	a3	a4	a5	a6	a7	a8	a9	a10	a11	a12
e(a*i*)	0	0	3	3	2	2	4	7	7	3	11	11
l(a*i*)	4	0	14	7	5	2	15	13	10	3	17	11
关键活动		◆				◆				◆		◆

课 后 习 题

一、填空题

1．设无向图的顶点个数为 n，则该图最多有________条边。

2．具有 n 个顶点的有向完全图有________条边。

3．采用邻接矩阵表示具有 n 个顶点的无向图，则该矩阵的大小为________。

4．________方法可以判断一个有向图是否有回路。

5．弗洛伊德算法的时间复杂度为________，普利姆算法的时间复杂度为________。

6．已知无向图 $G=(V, E)$，其中 $V=\{a,b,c,d,e\}$，$E=\{(a,b),(a,d),(a,c),(d,c),(b,e)\}$。现在使用某一种图遍历方法从顶点 a 开始遍历图，得到的序列为 abecd，则采用的是________遍历方法。

7．在 AOV 网中，结点表示________，边表示________。在 AOE 网中，结点表示________，边表示________。

8．在拓扑分类中，拓扑排序的最后一个顶点必定是________的顶点。

9．图形结构与树形结构的区别是________。

10．在 AOE 网中，从源点到汇点路径上各个活动的时间总和最长的路径称为________。

二、判断题

1．n 个结点的有向图，若它有 $n(n-1)$条边，则它一定是强连通的。（ ）

2．有向图中顶点 i 的度等于其邻接矩阵中第 i 行中的 1 的个数。（ ）

3．一个有向图的邻接表和逆邻接表中的结点个数一定相等。（ ）

4．不同求最小生成树的方法最后得到的生成树是相同的。（ ）

5．最小代价生成树是唯一的。（ ）

6．最小生成树的克鲁斯卡尔算法是一种贪心算法。（ ）

7．采用邻接表存储的图，其广度优先遍历类似于二叉树的先序遍历。（ ）

8．如果有向图的拓扑排序序列是唯一的，则图中必定只有一个顶点的入度为 0，一个顶点的出度为 0。（ ）

9．AOE 图中，关键路径上活动的时间延长多少，整个工程的时间也就随之延长多少。（ ）

10．若有向图不存在回路，即使不用访问标志位同一结点也不会被访问两次。（　　）

三、简答题

1．画出下图的邻接链表存储结构，并且写出根据该邻接链表从 A 开始进行深度优先搜索和广度优先搜索遍历的结果。

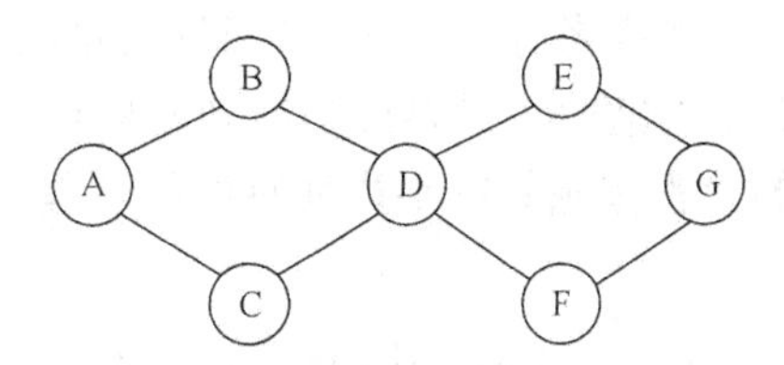

2．设无向图 G 如下图所示，请使用克鲁斯卡尔算法画出该图的最小生成树。

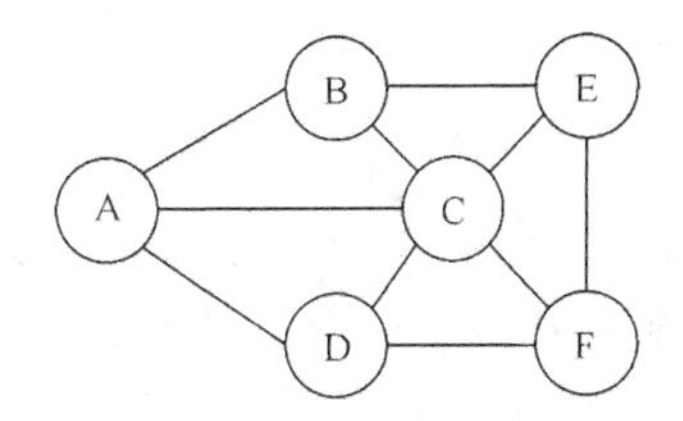

3．下图为 AOE 网，求：

（1）每个事件的最早发生时间和最迟发生时间；

（2）每个活动的最早发生时间和最迟发生时间；

（3）关键路径。

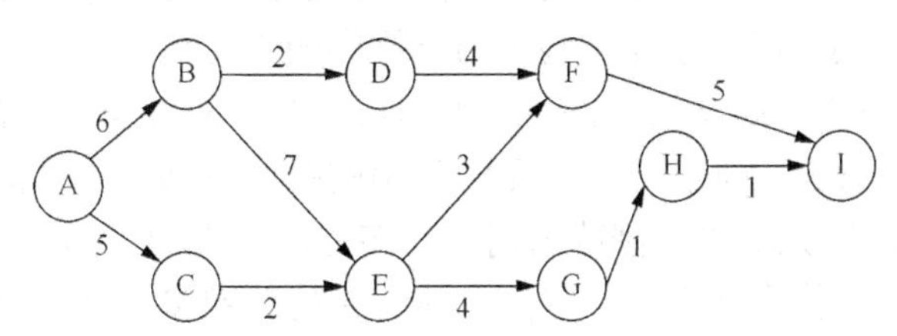

4．写出下图中的全部可能拓扑排序。

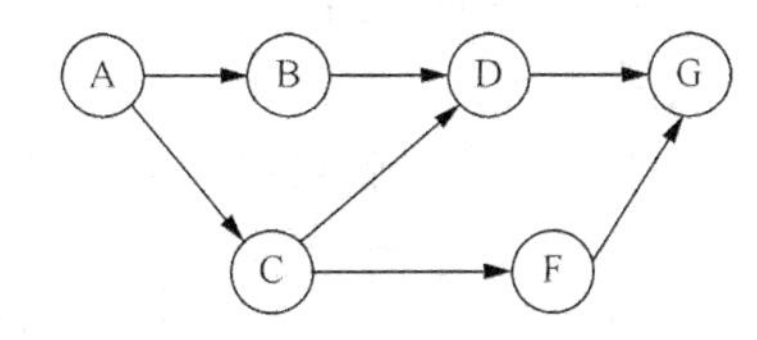

四、编程题

1．设计一个采用邻接矩阵存储，具有 n 个顶点的无向无权图所有顶点的度的算法。

2．编写一个判断邻接表存储的有向图是否存在回路的算法。

第9章 排 序

在生活中离不开排序，例如高考分数排名是按照从高到低排列的；老师上课会按照学号的顺序依次点名；去医院看病时，需要根据挂到的号码来排队看病。排序就是重新排列表中的元素，使表中的元素按照关键字排列有序的过程。

9.1 排序的基本概念

9.1.1 定义

排序：假设含有 n 个记录的序列为$\{R_1, R_2, \cdots, R_n\}$，其相应的关键字分别为$\{K_1, K_2, \cdots, K_n\}$，需确定 $1, 2, \cdots, n$ 的一种排列 $P_1, P_2, \cdots, P_n$，使其相应的关键字满足 $K_{P1} \leqslant K_{P2} \leqslant \cdots \leqslant K_{Pn}$ 非递减(或非递增)关系，即使得序列成为一个按关键字排列的序列$\{R_{P1}, R_{P2}, \cdots, R_{Pn}\}$，这样的操作就称为排序。

9.1.2 排序的稳定性

由于在待排序的序列中可能存在两个或两个以上的关键字相等的记录，排序结果会存在不唯一的情况，因此就有了稳定与不稳定排序的定义。

排序的稳定性：假设 $K_i=K_j(1 \leqslant i \leqslant n,\ 1 \leqslant j \leqslant n,\ i \neq j)$，且在排序前的序列中 R_i 领先于 R_j(即 $i<j$)，如果排序后 R_i 仍领先于 R_j，则称所用的排序方法是稳定的；反之，若可能使得排序后的序列中 R_j 领先于 R_i，则称所用的排序方法是不稳定的。

如图 9-1 所示，在待排序列中，有两个都为 3 的关键字，其中关键字 3 在关键字 $\underline{3}$ 的前面，假设经过某排序算法处理之后，得到了左边的排序结果，此时关键字 3 仍然在关键字 $\underline{3}$ 的前面，即关键字相同的元素相对位置未发生改变，这就是稳定的排序。但也有可能经过某些排序算法处理之后得到右边的结果，关键字 3 到关键字 $\underline{3}$ 的后面去了，即关键字相同的相对位置发生了改变，那么就可以认为此排序方法是不稳定的。

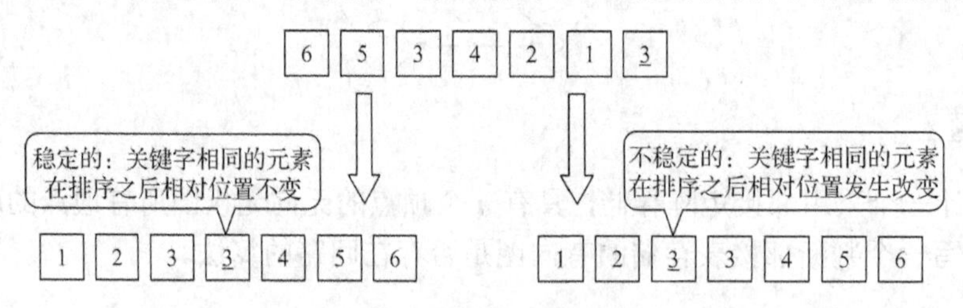

图 9-1 排序算法的稳定性

需要注意的是，排序算法是否具有稳定性是不能衡量一个排序算法的优劣的，排序算法的稳定性只是排序算法的一种性质。具体需要结合实际情况，如果待排序列中的关键字都不允许重复，则排序结果唯一，那么此时排序算法是否稳定就可以不考虑了。

9.1.3　排序算法的分类

根据排序过程中待排序记录是否全部被放置在内存中，排序可被划分为内部排序和外部排序。

内部排序：在排序过程中，待排序的所有记录全部被放置在内存中。

外部排序：在排序过程中，由于排序的记录个数太多，不能同时放置在内存中，整个排序过程需要在内存之间多次交换数据才能进行，一般将数据存储到外存中进行。

对于内部排序来说，由于对数据的处理都是在内存中进行的，而内存的运行非常高速，所以在设计内部排序算法时应更加关注算法的时间复杂度和空间复杂度。排序的运行时间是衡量一个排序算法优劣的重要指标。在内部排序中主要有两种操作：比较和移动。比较是指关键字之间进行比较，是排序算法的基本操作。移动是记录从一个位置移动到另一个位置。高效率的内部排序算法应该具有尽可能少的关键字比较次数和尽可能少的记录移动次数。空间复杂度主要是执行排序算法所需要的辅助存储空间。辅助存储空间是除了存放待排序所需要的存储空间之外，执行算法所需要的其他存储空间。大多时候，一个排序算法的时间复杂度和空间复杂度都无法同时达到最优，需要在两者之间进行平衡，达到一个最优值。

对于外部排序来说，除了时间复杂度和空间复杂度之外，还要关注磁盘读写的次数。因为外部排序需要将内存中放不下的记录从磁盘中先读入内存中再进行处理，处理完之后还需要再写入磁盘。读写磁盘都需要耗费不小的时间代价，因此对于外部排序，还需要尽量地减少磁盘的读写次数。

9.2　直接插入排序

9.2.1　直接插入排序原理

直接插入排序算法的思想为：每次将一个待排序的记录按其关键字的大小插入已经排好序的子序列中，直至全部记录插入完成。

例如，设原始序列为{5,3,4,3,2}，序列中出现了两个 3，其中一个加下划线以便区分，如图 9-2 所示。

开始对该序列进行直接插入排序，首先看第一个数字 5，由于只有一个数，因此是有序的，此时可以将该序列分为两个序列：一个为已经排好序的有序序列，一个为还未排序的待排序列，如图 9-3 所示。

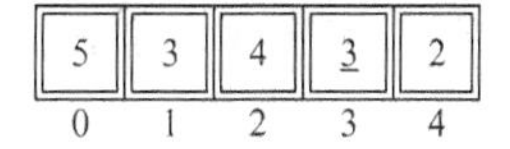

图 9-2　插入排序示例 1

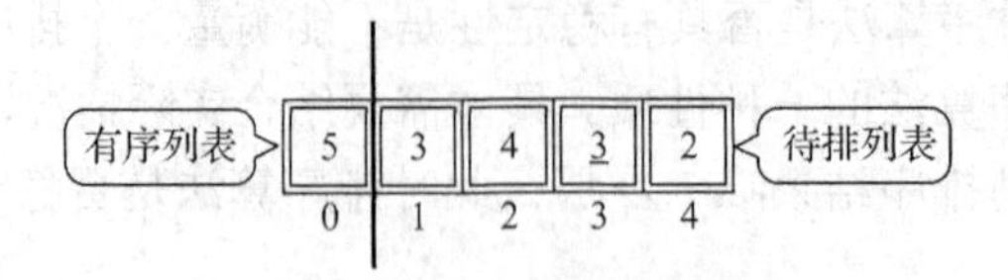

图 9-3　插入排序示例 2

按照直接插入排序算法的规则，从待排列表中取出关键字 3，按照关键字大小插入有序列表中，由于 3<5，所以关键字 5 应该向后移动一个位置，关键字 3 插入关键字 5 原来的位置，如图 9-4 所示。

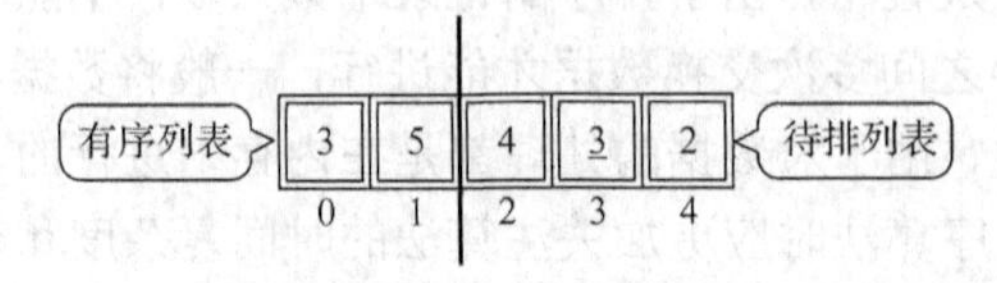

图 9-4　插入排序示例 3

继续从待排列表中抽取关键字 4，由于 4<5，所以关键字 5 往后移动一位，然后，继续和关键字 3 比较，由于 4>3，所以关键字 3 不用移动，关键字 4 插入原关键字 5 的位置，如图 9-5 所示。

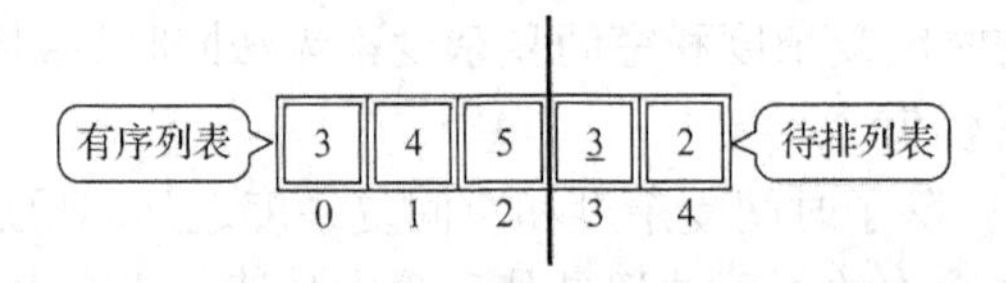

图 9-5　插入排序示例 4

再从待排列表中抽取关键字 3，由于 3<5，所以关键字 5 应该往后移动一位，继续和关键字 4 比较，由于 3<4，所以关键字 4 也往后移动一位，直到和关键字 3 比较，由于 3=3，所以关键字 3 不用移动。因此关键字 3 应该插入关键字 3 之后和关键字 4 之前，如图 9-6 所示。

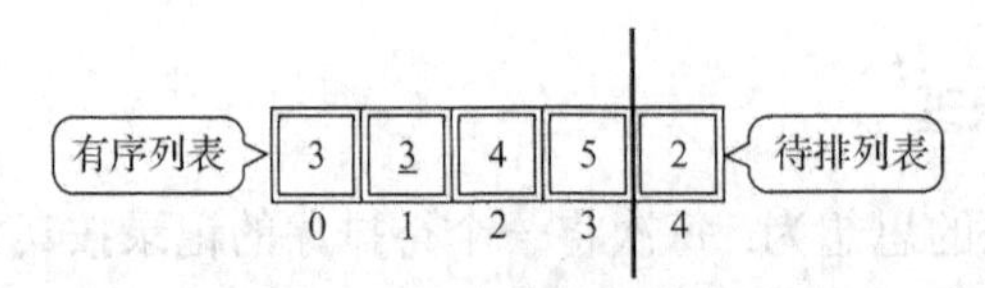

图 9-6　插入排序示例 5

最后从待排列表中抽取关键字 2，同样从后向前逐个比较，直到 2<3，确定其位置插入在关键字 3 之前，此时整个序列都为有序列表，如图 9-7 所示。

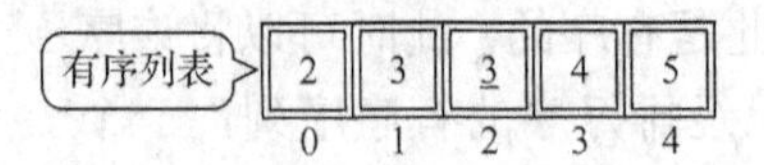

图 9-7　插入排序示例 6

9.2.2 直接插入排序代码实现

直接插入排序算法的代码实现并不难，其中形参 A[ ]代表待排序列，n 代表该序列中一共有多少个元素。

```
void InsertSort(int A[ ], int n)
{
    int i, j, temp;
    for (i = 1; i < n; i++) {
        if (A[i] < A[i - 1]) {
            temp = A[i];
            for (j = i - 1; j >= 0 && A[j] > temp; --j)
                A[j + 1] = A[j];
            A[j + 1] = temp;
        }
    }
}
```

此代码第 4 行进入第一层循环，用一个变量 i 指向当前需要插入有序序列的元素，如上例中第一轮循环中初始时关键字 5 可以视为一个已排好序的子序列，所以 i 直接指向关键字 3，如图 9-8 所示。

此代码运行至第 6 行，判断当前 i 所指的元素是否小于其前驱元素，只有当前 i 所指元素小于前驱元素时，才会需要向后移动元素。如上例中，i 当前所指是关键字 3，其前驱元素为关键字 5，3<5，所以进入 if 语句中。

此代码运行至第 7 行，由于元素后移会覆盖掉原有的数据，因此用 temp 保存 i 当前所指的元素。如上例中 temp 中保存了关键字 3。

此代码运行至第 8 行，进入第 2 层循环，该循环会定义一个变量 j 指向 i 所指元素的前一个元素，依次与 temp 保存的元素做比较，比该元素大的元素都需要运行代码第 9 行将元素进行后移。如上例中 j 此时指向关键字 5，5>3，即 A[j]>temp，因此关键字 5 会向后移一位，如图 9-9 所示。

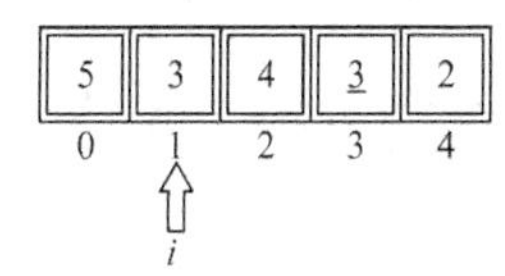

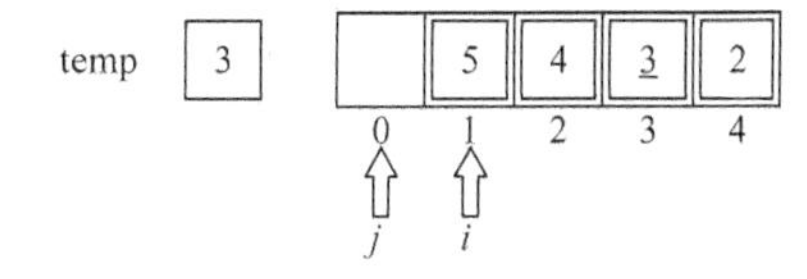

图 9-8 直接插入排序代码过程 1　　图 9-9 直接插入排序代码过程 2

每后移一位元素 j 都会自减 1，当 j<0 的时候，第 2 层循环就会停止，接着运行代码第 10 行，将 temp 中保存的元素赋值到应该插入的位置。如上例中，此时 j=−1，结束第 2 层循环，关键字 3 应该插入下标为 0 的位置，如图 9-10 所示。

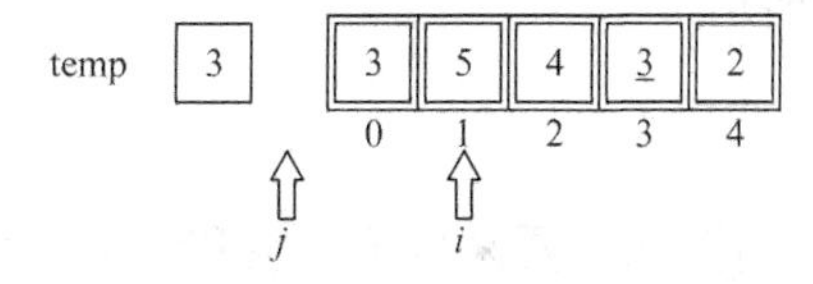

图 9-10 直接插入排序代码过程 3

此时第一轮循环结束，i 继续指向下一个待排元素，其原理与上述类似，不再赘述。

该算法还可以使用带哨兵的方式进行实现，即将 A[0]作为哨兵，将 A[0]设置为哨兵除了不用每轮循环都判断 j >=0 以外，还可以代替 temp 来存放每轮循环 i 所指的元素，代码如下：

```
void InsertSort(int A[], int n)
{
    int i, j;
    for (i = 2; i <= n; i++) {                    //将各元素插入已经排好序的序列中
        if (A[i] < A[i - 1]) {                    //若 A[i]关键字小于前驱
            A[0] = A[i];                          //复制为哨兵，A[0]中不存放元素
            for (j = i - 1; A[0] < A[j]; --j)  //检查所有前面已经排好序的
元素
                A[j + 1] = A[j];                  //所有大于 A[0]的元素都向后挪位
            A[j + 1] = A[0];                      //复制到插入位置
        }
    }
}
```

带哨兵的直接插入排序算法运行过程与不带哨兵的代码运行过程大致相同，如图 9-11 所示为代码总体运行过程图。

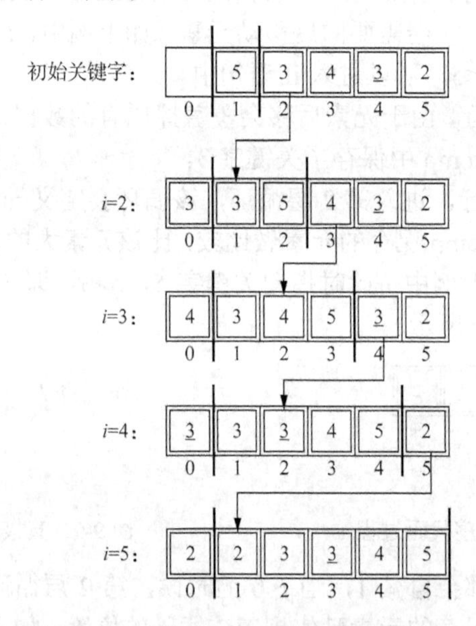

图 9-11　直接插入排序代码（带哨兵）过程

9.2.3 直接插入排序性能分析

1. 时间复杂度

直接插入排序算法的时间消耗主要来自于比较和移动，在最好的情况下，即待排序列本身有序，那么内层循环就不会执行，假设待排序列有 n 个元素，那么比较次数就为

$n-1$，因此时间复杂度就为 O(n)。

在最坏的情况下，即待排列表是逆序的情况下，此时需要比较 $\sum_{i=2}^{n} i = 2+3+\cdots+n = (n+2)(n-1)/2$ 次，而记录的也需要移动 $\sum_{i=2}^{n}(i+1) = 3+4+\cdots+(n+1) = (n+4)(n-1)/2$ 次，因此最坏的情况下时间复杂度为 O(n^2)。

在平均情况下，考虑待排列表中元素都是随机的，此时可以取最好与最坏情况的平均值作为平均情况下的时间复杂度，平均情况下的比较次数和移动次数均约为 $n^2/4$ 次。因此，直接插入排序算法的时间复杂度就为 O(n^2)。

2. 空间复杂度

直接插入排序中只使用了 i、j、temp 这三个辅助元素，与问题规模无关，所以空间复杂度为 O(1)。

3. 稳定性

由于每次插入元素时总是从后向前先比较再移动，因此不会出现相同元素相对位置发生改变的情况，即该算法为稳定的排序算法。

9.3　折半插入排序

9.3.1　折半插入排序原理

折半插入排序的算法思想与直接插入排序算法思想类似，区别就在于查找插入位置的方法不同，折半插入排序是用折半查找法在有序子表中查找出插入位置，再进行移动记录的。

折半查找要求查找列表为有序列表。从直接插入排序的流程可以看出，每次都是在一个有序列表中插入一个新的记录，因此可以用折半查找在这个有序列表中找到插入的位置。

例如，如图 9-12 所示，有原始序列{3,4,5,2,<u>3</u>}，其中前半部分{3,4,5}为有序序列，后半部分{2,<u>3</u>}为待排序列，此时 i 指向下标为 4 的关键字 2。

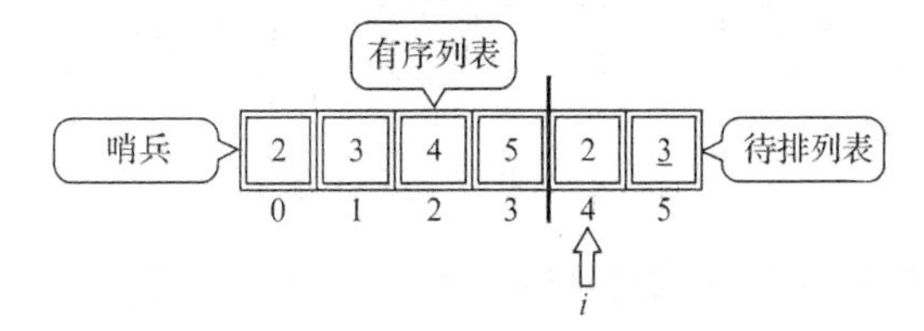

图 9-12　折半插入排序 1

开始第一趟排序，将要在有序子表中插入变量 i 所指的关键字 2，此时定义三个变量 low=1、high=3、mid=⌊low+high⌋/2=⌊1+3⌋/2=2，如图 9-13 所示。

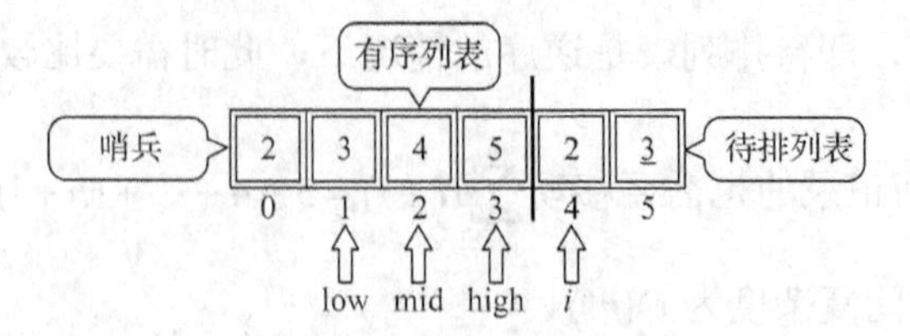

图 9-13　折半插入排序 2

下标为 2 的关键字为 4，2<4，所以关键字 2 应该插入关键字 4 的左半区，high=mid−1=2−1=1，low 仍然为 1，mid=⌊1+1⌋/2=1，如图 9-14 所示。

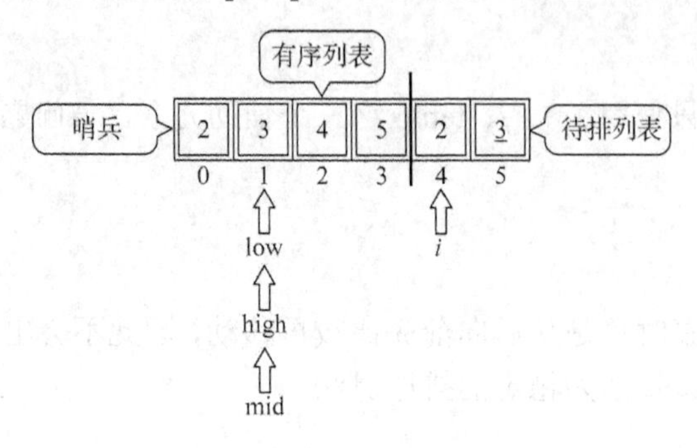

图 9-14　折半插入排序 3

下标为 1 的关键字为 3，2<3，所以关键字 2 应该插入在关键字 3 的左半区，high=mid−1=0，low 仍然是 1，此时 low>high，折半查找停止，应该将[low，i−1]内的元素全部右移，并将 A[0]复制到 low 所指的位置，第一趟排序结束，如图 9-15 所示。

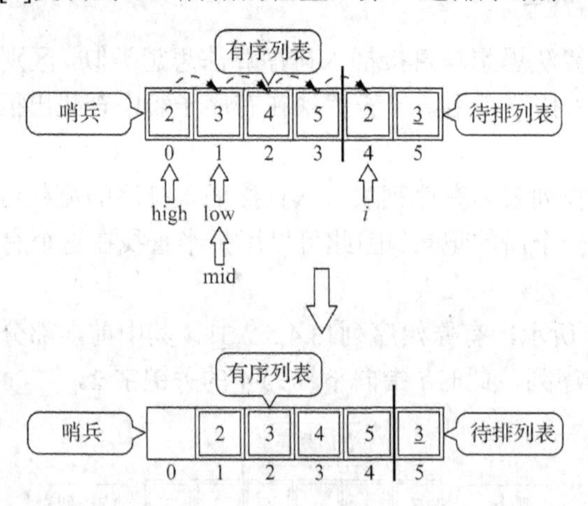

图 9-15　折半插入排序 4

此后本书出现的排序也是按照此规则来进行，不再赘述。

9.3.2　折半插入排序代码实现

折半插入排序的代码与直接插入排序代码相类似，只不过是将比较的过程变成了折半查找的过程。

```
void InsertSort(int A[ ], int n)
{
    int i, j, low, high, mid;
    for (i = 2; i <= n; i++) {                      //依次将A[2]~A[n]插入前面
的已排序序列
        A[0] = A[i];                                //将A[i]暂存到A[0]
        low = 1, high = i - 1;                      //设置折半查找的范围
        while (low <= high) {                       //折半查找
            mid = (low + high) / 2;                 //取中间点
            if (A[mid] > A[0])high = mid - 1;       //查找左半子表
            else low = mid + 1;                     //查找右半子表
        }
        for (j = i - 1; j >= high + 1; --j)
            A[j + 1] = A[j];                        //统一后移元素,空出插入位置
        A[high + 1] = A[0];                         //插入操作
    }
}
```

值得注意的是，这里的折半查找结束条件与正常的折半查找结束条件不同，正常的折半查找是当 low>high 或者 mid=key 时就结束折半查找，但是折半插入排序中的折半查找只有当 low>high 时才会结束查找。这是因为，当 A[mid]=A[0]时，为了保证算法的稳定性，需要继续在 mid 所指位置的右边继续寻找插入的位置。

9.3.3 折半插入排序性能分析

1. 时间复杂度

折半插入排序相较于直接插入排序仅减少了比较的次数，约为 $O(n\log_2 n)$，该比较次数与待排子表的初始状态无关，仅与有序子表中元素个数 n 有关；而元素的移动次数依然没有改变，与待排子表的初始状态有关，还是 $O(n^2)$。因此，总体上来看折半插入排序的时间复杂度依然是 $O(n^2)$。

2. 空间复杂度

折半插入排序所需附加存储空间和直接插入排序相同，只需要一个记录的辅助空间 A[0]，所以空间复杂度为 $O(1)$。

3. 稳定性

由于每次插入元素时，当查找到相同元素时，会继续向后查找插入位置，所以相同元素的相对位置并不会改变，因此折半插入排序算法是一个稳定的算法。

9.4 希 尔 排 序

9.4.1 希尔排序原理

希尔排序：基于直接插入排序而来的一种优化算法。从之前的学习可知，直接插入排序算法的时间复杂度为 $O(n^2)$，但若是待排序列原本就有序时，其时间复杂度就能提高到 $O(n)$。由此可见，只要基本有序的话，那么直接插入排序也会取得不错的效率。由此就出现了希尔排序的思想，即先追求表中的元素部分有序，再逐渐逼近全局有序。

基本有序：所谓基本有序，就是小的关键字基本在前面，大的关键字基本在后面，不大不小的关键字基本在中间，如{2,3,1,5,6,4,7,8}就是一组基本有序的待排序列，而像{1,5,9,3,7,8,4,6,2}这样的 9 在第三位，2 在最后一位就不是。

希尔排序先将待排序表分割成若干{$i,i+d,i+2d, \cdots, i+kd$}的特殊子表，对各个子表分别进行直接插入排序。缩小增量 d，重复上述过程，直到 d=1 为止。当增量 d=1 时，其实就是对整个序列进行一趟直接插入排序。

值得注意的是，希尔排序中的增量是逐渐缩小的，因此希尔排序又叫缩小增量排序。希尔排序的每一趟排序都会使得待排序列更加有序，当 d=1 时，整个序列已经基本有序，再对该序列进行一次整体的直接插入排序，整个排序算法的效率就会更高。

例如，对一个原始序列{47,35,64,99,78,15,25,$\underline{47}$}进行希尔排序，首先需要设置一个增量 d，然后把相距为 d 的元素看成是一个个子表，再在各个子表中进行直接插入排序，下面将进行具体步骤的讲解。

第一趟排序：设置增量 $d_1=n/2=4$，因此，在原始序列中，相距为 4 的元素会将其看作同一个子表。例如，关键字 47 应该和 78 同属于一个子表，关键字 35 应该和 15 同属于一个子表，其他的关键字也是如此。排序如图 9-16 所示。

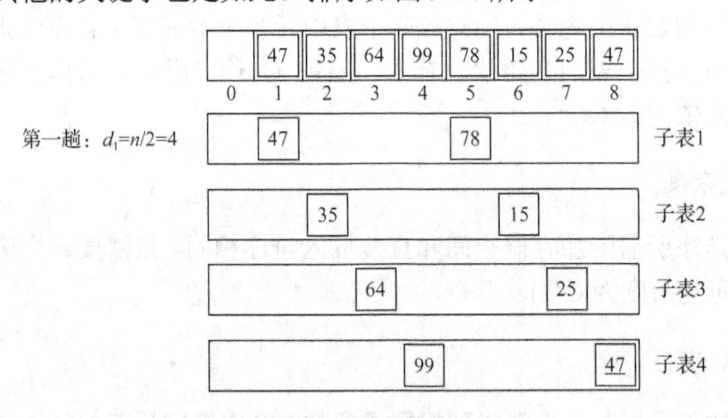

图 9-16 希尔排序 1

接着就是对各个子表进行直接插入排序。子表 1 中本就是有序的，因此直接插入排序不会改变顺序；而子表 2 中，关键字 35>15，因此子表 2 经过排序过后应该是 15 放在前面，35 放在后面；子表 3 和子表 4 也是同理。排序如图 9-17 所示。

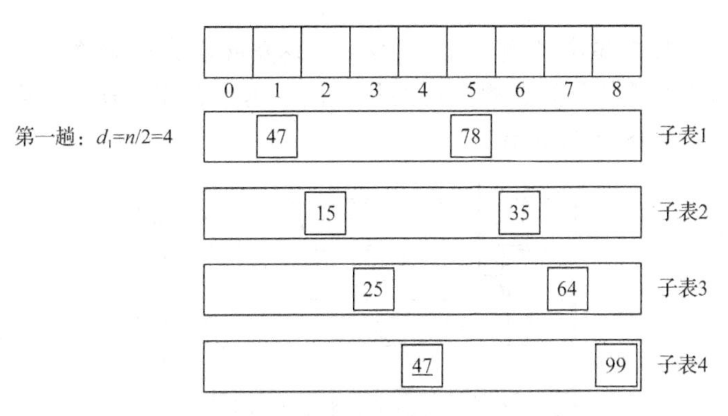

图 9-17　希尔排序 2

再将各个子表放回到原来的位置，此时第一趟排序结束，得到一个新的序列，如图 9-18 所示。

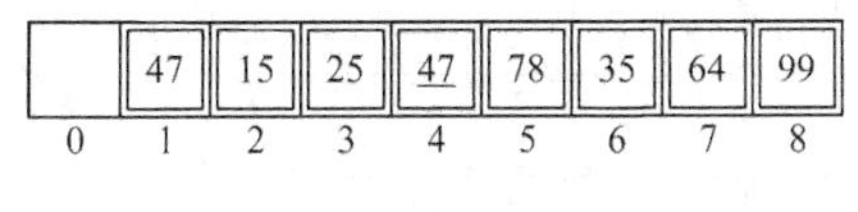

图 9-18　希尔排序 3

第二趟排序：将增量缩小为 $d_2=d_1/2=2$，因此在第二趟的排序中，会将相距距离为 2 的元素划分为一个子表，如 47、25、78、64 划分为一个子表，15、47、35、99 为一个子表，如图 9-19 所示。

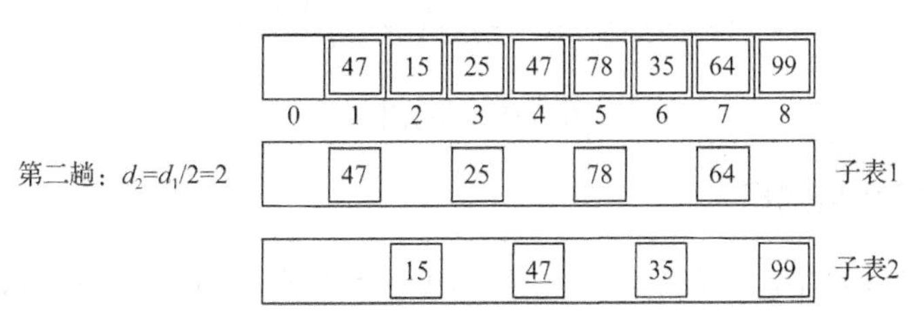

图 9-19　希尔排序 4

再对新的子表分别进行直接插入排序，再将子表中的元素放回原来的位置，此时第二趟排序结束，又得到一个新的序列，如图 9-20 所示。

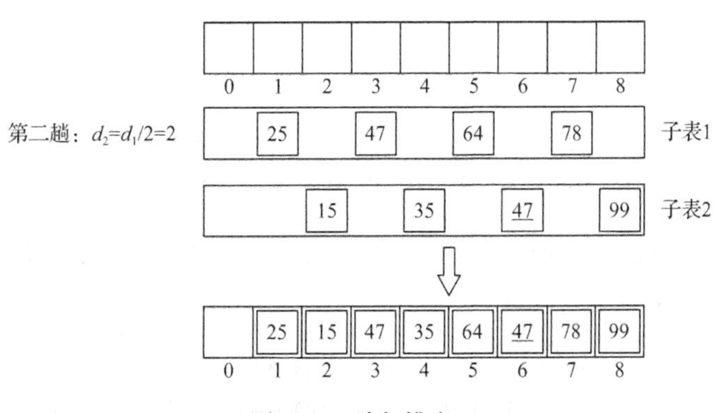

图 9-20　希尔排序 5

第三趟排序：将增量继续缩小 $d_3=d_2/2=1$，这意味着直接对整个序列进行直接插入排序，由于前两趟的排序，现在序列已经呈现出了基本有序，只用对整体再进行一次直接插入排序即可，如图 9-21 所示。

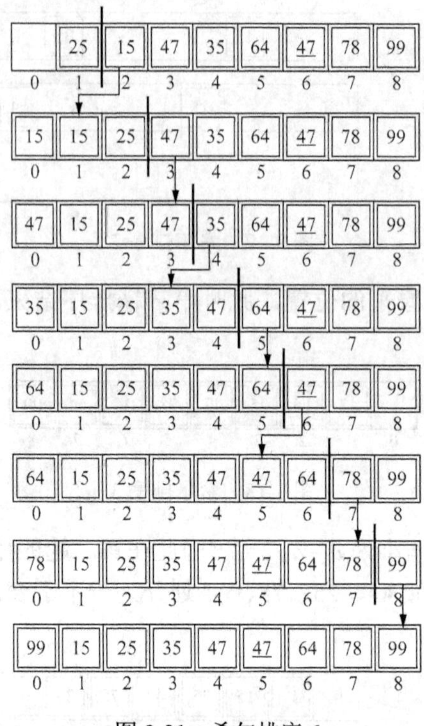

图 9-21　希尔排序 6

9.4.2　希尔排序代码实现

希尔排序的代码中，*d* 表示增量，第一趟会让增量 *d*=元素个数 *n*/2，后面逐步缩小增量 *d*，具体代码如下：

```
void ShellSort(SqList* L)
{
    int i, j, k = 0;
    int d = L->length;
    do
    {
        d = d / 2;                          // 增量序列
        for (i = d + 1; i <= L->length; i++)
        {
            if (L->r[i] < L->r[i - d])//  需将 L->r[i]插入有序增量子表
            {
                L->r[0] = L->r[i];      //  暂存在 L->r[0]
                for (j = i - d; j > 0 && L->r[0] < L->r[j]; j -= d)
                    L->r[j + d] = L->r[j]; //记录后移 d 个元素位置，用于寻找
```

待插入位置

```
                L->r[j + d] = L->r[0];      // 将元素插入选定的位置
            }
        }
        printf("第%d趟排序结果: ", ++k);
        print(*L);
    } while (d > 1);
}
```

用上例原始序列{47,35,64,99,78,15,25,<u>47</u>}来解释该代码，代码运行第 5 行进入第一趟排序，第 7 行 d=8/2=4。

代码运行第 8 行，i=4+1=5，即变量 i 首先会指向下标为 5 的位置，即将 i 先指向第一个子表的第二个元素的位置，指向这个位置的原因是因为在处理第一个子表的时候，按照直接插入排序的规则，只需要从第二个元素开始检查是否需要将其插入前面即可，如图 9-22 所示。

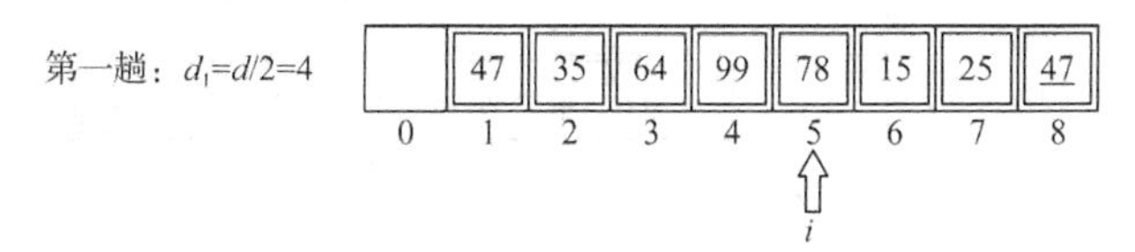

图 9-22　希尔排序代码实现 1

代码第 10～15 行为直接插入排序的代码，运行代码第 10 行对比当前 i 指向的元素与其子表第一个元素的大小关系，此时 47<78，因此无须移动关键字 78 的位置，如图 9-23 所示。

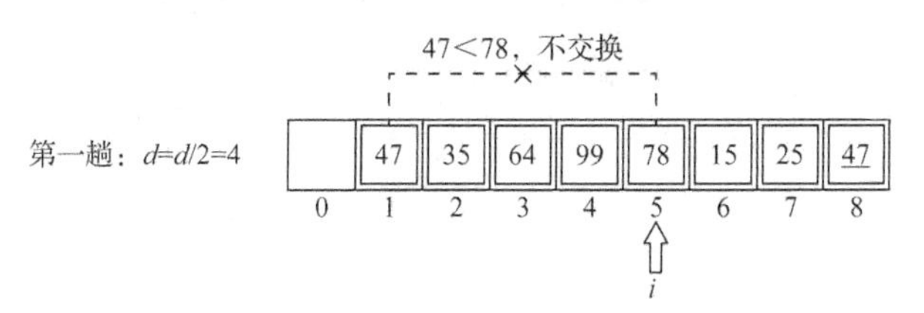

图 9-23　希尔排序代码实现 2

因为 47<78，所以 if 条件不满足，代码继续运行第 8 行，进行第二层的循环，此时 i=5+1=6，处理第二个子表，由于 15<35，因此会运行代码第 12 行，将关键字 15 放在下标为 0 的位置，如图 9-24 所示。

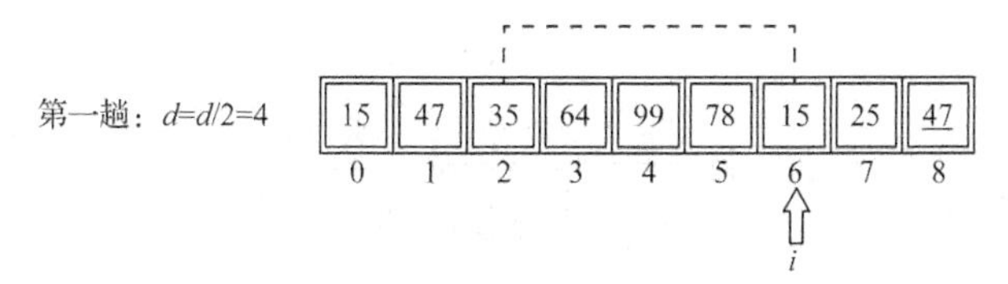

图 9-24　希尔排序代码实现 3

代码运行第 13 行，进入第三层循环，这层循环的作用是检查当前 j 所指的元素之前的元素是否比该元素大，如果更大，则 j 所指的元素后移，与直接插入查找不同的是，不是移动到 $j+1$ 的位置，而是移动到其子表的后一个位置，即 $j+d$ 的位置。因此需要将关键字 35 移动到下标为 6 的位置，如图 9-25 所示。

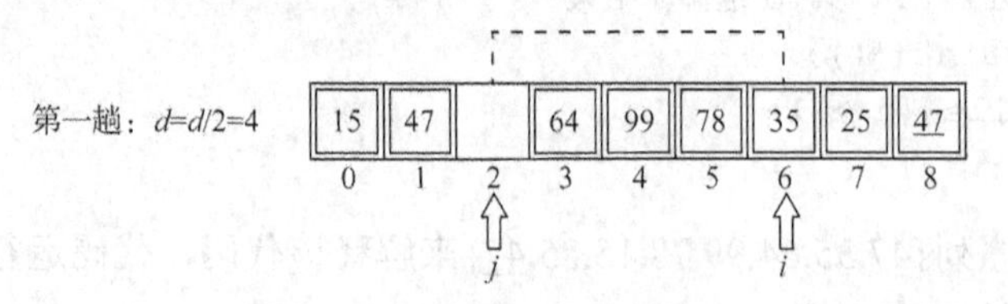

图 9-25　希尔排序代码实现 4

回到代码第 13 行，执行“j-=d”语句，目的是检查当前子表中是否还存在其他元素需要处理，此时 $j=j-4=-2$，$j<0$，不满足继续循环的条件，因此第三层循环结束。代码运行第 15 行，将关键字 15 插入应该插入的位置，即插入下标为 2 的位置，如图 9-26 所示。

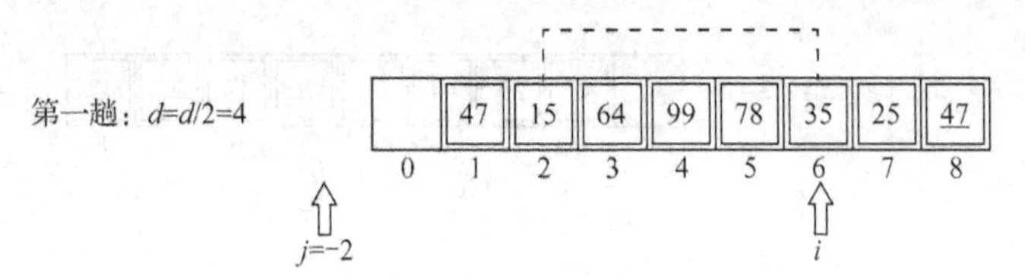

图 9-26　希尔排序代码实现 5

继续第二层循环，执行第 8 行“i++”语句，继续下一子表的排序，其原理与上述类似，不再赘述，如图 9-27 所示。

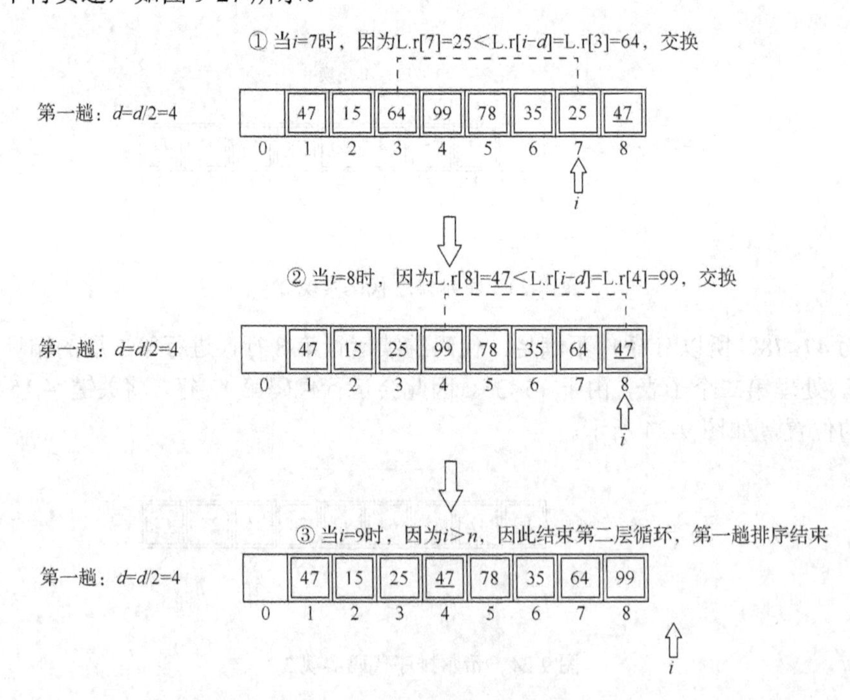

图 9-27　希尔排序代码实现 6

在处理完最后一个子表时，第二层循环结束，第一趟排序也就此结束，开始第二趟的排序，代码运行第 7 行，将增量 d=d/2=4/2=2，代码运行第 8 行进入第二层循环。此时 i=d+1=3，依然指向第一个子表的第二个位置，如图 9-28 所示。

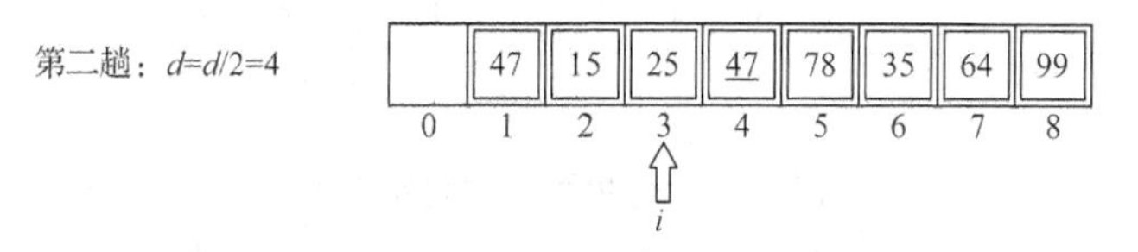

图 9-28　希尔排序代码实现 7

代码运行第 10 行，由于 L.r[3]=25，其值小于 L.r[i−d]= L.r[1]=47，所以需要运行 if 语言下面的第 12～15 行，即交换关键字 25 和 47 的位置，结果如图 9-29 所示。

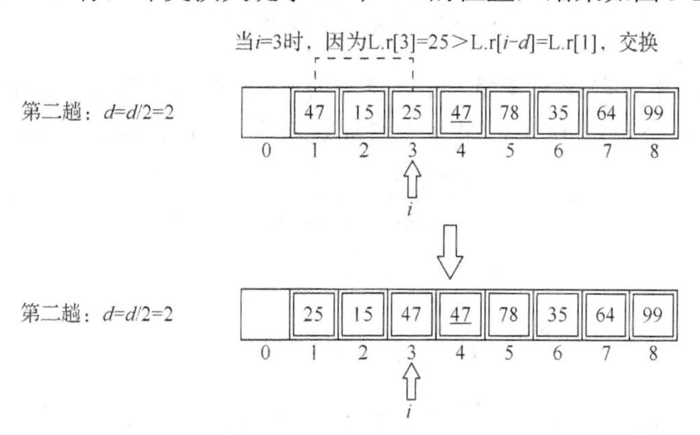

图 9-29　希尔排序代码实现 8

此时对于第一个子表来说，前面两个元素是有序的，注意，按照之前学习的希尔排序思想，接下来要处理的元素应该是下标为 5 的关键字 78，但是代码实现与其略有差别，接下来会继续执行第 8 行的“i++”语句，使 i=4，所以接下来应处理第二个子表的第二个关键字，由于 L.r[4]=47>L.r[i−d]=L.r[2]=15，不满足第 10 行的 if 执行条件，因此这两个关键字无须交换，如图 9-30 所示。

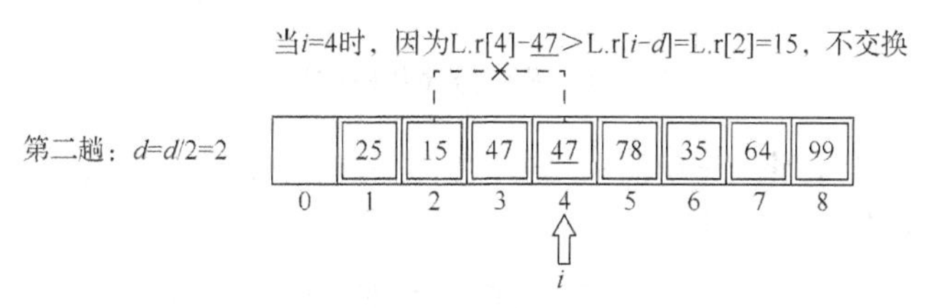

图 9-30　希尔排序代码实现 9

继续运行代码第 8 行，此时又回到了第一个子表，同样由于不满足 if 的执行条件，因此不需要做任何调整，如图 9-31 所示。

运行第 8 行代码，回到第二个子表中，由于 L.r[i]=35<L.r[i−d]=L.r[4]=47，满足 if 的执行条件，因此运行代码第 12 行，将关键字 35 放入 L.r[0]的位置，如图 9-32 所示。

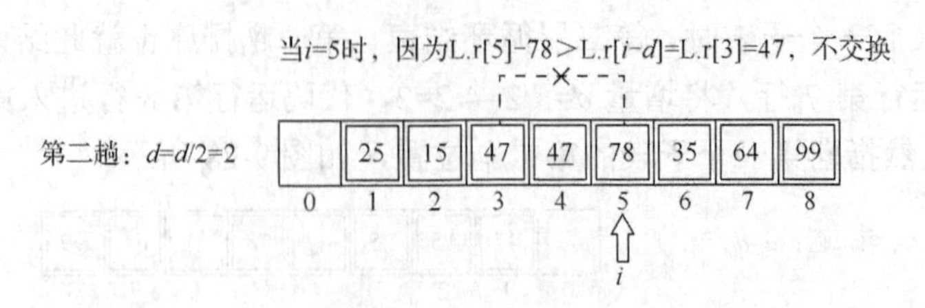

图 9-31 希尔排序代码实现 10

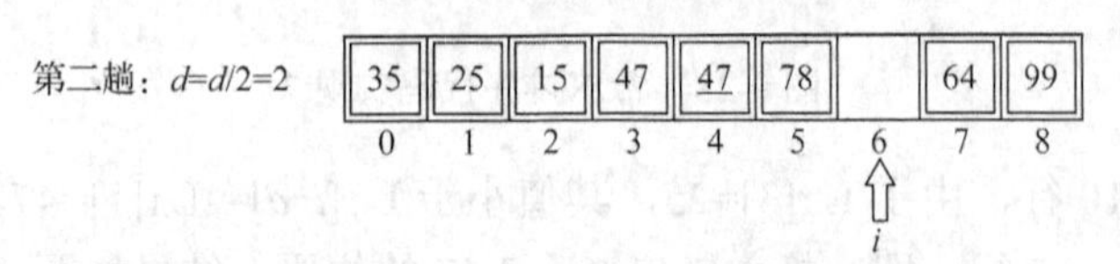

图 9-32 希尔排序代码实现 11

代码运行第 13 行，定义变量 $j=i-d=4$，因为 L.r[0]=35<L.r[j]=L.r[4]=47，因此进入第三层循环，运行代码第 14 行，将 j 所指的关键字 47 向后移动，如图 9-33 所示。

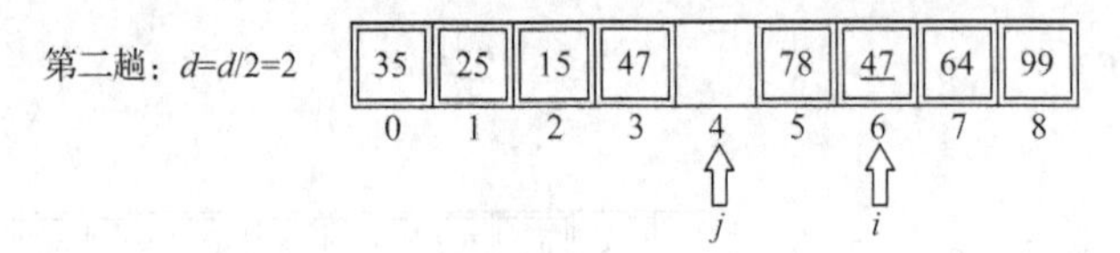

图 9-33 希尔排序代码实现 12

继续循环，代码继续运行 13 行的“j-=d”语句，此时 $j=4-2=2$。因为 L.r[0]=35>L.r[2]=15，所以此时不满足继续执行第 3 层循环的条件，因此结束循环，如图 9-34 所示。

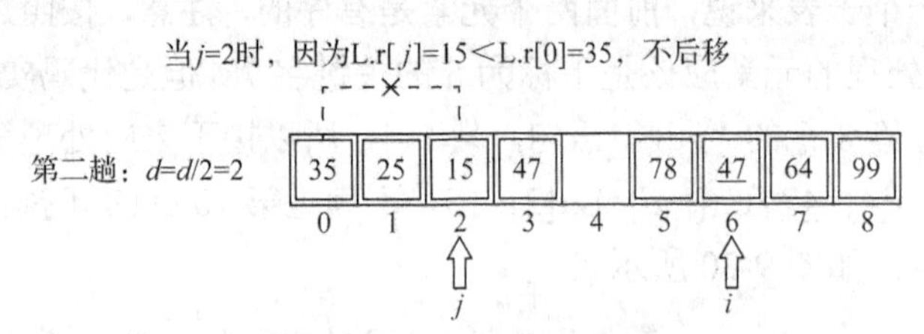

图 9-34 希尔排序代码实现 13

代码运行第 15 行，将 L.r[0]的关键字 35 插入 L.r[$j+d$]=L.r[2+2]=L.r[4]的位置上，结束第三层循环，如图 9-35 所示。

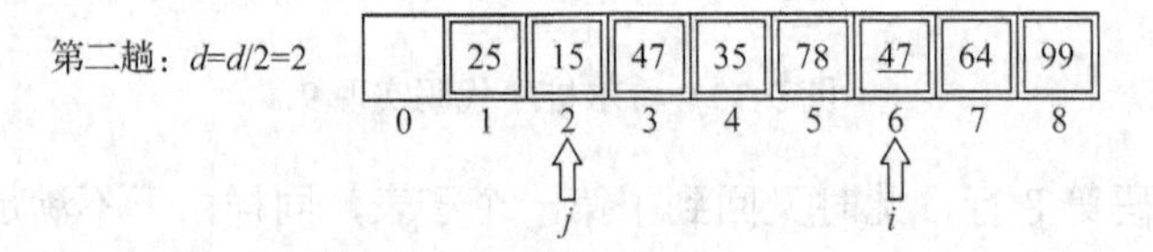

图 9-35 希尔排序代码实现 14

代码继续运行第 8 行语句，$i=7$，回到第一个子表，处理方法和上述一致，如图 9-36

所示。

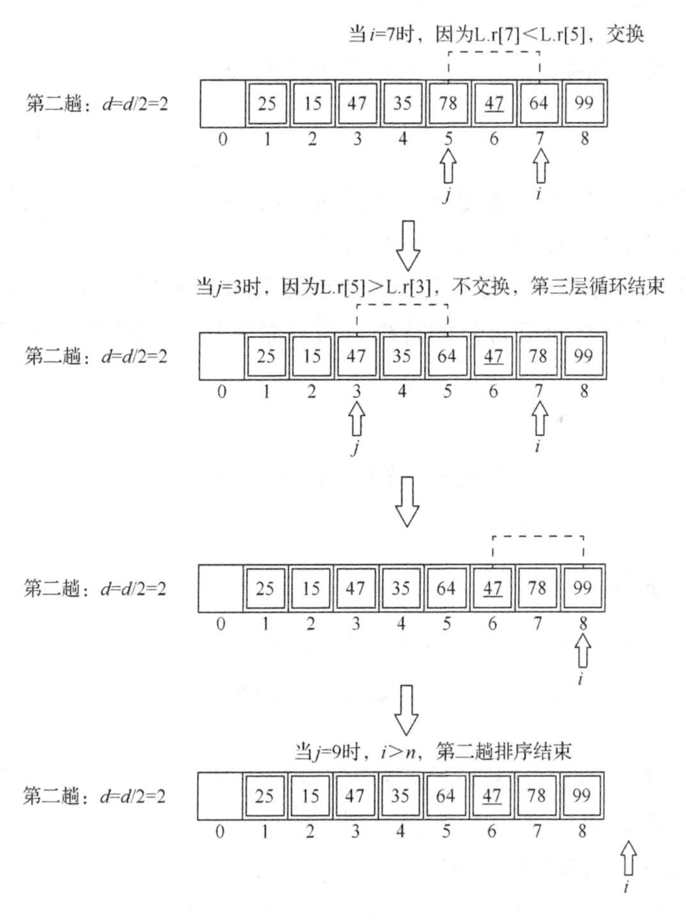

图 9-36　希尔排序代码实现 15

代码继续运行第 7 行，开始第三趟排序，此时 $d=d/2=1$。当 $d=1$ 时，即为直接插入排序，这里不再赘述。

需要注意的是，代码实现中需要轮流切换处理不同的子表，而不是一次连续地处理整个子表。

9.4.3　希尔排序性能分析

1. 时间复杂度

由于希尔排序的时间效率依赖于增量序列的选择，经过大量的研究，当 n 在某个范围内时，希尔排序的时间复杂度可达 $O(n^{1.3})$。在最坏的情况下，希尔排序第一趟排序时，直接选择增量 $d=1$，就会退化为直接插入排序，因此最坏情况下的时间复杂度为 $O(n^2)$。

2. 空间复杂度

仅使用了常数个辅助单元，因而空间复杂度为 O(1)。

3. 稳定性

由于在希尔排序中，记录被划分到不同的子表是跳跃式移动的，可能会改变它们的相对次序，因此希尔排序是不稳定的排序算法。

另外，由于希尔排序中，需要用增量 d 快速地找到从属于各个子表的元素，因此要求存储结构必须拥有随机访问的特性，所以希尔排序只能用于顺序表，不适用于链表。

9.5 冒 泡 排 序

9.5.1 冒泡排序原理

冒泡排序是交换排序的一种，基于交换的排序算法还包括快速排序。

交换排序：根据序列中的两个元素关键字的比较结果来对换这两个记录在序列中的位置。

冒泡排序：从后往前（或从前往后）两两比较相邻元素的值，若为逆序（即 $A[i-1]>A[i]$），则交换它们，直到没有逆序的元素为止。

例如，原始序列为{47,35,64,99,78,15,25,47}，现在要对该序列进行冒泡排序，开始第一趟排序，首先比较最后两个关键字的大小，看是否为逆序，如果为逆序则交换两个关键字的位置，此例中由于 25<47，因此不用交换位置，如图 9-37 所示。

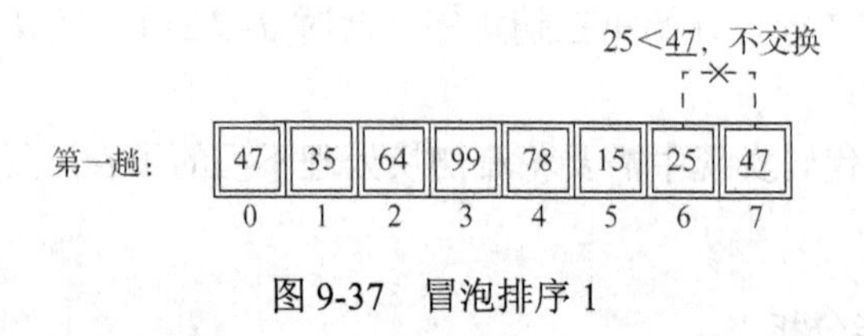

图 9-37　冒泡排序 1

继续向前排序，比较关键字 15 和 25，由于 15<25，所以也不进行交换，如图 9-38 所示。

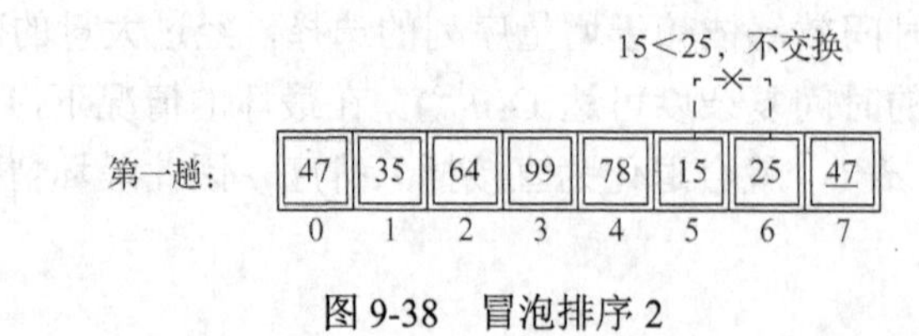

图 9-38　冒泡排序 2

以此类推，当第一趟排序结束时，可以看见图中较小的关键字如同气泡般慢慢往前"冒"，因此称为冒泡排序，如图 9-39 所示。

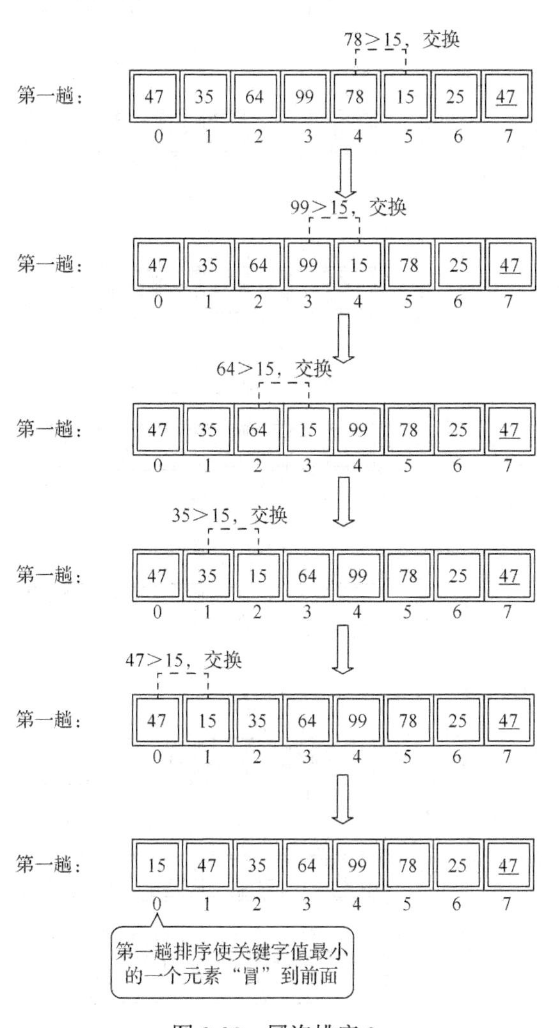

图 9-39　冒泡排序 3

继续进行第二趟排序，也会从后往前两两比较，需要注意的是，前面已经确定了最终位置的元素，就不再需要进行对比，如图 9-40 所示。

其余的排序过程类似，第三、第四趟排序后分别确定下标为 2 和 3 的位置，如图 9-41 所示。

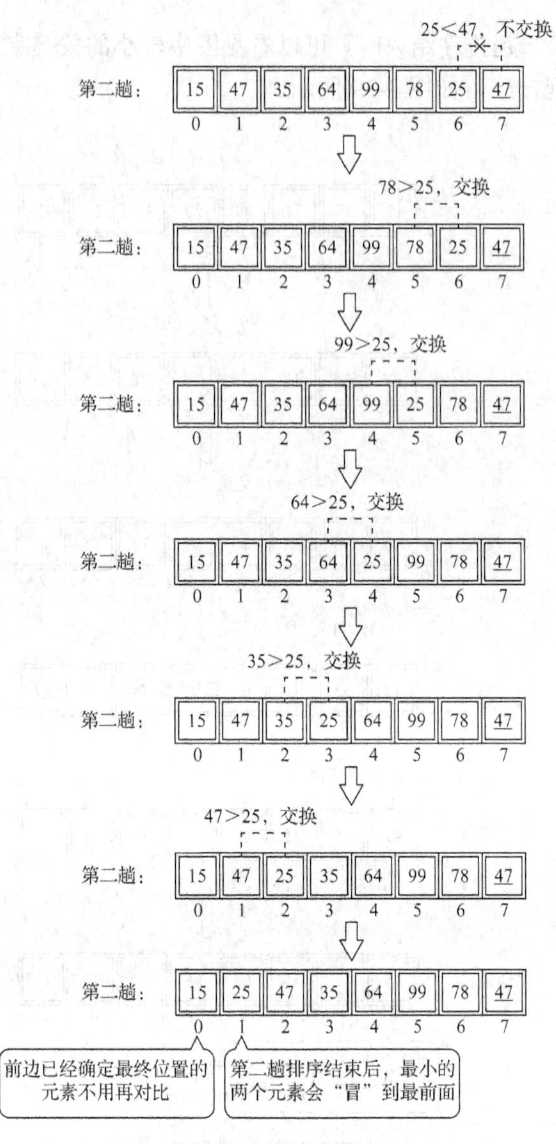

图 9-40　冒泡排序 4

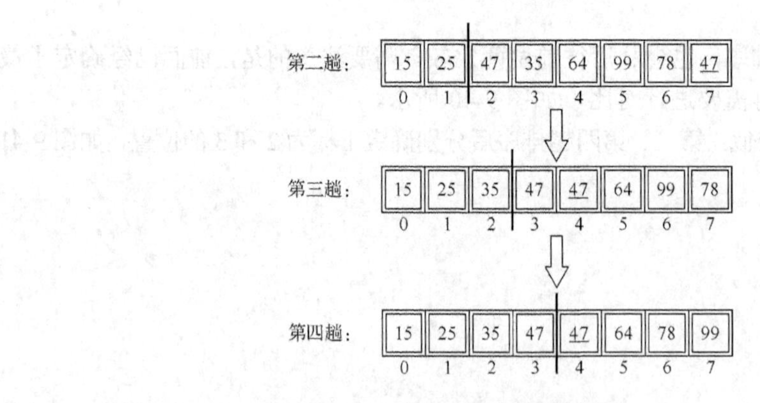

图 9-41　冒泡排序 5

此时需要继续进行第五趟排序，需要注意的是在第五趟排序中没有发生关键字的交换，那么此时就说明该序列已经有序，则冒泡排序结束。

9.5.2 冒泡排序代码实现

由于冒泡排序时需要大量的元素交换操作，所以为了方便可以先设置一个交换函数 swap()，当需要进行元素交换位置的时候直接调用 swap()函数即可，swap()函数如下所示。

```
void swap(SqList* L, int i, int j)
{
    int temp = L->r[i];
    L->r[i] = L->r[j];
    L->r[j] = temp;
}
```

应该注意的是，当一趟排序没有发生数据交换时，可以直接结束冒泡排序，避免多余的运算，实现该功能的算法是增加一个标记变量 flag，该标记变量 flag 初始为 false，当发生元素交换时就会变成 true，在每一趟排序之前都会检查 flag 的值，若为 false，则不进入循环。冒泡排序的代码如下所示。

```
void BubbleSort(SqList* L)
{
    int i, j;
    // flag用来作为标记
    status flag = TRUE;
    /* 若flag为true说明有过数据交换，否则停止循环*/
    for (i = 1; i < L->length && flag; i++)        {
        flag = FALSE;                      // 初始为false
        for (j = L->length - 1; j >= i; j--)
        {
            if (L->r[j] > L->r[j + 1])
            {
                swap(L, j, j + 1);         // 交换L->r[j]与L->r[j+1]的值
                flag = TRUE;               // 如果有数据交换，则flag为true
            }
        }
    }
}
```

9.5.3 冒泡排序性能分析

1. 时间复杂度

冒泡排序的最好情况是序列本身就是有序的，那么只用进行一趟排序，在这趟排序

中只用进行 n−1 次比较，而不用交换位置，所以最好情况的时间复杂度为 O(n)，最坏的情况是所排序序列本身就是逆序的，此时需要的比较次数为$(n-1)+(n-2)+\cdots+1=n(n-1)/2$，并且每一次比较也会进行一次元素的交换，所以交换次数也是相同的，因此最坏情况的时间复杂度为 O(n^2)。

2. 空间复杂度

仅使用了常数个辅助单元，因而空间复杂度为 O(1)。

3. 稳定性

在冒泡排序中，只有 A[j−1]>A[j]才会进行交换操作，当前后两个位置相等时，是不会进行交换操作的，因此冒泡排序算法是稳定的排序算法。

9.6 快 速 排 序

9.6.1 快速排序原理

这一节学习同样为交换排序的快速排序。快速排序的基本思想为：在待排序序列{1,⋯,n}中任意取一个元素 pivot 作为轴枢（或基准，一般取首元素），通过一趟排序将待排序序列划分为独立的两部分{1,⋯,k−1}和{k+1,⋯,n}，使得{1,⋯,k−1}中的所有元素小于 pivot，{k+1,⋯,n}中的所有元素大于等于 pivot，则 pivot 放在了其最终位置上，这个过程就称为“一次划分”。然后分别递归对两个子表重复上述过程，直至每部分内只有一个元素或空为止，即所有元素都已经放在了最终位置上，整个序列有序。

以{47,35,64,99,78,15,25,47}作为原始序列，首先定义两个变量 low 和 high 分别指向待排序列的头元素和尾元素，即 low=0，high=7，然后选择 low 指向的元素作为枢轴元素，之后会让 low 和 high 两个变量向中间移动，直到 low=high，最后保证在 high 的右边都是大于等于枢轴元素的元素，low 的左边都是小于枢轴元素的元素，如图 9-42 所示。

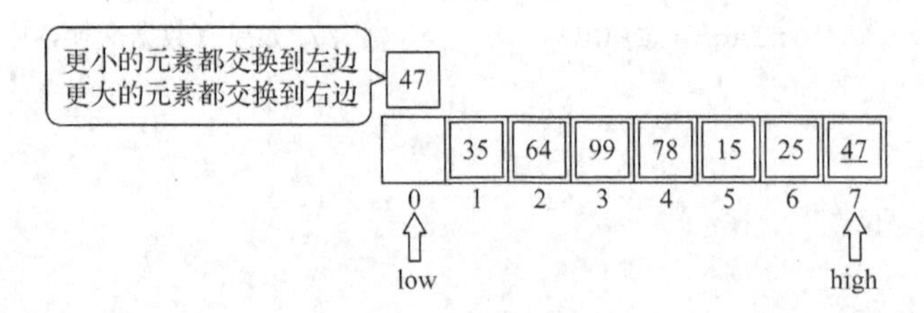

图 9-42　快速排序 1

由于此时 low 所指的为空，所以先从 high 开始，此时 high=47，将 high 所指的关键字 47 与枢轴元素关键字 47 比较，47=47，因此下标为 7 的关键字 47 不需要移动，将 high 继续往前移动一位，如图 9-43 所示。

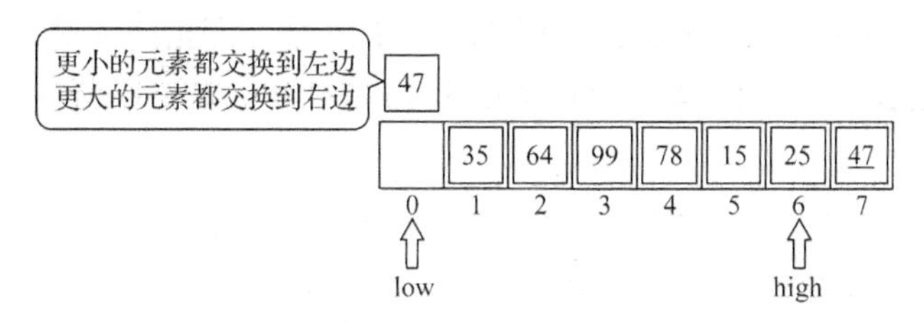

图 9-43　快速排序 2

此时变量 high 指向下标为 6 的元素，即为关键字 25，将 25 与枢轴元素 47 比较，由于 25<47，故将关键字 25 放到变量 low 所指的位置，即下标为 0 的位置，如图 9-44 所示。

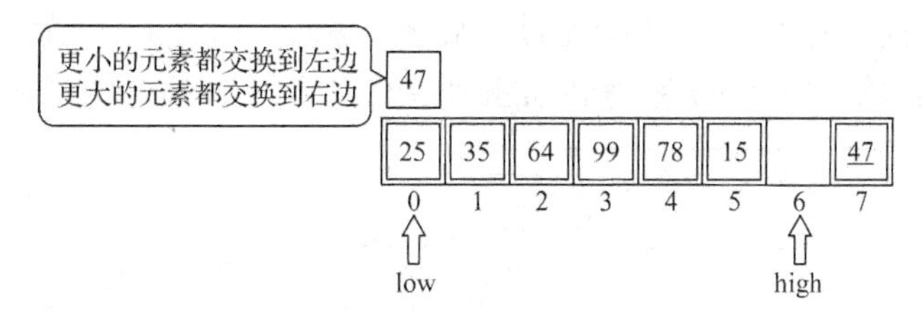

图 9-44　快速排序 3

此时变量 high 所指的位置为空，现在将 low 所指的位置向后移动一位，即移动到指向下标为 1 的位置，所指元素为关键字 35。将 35 与枢轴元素 47 比较，35<47，因此该元素不需要移动，如图 9-45 所示。

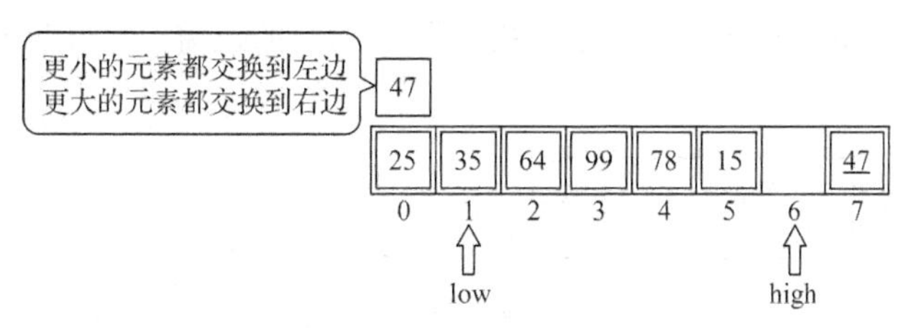

图 9-45　快速排序 4

将 low 向后移动一位，即 low 指向下标为 2 的位置，所指关键字为 64，将 64 与枢轴元素 47 作比较，由于 64>47，因此需要将关键字 64 移动到 high 所指的位置即下标为 6 的位置，如图 9-46 所示。

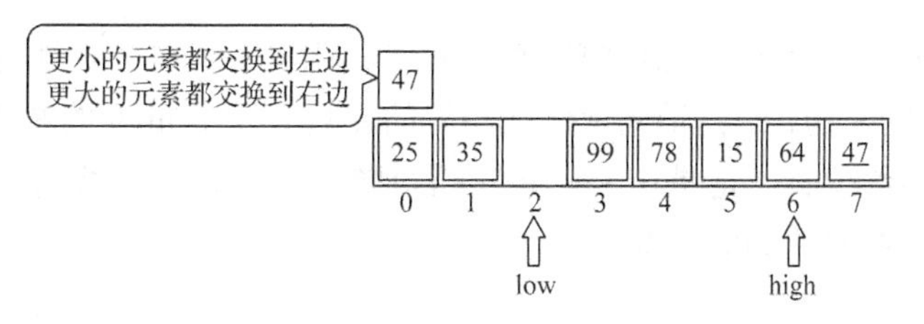

图 9-46　快速排序 5

同理，将 high 向前移动一位且指向下标为 5 的位置，即指向关键字 15，将关键字 15 与枢轴元素 47 比较，由于 15<47，因此关键字 15 需要移动到 low 所指的位置，如图 9-47 所示。

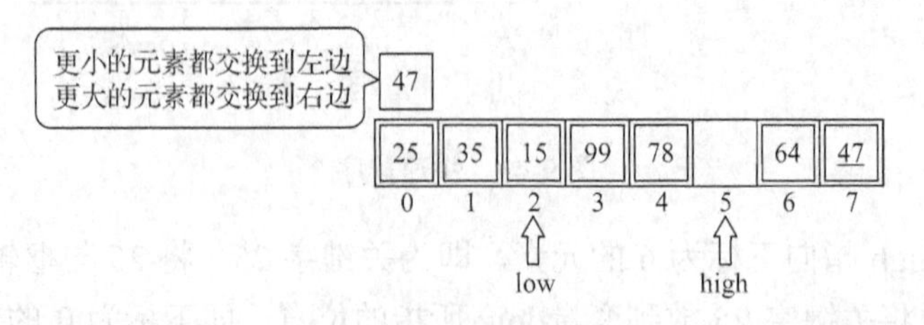

图 9-47　快速排序 6

此时 high 指向的元素为空，low 继续向后移，指向下标为 3 的位置，即关键字为 99，由于 99>47，因此将关键字 99 移动到 high 所指的位置，如图 9-48 所示。

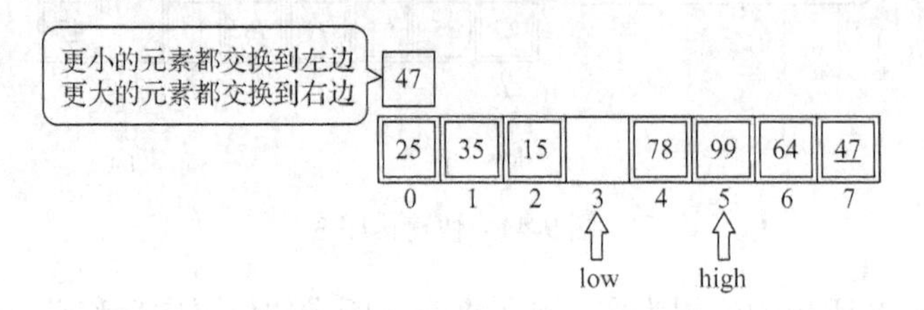

图 9-48　快速排序 7

此时 low 指向空，high 继续向前移，指向下标为 4 的位置关键字为 78，78>47，所以关键字 78 不用移动，high 继续前移，指向下标为 3 的位置，此时 low=high，如图 9-49 所示。

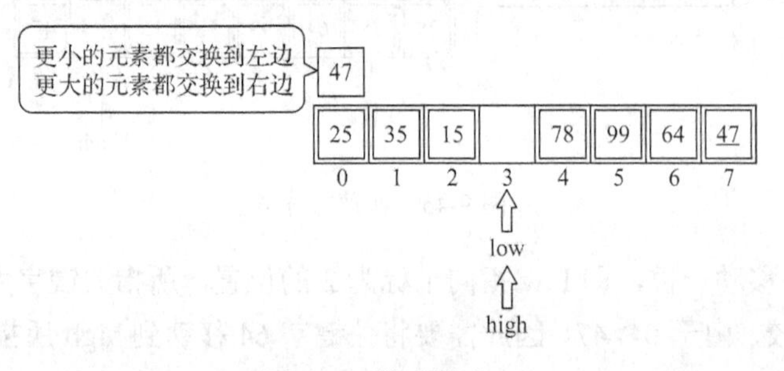

图 9-49　快速排序 8

当 low=high 时，就代表已经将所有的元素都比较了一次，并且将比枢轴元素小的元素放在了 low 的左边，比枢轴元素大或相等的元素放在了 high 的右边，因此可以确定枢轴元素 47 的最终位置一定是在 low 和 high 相遇的位置，即下标为 3 的位置，这样的过程称为“一次划分”，如图 9-50 所示。

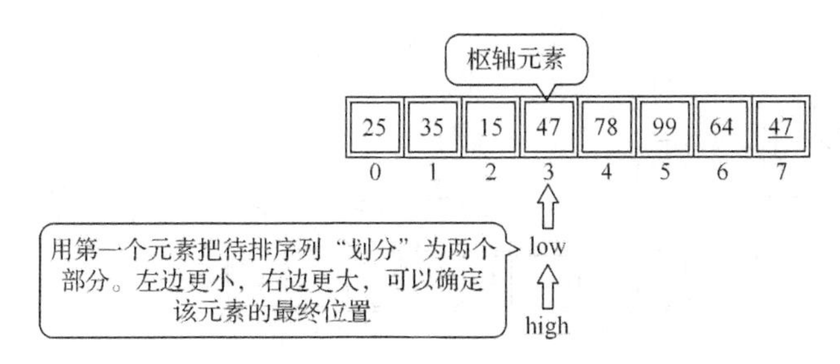

图 9-50　快速排序 9

此时关键字 47 的最终位置已经确定了，因此后面的划分中就不用再管关键字 47，而是将下标 0～2 和下标 4～7 的两个子表分别进行划分，划分过程和上述过程类似，这里不做赘述，如图 9-51 所示为第二次对下标 0～2 的子表进行的划分。

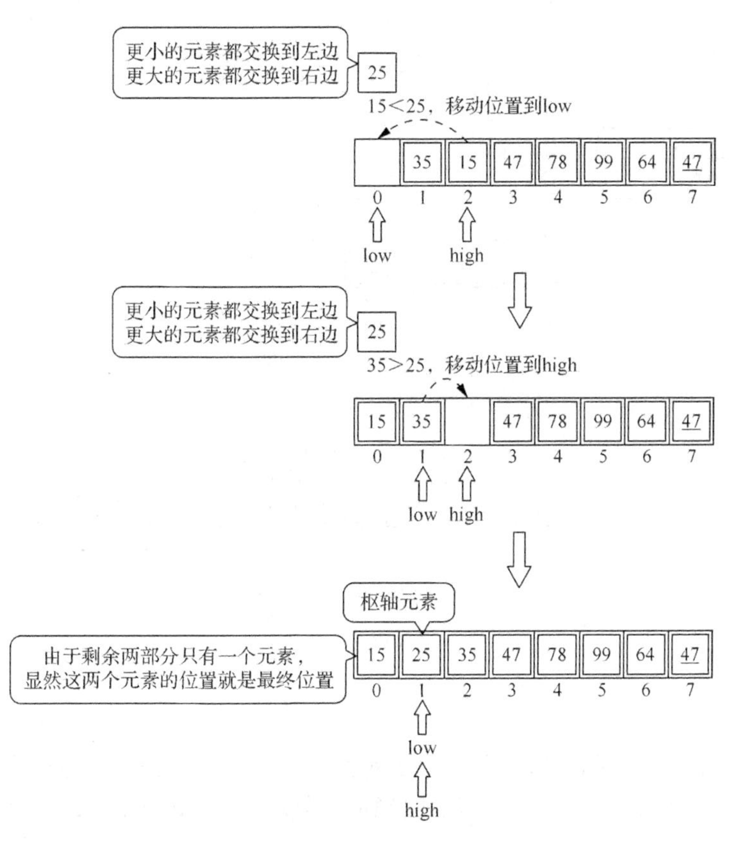

图 9-51　快速排序 10

下面进行第三次划分，即对下标 4～7 的子表进行划分，划分过程和上述过程类似，如图 9-52 所示。

第三次划分：

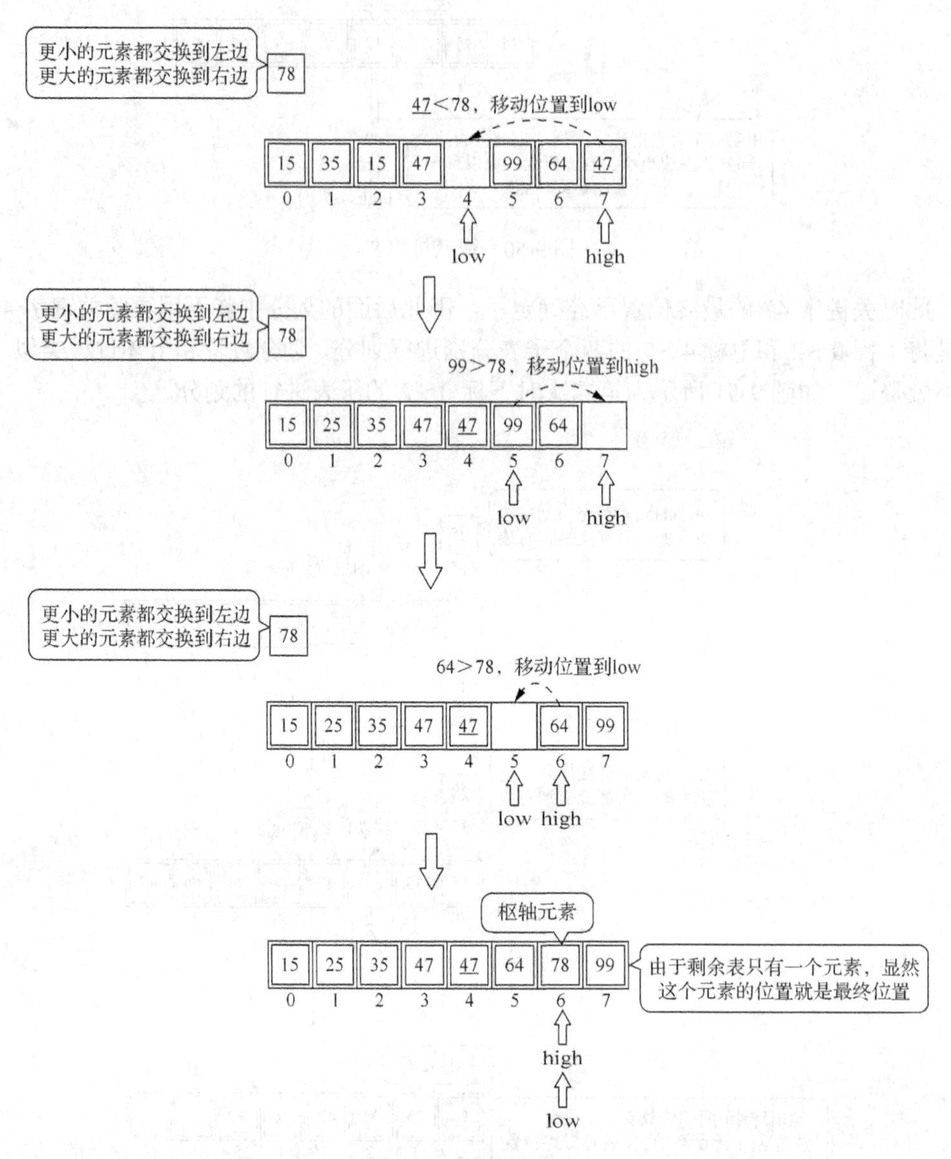

图 9-52　快速排序 11

下面进行第四次划分，即对下标 4~5 的子表进行划分，第四次划分的枢轴元素 47 的右边子表只有一个元素 64，所以可以直接确定这个元素的位置就是其最终位置，如图 9-53 所示。

上述过程为快速排序。值得注意的是，将 low 所指的元素与枢轴元素进行比较：如果 low 所指的元素小于枢轴元素，则不用移动；如果大于或者等于枢轴元素，则需要将其移动到 high 所指的位置。对 high 所指的元素和枢轴元素进行比较也是类似的：如果 high 所指的元素大于或等于枢轴元素，则不用移动；如果小于枢轴元素，则需要将其移动到 low 所指的位置。重复上述过程，直到满足终止条件。

第四次划分：

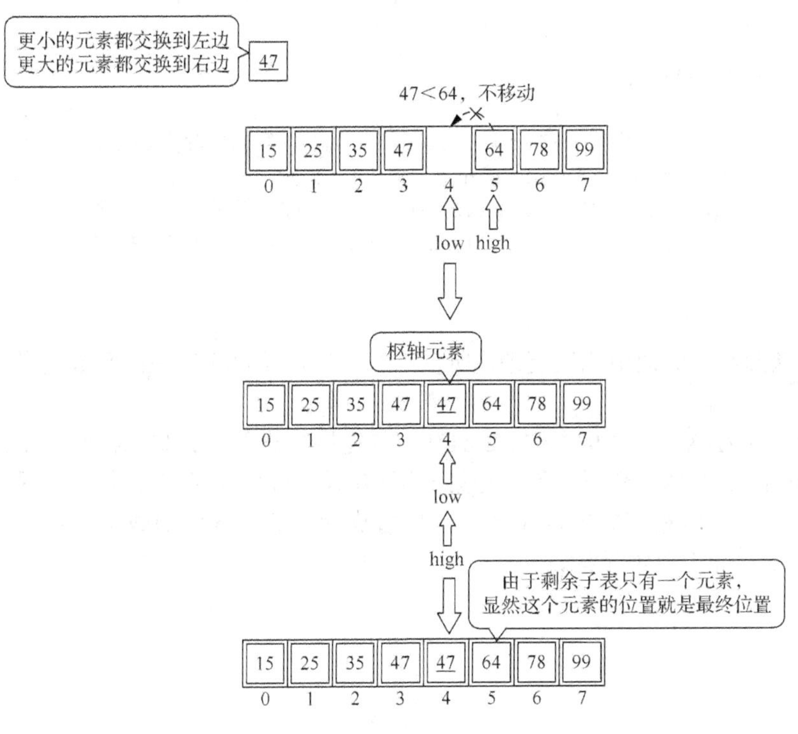

图 9-53　快速排序 12

9.6.2　快速排序代码实现

快速排序需要运用递归的技术，所以需要额外设置一个进行划分操作的函数 Partition()。Partition 代码如下：

```
int Partition(SqList* L, int low, int high)
{
    int pivotkey;
    pivotkey = L->r[low];          //用子表的第一个记录作枢轴记录
    while (low < high)             //从表的两端交替地向中间扫描
    {
        while (low < high && L->r[high] >= pivotkey)
            high--;
        swap(L, low, high);        //将比枢轴记录小的记录交换到左端
        while (low < high && L->r[low] <= pivotkey)
            low++;
        swap(L, low, high);        //将比枢轴记录大的记录交换到右端
    }
    return low; // 返回枢轴所在位置
}
```

接下来还需要控制函数调用和递归的主体函数 QuickSort()，代码如下：

```
void QuickSort(SqList *L,int low,int high)
{
    int pivot;
    if(low<high)
    {
            // 将 L->r[low..high]一分为二，算出枢轴值 pivot
            pivot=Partition(L,low,high);
            QSort(L,low,pivot-1);      //对低子表递归排序
            QSort(L,pivot+1,high);     //对高子表递归排序
    }
}
```

由于递归函数的调用比较复杂，所以结合上例，以 QuickSort()函数的递归工作栈运行流程加以讲解。

原始序列为{47,35,64,99,78,15,25,47}，首先将其传入 QuickSort()函数中，并将 0 和 7 传给 low 和 high 两个变量，此时是第一层递归，因此在递归工作栈中记录下第一次递归的情况并将其入栈，如图 9-54 所示。接着执行 QuickSort()函数第 3 行，定义了一个变量为 pivot，即为枢轴元素。

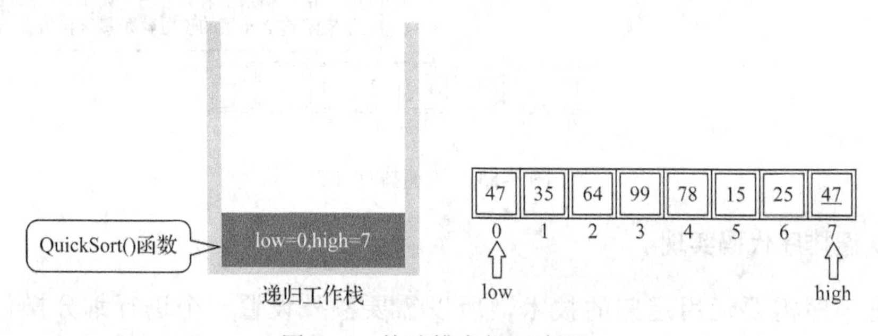

图 9-54　快速排序代码过程 1

执行 QuickSort()函数代码第 4 行，此时 low=0，high=7，显然 low<high，满足 if 条件，进入 if 语句。

执行 QuickSort()函数代码第 6 行，这句代码会调用 Partition()函数，Partition()函数的作用是对待排序列进行一次划分，并且算出枢轴元素所在的位置。此时需要在工作栈中记录下 QuickSort()目前所执行的函数，即第 6 行，记为#6，并将 Partition()函数入栈，从而进入 Partition()函数，如图 9-55 所示。

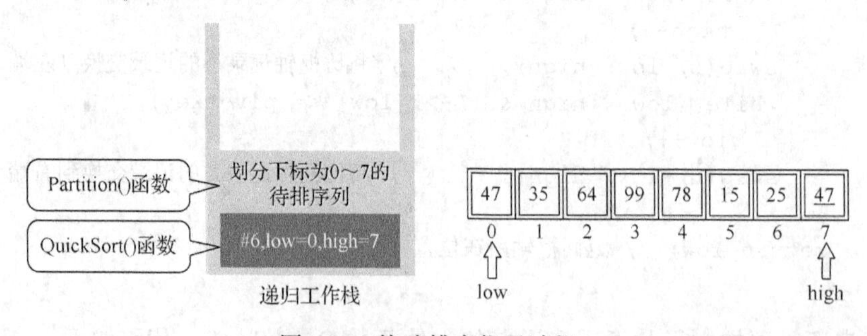

图 9-55　快速排序代码过程 2

此时运行 Partition()函数，将待排序列、low=0 和 high=7 传入，执行代码第 3～4 行，定义了一个枢轴元素 pivotkey，并将待排序列第一个元素即关键字 47 赋值给枢轴元素 pivotkey，如图 9-56 所示。

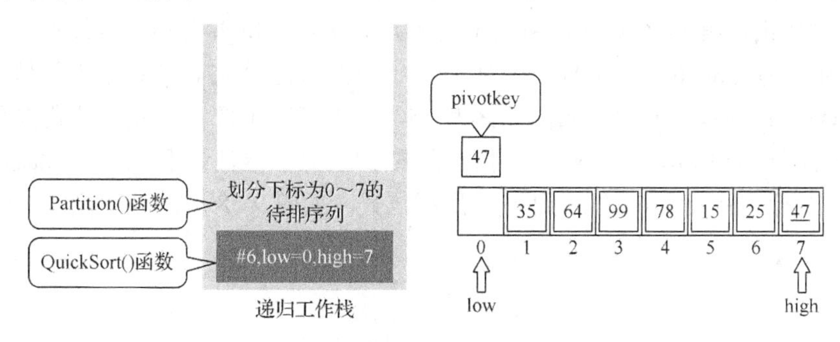

图 9-56　快速排序代码过程 3

执行 Partition()函数第 5 行，此时 low=0<high=7，进入 while 循环。

执行 Partition()函数第 7 行，检查 low 和 high 是否相遇，如果 high 所指的元素大于或等于枢轴元素的话，就不会移动 high 所指元素的位置，而会循环执行第 8 行语句 high--，即 high 向前移动，直到 low 与 high 相遇或者 high 所指元素小于枢轴元素，就会跳出循环执行第 9 行语句，将 high 所指的元素移动到 low 所指的位置。

此例中，high=7，所指的元素为 47，与枢轴元素 47 相等，因此不需要移动，则执行代码第 8 行 high--。high=6，所指元素为 25，小于枢轴元素 47，则跳出循环，执行代码第 9 句，将关键字 25 移动到 low 所指的位置，如图 9-57 所示。

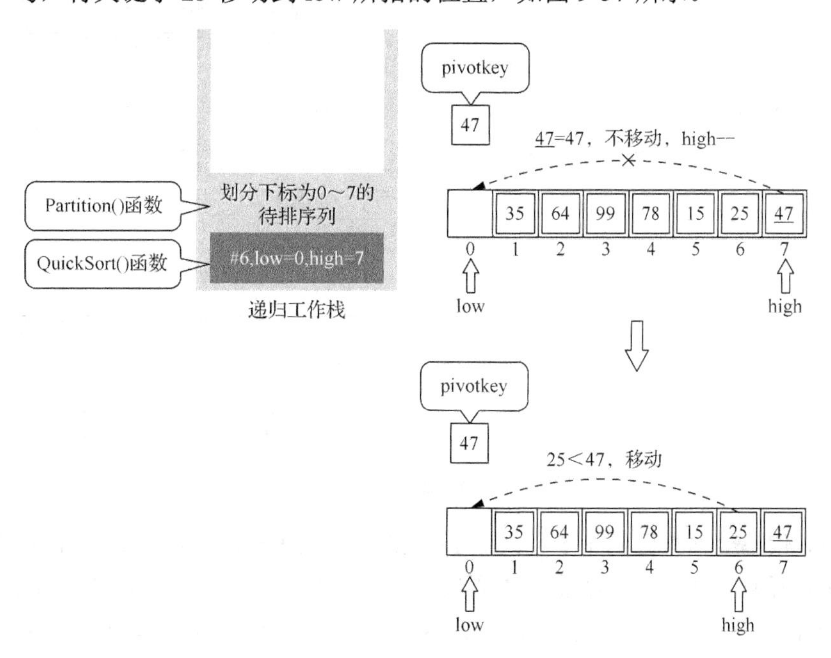

图 9-57　快速排序代码过程 4

此时代码继续执行第 10 行，检查 low 与 high 是否相遇，并且如果 low 所指的元素小于或等于枢轴元素，那么就不会移动 low 所指元素的位置，而会循环执行第 11 行语句 low++，即将 low 向后移动，直到 low 与 high 相遇或者 low 所指元素大于枢轴元素，此时跳出循环执行第 12 行语句，将 low 所指元素移动到 high 所指元素位置。

此例中此时 low=0，指向的元素为 25，小于枢轴元素 47，所以不需要移动，执行第 11 行语句 low++。low=1，指向元素为 35，小于枢轴元素 47，所以不需要移动，继续执行第 11 行语句 low++。low=2，指向元素 64，大于枢轴元素 47，因此跳出循环，执行语句 12 行，将元素 64 移动到 high 所指位置，如图 9-58 所示。

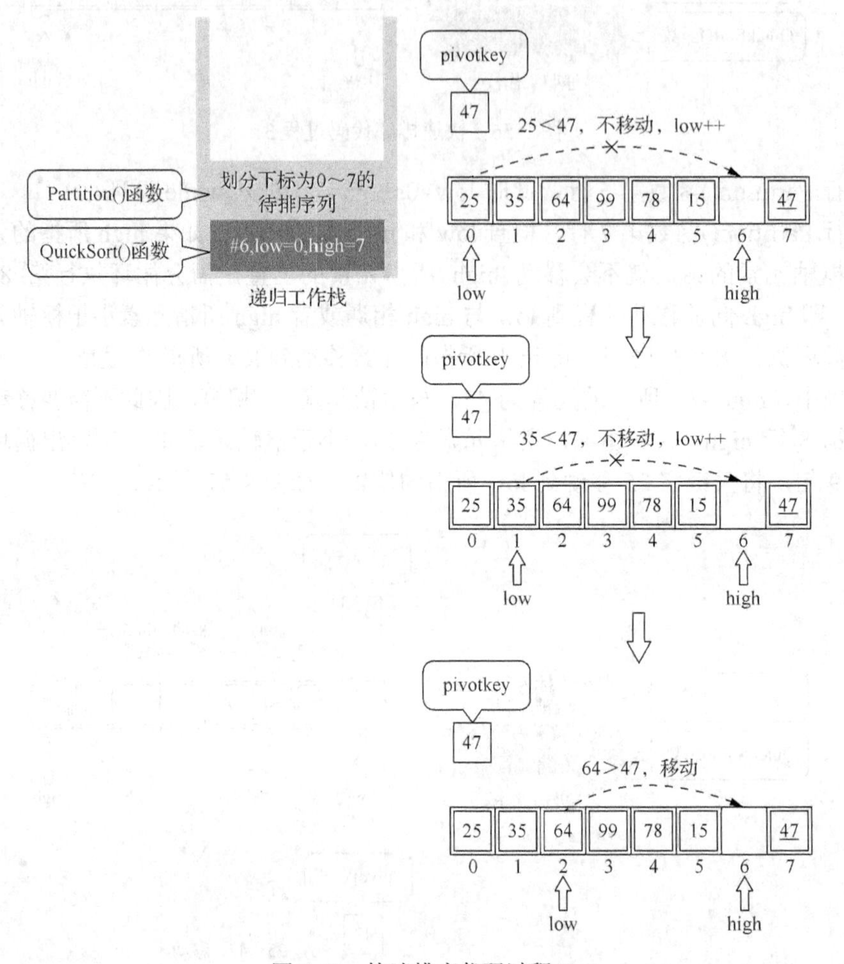

图 9-58　快速排序代码过程 5

此时，代码会继续回到第 5 行判断 low 和 high 是否相遇，low=2<high=6，所以继续进行循环，循环过程和上述类似，不再赘述。需要注意的是，当 low=3，high=5 时，剩下的两个元素 78 和 97 都是大于枢轴元素 47 的，因此会一直执行 high--，即将 high 向前移动，直到 high=low，如图 9-59 所示。

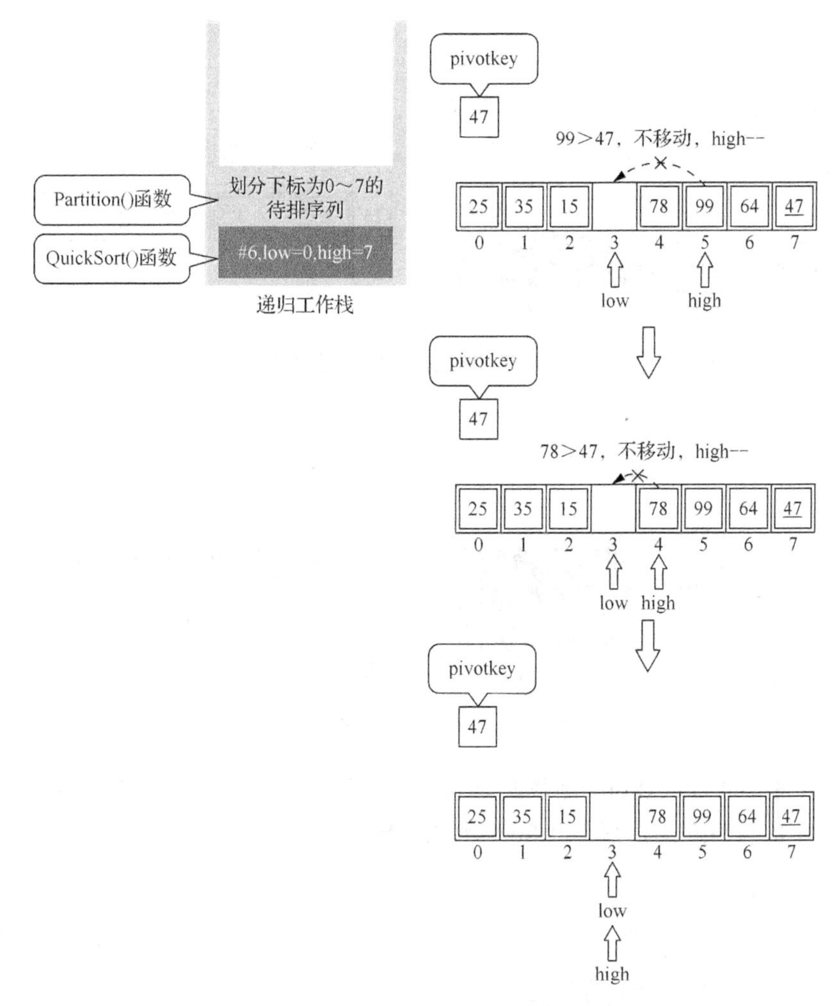

图 9-59　快速排序代码过程 6

此时 low=high=3，所以不满足第 7 行的循环条件。执行代码第 9 行，由于 low 和 high 指向同一位置，所以第 9 行相当于什么都没有做。执行代码第 10 行，同样不满足循环条件，继续执行代码第 12 行，low 和 high 指向同一位置，所以第 10 行也相当于什么都没有做。回到第一层大循环第 5 行，low=high=3，不满足循环条件，因此跳出大循环。执行代码第 14 行，将枢轴元素移动到最终位置，即下标为 3 的位置。 执行代码第 15 行，将枢轴元素的最终位置返回给 QuickSort()函数，以方便划分子表，此时 Partition()函数运行结束，即完成了一次划分，以下标为 3 的位置作为枢轴将待排序列分为了左右两部分，此时在工作栈中，将 Partition()函数出栈，回到 QuickSort()函数中并执行 QuickSort()函数剩下的语句，如图 9-60 所示。

此时继续执行第一层递归的 QuickSort()函数的第 7 行，即先处理左子表，进入第 2 层递归的 QuickSort()函数，将第 2 层的 QuickSort()函数入栈，low=0，high=2，满足第 2 层递归 QuickSort()函数中的第 4 行的 if 条件，因此继续执行第 6 行，如图 9-61 所示。

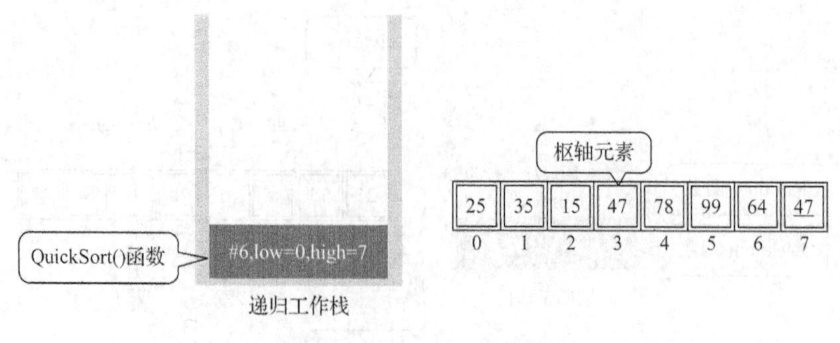

图 9-60　快速排序代码过程 7

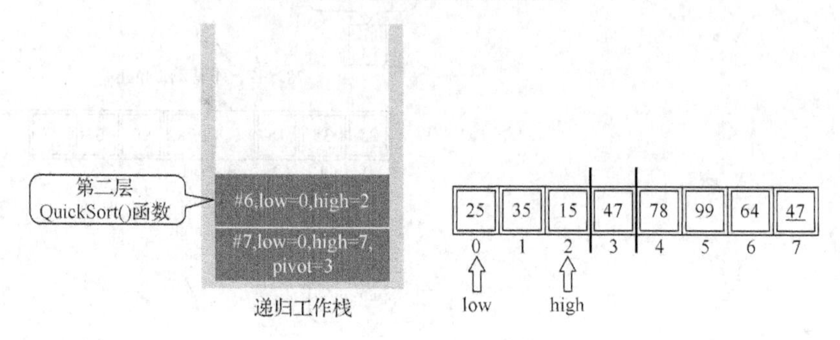

图 9-61　快速排序代码过程 8

第二层递归的 QuickSort()函数的第 6 行，和第一层一样，调用 Partition()函数，划分下标 0～2 的待排序列，将 Partition()函数入栈，如图 9-62 所示。

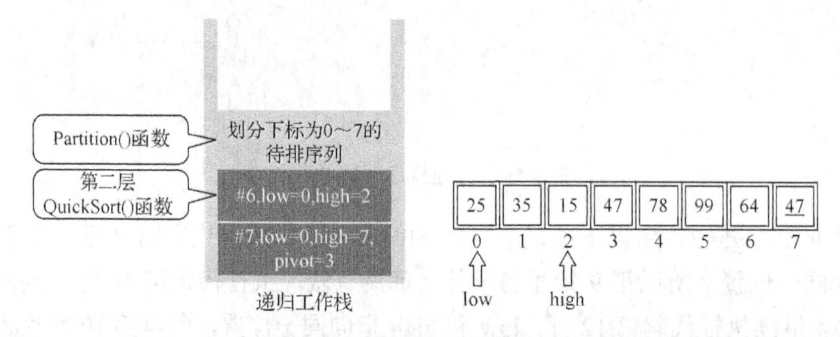

图 9-62　快速排序代码过程 9

运行 Partition()函数的过程和上述类似，在此不再赘述，运行完 Partition()函数后，Partition()函数出栈，返回 pivot=1，结果如图 9-63 所示。

继续运行第二层 QuickSort()函数的第 7 行语句，进入第三层 QuickSort()函数，将第三层 QuickSort()函数入栈。由于 Partition()函数传回的 pivot 为 1，所以在第三层 QuickSort()函数中传入的 low=0，high=0，由于 low=high，则说明此子表中只有一个元素，即该位置为该元素的最终位置，不满足 if 判断条件，如图 9-64 所示。

将第三层 QuickSort()函数出栈以后，继续执行第二层 QuickSort()函数的第 8 行语句，这层 QuickSort()函数传入 low=2，high=2，然后将该值入栈，同理，可确定该位置为该元素的最终位置，且不满足 if 条件，如图 9-65 所示。

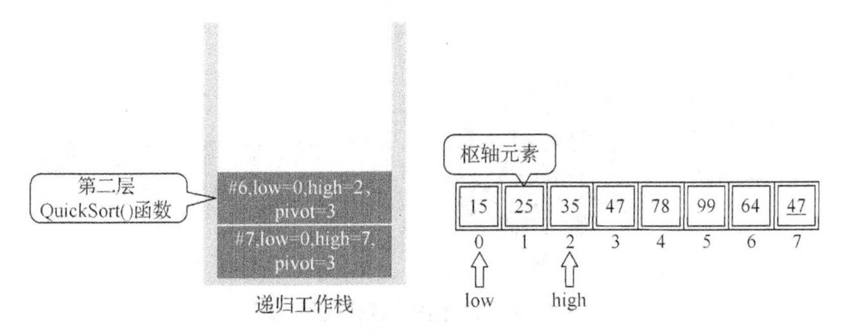

图 9-63　快速排序代码过程 10

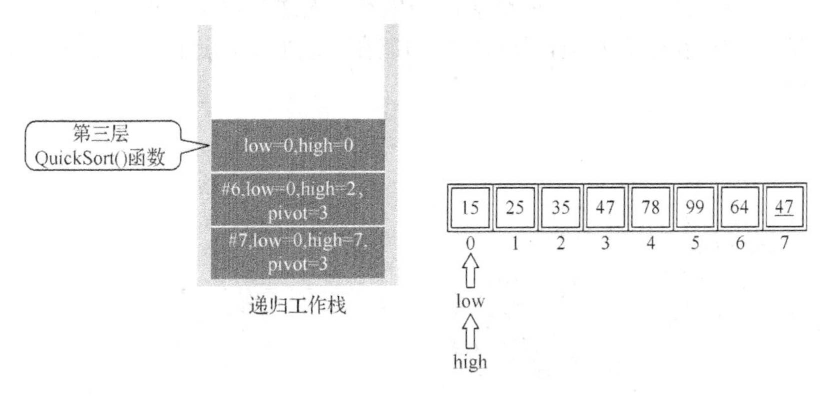

图 9-64　快速排序代码过程 11

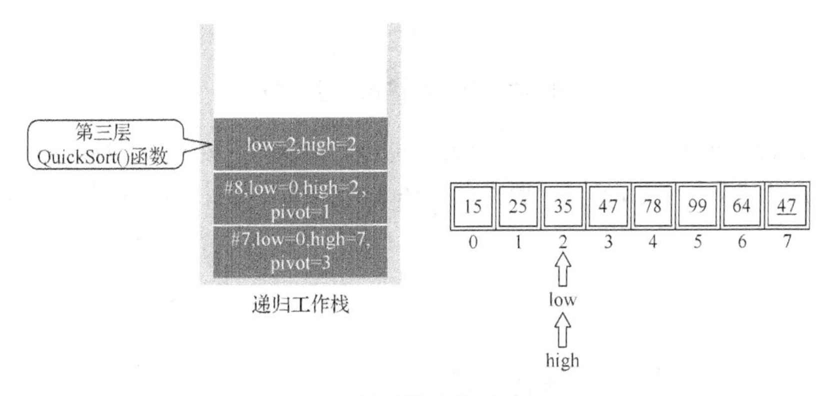

图 9-65　快速排序代码过程 12

将第三层 QuickSort()函数出栈以后，第二层 QuickSort()函数已经没有语句可以执行，因此第二层 QuickSort()函数也运行结束，出栈，返回到第一层 QuickSort()函数，继续执行第一层 QuickSort()函数的第 8 行，第二层 QuickSort()函数入栈，传入值为 low=4，high=7，满足 if 条件，所以会执行第二层 QuickSort()函数的第 6 行，调用 Partition()函数，如图 9-66 所示。

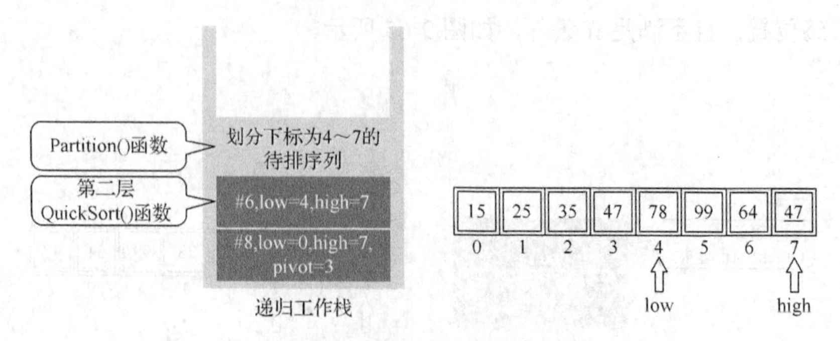

图 9-66　快速排序代码过程 13

Partition()函数运行过程与上述类似，这里不再赘述，以子表第一个元素 78 为枢轴元素，比 78 大的放在子表左边，比 78 小的放在子表右边，返回 pivot 值为 6，结果如图 9-67 所示。

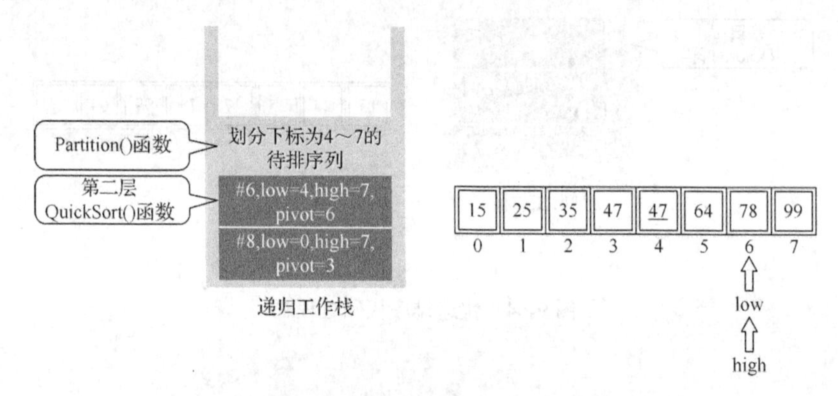

图 9-67　快速排序代码过程 14

将 Partition()函数出栈后，继续运行第二层 QuickSort()函数的第 7 行，进入第三层的 QuickSort()函数，low=4，high=5，调用完 Partition()函数后返回的 pivot 值为 4，如图 9-68 所示。

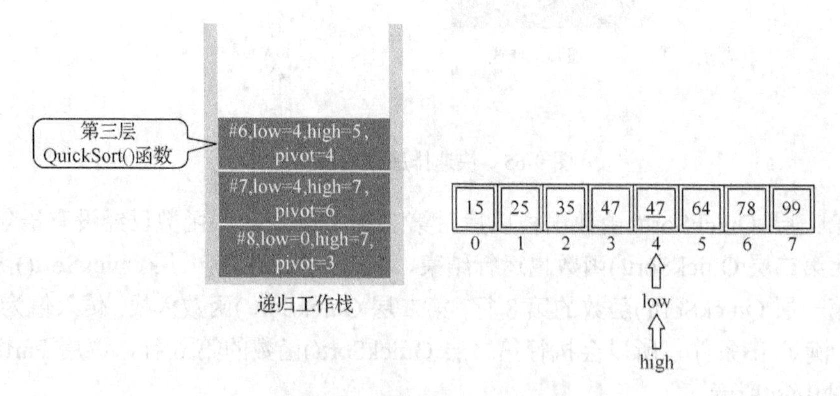

图 9-68　快速排序代码过程 15

继续执行第三层 QuickSort()函数的第 7 行，进入第四层 QuickSort()函数，传入 low=4，

high=3，当 low>high 时，说明枢轴元素 47 左边已经没有待排序元素了，不满足 if 条件，所以这层 QuickSort()函数什么也不用做，如图 9-69 所示。

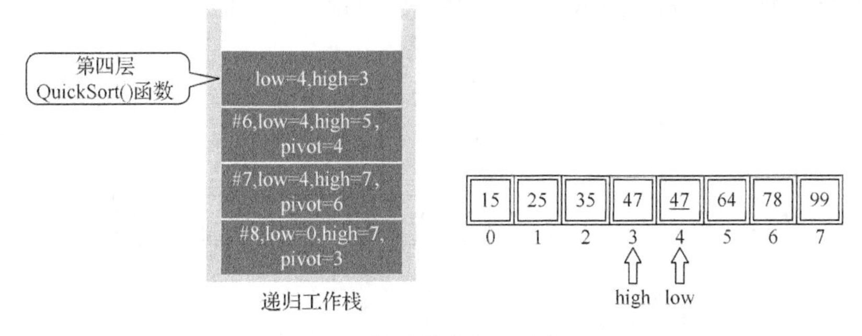

图 9-69　快速排序代码过程 16

将第四层 QuickSort()函数出栈后，传入为 low=5，high=5，更新 low 和 high 的值，同理可以确定该位置就是该元素的最终位置，如图 9-70 所示。

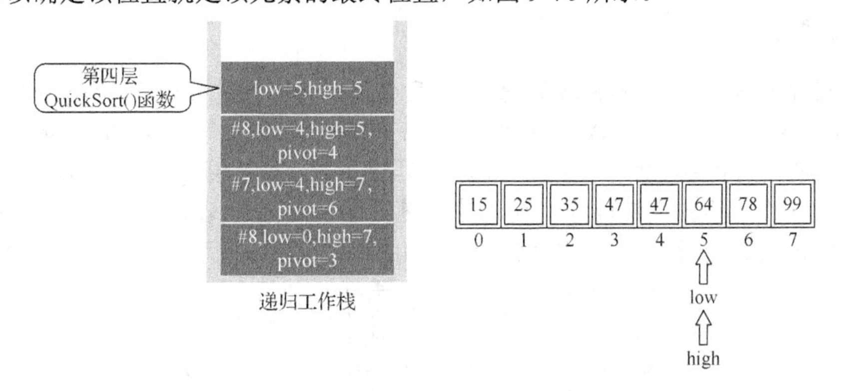

图 9-70　快速排序代码过程 17

将第四层 QuickSort()函数出栈后，第三层 QuickSort()函数也运行完毕，并将其出栈，回到第二层的 QuickSort()函数，指向 QuickSort()函数的第 8 行语句，传入参数 low=7，high=7，同理可得该位置就为该元素的最终位置，如图 9-71 所示。

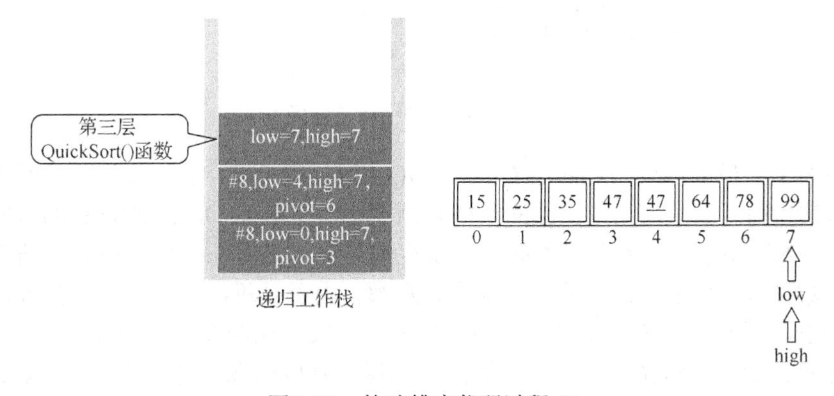

图 9-71　快速排序代码过程 18

将第三层 QuickSort()函数出栈后，第二层 QuickSort()函数也运行完毕，并将其出栈，回到第一层 QuickSort()函数，然后第一层 QuickSort()函数也运行完毕，并将其出栈。此时，整个序列为有序序列，快速排序运行结束，如图 9-72 所示。

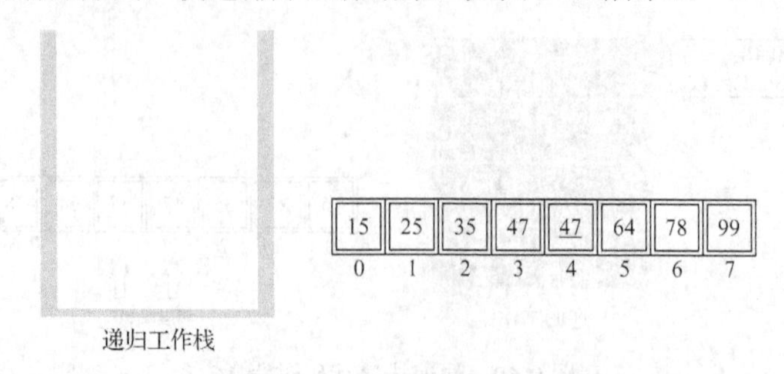

图 9-72　快速排序代码过程 19

9.6.3　快速排序性能分析

1. 时间复杂度

快速排序的每一层 QuickSort()函数处理后会将待排序列进行划分，如上例中第一层 QuickSort()函数处理后，序列被分为 0～2 和 4～7 两个子表；第二层 QuickSort()函数处理后，序列被分为 0～0、2～2、4～5 和 7～7 四个子表；第三层 QuickSort()函数处理后，又可以确定 3 个元素的最终位置，则此时只剩下 5～5 一个子表；第四层 QuickSort()函数处理后，即可确定所有元素的最终位置，如图 9-73 所示。

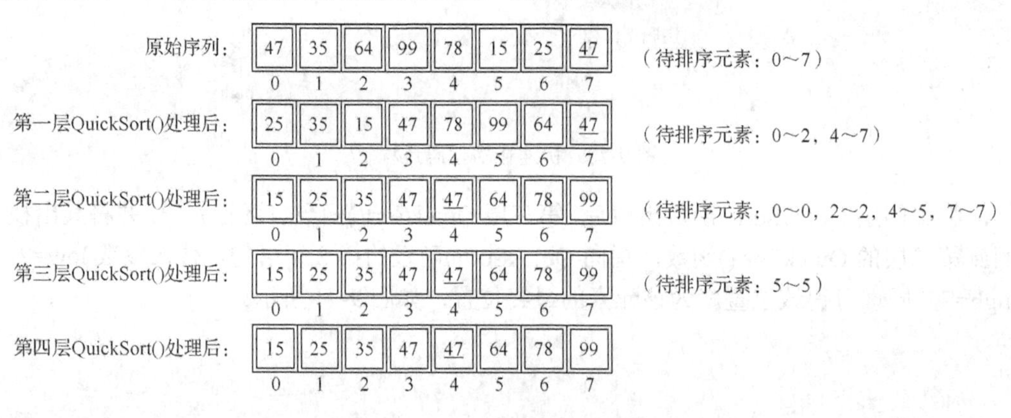

图 9-73　快速排序性能分析 1

上述例子中最多需要进行四层 QuickSort()函数处理，每一层 QuickSort()函数只需要处理剩余的待排元素，因此每一层的时间复杂度都不会超过 O(n)，所以总的时间复杂度可以用 O(n*递归层数)来表示。因此，要研究快速排序的算法效率，就必须研究其需要递归的层数。可以将上图换一种方式来进行观察，由于其每次划分都会将当前部分划分成两个子表，因此可以将其以二叉树的形式表现出来，如图 9-74 所示。

此时问题就可以转换为有 n 个结点的二叉树的高度问题，之前学习二叉树时学过 n 个结点的二叉树最小高度=$\lfloor \log_2 n \rfloor + 1$，最大高度为 n。所以对于快速排序算法，最少需要$\lfloor \log_2 n \rfloor + 1$层的递归调用，最多需要 n 层的递归调用，所以快速排序的最好时间复杂度为$O(n\log_2 n)$，最坏时间复杂度为 $O(n^2)$，平均时间复杂度为$O(n\log_2 n)$。区分最好最坏情况的方法如下：待排序列越无序，则每一次选中的枢轴元素将待排序列划分得越均匀，递归深度越小，效率越高。若待排序列有序或逆序，则快速排序的性能最差，因为每次选择的都是最靠边的元素，划分会非常不均匀，则递归深度最大，效率最低。

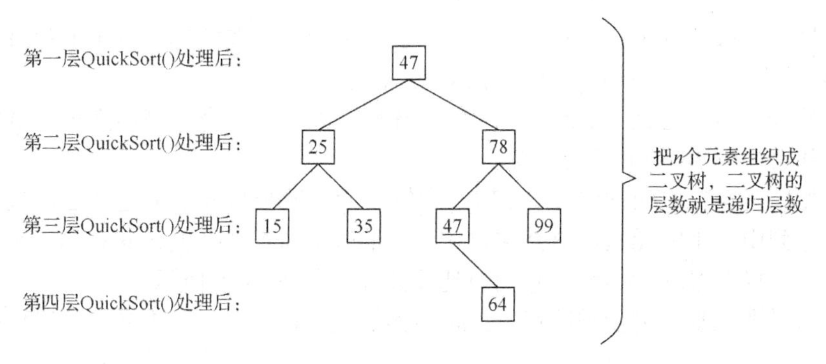

图 9-74　快速排序性能分析 2

根据此特性，可以针对每一次枢轴元素的选取进行优化，从而提升快速排序的算法效率。这里有两个优化思路：

（1）选头、中、尾三个位置的元素，进行比较，取中间值作为枢轴元素；

（2）随机选一个元素作为枢轴元素。

这两个优化思路都能在一定程度上避免一开始就选择到最大或最小的元素，从而造成划分不均匀的问题出现，影响算法运行效率。

2. 空间复杂度

由于快速排序是递归调用的，所以需要借用一个递归工作栈来保存信息，在上例的演示中，每一层的递归调用都需要在递归工作栈中开辟一个小空间来保存这一层递归运行所需要的信息，所以递归调用的层数越深，其空间复杂度也会越高。由于每一层递归调用只需要定义固定数量的变量即可，因此空间复杂度可以表示为 O(递归层数)。在时间复杂度的讲解中已经提到过快速排序的最少递归层数为$\lfloor \log_2 n \rfloor + 1$层，最多递归层数为 n 层，所以最好的空间复杂度为$O(\log_2 n)$，最坏的空间复杂度为 $O(n)$。

3. 稳定性

在划分算法中，若一端区间中有两个相等元素，且都小于枢轴元素，则在移动到另一端区间时，两个元素的相对位置已经发生变化。如原始序列为{2,1,$\underline{1}$}，那么经过一次划分后为{$\underline{1}$,1,2}，最终排序结果也为{$\underline{1}$,1,2}，此时 1 和 $\underline{1}$ 的相对位置已经发生改变。因此，快速排序是一个不稳定的算法。

需要注意的是，快速排序算法的效率主要取决于递归深度。每次划分得越均匀，则递归深度越低，效率越高；每一次划分越不均匀，则递归深度越深，效率越低。此外，快速排序是所有内部排序中平均性能最优秀的排序算法。

9.7 简单选择排序

9.7.1 简单选择排序原理

选择排序：每一趟在 $n-i+1(i=1,2,\cdots,n-1)$个记录中选取关键字最小的记录作为有序序列的第 i 个记录。选择排序包括简单选择排序和堆排序。

简单选择排序：通过 $n-i$ 次关键字间的比较，从 $n-i+1$ 个记录中选出关键字最小的记录，并和第 $i(1\leqslant i\leqslant n)$个记录交换。

以原始序列{47,35,64,99,78,15,25,<u>47</u>}为例，简单选择排序会从左往右比较该序列，选出在该序列中最小的元素，显然关键字 15 是最小的，那么就将其和第一个元素位置进行交换。这样的过程就称为一趟简单选择排序，如图 9-75 所示。

之后只需要重复上述步骤即可，在此不再赘述，完整的简单选择排序流程如图 9-76 所示。

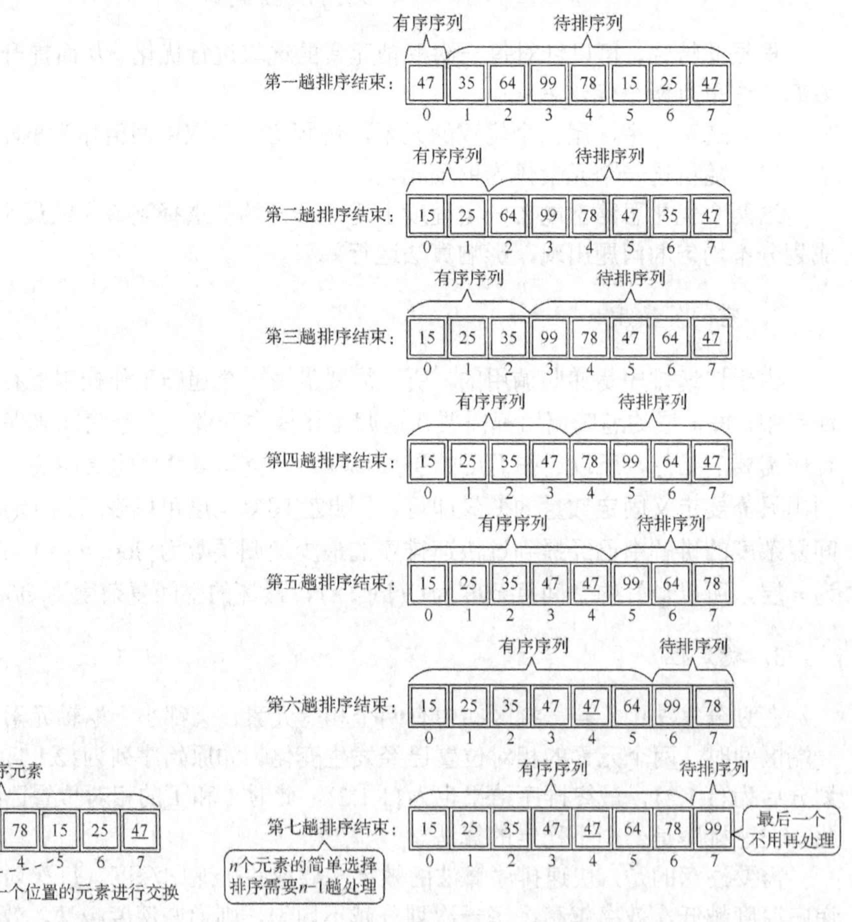

图 9-75　简单选择排序 1　　图 9-76　简单选择排序 2

需要注意的是，简单选择排序的待排序列中最后只剩下一个元素时，则该元素一定是最大的元素，不需要再处理了，因此 n 个元素的简单选择排序只需要进行 n−1 趟的处理。

9.7.2　简单选择排序代码实现

简单选择排序的代码如下：

```
void SelectSort(SqList *L)
{
    int i,j,min;
    for(i=1;i<L->length;i++)
    {
        min = i;                              // 将当前下标定义为最小值下标
        for (j = i+1;j<=L->length;j++)        // 循环之后的数据
        {
            if (L->r[min]>L->r[j])            // 如果有小于当前最小值的关键字
                min = j;                      // 将此关键字的下标赋值给 min
        }
        if(i!=min)                            // 若 min 不等于 i，说明找到最小值，交换
            swap(L,i,min);                    // 交换 L->r[i]与 L->r[min]的值
    }
}
```

以上例第一趟排序为例，执行代码第 4 行，进入循环，将 i 指向待排序列的第一个元素，执行代码第 6 行，将最小元素下标 min 指向 i 所指的元素，如图 9-77 所示。

继续执行代码第 7 行，进入第二层循环，定义变量 j，指向 i+1 的位置，即指向下标为 1 的位置，如图 9-78 所示。

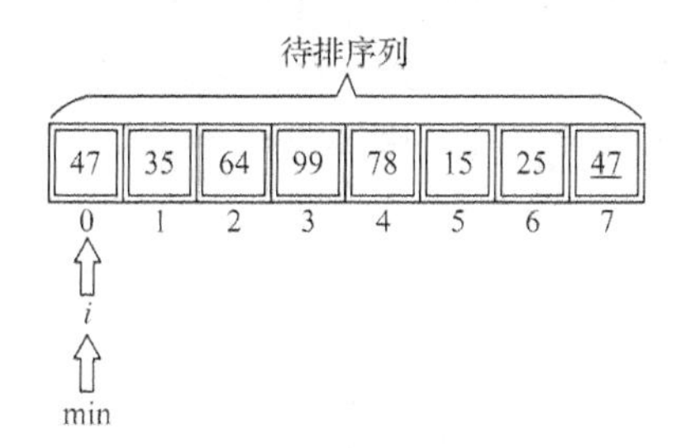

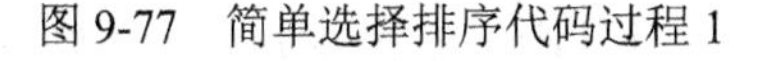
图 9-77　简单选择排序代码过程 1

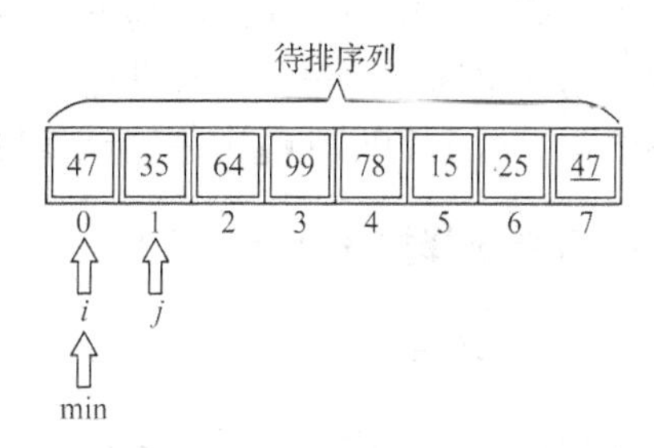

图 9-78　简单选择排序代码过程 2

继续执行代码第 9 行，判断 j 当前所指的元素是否小于 min 所指的元素，此时 L−>r[j]=35< L−>r[min]=47，所以将 min 指向 j 所指的元素，如图 9-79 所示。

继续进行第二层循环，指向代码第 7 行中的“j++”语句，即将变量 j 向后移，再与 min 所指的元素作比较，如果出现比 min 还小的元素则将 min 指向该元素。当 j=2、3、4 时，j 都大于 min，所以不用做任何处理。直到 j=5 时，L−>r[min]=35> L−>r[j]=15，因此将 min 指向下标为 5 的元素，如图 9-80 所示。

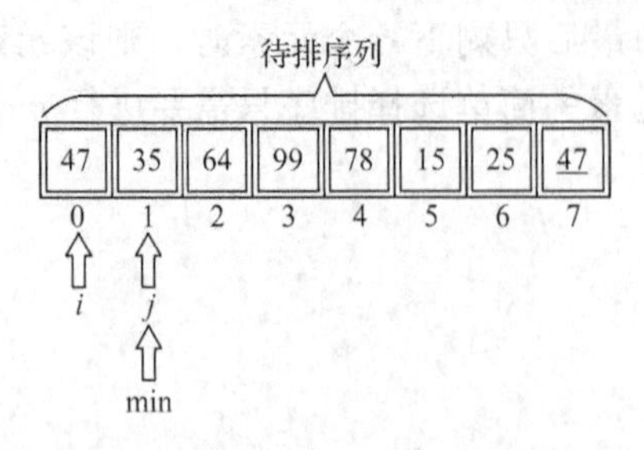

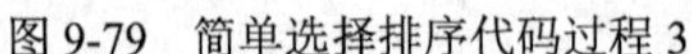

图 9-79　简单选择排序代码过程 3

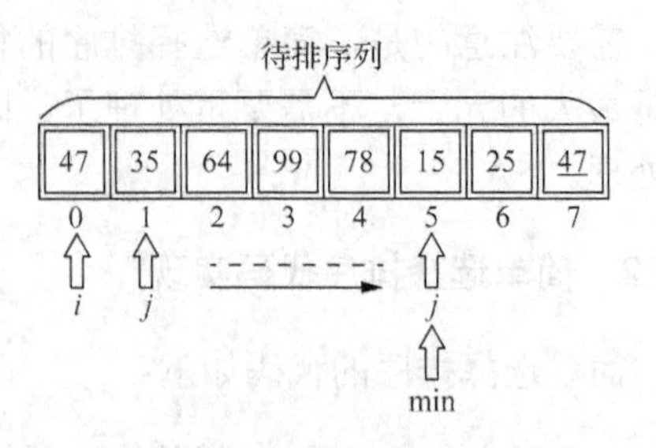

图 9-80　简单选择排序代码过程 4

此时继续执行代码第 7 行中的“j++”，j 继续向后移动，当 j=6、7 时，所指关键字皆大于 min 所指关键字，因此当 j=8 时，不满足第二层的循环条件，结束第二层循环，最终 min 所指下标为 5 的位置，关键字为 15，代表该待排序列中最小的元素为 15，如图 9-81 所示。

执行代码 12 行，若 min 不是指向 i 所指的元素，则需要交换 min 和 i 所指元素的位置，即将最小的元素放在序列最前面，此时满足 if 判断条件，执行 if 语句，即执行代码第 13 行，调用 swap()函数来进行交换操作，swap()函数代码在前文中已经讲解过，因此这里不再赘述，如图 9-82 所示。

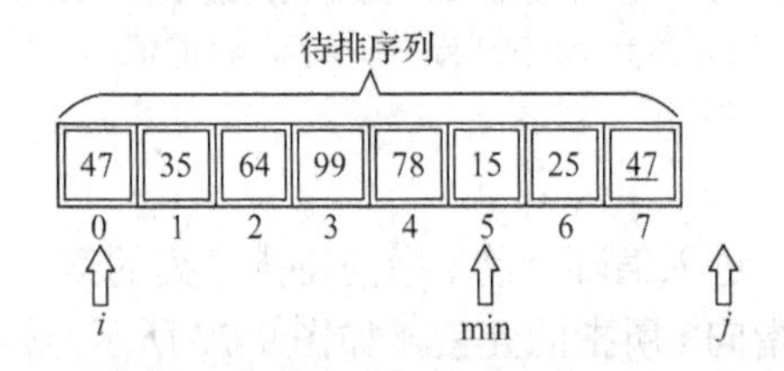

图 9-81　简单选择排序代码过程 5

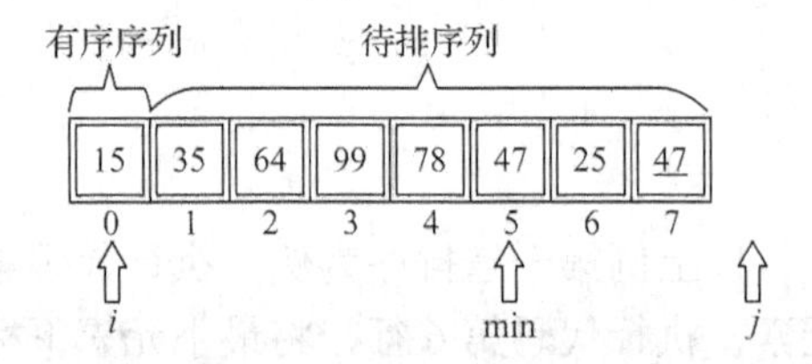

图 9-82　简单选择排序代码过程 6

此时第一趟排序结束，回到第一层大循环中，继续执行代码第 4 行中的“i++”，开始第二趟简单选择排序，一共进行七趟排序，即 i=7 时，跳出第一层大循环，简单选择排序结束。由于后面几趟排序的步骤与第一趟排序步骤一样，因此不再赘述。

9.7.3　简单选择排序性能分析

1. 时间复杂度

在简单选择排序中，无论是有序、逆序还是乱序，一定需要 n−1 趟处理，因此总共需要对比关键字 $(n-1)+(n-2)+\cdots+1=n(n-1)/2$ 次。而元素交换的次数，在最好的情况下，即待排序列有序的情况下为 0 次；在最坏的情况下，即待排序列为逆序的情况下为 n−1 次。因此简单选择排序总的时间复杂度为 $O(n^2)$，并不会因为待排序列的初始状态而改变。

2. 空间复杂度

仅使用常数个辅助单元，所以空间复杂度为 O(1)。

3. 稳定性

由于在第 i 趟简单选择排序中，找到最小元素后，直接和第 i 个元素交换，因此可能会导致两个相等关键字的元素相对位置发生变化。如原始序列为{3,3,2}，经过一趟简单选择排序后变为{2,3,3}，其最终排序结果也为{2,3,3}。因此简单选择排序为不稳定的排序算法。

需要注意的是，简单选择排序不仅适用于顺序表，也适用于链表，因为简单选择算法只需要遍历待排列表中的元素，不需要存储结构具备随机访问的特性。

9.8 堆　排　序

9.8.1 堆排序原理

堆排序也是基于选择排序的一种，堆排序的实现是基于一种叫堆的数据结构，因此学习堆排序前，需要知道堆。

堆可以分为大顶堆和小顶堆。下面用两个例子来说明什么是大顶堆和小顶堆，如图 9-83 所示，为大顶堆和小顶堆的逻辑结构。

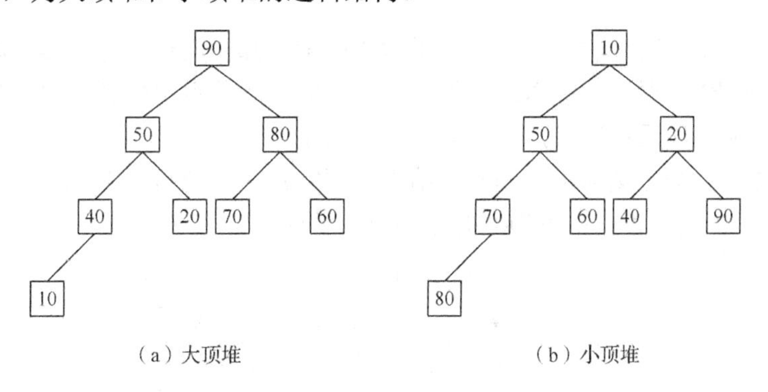

（a）大顶堆　　（b）小顶堆

图 9-83　大顶堆和小顶堆逻辑结构

显然，大顶堆和小顶堆都为二叉树，且都是完全二叉树。继续观察，可以发现大顶堆的根结点是所有元素中最大的，且每个结点都比它的左右孩子要大；小顶堆的根结点是所有元素中最小的，且每个结点都比它的左右孩子要小。

这是堆结构的逻辑结构的定义。上例中的大顶堆，将其按照层序遍历存入数组，如图 9-84 所示。

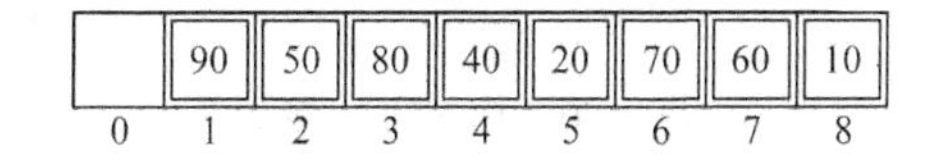

图 9-84　大顶堆的存储结构

堆排序在大类上属于选择排序的一种，选择排序的基本实现为每一趟在待排序列中选取关键字最小（或最大）的元素加入有序子序列，堆排序也是基于这样的实现与堆结构相结合。假如说已有了一个大顶堆，那么要在大顶堆中找到关键字最大的元素就非常方便，因为大顶堆第一个元素就是最大的元素。因此如果能够将一个待排序列构造成一个大顶堆或者小顶堆，那么选择排序就会变得简单很多。所以要学习堆排序，就要先学习如何将一个原始序列构造成一个堆。

例如，现有原始序列{60,20,80,10,50,70,90,40}，要将其构造成一个大顶堆，可以先将其转化成完全二叉树的逻辑结构来观察，如图 9-85 所示。

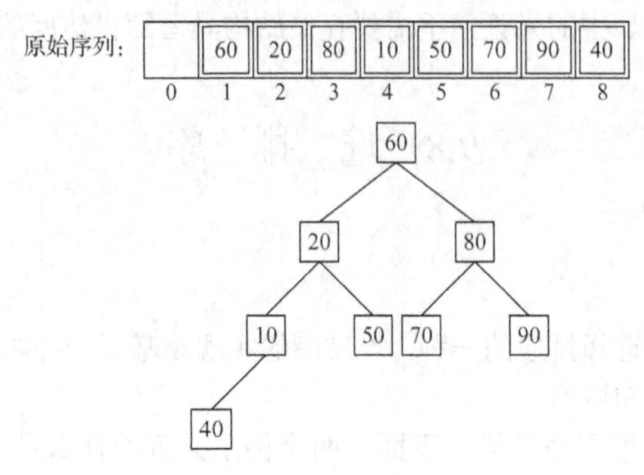

图 9-85 构造大顶堆 1

由于大顶堆需要满足的条件为所有子树的根结点都要大于或等于其左右孩子结点，因此要想构造一个大顶堆的基本思路就是把所有非叶子结点都检查一遍，判断是否都满足大顶堆的要求，如果不满足，则进行相应的调整。

顺序存储的完全二叉树中，非叶子结点的下标$i \leqslant \lfloor n/2 \rfloor$，该例中共有 8 个结点，因此下标为 1、2、3、4 的结点为非叶子结点，如图 9-86 所示。

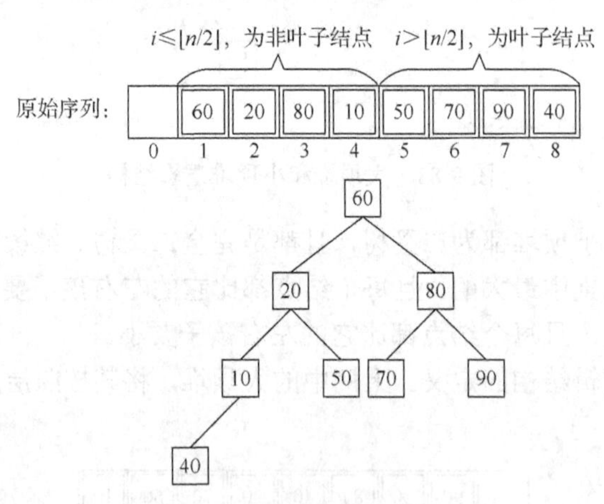

图 9-86 构造大顶堆 2

接下来会从后往前的一次处理非叶子结点，第一个处理的是下标为 4 的结点，即关键字为 10 的结点。检查当前结点关键字是否大于其左右孩子的关键字，若不满足，将当前结点与更大的一个孩子互换。可以利用之前复习的完全二叉树的结点在数组中的下标位置的逻辑关系来找到其左右孩子。如当前例子中，下标为 4 的结点左孩子为下标为 $2i=8$ 的结点，由于其 $2i+1=9>n=8$，所以该结点没有右孩子。下标为 4 的结点关键字为 10，下标为 8 的结点关键字为 40，因此不满足大顶堆的要求，需要将两个元素的位置互换，如图 9-87 所示。

接下来 i 继续前移，处理下标为 3 的结点，即关键字为 80 的结点，该结点的左右孩子应该为下标 6 和 7 的结点，由于其右孩子关键字 90 大于它的关键字 80，因此不满足大顶堆的要求，需要将其交换位置，如图 9-88 所示。

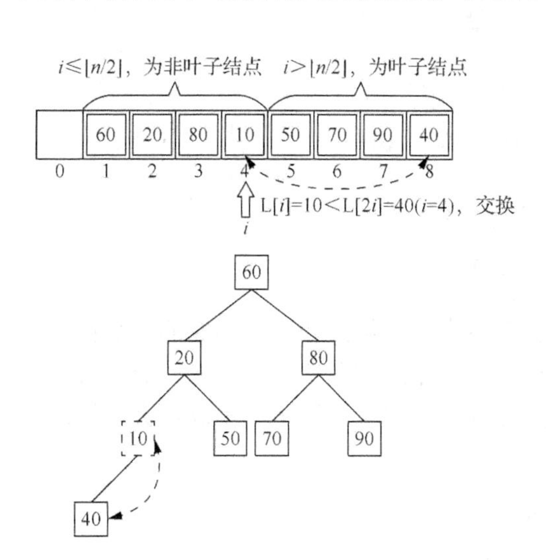

图 9-87　构造大顶堆 3

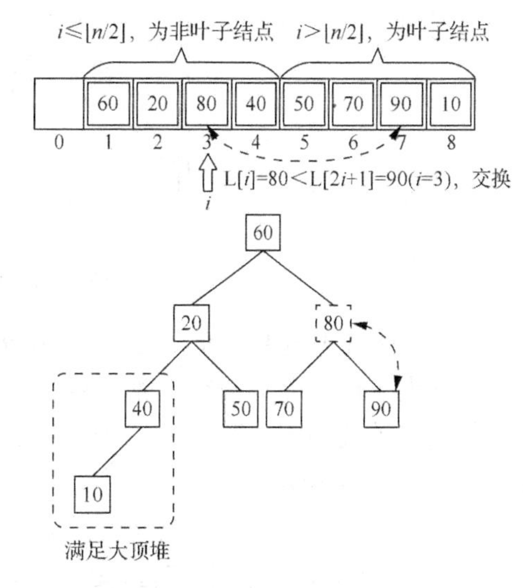

图 9-88　构造大顶堆 4

将 i 继续前移，处理下标为 2 的结点，处理方式和上述类似，如图 9-89 所示。

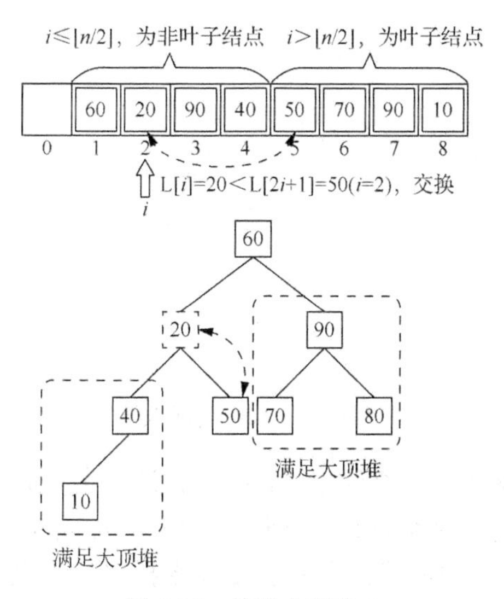

图 9-89　构造大顶堆 5

i 继续前移，处理下标为 1 的结点，处理方式也和上述一样，如图 9-90 所示。

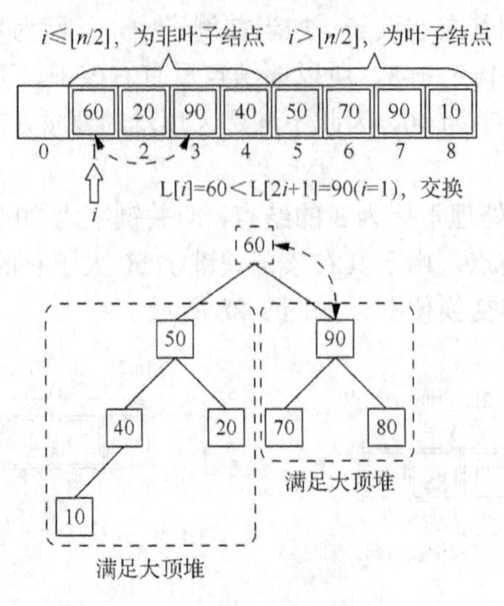

图 9-90　构造大顶堆 6

注意，此时构造大顶堆并未结束。因为当下标为 1 的结点和下标为 3 的结点在互换后，下标为 1 的结点关键字变成了 90，下标为 3 的结点关键字变成了 60，而此时下标为 3 的结点关键字均小于其左右孩子的结点关键字，导致了右子树又不满足大顶堆的要求了，如图 9-91 所示。

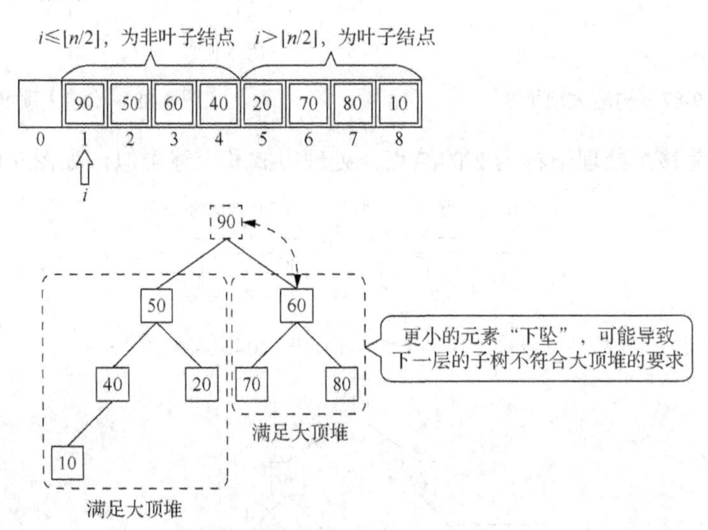

图 9-91　构造大顶堆 7

若结点元素互换破坏了下一级的堆，其处理方法其实很简单，只需要继续用之前的处理方法往下调整即可，即小结点元素不断"下坠"，如图 9-92 所示。

此时，一整棵完全二叉树就符合了大根堆的要求。现在知道了如何构建一个大顶堆，下一步就需要学习如何基于大顶堆来进行排序了。

堆排序：将待排序列构造成一个大顶堆（或小顶堆）。此时，整个序列的最大值（最小值）就是堆顶的根结点。将它与堆数组的末尾元素交换，此时末尾元素就是最大值（最小值），然后将剩的 n-1 个序列重新构造成一个堆，这样就会得到 n 个元素的次大值（次小值）。如此反复运行，便能得到一个有序序列。

接上例，已经将待排序列构建成了一个大顶堆，那么堆排序就是将堆顶元素 90 与最后一个元素 10 交换位置，此时可以确定堆顶元素 90 的位置就是最终位置，因此结点 90 已经被移出大顶堆了，如图 9-93 所示。

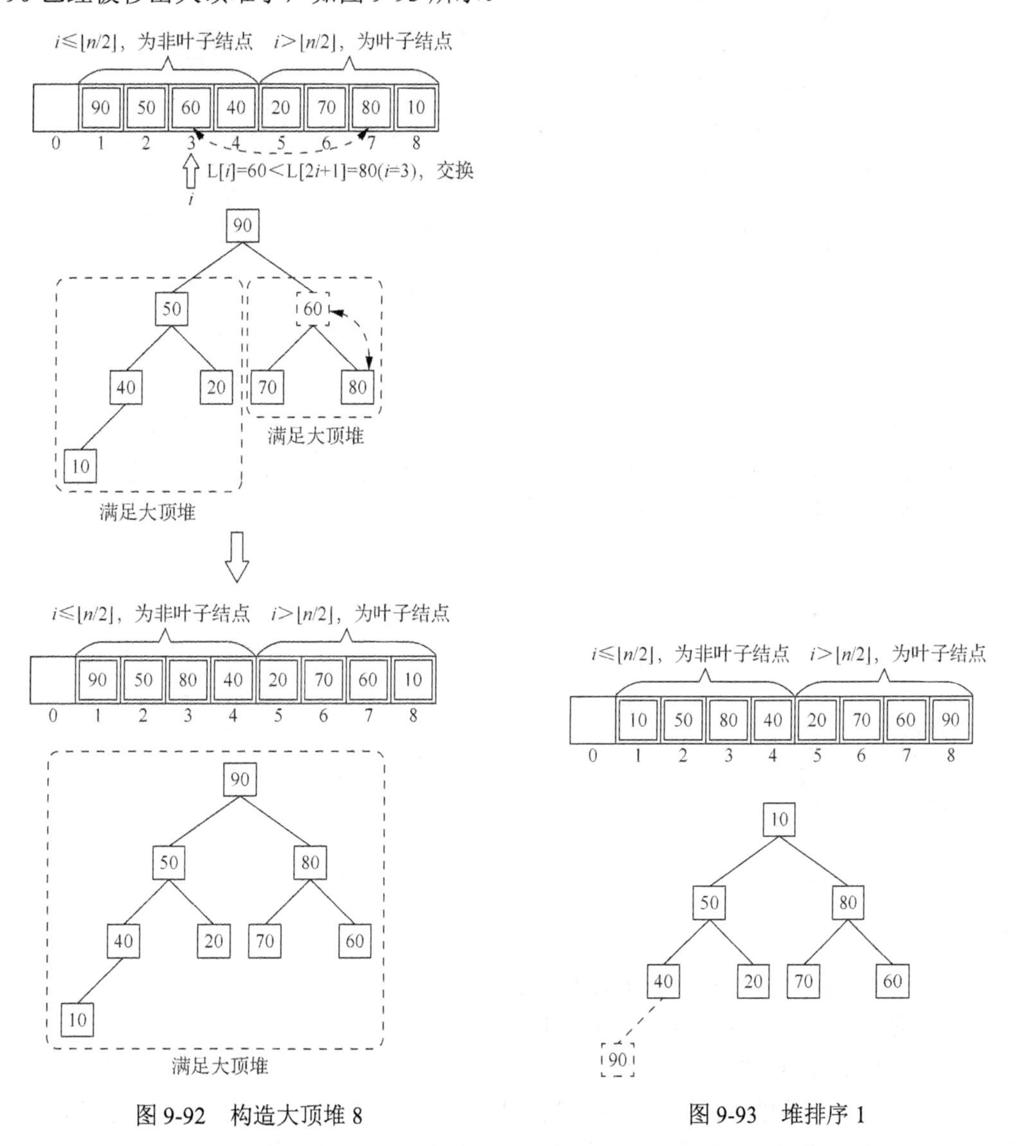

图 9-92 构造大顶堆 8　　　　图 9-93 堆排序 1

由于刚刚把结点 10 换到了堆顶，所以现在的剩余部分已经不是大顶堆了，因此需要重新构建大顶堆。构造过程与前述方法相同，结点 10 需下坠两次，如图 9-94 所示。

这个过程就被称为一趟堆排序，接下来开始第二趟排序，排序方式与之前相同，将堆顶元素与堆底元素交换位置，再将剩下部分重新构建成大顶堆，即为一趟堆排序，由于排序方式一样，在此不再赘述，如图 9-95 所示为第二趟排序。

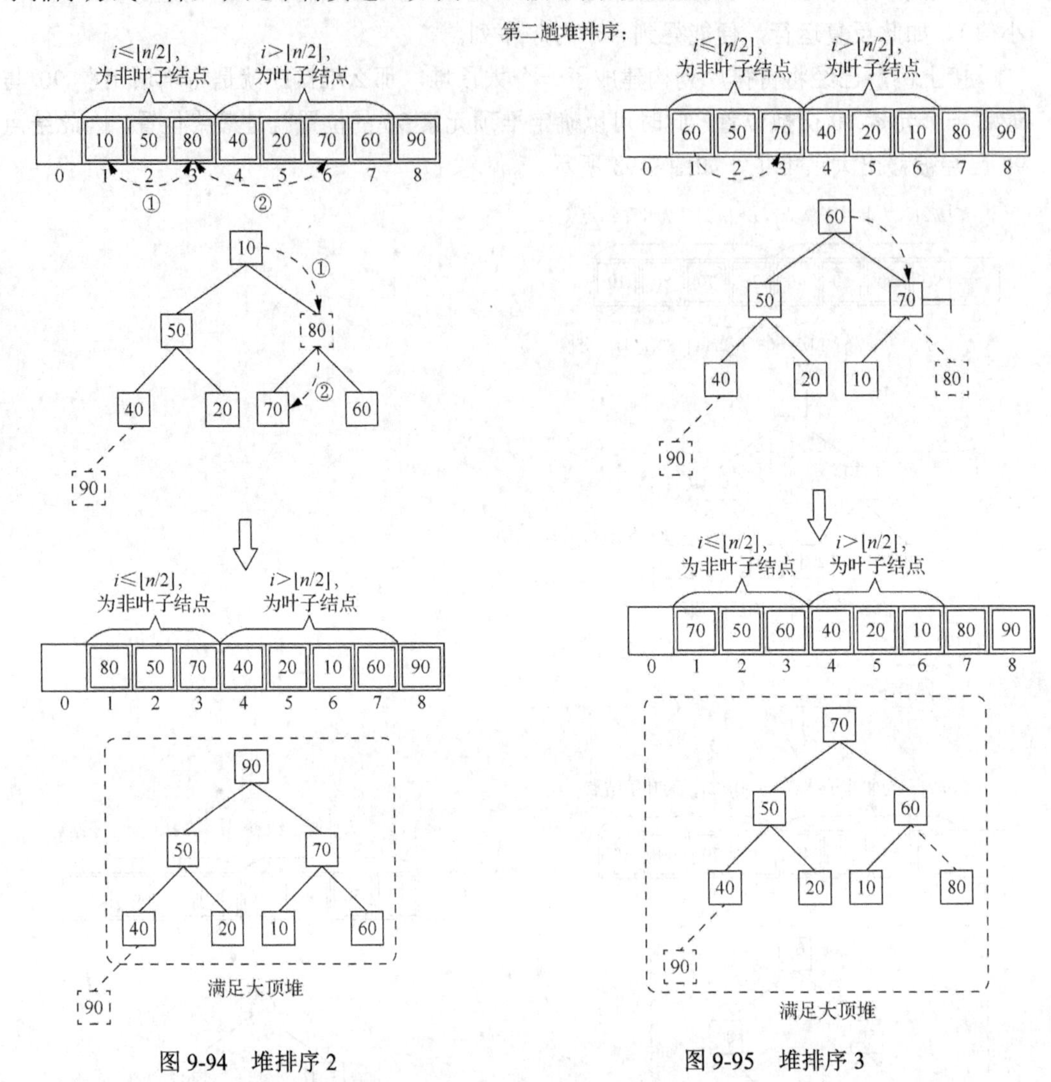

图 9-94　堆排序 2　　　　图 9-95　堆排序 3

接下来为第三趟排序，如图 9-96 所示。

接下来为第四趟排序，如图 9-97 所示。

接下来为第五趟排序，如图 9-98 所示。

接下来为第六趟排序，如图 9-99 所示。

接下来是第七趟排序。第七趟排序后，只剩下一个待排序元素，因此该元素的位置就为最终位置，不需要再处理了。此时，堆排序结束，原始序列变成有序序列，如图 9-100 所示。

第三趟堆排序：

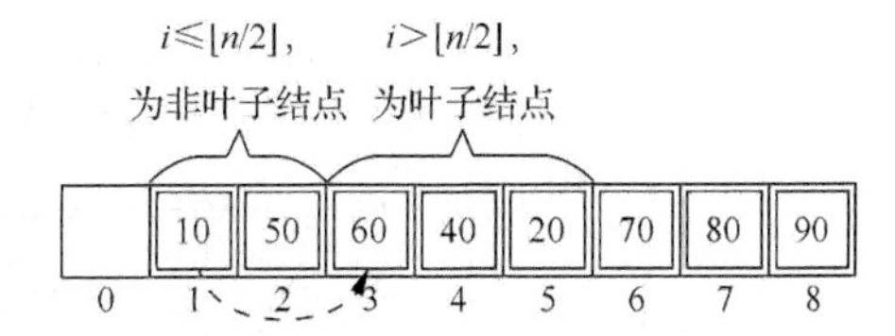

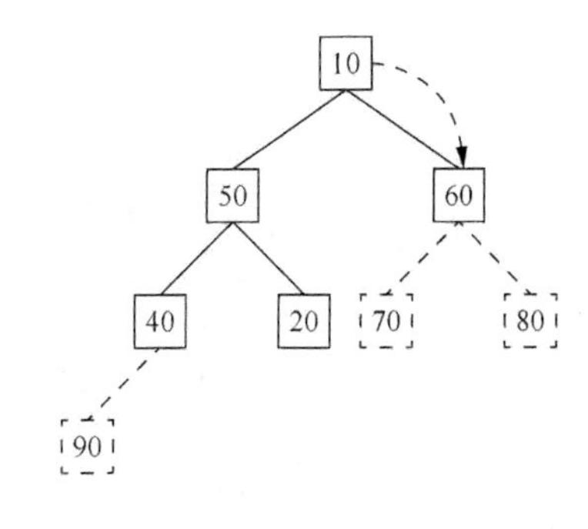

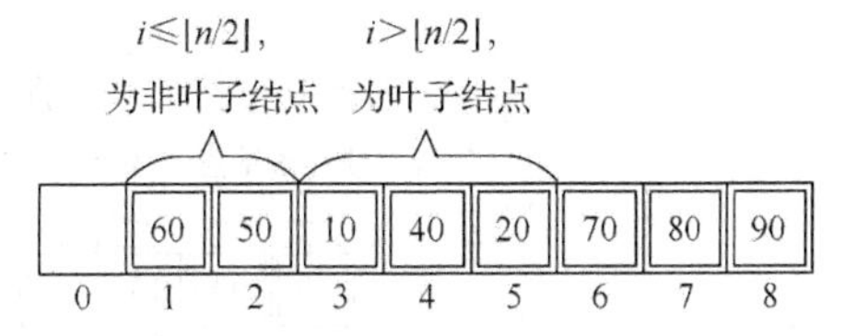

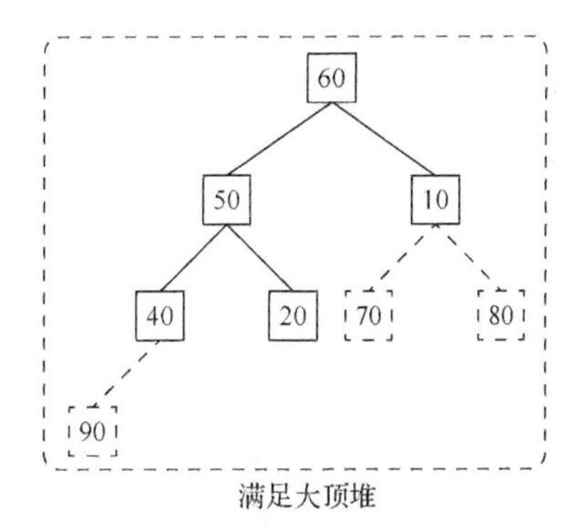

满足大顶堆

图 9-96　堆排序 4

第四趟堆排序：

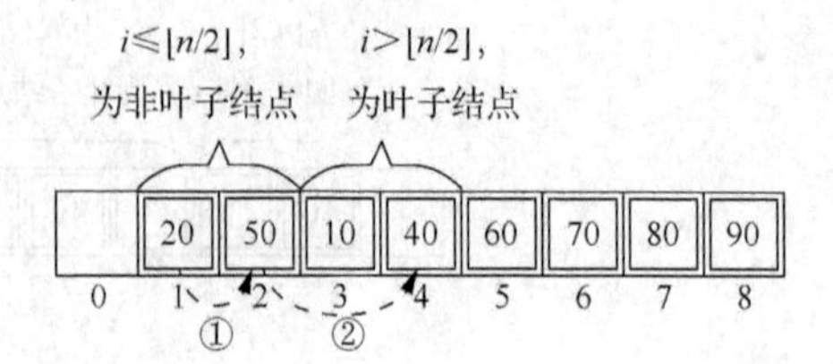

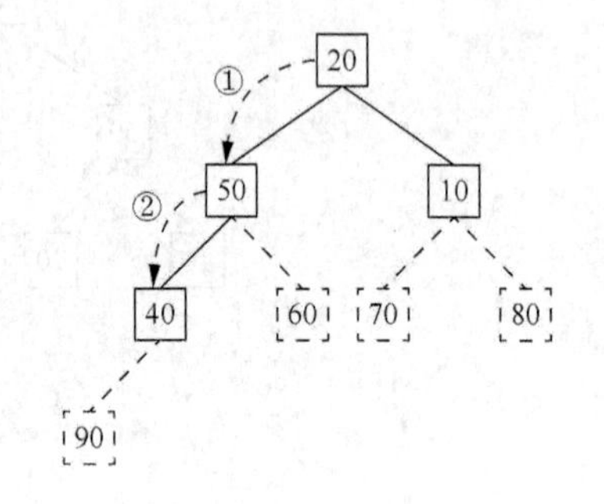

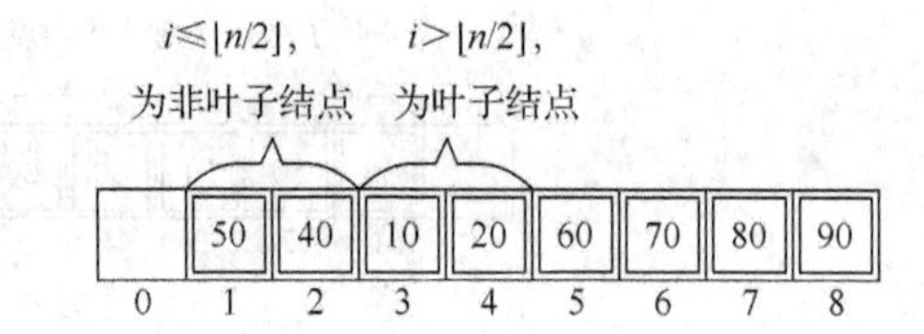

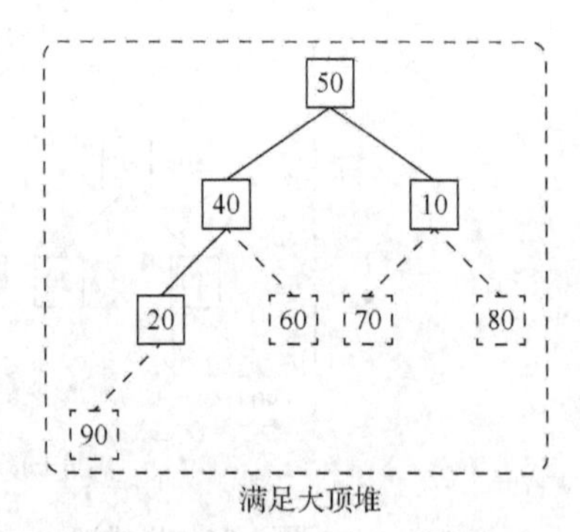

满足大顶堆

图 9-97　堆排序 5

第五趟堆排序：

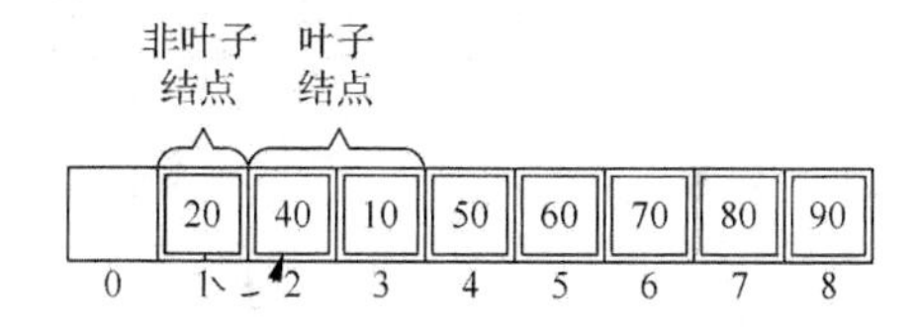

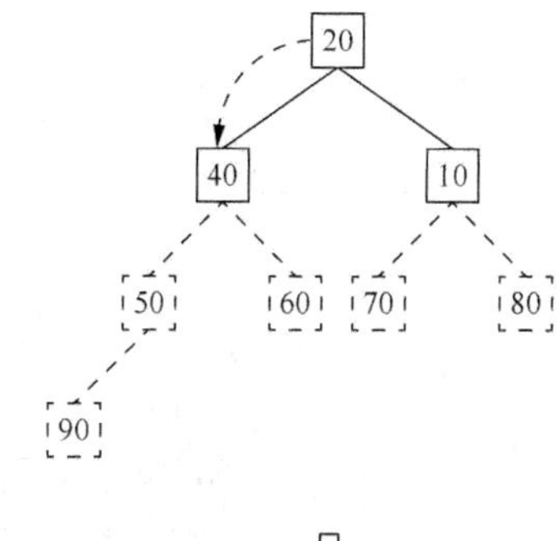

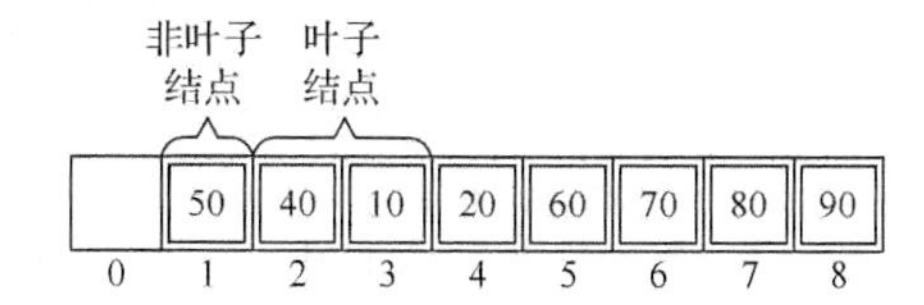

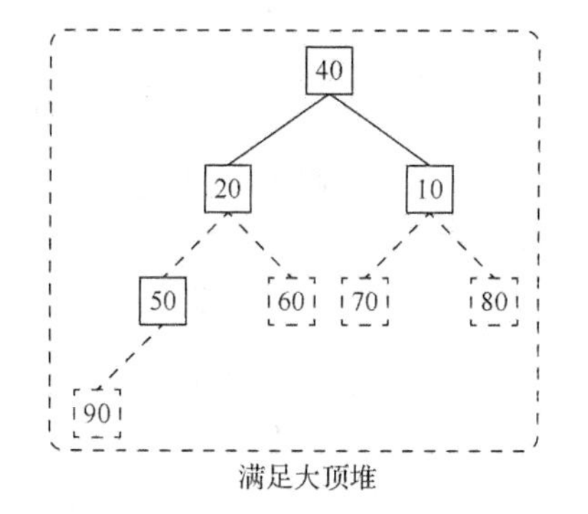

图 9-98　堆排序 6

第六趟堆排序：

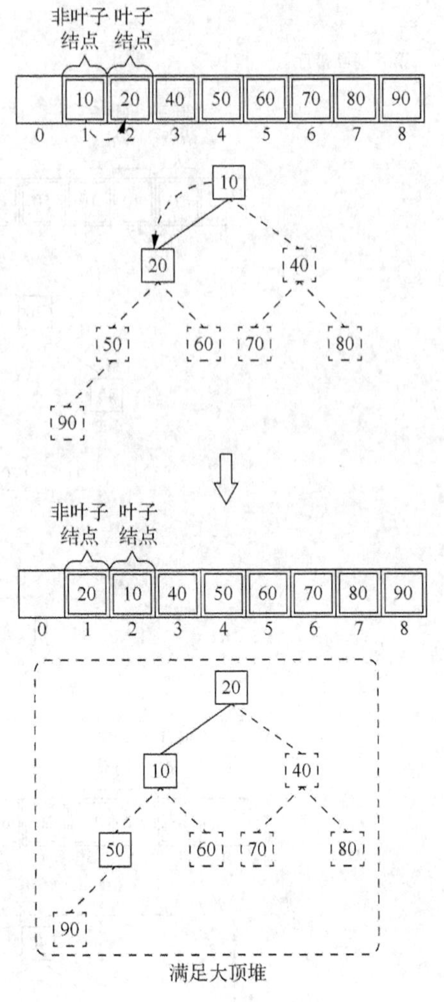

图 9-99　堆排序 7

第七趟堆排序：

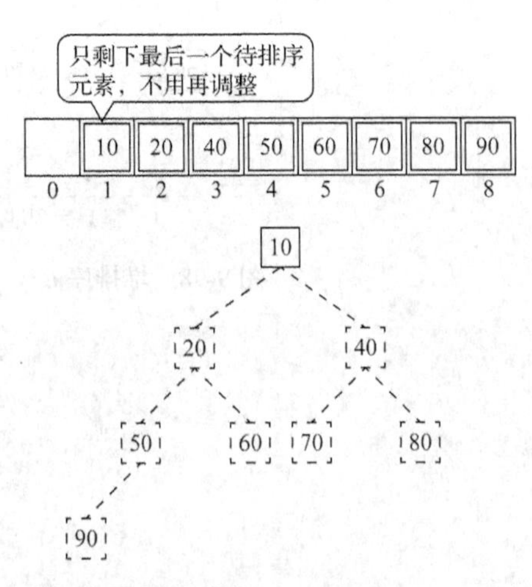

图 9-100　堆排序 8

由此可以得出结论：经过 n-1 趟的基于大顶堆的堆排序后，可以得到一个递增序列；那么相反，如果是基于小顶堆的堆排序，则得到的是一个递减序列。

9.8.2　堆排序代码实现

学习堆排序的代码实现和理解其原理一样，需要先学习构造大顶堆的代码是如何实现的。首先需要在堆排序的函数 HeapSort()中调用构建大顶堆的函数 HeadAdjust()。函数 HeapSort 代码如下：

```
void HeapSort(SqList* L)
{
    int i;
    for (i = L->length / 2; i > 0; i--)
        HeapAdjust(L, i, L->length);
}
```

代码执行第 4 行，进入循环，定义变量 i 从 n/2 的位置依次向前移动处理各个非叶子结点。

代码进入第 5 行，运行构建大顶堆的函数 HeadAdjust()，代码如下：

```
void HeapAdjust(SqList *L,int s,int m)
{
    int temp,j;
    temp=L->r[s];
    for(j=2*s;j<=m;j*=2) // 沿关键字较大的孩子结点向下筛选
    {
        if(j<m && L->r[j]<L->r[j+1])
            ++j; // j 为关键字中较大的记录的下标
        if(temp>=L->r[j])
            break; // rc 应插入在位置 s 上
        L->r[s]=L->r[j];
        s=j;
    }
    L->r[s]=temp; // 插入
}
```

将待排序列、要处理的结点位置下标和待排序列元素个数传入 HeadAdjust()函数中，其中结点位置下标为 s，待排序列个数为 m。

那么，就从最下层的非叶子结点开始调整为大顶堆，如上例中此时传入的参数为 s=4，m=8。

执行 HeadAdjust()函数第 3 行，定义变量 temp 用来作为交换操作的中间元素，变量 j 用来指向处理结点的左右孩子结点。

执行 HeadAdjust()函数第 4 行，将处理元素的关键字赋值到变量 temp 中，由于对每一个结点之前都分析得很清楚了，因此以处理最后一个结点，即下标为 1 的结点为例。此时 s=1，temp=60，如图 9-101 所示。

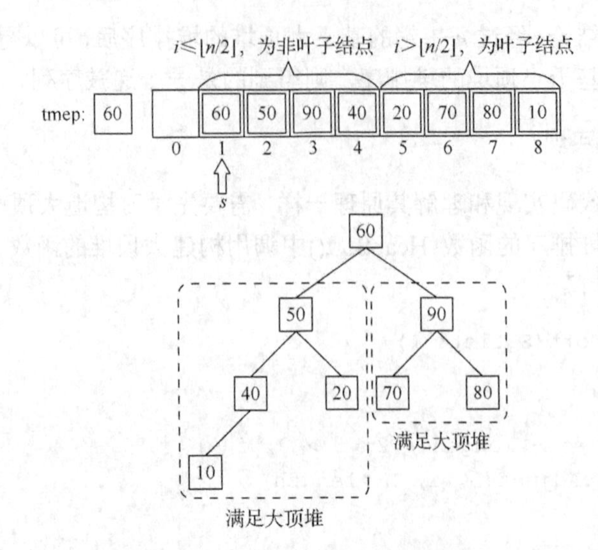

图 9-101　HeadAdjust()代码过程 1

执行代码第 5 行，比较处理结点的左右孩子关键字的大小，使变量 j=2*s=2，即 j 指向下标为 2 的结点，也就是处理结点的左孩子关键字为 50。此时 j=2<m=8，满足循环条件，进入第二层循环，如图 9-102 所示。

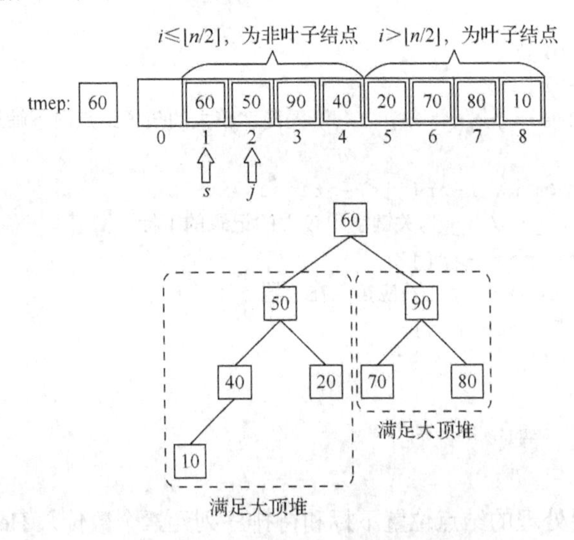

图 9-102　HeadAdjust()代码过程 2

执行代码第 7 行，这个 if 判断是为了判断处理结点的左右孩子哪个更大，从而将变量 j 指向更大的那个结点。此外，在判断条件最前面还需判断 j 是否小于 m。因为只有当 j<m 的时候，才会有 L->r[j+1]，即处理结点才会有右孩子。此例中，j=2<m=8，即处理结点 60 有右孩子，第二个判断条件就是比较两个左右孩子谁更大，L->r[j]=50<L->r[j+1]=90，则满足判断条件，执行语句第 8 行“++j”，即将 j 指向处理结点关键字更大的右孩子，如图 9-103 所示。

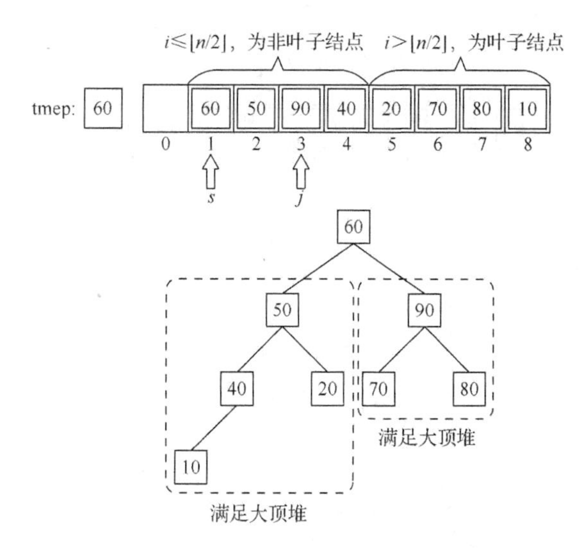

图 9-103 HeadAdjust()代码过程 3

执行代码第 9 行，这一行的目的是判断处理结点关键字是否比 j 指向的左右孩子结点中最大的关键字结点大或相等，如果是，则会执行第 10 行语句 break 跳出循环；反之，会执行 11 行语句，将两个结点交换位置。此例中，temp=60<L->r[j]=90，因此不满足 if 执行条件，不执行第 10 行代码。

执行代码第 11 行，将 j 所指的结点关键字赋值给 s 所指的结点。执行代码第 12 行将 s 指向 j 所指的结点，如图 9-104 所示。

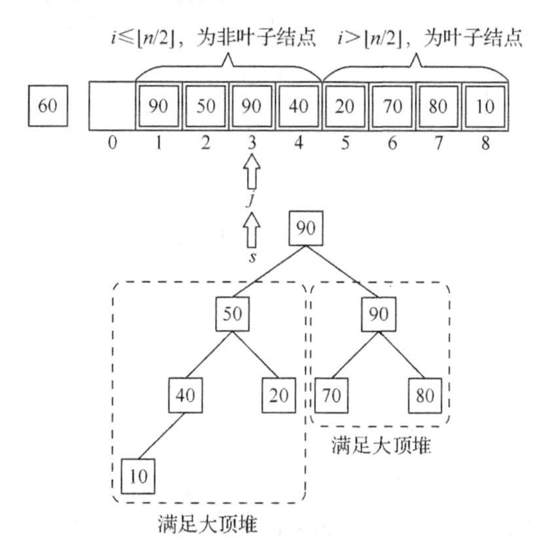

图 9-104 HeadAdjust()代码过程 4

此时第二层的循环还没结束，回到代码第 5 行，将 j 指向现在 s 所指位置结点的左孩子，继续判断，如果将处理结点元素 60 放在现在 s 所指的位置会不会出现不满足大顶堆的情况。此例中，执行语句“j*=2”得 j=6，即 j 现在指向了下标为 3 的结点的左孩子，关键字为 70，如图 9-105 所示。

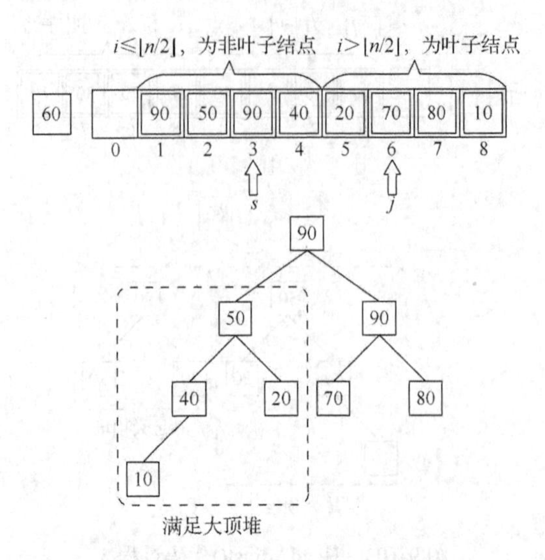

图 9-105　HeadAdjust()代码过程 5

继续执行代码第 7 行，判断左右孩子的大小，此时 L->r[j]=70<L->r[j+1]=80，因此执行代码第 8 行“++j”，即此时 j 指向右孩子，如图 9-106 所示。

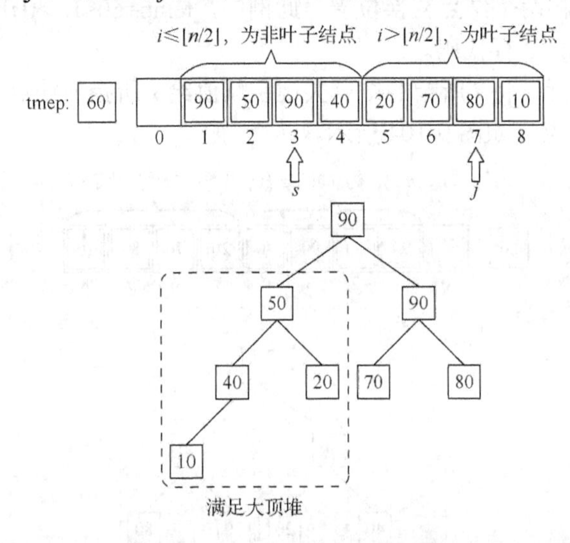

图 9-106　HeadAdjust()代码过程 6

执行代码第 9 行，将 temp 中保存的处理元素关键字 60 与现在 j 所指的结点元素关键字对比，若大于或等于，则运行 break 语句跳出第 2 层循环，若小于，则继续运行函数，执行交换操作。此例，temp=60< L->r[j+1]=80，因此不满足 if 条件，跳过代码第 10 行。

执行代码第 11 行，将 j 所指的结点关键字赋值给 s 所指的结点，执行代码 12 行，将 s 指向 j 所指的位置，如图 9-107 所示。

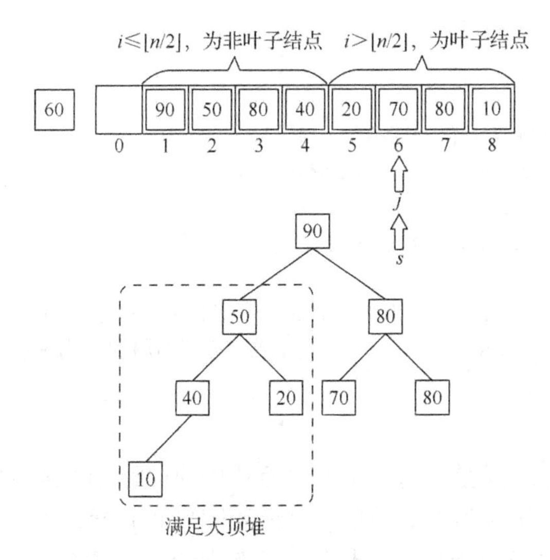

图 9-107　HeadAdjust()代码过程 7

回到代码第 5 行，执行语句“j*=2”，此时 j=14>m=8，因此不满足循环条件，第二层循环结束。

执行代码第 14 行，将 temp 保存的关键字赋值给 s 所指的位置，完成交换，结点 60 完成两次下坠，如图 9-108 所示。

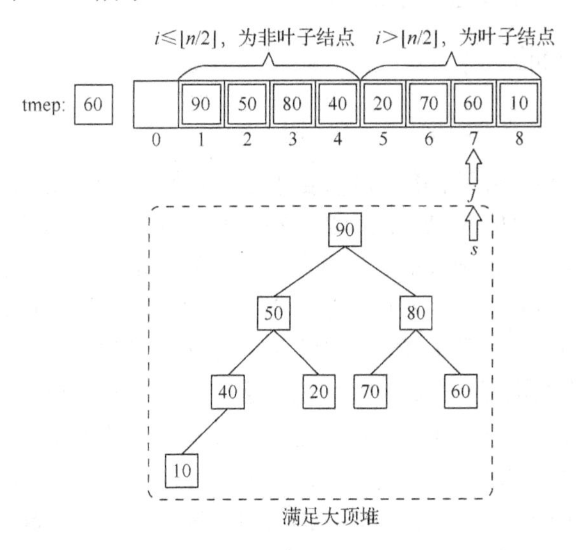

图 9-108　HeadAdjust()代码过程 8

此时 HeadAdjust()函数运行结束，回到调用函数 HeapSort()继续执行第 4 行的第一层循环，此时执行语句“i--”之后得 i=0，因此不满足循环执行条件，因此跳出循环，已经得到了一个完整的大顶堆，构建大顶堆结束。

在理解掌握“构建大顶堆”代码之后，基于大顶堆的排序就十分简单了，只需要在 HeapSort()函数中再添加几句代码即可。

```
void HeapSort(SqList *L)
{
    int i;
    for(i=L->length/2;i>0;i--)
        HeapAdjust(L,i,L->length);

    for(i=L->length;i>1;i--)
    {
        swap(L,1,i); // 将堆顶记录和当前未经排序子序列的最后一个记录交换
        HeapAdjust(L,1,i-1); //通过递归调用的方式调整为大顶堆
    }
}
```

上述代码的第7～11行就是基于大顶堆进行排序的代码，代码第7行 i 的值为L->length，是为了让变量 i 指向待排序列中的最后一个元素即堆底元素，因为每一趟排序都需要将堆顶元素和堆底元素进行交换，每一趟处理之后都会执行语句“i--”。那么代码第9行就是将堆顶和堆底元素进行交换的swap函数，代码第10行则是堆顶堆底交换后调用的重新构建大顶堆的HeadAdjust()函数，这时传入的元素个数为 i-1，因为此时 i 所指的元素已经是最终位置了，因此只需要将 i 之前的元素重新构造成大顶堆即可。经过 n-1 趟排序之后，即可得到一个有序表，此时堆排序结束。由于其排序过程之前讲解过且代码十分容易理解，因此排序过程不再赘述。

9.8.3　堆排序性能分析

1. 时间复杂度

堆排序总共分为两个步骤：第一步需要建立初始的堆，第二步需要根据堆进行排序。由于构建堆时需要调用 HeadAdjust()函数，在进行排序时，依然需要调用 HeadAdjust()函数，因此有必要先研究该函数的时间复杂度。在构建堆时，因为是从最下一层的非叶子结点开始构造的，将它与其左右孩子进行对比，每下坠一层，则最多只需要对比2次关键字，一个根结点最多下坠 h-1 层，因此整个堆的构造时间复杂度为 $O(n)$。

排序过程中，需要进行 n-1 趟，每一趟都会将堆底元素交换到堆顶，之后在重新构建堆时，堆顶元素又会继续下坠，之前说过根结点最多下坠 h-1 层，每下坠一层最多对比两次关键字，因此每一趟排序时间复杂度不超过 $O(h)$，完全二叉树的树高 $h=\lfloor\log_2 n\rfloor+1$，则每一趟排序最多不会超过 $O(\log_2 n)$，又因为总共需要进行 n-1 趟排序，所以总的时间复杂度为 $O(n\log_2 n)$，注意：在计算时间复杂度时，只保留最大项。

因此一个完成的堆排序，需要 $O(n)$ 的时间来构建堆，需要 $O(n\log_2 n)$ 的时间来进行排序，所以堆排序的时间复杂度为 $O(n)+O(n\log_2 n)=O(n\log_2 n)$。

2. 空间复杂度

仅使用常数个辅助单元，所以空间复杂度为 $O(1)$。

3. 稳定性

在筛选元素时，由于会直接将堆顶和堆底元素进行交换，因此有可能会破坏两个相同元素的相对位置，因此堆排序是一个不稳定的排序算法。

9.9 归并排序

9.9.1 归并排序原理

归并排序与上述基于交换、选择等排序的思想不一样，归并的意思是把两个或多个已经有序的序列合并成一个。

现在需要把如图 9-109 所示的两个有序序列进行归并。首先需要一个更大的数组才能把所有的元素放在一起。接下来再设置三个指针 i、j、k 分别指向三个数组中的第一个位置，对比 i、j 所指元素，选择更小对的一个放入 k 所指的位置。

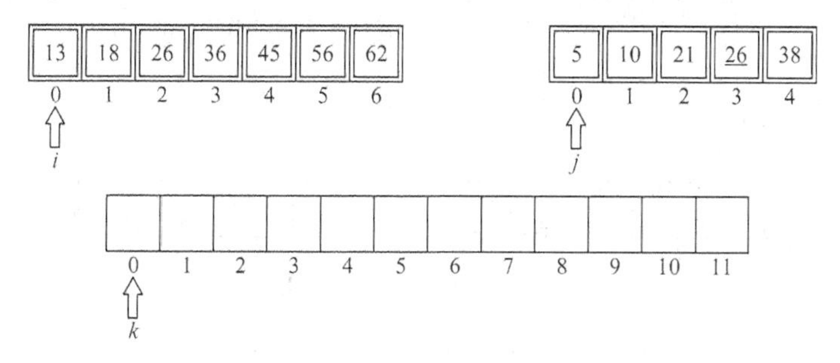

图 9-109　归并过程 1

此时，i 所指的元素关键字为 13，j 所指的元素关键字为 5，所以将关键字 5 放入 k 所指的位置，并且 j++和 k++，即 j 往后移动一位，继续和 i 所指的元素比较，继续将较小的元素放入 k 所指的位置，如图 9-110 所示。

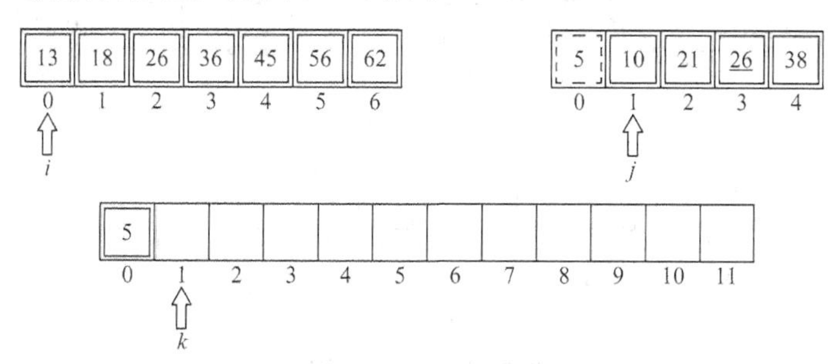

图 9-110　归并过程 2

此时，i 所指为 13，j 所指为 10，因此继续将 j 所指的 10 放入 k 所指的位置，j++，k++，如图 9-111 所示。

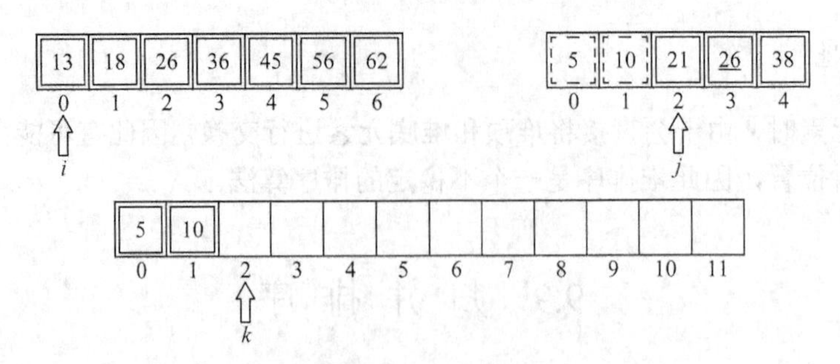

图 9-111　归并过程 3

之后的步骤以此类推，在此不再赘述，详情如图 9-112 所示。

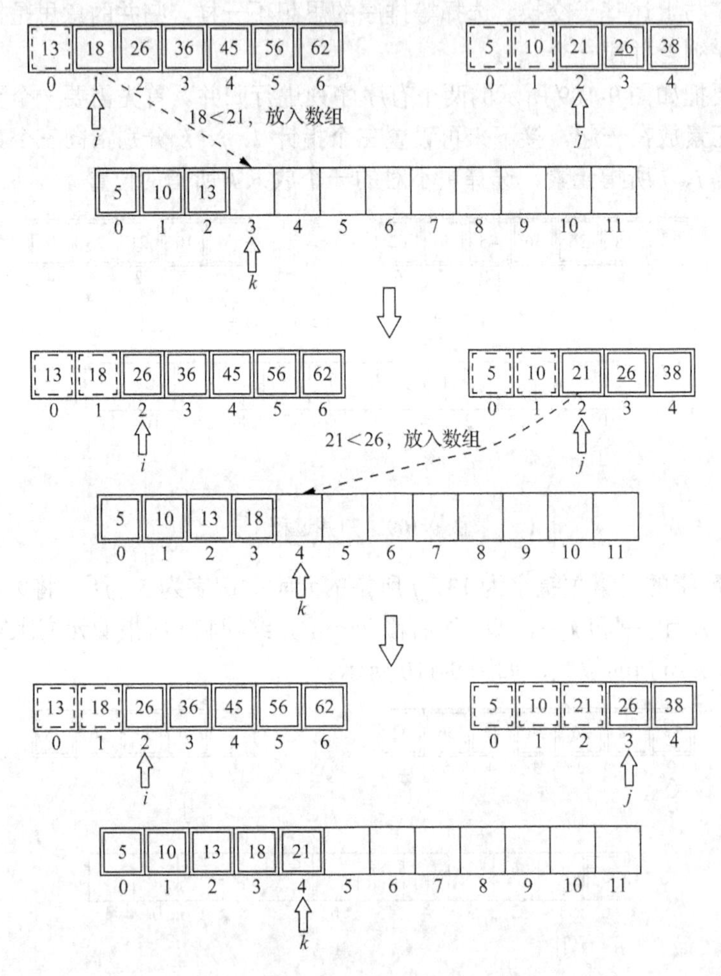

图 9-112　归并过程 4

此时 i 和 j 所指的元素都是 26，在代码实现过程中可以让 i 所指的 26 放入数组，也可以让 j 所指的 26 放入数组，一般实现都是将 i 所指的 26 先放入数组，以维持相对位置，后续操作如图 9-113 所示。

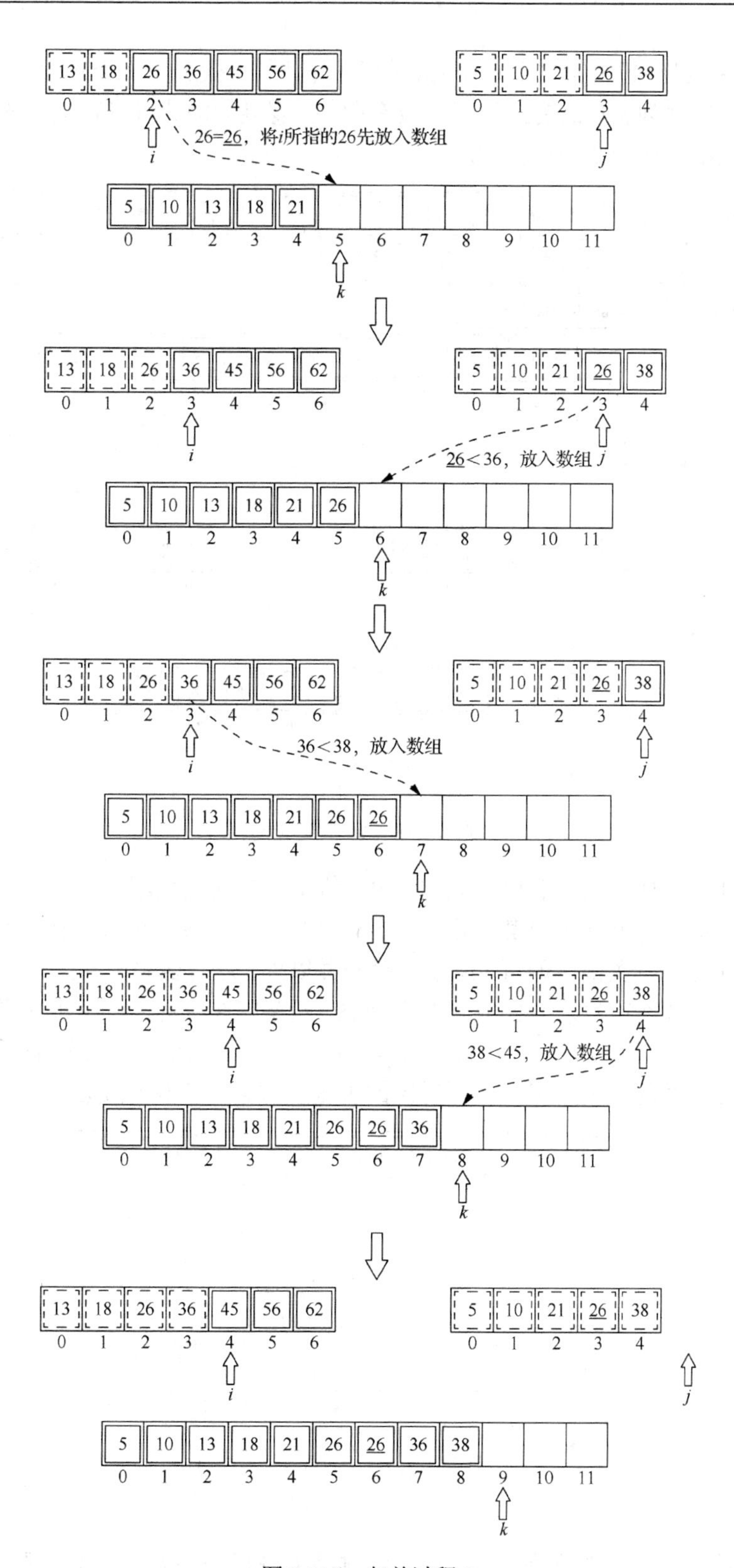

图 9-113 归并过程 5

此过程中 j 已经超出第二个有序列表的下标范围了，代表第二个序列已经归并完毕，但是在第一个有序列表里还有三个元素没有归并入数组，因此可以直接将该表中剩余的元素加入数组中，如图 9-114 所示。

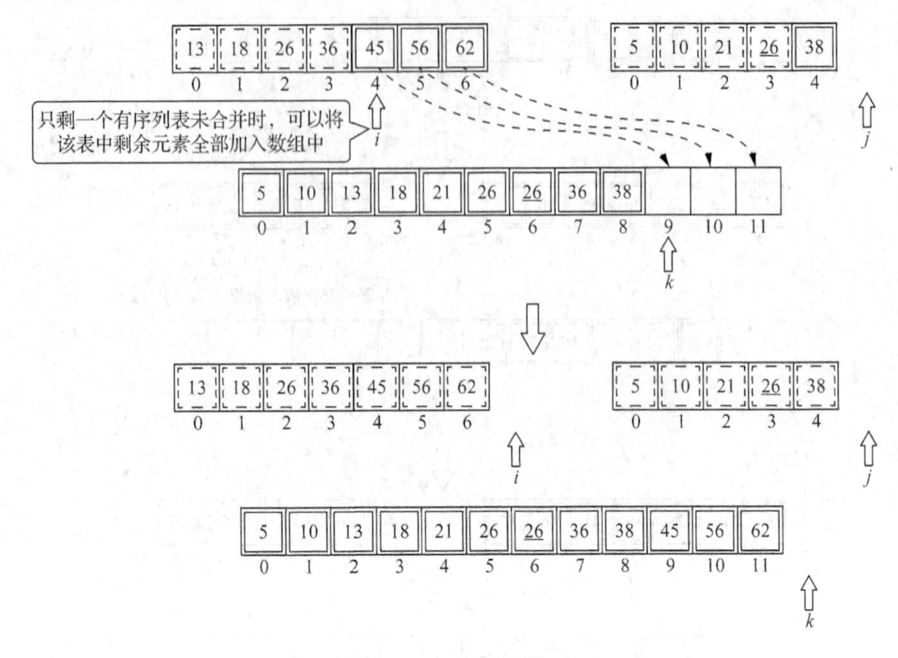

图 9-114　归并过程 6

到此为止就完成了两个有序序列的归并，值得一提的是刚刚所进行的归并又称为二路归并，指的是将两个有序列表合并成一个有序列表，二路归并每选出一个小元素放入数组只需要对比一次关键字即可。除了二路归并以外，还有四路归并，如图 9-115 所示，四路归并就是将 4 个有序表合并成一个有序表，四路归并每选出一个小元素放入数组需要对比关键字三次，由此可以得出结论：m 路归并，每选出一个元素需要对比关键字 $m-1$ 次，因此归并的路数越多，需要对比的关键字次数也会相应变多。

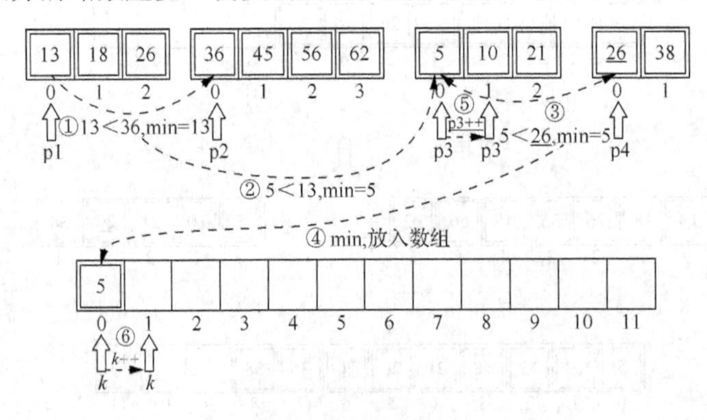

图 9-115　四路归并

在内部排序中的归并排序，是使用二路排序来进行排序的，刚开始排序的时候会将每一个元素都看成一个独立的部分，由于每一个部分都只有一个元素，因此每一个部分开始都是有序的，如图 9-116 所示。

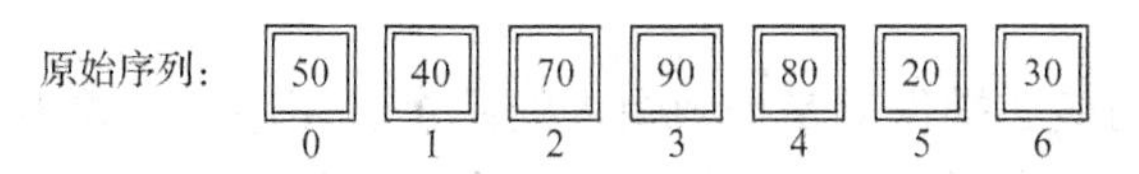

图 9-116　归并排序 1

此后会将相邻的两个元素分别进行二路归并，比如说下标 0 和 1 的两个元素就可以归并成一个有序表，下标 2 和 3 的元素、4 和 5 的元素分别进行归并，接下来的下标为 6 的元素被单出来了，所以什么也不用做，这样的过程称为一趟归并排序，如图 9-117 所示。

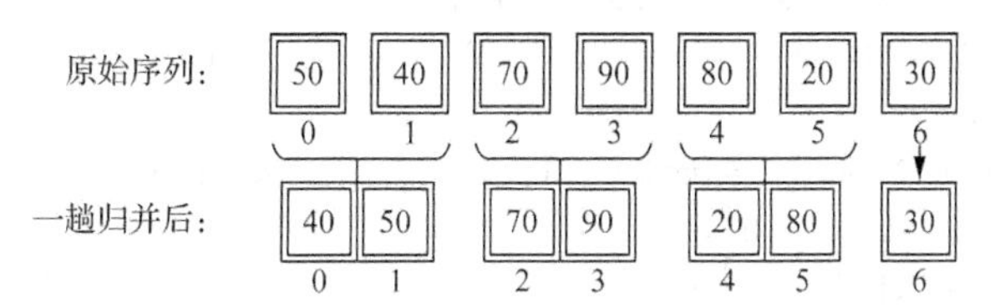

图 9-117　归并排序 2

第二趟的归并排序会基于第一趟归并排序后的结果，继续两两归并，如图 9-118 所示。

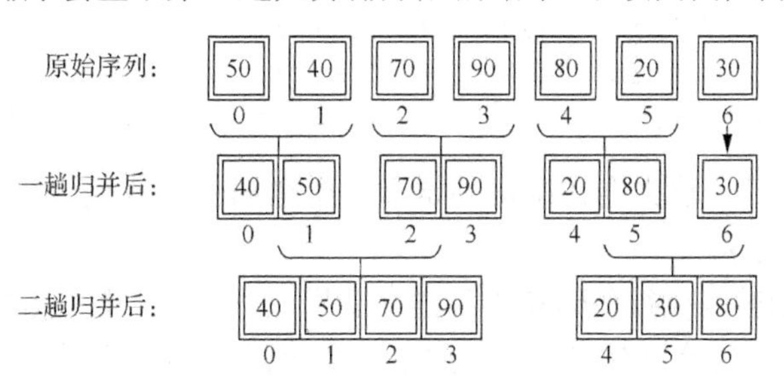

图 9-118　归并排序 3

上述过程后只剩下两个有序序列，因此最后一趟排序只需要将两个有序序列合并到一起即可，如图 9-119 所示。

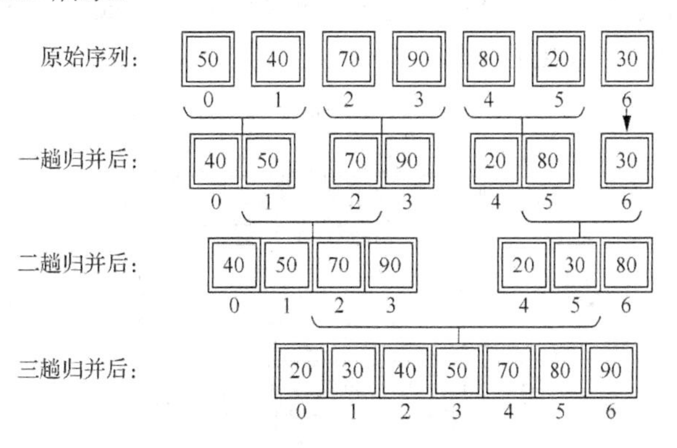

图 9-119　归并排序 4

此时得到一个有序的序列，归并排序结束。

9.9.2 归并排序代码实现

归并排序需要的核心操作就是把数组内的两个有序序列归并为一个，因此需要先知道该操作的代码是如何实现的，将该操作的函数定义为 Merge()，代码如下：

```
//辅助数组 B
int* B = (int * )malloc(n * sizeof(int));
//A[low...mid]和 A[mid+1...high]各自有序，将两个部分归并
void Merge(int A[], int low, int mid, int high) {
    int i, j, k;
    for (k = low; k <= high; k++) {
        B[k] = A[k];
    }
    for (i = low, j = mid + 1, k = i; i <= mid && j <= high; k++) {
        if (B[i] <= B[j])
            A[k] = B[i++];
        else
            A[k] = B[j++];
    }
    while (i <= mid) A[k++] = B[i++];
    while (j <= high)A[k++] = B[j++];
}
```

执行代码第 1 行，首先会在函数外定义一个全局变量数组 B，数组 B 的大小和 A 数组的大小一致都为 *n*。

执行 Merge()函数，执行代码第 5 行定义变量 *i*、*j*、*k*，*i* 用来指向第一个有序序列的第一个元素，*j* 用来指向第二个有序序列的第一个元素，*k* 用来帮助将 A 数组赋值到 B 中。

此后执行代码第 6~8 行，用变量 *k* 指向数组 A 和 B，将数组 A 的元素复制到数组 B 中，例如现有原始序列 A{15、25、40、50、20、25、30}，其中下标 0～3 为有序子序列，下标 4～6 位有序子序列，用 low 指向第一个元素，用 mid 指向第一个有序序列的最后一个元素，用 high 指向最后一个元素，这样就可以用 low、mid、high 区分出要归并的两个子序列的范围，如图 9-120 所示。

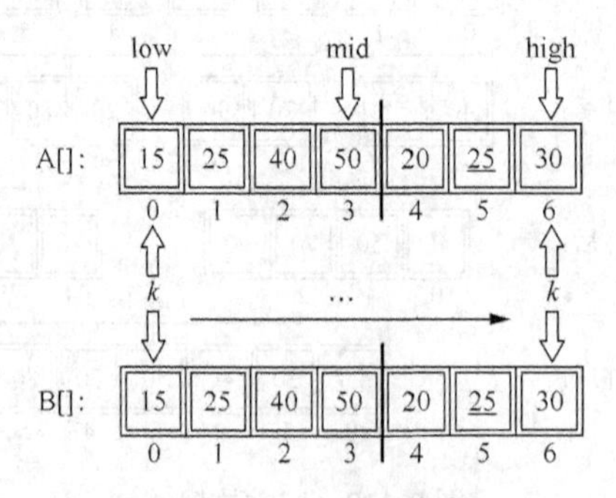

图 9-120　Merge()函数运行 1

最后指向代码第 9 行，进入循环，此时，i=0，j=mid+1=4，k=0，即将变量 i 指向第一个有序序列的第一个位置，j 指向第二个有序序列的第一个位置，k 指向即将要放入元素的位置，如图 9-121 所示。

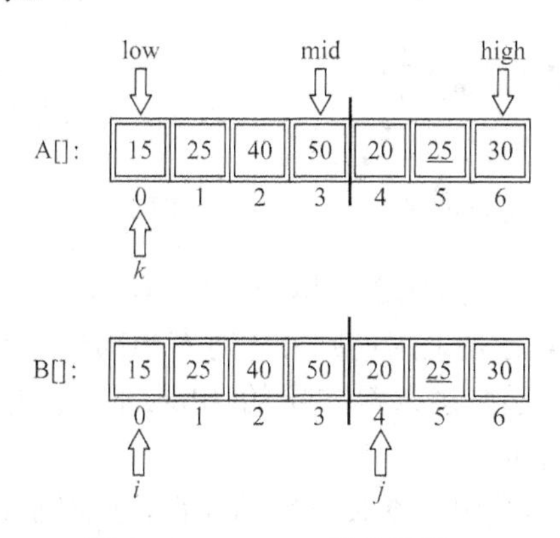

图 9-121 Merge()函数运行 2

每一轮的 for 循环会执行第 10～14 行，对比 i 所指的元素关键字是否小于等于 j 所指的元素，如果满足这个判断条件，那么就会运行代码第 11 行，将 i 所指的元素赋值到 A 数组中 k 所指的位置，并且执行语句“i++”，即 i 指向下一个元素。否则，会运行代码第 13 行，将 j 所指的元素赋值到 A 数组中 k 所指的位置，并且执行语句“j++”，即 j 指向下一个元素。此例中，i=0，指向元素 15；j=4，指向元素 20，因此 B[i]=15<B[j]=20，所以运行代码第 11 行将 B[i]赋值给 A[k]，即 A 数组中第一个位置，此时第一轮循环结束。

此后的每轮循环和第一轮循环类似，因此不再赘述，值得注意的是，当 j=7 时，不满足循环条件，此时会跳出循环，运行代码 15 和 16 行，分别依次检查两个有序序列，如果有序序列没有归并完，则会执行 A[k++]=B[i++]或 A[k++]=B[j++]，将剩下的元素直接赋值到 A 数组中。

此时就完成了两个有序子序列的归并操作。

接下来再来看归并排序的调用函数 MergeSort()，代码如下：

```
void MergeSort(int A[], int low, int high)
{
    if (low < high)
        int mid = (low + high) / 2;     //从中间划分
        MergeSort(A, low, mid);         //对左半部分采用递归方式进行归并排序
        MergeSort(A, mid+1, high);      //对右半部分采用递归方式进行归并排序
        Merge(A, low, mid, high);       //归并
}
```

如图 9-122 所示，是 MergeSort()函数的运行过程，例如现有原始序列数组 A{50,40,70,90,80,20,30}，首先用变量 low 指向该序列的第一个位置，high 指向最后一个位置。

执行代码第 3 行，此时 low=0<high=6，满足 if 条件，故执行 if 语句。

执行代码第 4 行，定义一个变量 mid 指向数组 A 的中间位置，此时 mid=(0+6)/2=3，如图 9-123 所示。

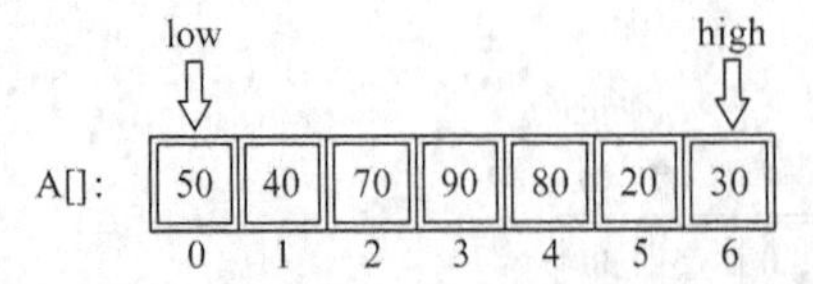

图 9-122　MergeSort()函数运行过程 1

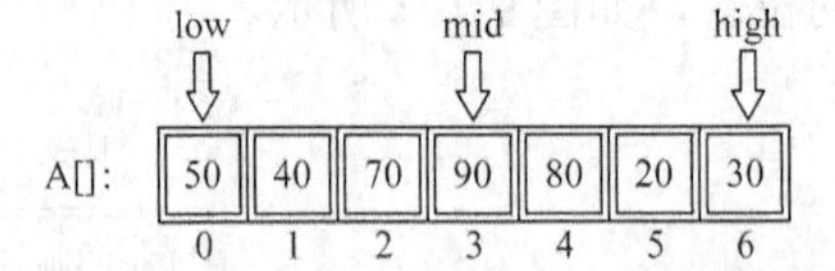

图 9-123　MergeSort()函数运行过程 2

第 5、6 行就是本代码的难点所在，运用到递归，其中第 5 行是采用递归方式对左半部分进行归并排序，第 6 行是采用递归方式对右半部分进行归并排序。

代码执行到第 5 行，递归进入第二层的 MergeSort()函数，此时传入的 low=0，high=mid=3，如图 9-124 所示。

第二层的 MergeSort()函数中，继续执行第 3 行，此时仍然满足 if 执行条件。

执行代码第 4 行，用变量 mid 继续将左半部分拆分成两部分，此时 mid=1，如图 9-125 所示。

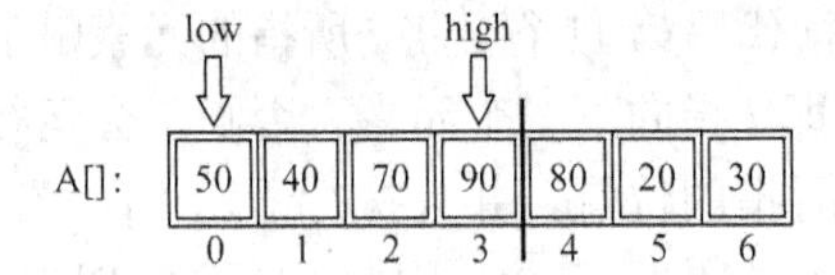

图 9-124　MergeSort()函数运行过程 3

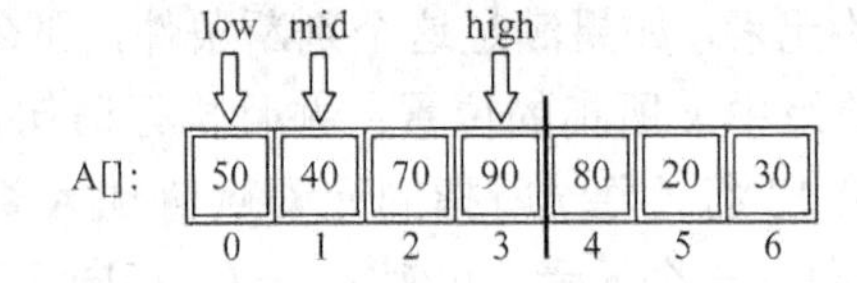

图 9-125　MergeSort()函数运行过程 4

执行代码第 5 行，递归进入第三层 MergeSort()函数，此时传入的 low=0，high=mid=1，如图 9-126 所示。

在第三层的 MergeSort()函数中，继续执行代码第 3 行，此时仍然满足 if 执行条件。

执行代码第 4 行，用变量 mid 继续将左半部分拆分成两部分，此时 mid=0，如图 9-127 所示。

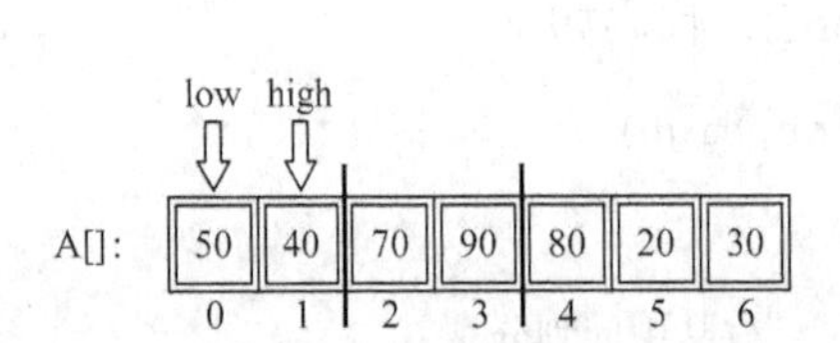

图 9-126　MergeSort()函数运行过程 5

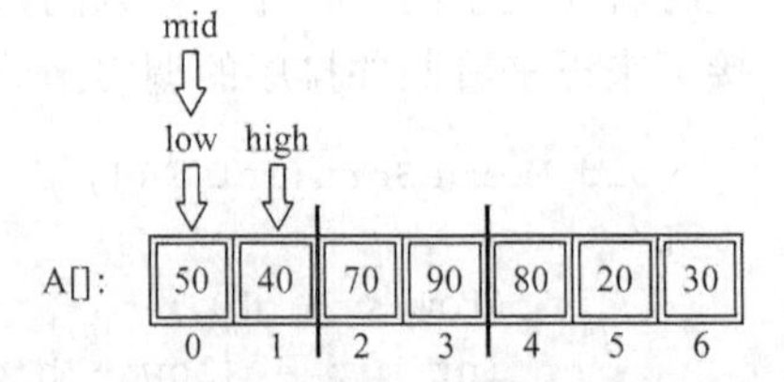

图 9-127　MergeSort()函数运行过程 6

执行代码第 5 行，递归进入第四层 MergeSort()函数，由于此时传入的 low=0，high=mid=0，因此，在第四层的 MergeSort()函数中，不满足 if 执行条件，所以第四层 MergeSort()函数什么也不会做，退回到第三层 MergeSort()函数。

执行代码第 6 行，递归进入第四层 MergeSort()函数，由于此时传入的 low=mid+1=1，high=1，因此，在第四层的 MergeSort()函数中，也不满足 if 执行条件，所以第四层 MergeSort()函数什么也不会做，退回到第三层 MergeSort()函数。

执行代码第 7 行，则是调用 Merge()函数，将下标为 0 和 1 的两个元素进行归并，Merge()函数的运行步骤之前已经讲解过，在此不再赘述，归并结果如图 9-128 所示，此时第三层循环运行结束，回到第二层循环。

在第二层循环中，执行第 7 行语句，进入第三层循环，此时 mid=1，high=3，因此传入的 low=mid+1=2，high=3，如图 9-129 所示。

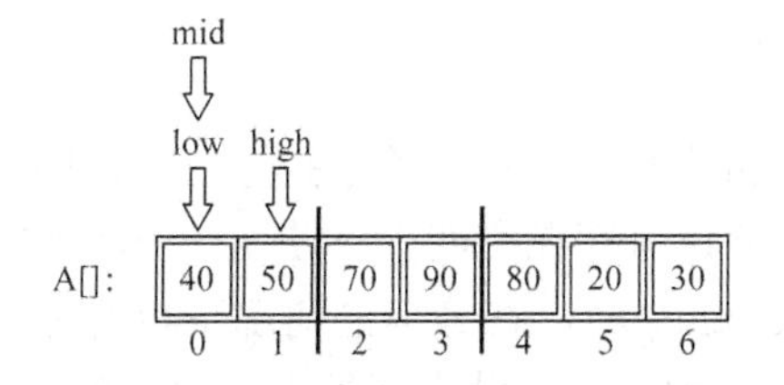

图 9-128　MergeSort()函数运行过程 7

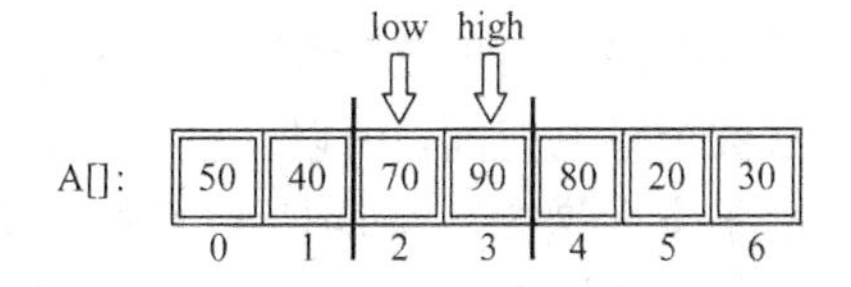

图 9-129　MergeSort()函数运行过程 8

此后的过程和之前处理的一样，在第 5、6 行时都会进行递归调用，这里不再赘述。

9.9.3　归并排序性能分析

1. 时间复杂度

二路归并的形状就是一棵倒立的二叉树，因此可以利用二叉树的性质来分析其算法效率。由于二叉树的第 h 层最多有 2^{h-1} 个结点，若树高为 h，则应该满足 $n<2^{h-1}$，解不等式为 $h-1=\lceil \log_2 n \rceil$，而 $h-1$ 为归并排序所需要进行的趟数，因此可以得出结论：n 个元素进行二路归并排序，归并趟数为$\lceil \log_2 n \rceil$，又由于每趟归并排序的时间复杂度为 $O(n)$，则归并排序总的算法时间复杂度为 $O(n\log_2 n)$。

2. 空间复杂度

归并排序的空间复杂度主要来自辅助数组 B，由于数组 B 与用来存放原始序列的数组 A[]是相同的大小，因此归并的空间复杂度为 $O(n)$。

3. 稳定性

由于 Merge()函数不会改变两个相等元素的相对位置，因此归并排序是一个稳定的算法。

9.10　排 序 总 结

9.10.1　时间复杂度

从时间复杂度的角度来考虑，冒泡排序、简单选择排序、直接插入排序和折半插入排序在平均情况下时间复杂度为 $O(n^2)$，且容易实现。但是冒泡排序和直接插入排序可以根据原始序列的初始状态达到最好情况 $O(n)$，而折半插入排序在最好的情况下更是能

达到 $O(n\log_2 n)$。希尔排序作为直接插入排序的改进算法，对较大规模的排序也可以达到很高的效率。堆排序借用堆的数据结构，能够在线性的时间内完成构建堆的操作，且能在 $O(n\log_2 n)$ 的时间内完成排序。快速排序和归并排序都是基于分治的思想，不同的是快速排序依赖于原始序列的初始状态，最坏会达到 $O(n^2)$，而归并排序分割子序列与原始序列的初始状态无关，因此归并排序的最好、最坏、平均时间复杂度都为 $O(n\log_2 n)$。

9.10.2　空间复杂度

冒泡排序、简单选择排序、直接插入排序、折半插入排序、希尔排序、堆排序都仅需要常数个辅助空间，所以空间复杂度为 O(1)。快速排序在空间上只使用一个小的辅助栈，用于实现递归，平均情况下空间复杂度为 $O(n\log_2 n)$，在最坏的情况下也可能增长到 $O(n)$。归并排序则在进行归并的操作中需要借用大量的辅助空间用于复制元素，空间复杂度为 $O(n)$。

9.10.3　稳定性

冒泡排序、直接插入排序、折半插入排序和归并排序都是稳定的排序，简单选择排序、希尔排序、堆排序和快速排序都是不稳定的排序。值得注意的是排序算法的稳定与否，并不是衡量一个算法好坏的指标，排序算法的稳定性仅作为该算法的一个特性存在，在实际应用中，根据该应用是否非常在乎排序稳定性来选择合适的排序算法即可。

表 9-1 中列出了八种算法的各项指标进行对比。

表 9-1　算法比较表

排序方法	平均情况	最好情况	最坏情况	辅助空间	稳定性
冒泡排序	$O(n^2)$	$O(n)$	$O(n^2)$	O(1)	稳定
简单选择排序	$O(n^2)$	$O(n^2)$	$O(n^2)$	O(1)	不稳定
直接插入排序	$O(n^2)$	$O(n)$	$O(n^2)$	O(1)	稳定
折半插入排序	$O(n^2)$	$O(n\log_2 n)$	$O(n^2)$	O(1)	稳定
希尔排序	$O(n\log_2 n)$ ~$O(n^2)$	$O(n^{1.3})$	$O(n^2)$	O(1)	不稳定
堆排序	$O(n\log_2 n)$	$O(n\log_2 n)$	$O(n\log_2 n)$	O(1)	不稳定
归并排序	$O(n\log_2 n)$	$O(n\log_2 n)$	$O(n\log_2 n)$	$O(n)$	稳定
快速排序	$O(n\log_2 n)$	$O(n\log_2 n)$	$O(n^2)$	$O(\log_2 n)$ ~$O(n)$	不稳定

9.10.4　排序算法的应用

根据不同的情况可以选择不同的排序算法，也可以将各个排序算法结合起来达到最好的效率。以下根据各个算法的适用性提出几点意见：

（1）若待排序列的元素总数 n 较小，则可使用直接插入排序和简单选择排序。由于直接插入排序所需记录移动次数比简单选择排序多，因此，当记录本身信息量较大时，应该选择简单选择排序。

（2）若待排序列初始状态已基本有序，则选用直接插入排序或冒泡排序。

（3）若待排序列的元素总数 n 较大时，则应该使用时间复杂度为 $O(n\log_2 n)$ 的算法：堆排序、归并排序和快速排序。快速排序是目前认为基于比较的内部排序中最好的算法，当待排序列为关键字随机分布时，快速排序的平均时间最短。堆排序所用辅助空间要少于快速排序且不会出现快速排序可能出现的最坏情况。但是这两种算法都是不稳定的，如果需要用到稳定的算法，则可以选择归并排序。在实际的使用中，并不提倡从单个记录开始进行两两归并，而是可以结合直接插入排序求得较长的有序子序列再进行两两归并，由于两个算法都是稳定的，因此改进后的算法也是稳定的。

（4）记录本身的信息量较大时，为避免耗费大量时间移动记录，可采用链式存储结构来存储待排序列。

课后习题

一、填空题

1．排序算法根据排序过程中待排记录是否全部被放置在内存中，分为________和________。

2．就平均性能而言，目前最好的内部排序方法是________。

3．辅助空间为 $O(n)$ 的排序算法为________。

4．有一组关键字{35，60，54，36，40，69}利用快速排序，以第一个关键字为基准得到的一次划分结果为________。

5．直接插入排序在最好的情况下的时间复杂度为________。

6．简单选择排序中，比较次数满足________，交换次数满足________。

7．归并排序中，归并的趟数为________。

二、简答题

1．指出堆和二叉排序树的区别。

2．给出一组关键字：{17，8，20，22，25，2，23，1}，分别写出按下列各种排序算法进行排序时的变化过程。

（1）归并排序，每归并一次书写一个次序。

（2）快速排序，每划分一次书写一个次序。

（3）堆排序，先建成一个堆（写出一个序列），然后每从堆顶取下一个关键字后，将调整一次（每次都写出一个序列），直到排序完成。

3．设有已知关键字序列为{25，40，12，31，44，10，49，15，25，19}，设增量序列为{4，2，1}，请画出希尔排序（递增排序）过程的分析图。

4．写出将数据序列{16，1，15，29，21，14，19}建成大根堆时的数据序列变化过程。

三、编程题

1．荷兰国旗问题：设有一个仅由红、白、蓝三种颜色的条块组成的条块序列，请编写一个时间复杂度为O(n)的算法，使得这些条块按红、白、蓝的顺序排好，即排成荷兰国旗图案。

2．请设计一个双向冒泡排序算法，在正反两个方向交替进行扫描。

3．已知线性表按顺序存储，且每个元素都是不相同的整数类型元素，请设计一个算法，要求时间最少，辅助空间最少，把所有的奇数移动到所有的偶数前边。

4．请设计一个算法，判断一个数据序列是否构成一个大根堆。

第10章　查　　找

查找在生活中无处不在，例如，我们购物时要在电子商务网站上查找各式各样的商品信息，旅行时要查找合适的航班机次，这些需要被查找的数据所在的集合都被称为查找表。

10.1　查找的基本概念

10.1.1　定义

查找：在数据集合中寻找满足某种条件的数据元素的过程称为查找。查找的结果一般分为两种：一是查找成功，即在数据集合中找到了满足条件的数据元素；二是查找失败。在学习查找时，会针对这两种结果分别进行效率的评估。

关键字：数据元素中唯一标识该元素的某个数据项的值，使用基于关键字的查找，查找结果应该是唯一的。如表10-1所示的学生成绩信息表中，每个学生的学号为关键字。

查找表：在上述查找的描述中，用于查找的数据集合就是查找表，它由同一类型的数据元素（或记录）组成。表10-1就是一个查找表。

表10-1　学生成绩信息表

学号	姓名	语文	数学	英语
2021001	刘一	98	98	54
2021002	陈二	68	98	75
2021003	张三	95	100	97
2021004	李四	68	66	78

10.1.2　查找表的分类

对查找表进行的操作通常有四种：

（1）根据某个给定值，在查找表中确定一个其关键字等于给定值的数据元素（或记录），即查找基本操作；

（2）查询某个特定的数据元素和各种属性；

（3）在查找表中插入数据元素；

（4）在查找表中删除数据元素。

为满足上述四种操作方式的需求，将查找表的类型区分为静态查找表和动态查找表。

静态查找表：只做查询操作的查找表，即只须满足上述操作中（1）和（2）的需求，而无须动态地修改查找表中数据元素的查找表。

在现实中静态查找表往往不能满足需求，例如，在某些网站或者论坛注册账号时，经常会出现“用户名已经被占用”的提示。其实执行注册操作，就是在该网站的用户信息表收录注册者的账号信息，显然收录时就需要查找这个用户名是否存在，如果存在的话应该添加失败并且返回提示，如果不存在则也要查找应该收录的位置。另外，如果网站管理员需要对该网站上亿的注册用户进行清理工作，注销一些非法账号，就应该先查找到这些非法用户，再对它们进行删除，而在删除这些账号的同时，整个表的结构相应地也会发生变化。因此，对于这样的操作，就需要动态查找表。

动态查找表：在查找过程中同时插入查找表中不存在的数据元素，或者删除已经存在的某个数据元素。也就是需要做上述（3）和（4）操作的查找表。

查找表的效率是衡量算法好坏的标准，为了设计出高效率的查找算法，需要针对实际的应用场景专门设计适合的数据结构和存储结构，因此，这种面向查找操作的数据结构称为查找结构。

从逻辑角度来讲，集合中的各个数据之间是没有本质关系的，可是如果要设计一个较高性能的查找算法，那就不得不改变各个数据元素之间的关系，即在存储时可以将查找集合组织成表、树等结构。例如，在静态查找表中，如果我们只需要关注查找速度，那么就可以使用线性结构来进行存储，在查找时可以使用顺序查找。如果再对关键字进行排序，则可以使用折半查找等算法进行高效的查找。而在动态查找表中，除了要关注查找速度外，也要关注插入和删除操作是否方便实现，所以对于动态查找，其查找算法就会复杂一些，可以考虑二叉排序树等查找技术。

10.1.3 查找算法的评价指标

如何衡量一个算法的效率是否高效，就是看该算法的时间复杂度的大小。在查找算法当中，要想计算查找算法的时间复杂度，就要先知道该算法的平均查找长度（average search length，ASL）。平均查找长度是衡量查找算法效率的最主要指标，即平均查找长度的数量级反应了查找算法的时间复杂度。

查找长度：在查找运算中，需要对比关键字的次数称为查找长度。

平均查找长度：所有查找过程中进行关键字的比较次数的平均值，其数学定义如下：

$$\mathrm{ASL}=\sum_{i=1}^{n}P_iC_i$$

其中，n 是查找表的长度；P_i 是查找第 i 个数据元素的概率，在计算平均查找长度时，若没有明确要求，一般会认为每个数据元素的查找概率相等，即 $P_i=1/n$；C_i 是找到第 i 个数据元素所需进行比较的次数。

评价一个查找算法的效率时，通常考虑的是查找成功和查找失败两种查找结果的平均查找长度。根据这两种结果的平均查找长度所得出综合评估，就能够分析出该算法的优缺点。

10.2　顺 序 查 找

10.2.1　算法思想

顺序查找，又叫做“线性查找”，通常用于线性表中，是最基本的查找技术。它的查找过程是：从表中第一个（或最后一个）数据元素开始，逐个检查关键字是否满足给定的条件。若查到某个数据元素的关键字满足给定条件，则查找成功，返回该元素在线性表中的位置。如果直到最后一个元素，其关键字都不满足给定条件时，则表中没有所查元素，查找不成功，返回查找失败的信息。如图 10-1 中需要在给定线性表中查找元素关键字为 79 的数据元素，则只用从第一个元素 55 开始依次往后对比关键字，一直找到 79 就查找成功了。

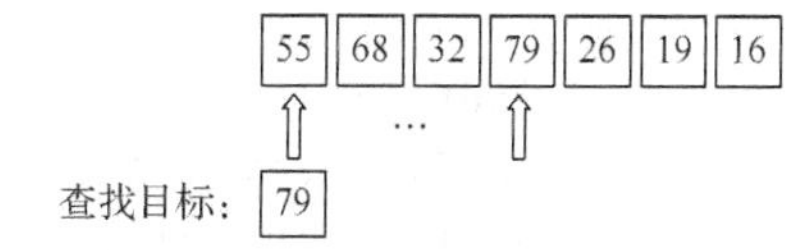

图 10-1　顺序查找算法思想

10.2.2　算法实现

顺序查找的算法非常容易实现，就是在数组中用一个循环，在循环中逐个查看有没有关键字给出的条件相等，代码如下所示。稍微要注意的是，这里的查找表默认是用顺序存储储存在数组当中，在实际操作中也可以根据应用情况选择为链式存储结构，若要实现复杂存储结构的顺序查找，只需要将数组 a 和关键字 key 定义成相关的表结构，for 循环的条件判断和返回语句稍微修改即可。

```
int Sequential_Search(int* a, int n, int key)
{
    int i;
    for (i = 0; i < n && a[i] != key; ++i);
    //查找成功，则返回元素下标；查找失败，则返回-1
    return i == n ? -1 : i;
}
```

10.2.3　算法优化

之前学习过如何估计时间复杂度，就是计算基本语句的执行次数，显然在这个算法中基本语句是第 4 行的 for 循环中的条件判断语句“i<n && a[i]!=key”，由于该基本语句由逻辑运算符“&&”连接，可以知道每次运行该基本语句时都要进行两次判断，即先要运行“i<n”来检查 i 是否越界，再根据结果来判断是否运行“a[i]!=key”来判断数据元素的关键字是否等于查找值。事实上，还有一个更好的办法来避免每次循环都要判断 i 是否越界，从而优化算法效率。可以在数组的第一个位置，也就是数组下标为 0 的位置放置一个“哨兵”，这个“哨兵”中就存放我们要查找的关键字的值，注意此时数组的元素值则是从下标 1 开始，整个数组的结构如图 10-2 所示。

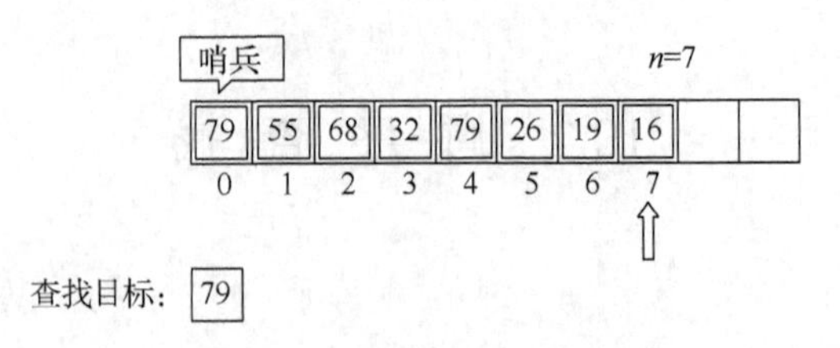

图 10-2 顺序查找优化数组

基于这种数组情况下不需要每次让 i 与 n 作比较的代码是如何实现的？其代码如下：

```
int Sequential_Search2(int* a, int n, int key)
{
    int i;
    a[0] = key;
    for(i = n; a[i] != key; --i );
    return i;
}
```

此代码与优化前的代码不同，是从数组的尾部开始查找，如果在 a[i]中有 key 则会返回 i 的值，此时，则查找成功；否则由于 a[0]=key，一定会在最终的 a[0]处等于 key，则此时会返回 0，即说明 a[1]～a[n]中没有关键字 key，此时查找失败。例如之前举的例子，要在一个数组中查找关键字为 79 的数据元素，此时查找过程如图 10-3 所示。

此为查找成功的情况，再来看查找失败的情况，在该数组中查找关键字为 74 的数据元素，查找失败的过程如图 10-4 所示。

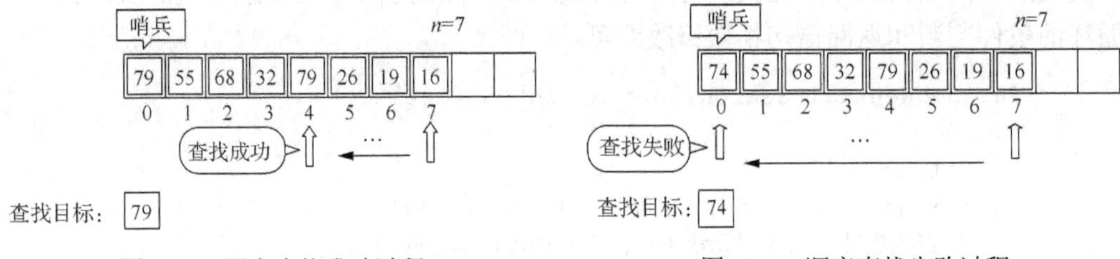

图 10-3 顺序查找成功过程　　图 10-4 顺序查找失败过程

这种在查找的尽头放置“哨兵”的做法，使得在查找过程中每一次比较无须再判断查找位置是否越界，看似与原先的差别不大，但是在面临海量的数据时，这种算法就能提升效率。而且，“哨兵”的位置也不一定要放在数组下标为 0 的位置，也可以放置在数组的末端，此时，开始查找方向也要改变。

10.2.4 算法执行效率

之前提过，当在评价一个查找算法的执行效率时，通常都是计算该算法的平均查找长度 ASL。两种查找结果，即查找成功和查找失败都有不同的平均查找长度的计算方式。

首先看查找成功的情况。假设要查找的关键字就在查找方向上的第一个位置上，那么这种情况就是成功查找最好的情况。按照上述的例子来说，也就是当查找关键字为 16 的时候，该数组的查找成功情况最好，查找过程如图 10-5 所示。

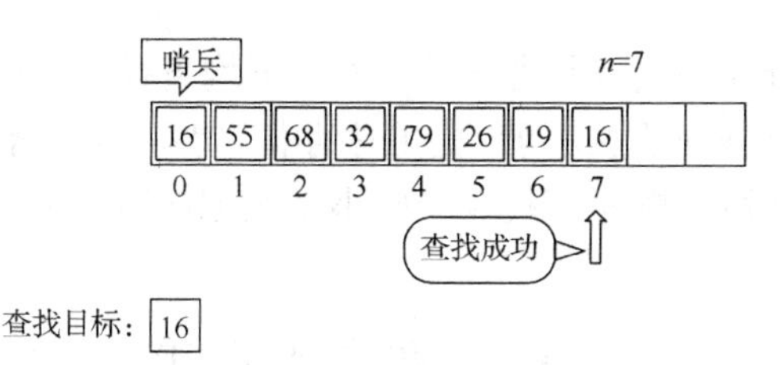

图 10-5　查找成功最好情况查找过程

根据之前学习的平均查找长度的公式：

$$\mathrm{ASL}=\sum_{i=1}^{n} P_i C_i$$

可知此时只对比了一次就得出了结果，所以 $C_1=1$；当要查找第二个数据元素的关键字时，也就是要查找关键字为 19 的数据元素时，可以看到需要进行 2 次对比，所以此时 $C_1=2$；以此类推，假设该数组长为 n，则查找最后一个数据元素的关键字时，需要进行 n 次比较，所以 $C_n=n$。当没有明确要求时，默认每一个关键字被查找的概率都是相同的，所以 $P_i=1/n$。

那么此时就可以计算出查找成功时的平均查找长度为

$$\mathrm{ASL}_{成功}=\sum_{i=1}^{n} PiCi = 1\times\frac{1}{n}+2\times\frac{1}{n}+\cdots+n\times\frac{1}{n}=\frac{1+2+\cdots+n}{n}=\frac{n+1}{2}$$

平均查找长度的数量级能够反映一个算法的时间复杂度，所以顺序查找成功时的时间复杂度为 O(n)。

查找失败意味着整个表里面都没有要查找的关键字的数据元素，顺序查找就会从最后一个数据元素依次地往前查找，每一个数据元素都依次对比一遍，直到对比到 0 号元素。与表中各关键字的比较次数显然是 n+1 次，从而顺序查找不成功的平均查找长度为

$$\mathrm{ASL}_{失败}=n+1$$

由此可以知道在查找失败的情况下，顺序查找的时间复杂度也是 O(n)。

根据顺序查找的思想，通常在实际情况中，查找表中数据元素的查找概率并不相等。若能预知每个数据元素的查找概率，则应对数据元素的查找概率进行重新排序，使表中数据元素按查找概率由小至大重新排序，这样再运行顺序查找时，效率就会大幅提升。按概率重新排序后的数组与未按概率排序的数组分别执行顺序查找，图 10-6 为查找成功时的平均查找长度对比。

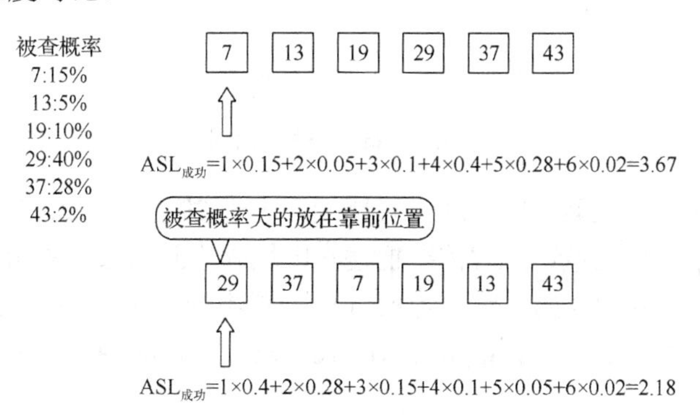

图 10-6　顺序查找平均查找长度对比

综上所述，顺序查找的缺点是当 n 较大时，平均查找长度较大，则效率低；优点是对数据元素的存储没有任何要求，可以是顺序存储，也可以是链式存储；可以是有序表，也可以是无序表。因此可知顺序查找在一些小型数据的查找应用上是非常合适的。

10.3　有序表查找

有序表就是有序的线性表。本节介绍折半查找、插值查找和斐波那契查找三种经典的有序表查找算法，并对三种算法的效率进行评估。

10.3.1　折半查找

折半查找又称二分查找。它的前提是线性表中的记录必须是关键码有序（通常是从小到大有序），并且线性表必须采取顺序存储。

折半查找基本思想如下：在有序表中，取中间记录作为比较对象，若给定值与中间记录的关键字相等，则查找成功；若给定值小于中间记录的关键字，则在中间记录的左半区继续查找；若给定值大于中间记录的关键字，则在中间记录的右半区继续查找。不断重复上述过程，直到查找成功，或所有查找区域无记录，查找失败为止。

例如，有序表数组[7,10,13,16,19,29,32,33,37,41,43]，共 11 个数据元素，利用折半查找算法查找是否存在 33 这个关键字的数据元素。

首先会用两个指针 low 和 high 指向目前要搜索的区间范围，刚开始 low 指向下标为 0 的数据元素，high 指向最后一个数据元素，在之后的查找过程中会不断地减小这个搜索范围。第一轮查找中，需要比较这个搜索区域中间的一个数据元素的关键字，所以又会用一个 mid 指针来指向这个搜索区域中间的数据元素，其计算方法为 mid=(low+high)/2，则第一个要检查的元素为 29，如图 10-7 所示。

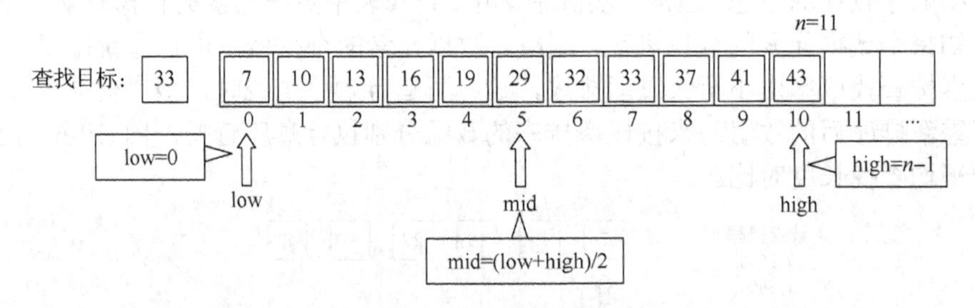

图 10-7　折半查找第 1 步

将 mid 指针所指的元素 29 与 33 进行比较，由于 29<33 可知，33 如果存在数组中，则一定会在数组的右边区域，此时需要把搜索区域缩小到右边，将 low 指针移动到 mid 指针的右面位置，下标为 6 的位置，而 high 的位置不变，mid 指针则继续保持指向搜索区域的中间元素，即 mid=(low+high)/2=(6+10)/2=8，则 mid 指向下标为 8 的位置，如图 10-8 所示。

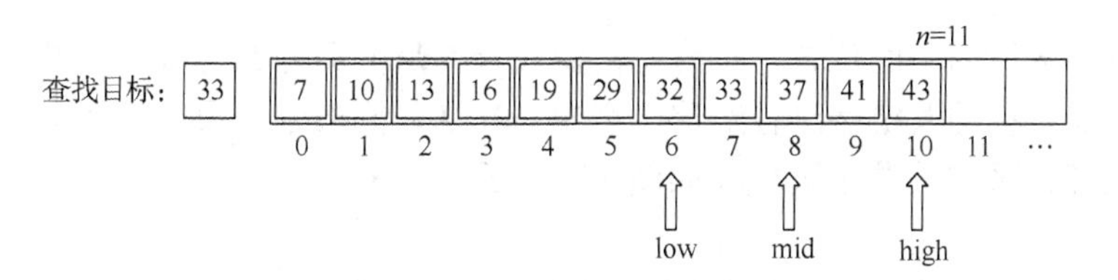

图 10-8　折半查找第 2 步

将 mid 所指的数据元素的关键字和查找目标的关键字进行比较，由于 33<37，可以得知如果 33 存在数组中，则一定在该搜索区域的左边区域，因此需要将搜索区域缩小至当前搜索区域的左边区域。即将 high 指针的位置移动到 mid 指针的左边，此时 high 指针的位置为下标为 7 的位置。同时 mid 指针也需要继续指向新搜索区域的中间元素，即 mid=(low+high)/2=(6+7)/2=6，如图 10-9 所示。

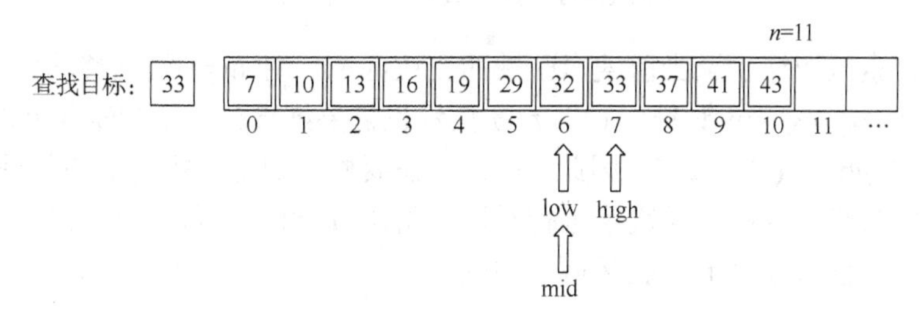

图 10-9　折半查找第 3 步

将 mid 所指的数据元素的关键字和查找目标的关键字进行比较，由于 32<33，可以得知如果 33 存在数组中，则一定在该搜索区域的右边区域，因此会让 low 这个指针指向 mid 的右边一个位置，即指向下标为 7 的位置，而 mid 则需要继续指向搜索区域的中间位置，即 mid=(low+high)/2=(7+7)/2=7，可以发现此时 mid 指针指向的数据元素就是 33，再将 mid 指向的数据元素的关键字和查找目标的关键字进行对比，则查找成功，如图 10-10 所示。

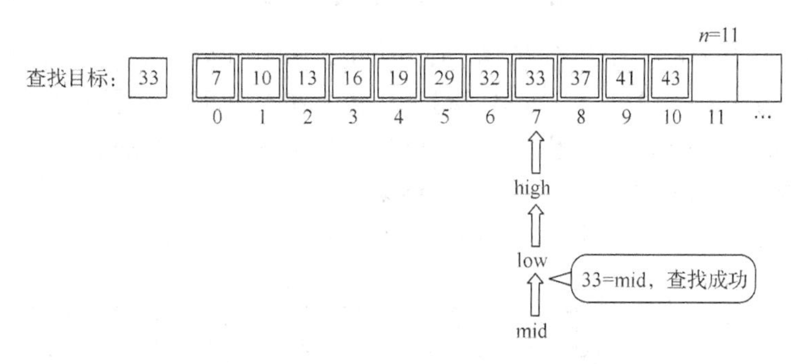

图 10-10　折半查找第 4 步

这个例子是查找成功下的例子，再来看查找失败时的例子是怎么样的。数组中的数据依然是[7,10,13,16,19,29,32,33,37,41,43]，共 11 个数据元素，对它进行查找是否存在 12 这个关键字的数据元素。

首先和之前一样将 low 和 high 分别指向数组的头和尾，形成第一个搜索区域，mid

则指向该搜索区域的中间位置，即第一轮要检查的是下标为 5 的数据元素，将该元素的关键字与查找目标的关键字进行对比，得出 12<29，则表示如果 12 存在于数组当中，只可能在该搜索区域的左边区域，如图 10-11 所示。

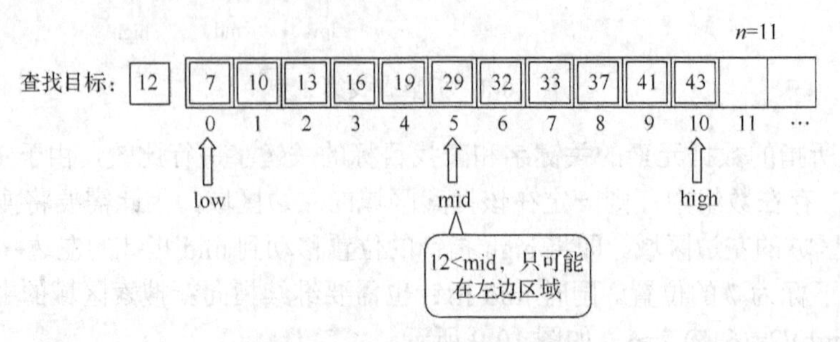

图 10-11　折半查找失败第 1 步

继续将搜索区域缩小至当前搜索区域的左边区域，将 high 指针移动到 mid 指针的左边一个位置，即 high=mid−1=5−1=4。mid 指针也需要继续指向新搜索区域的中间位置，即 mid=(low+high)/2=(0+4)/2=2。因此，第二轮需要检查的是下标为 2 的数据元素，将该元素的关键字与查找目标的关键字进行对比，得出 12<13，所以如果 12 存在于数组当中，只可能在当前搜索区的左边区域，如图 10-12 所示。

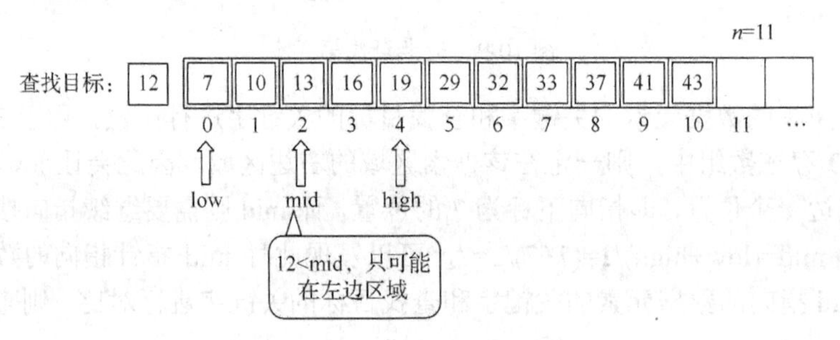

图 10-12　折半查找失败第 2 步

继续缩小搜索区域至当前区域的左边，将 high 指针再次移动到 mid 指针左边的一个位置，即 high=mid−1=2−1=1。mid 指针仍需要指向新搜索区域的中间位置，即 mid=(low+high)/2=(0+1)/2=0。因此，第三轮要检查的是下标为 0 的数据元素，将该元素的关键字与查找目标关键字做对比，得到结果为 12>7，所以如果 12 存在于数组中，只可能在当前搜索区域的右边区域，如图 10-13 所示。

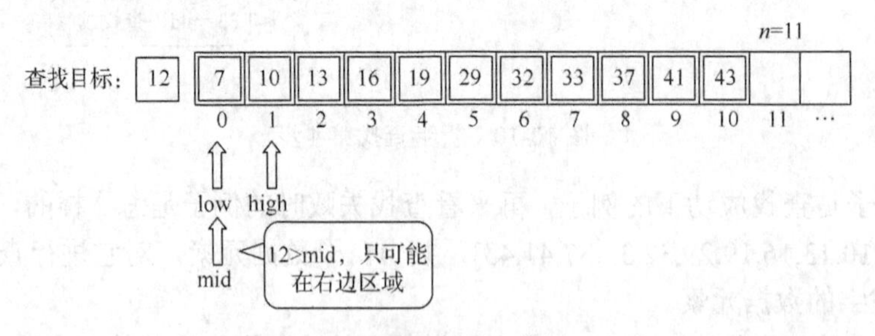

图 10-13　折半查找失败第 3 步

继续缩小搜索区域至当前区域的右边，将 low 移动到 mid 右边的一个位置，即 low=mid+1=0+1=1。mid 指针还需要继续指向新搜索区域的中间位置，即 mid=(low+high)/2=(1+1)/2=1。因此，第四轮要检查的是下标为 1 的数据元素，将该元素的关键字与查找元素做对比，得出要找的目标 12 依然是大于 10 的，这就表明如果 12 存在数组中的话依然要在该搜索区域的右边区域，所以 low 就必须继续移动到 mid 指针右边一个位置，即 low=mid+1=1+1=2，此时可以发现，low 移动到了 high 的右边，即 low>high 时，low 应该指向搜索区域的最左边，而 high 应该指向搜索区域的最右边，现在本应该在左边的指针移动到右边，那就说明查找失败了，结果如图 10-14、图 10-15 所示。

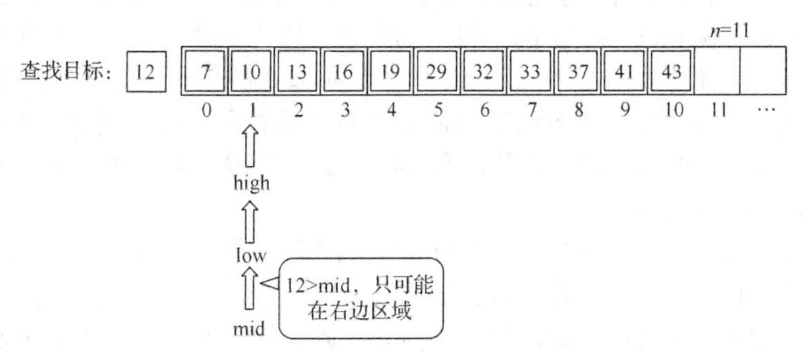

图 10-14　折半查找失败第 4 步

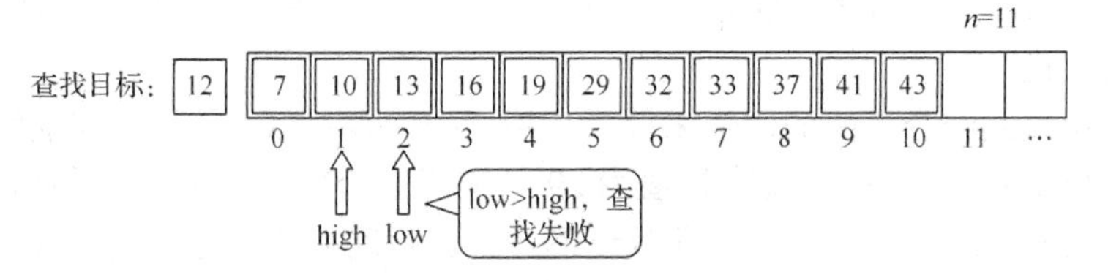

图 10-15　折半查找失败判定

以上便是折半查找的实现思想，代码实现如下：

```
int Binary_Search(int* a, int n, int key)
{
    int low, high, mid;
    low = 0;                    // 定义最低下标为记录首位
    high = n-1;                 // 定义最高下标为记录末位
    while (low <= high)
    {
        mid = (low + high) / 2;     // 折半
        if (key < a[mid])           // 若查找值比中值小
            high = mid - 1;         // high 调整到 mid 左侧
        else if (key > a[mid])      // 若查找的值比 mid 所指向的值大
            low = mid + 1;          // low 调整到 mid 的右侧
        else
        {
            return mid;             // mid 指向的位置即为查找的位置
```

```
        }

    }
    return 0;
}
```

上述代码的第 3～5 行，分别定义了 low、high、mid 三个重要标尺，并且将 low 和 high 分别指向了最左边和最右边形成了第一轮的搜索区域。到了第 6 行，则会进入每一轮的对比，每进行一次循环，都会在循环内部进行一轮对比，将 mid 指向的元素关键字与查找关键字做比较，如果查找值比 mid 小，则应该从前半部分找，即将最高的下标 high 调整至中位下标 mid 小一位的位置；如果查找值比 mid 大，则应该从后半部分找，即将最低下标 low 调整到中位下标 mid 大一位；如果查找值与 mid 相等，则说明 mid 就是查找值在数组中的位置，直接返回 mid 的值并结束循环，如果到最后 low>high 导致不满足循环条件，即循环结束，还是没有 mid 位置的数据元素关键字与查找值相等，则判定查找失败并且返回 0。

折半查找的前提必须是线性表是有序的，并且只能是采用顺序存储结构。因为只有采用顺序存储结构，才可以根据数组的下标立即知道下标 mid 对应的数据元素在哪。如果是在链表中的话，那要找到链表的中间元素，就只能一个一个地从头开始，依次找到最中间的位置。也就是说，顺序存储结构拥有随机访问的特性，而链表没有。因此，折半查找算法是很少基于链表来实现的；但是，如果用链表实现，也是可以的，只是相关的代码需要改进。

接下来将继续结合上面的例子来分析折半查找的查找效率。看代码能够发现，第一个被检查的位置是 5，也就是说查找值为 29 是最好的情况，经过一轮循环，对比一次关键字就能查找成功。假设要查找的值小于 29，那就会继续在左边查找，也就是下标 0 到下标 4 的范围中继续对比中间值，如果查找值大于 29 的话，也同理，如图 10-16 所示。

之后再找到左右两边的中间位置分别是下标为 2 和下标为 8 的数据元素，所以通过第二轮的循环可以找到的元素是 13 和 37，如果依然不是这两个元素，那么还是按照之前的逻辑，得到图 10-17。

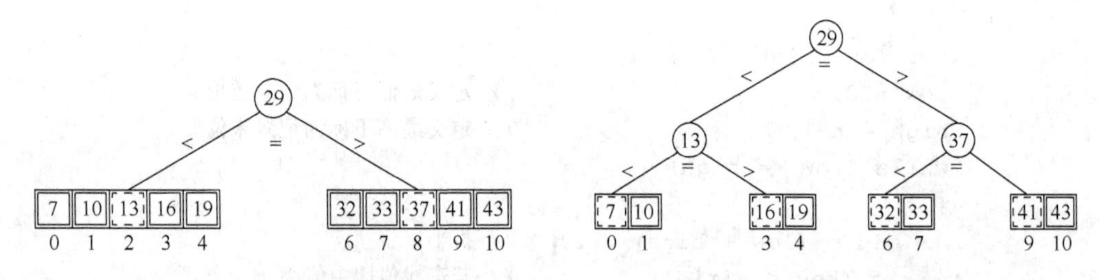

图 10-16　折半查找树构建 1　　　　图 10-17　折半查找树构建 2

再之后会来到第三轮的循环，这一轮的对比可以找到的元素是 7、16、32 和 41。如果要查找的目标依然不是这四个元素，此时会出现二叉树不满的情况，则代表着查找失败或者进入第四轮的循环，如图 10-18 所示。

在第四轮循环中，对比可以找到的元素是 10、19、33 和 43，如果在此轮循环中依然没有找到查找目标，则就是查找失败，如图 10-19 所示。

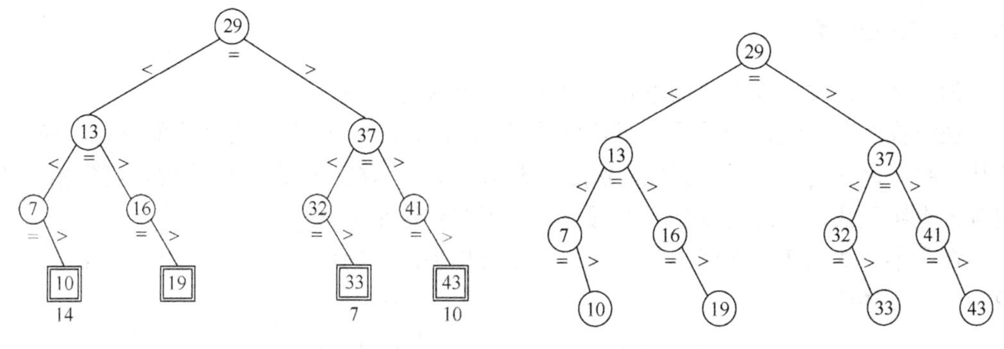

图 10-18　折半查找树构建 3　　　　图 10-19　折半查找树构建 4

经过第四轮后，所有的元素都已经被查找对比过了，所以在查找成功的情况下最多进行 4 轮查找，最少进行 1 轮查找。补上失败结点就能直观地看出查找失败的情况，如图 10-20 所示。

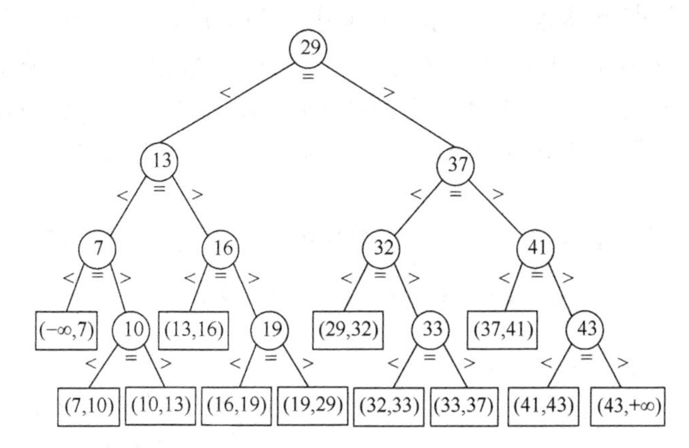

图 10-20　折半查找树补全空结点

需要查找的关键字如果落在方框的区间内，查找则是失败的。在失败的情况下最多进行 4 次查找，最少进行 3 次查找。注意，在这里与查找成功的情况不一样，因为在查找成功的情况下，即使 mid 指到了要查找的元素的位置上，仍然还是需要 1 次查找对比是否相等；而在失败的情况下，low 一旦大于 high，则不会再进入循环将 mid 与要查找的关键字再对比 1 次，所以此时进入第四层的失败区间只需要 3 次查找，进入第五层的失败区间只需要进行 4 次查找。

此后可以来计算折半查找的平均查找长度了。第一层的 29 只需要进行 1 次对比，第二层的 13 和 37 则需要进行 2 次对比，以此类推，整个查找表中有 11 个数据元素，则默认每个元素的查找概率为 1/11。这就可以算出该查找成功的情况下平均查找长度为

$$ASL_{成功} = (1\times1 + 2\times2 + 3\times4 + 4\times4)/11 = 3$$

在查找失败的情况下，通过图可知一共有 12 个查找失败结点，所以默认为每一种失败的情况都是等概率的且概率为 1/12，由此可以计算出该线性表在查找失败情况下的折半查找算法的平均查找长度。

10.3.2 插值查找

为什么一定要折半呢，而不是折四分之一或者更多呢？

在查找字典的过程中，假如要查找单词“algorithm”，通常不会从中间开始；相反，会从首字母为 a 的地方开始查找，然后根据第二个字母在字母表中的位置，找到相应的位置再继续查找，如此重复这个过程，直到查找到这个单词。

在折半查找的实现代码中第 8 行代码是选择中间点的代码，现在，对它稍微等式变换一下，变换成

$$mid=(low+high)/2=low+\frac{1}{2}(high-low)$$

常考虑的是将 1/2 改进，改进为下面的计算方案：

$$mid=low+\frac{key-a[low]}{a[high]-a[low]}*(high-low)$$

那么，将 1/2 改成 $(key-a[low])/(a[high]-a[low])$ 有什么好处呢？假如要在数组[7,10,13,16,19,29,32,33,37,41,43]中，寻找关键字为 16 的数据元素，按照折半查找的做法来查找，需要比较三次才能查找到。但是如果用该方法，(key-a[low])/(a[high]-a[low])=(16-7)/(43-7)=0.25，即 mid=0+(0.25*10)=2；只需要对比两次就能查到结果了，显然提高了查找效率。

实现代码也很简单，只需在折半查找中将第 8 行的代码进行修改即可。

```
int Binary_Search(int* a, int n, int key)
{
    int low, high, mid;
    low = 0;                          // 定义最低下标为记录首位
    high = n-1;                       // 定义最高下标为记录末位
    while (low <= high)
    {
        mid = low + (high - low) * (key - a[low]) / (a[high] - a[low]);
// 折半
        if (key < a[mid])             // 若查找值比中值小
            high = mid - 1;           // high 调整 mid 的左侧
        else if (key > a[mid])/       // 若查找值比 mid 指向的值大
            low = mid + 1;            // low 调整到 mid 的右侧
        else
        {
            return mid;               // mid 即为查找的最终位置
        }

    }
    return 0;
}
```

这样就学习了另一种有序表查找算法——插值查找。插值查找是要根据查找的关键

字 key 与查找表中最大最小数据元素的关键字比较后的查找方法，其核心在于插值的计算公式。从时间复杂度来看，插值查找的时间复杂度和折半查找一样也是 $O(\log_2 n)$，但是对于表长较大，且关键字分布又比较均匀的查找表来说，插值查找的优势就能够体现出来了。反之，如果数组中的关键字分布十分不均匀，插值查找的效率就会大打折扣。

10.3.3　斐波那契查找

斐波那契查找的本质依然是折半查找，只不过是改变了分隔点的选择方式。斐波那契查找是运用黄金分割原理来实现的。

斐波那契查找自然也离不开斐波那契数列，在斐波那契数列中有两个非常重要的特性：

（1）斐波那契数列中，随着数字的增大，斐波那契数列两数间的比值越来越接近黄金分割率 0.618（注意是接近，不是等于）；

（2）斐波那契数列中，从第三项开始，每一项都等于前两项之和。

斐波那契数列如图 10-21 所示。

斐波那契数列的第二条特性用公式表示为

$$F(n) = F(n-1) + F(n-2)$$

此特性也可以用于数组的分割上，即将一个长度为 $F(n)$的数组，分割成两个数组，其中前面一半长度为 $F(n-1)$，后面一半长度为 $F(n-2)$，如图 10-22 所示，这就是黄金分割。其中 n 的取值是任意长度的，即对任意长度的数组都能找到对应的斐波那契数。

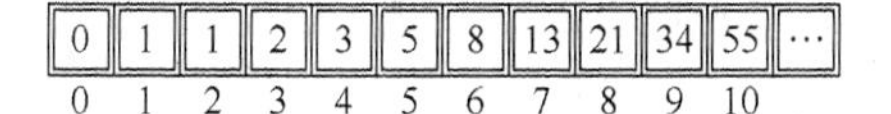

图 10-21　斐波那契数列

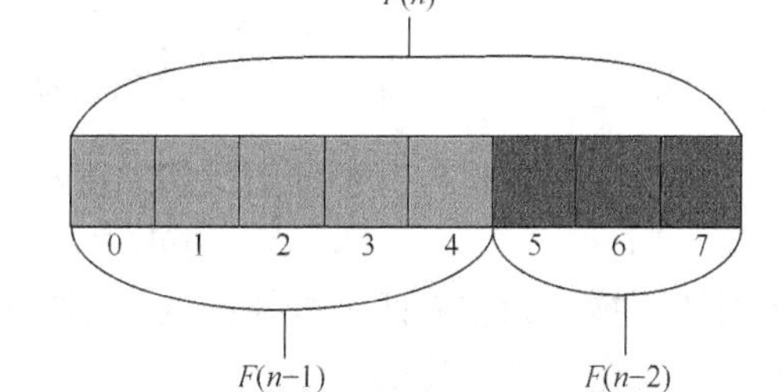

图 10-22　黄金分割

构建一个斐波那契数列后代码如下：

```
int main()
{
    int F[100];     //斐波那契数列
    F[0] = 0;
    F[1] = 1;
    for (inti = 2; i < 100; i++)
      {
        F[i] = F[i - 1] + F[i - 2];
      }
}
```

有了斐波那契数列之后，就需要计算数组长度对应的斐波那契数列元素个数，假如要查找的数组为[7,10,13,16,19,29,32,33,37,41,43]，数组中共有 11 个元素，不对应斐波那契数列中的任何 $F(n)$，遇到这种情况，通常的策略是采用大于数组长度的最近一个斐波那契数值，即当前数组长度为 11，斐波那契数列中大于 11 的最近数据元素是 13。确定了斐波那契数值之后就要对数组进行填充，将数组长度填充到 13，填充的数据元素采用数组的最后一个数据元素。填充后的数组变成[7,10,13,16,19,29,32,33,37,41,43,43,43]，如图 10-23 所示。

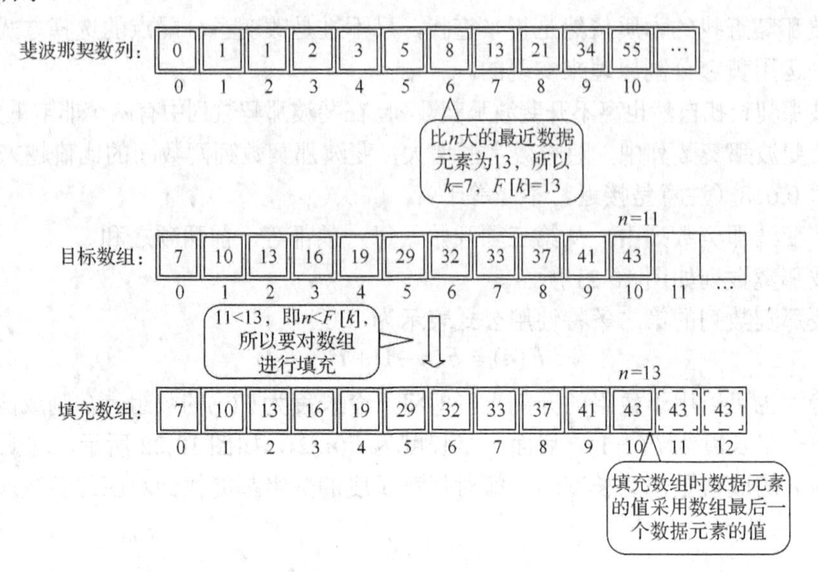

图 10-23　数组填充

之后的步骤就与折半分查找和插值查找类似了。查找中间值的公式为

$$\text{mid} = \text{left} + F(n-1) - 1$$

此时数组被分为左右两个查找区域，左边区域含有 $F(n-1)$个数据元素，后面的-1 是因为数组下标是从 0 开始的。

斐波那契查找代码如下：

```
int Fibonacci_Search(int* a, int n, int key)
{
  int low, high, mid, i, k = 0;
  low = 0;                              // 定义最低下标为记录首位
  high = n-1;                           // 定义最高下标为记录末位
  while (n > F[k])                      //计算 n 位斐波那契数列的位置
     k++;
  for (i = n-1; i < F[k] - 1; i++) //将不满的数值补全
     a[i] = a[n];
  while (low <= high)
  {
     mid = low + F[k - 1] - 1;         //计算当前分隔点的下标
     if (key < a[mid])                  //若查找记录小于 mid 所指向的记录
     {
```

```
            high = mid - 1;                 //high 调整到 mid 的左侧
            k = k - 1;                      //斐波那契数列下标减 1
        }
        else if (key > a[mid])              //若查找记录大于 mid 所指向的记录
        {
            low = mid + 1;                  //low 调整到 mid 的右侧
            k = k - 2;                      //斐波那契数列下标减 2
        }
        else
        {
            if (mid <= n)
                return mid;                 //返回 mid，其为查找到的位置
            else
                return n;                   //若 mid>n-1 说明是补全数值，返回 n-1
        }
    }
    return 0;
}
```

该代码容易理解，循环部分与折半查找非常类似，主要区别在于多出了计算斐波那契数列位置和将不满数值补全两个步骤，接下来将以一个例子结合代码进行讲解。

假设有数组[7,10,13,16,19,29,32,33,37,41,43]，要在其数组中使用斐波那契查找关键字为 32 的数据元素，如图 10-24 所示，则代码中的形参值 a 为该数组，n 为该数组的长度 11，key 为要查找的关键字 32。

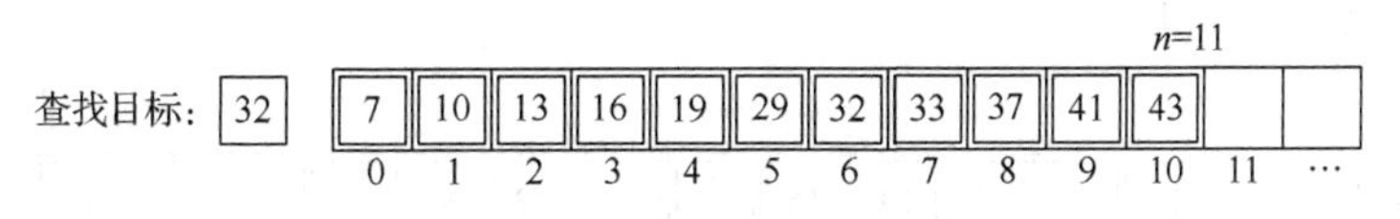

图 10-24　斐波那契查找实例第 1 步

接下来先定出搜索区域，也就是代码第 5～6 行，定义最初 low 和 high 的值，此时 low=0，high=n−1=11−1=10，如图 10-25 所示。

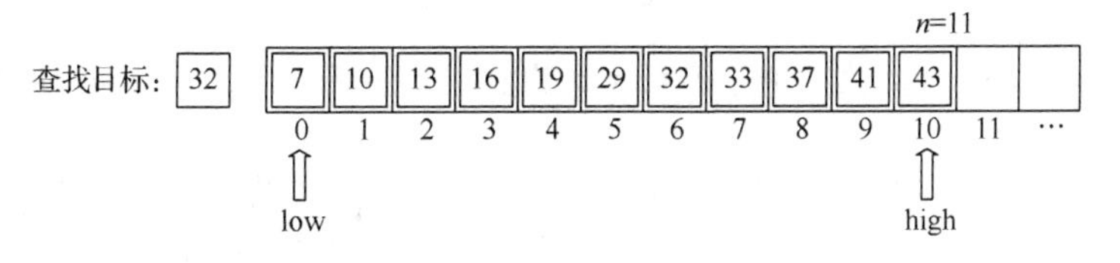

图 10-25　斐波那契查找实例第 2 步

代码的第 7～8 行是用来计算当前 n 处于斐波那契数列的位置。现在 n=11，F [6]<F [7]，则得到 k=7。

代码第 9～10 行则是填充数组，i=10，k=7，所以需要给 a[11]和 a[12]赋值，且赋值为最大的数组值。此时 a[11]=a[12]=a[10]=99，如图 10-26 所示。

代码运行到第 11 行，进入第一轮循环，计算第一个分隔点 mid 的值，即 mid=0+F [7−1]−1=7，如图 10-27 所示。

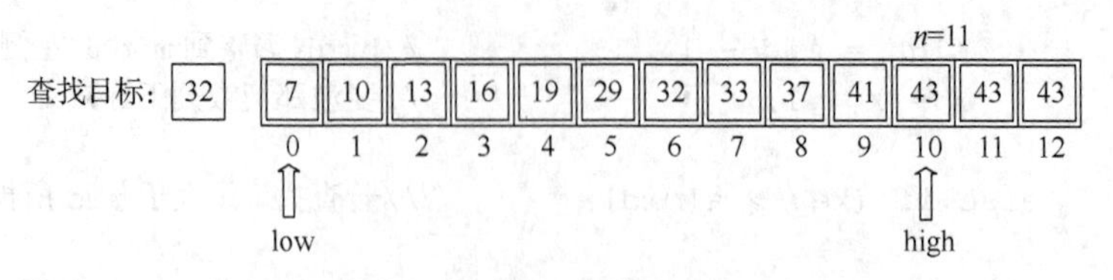

图 10-26　斐波那契查找实例第 3 步

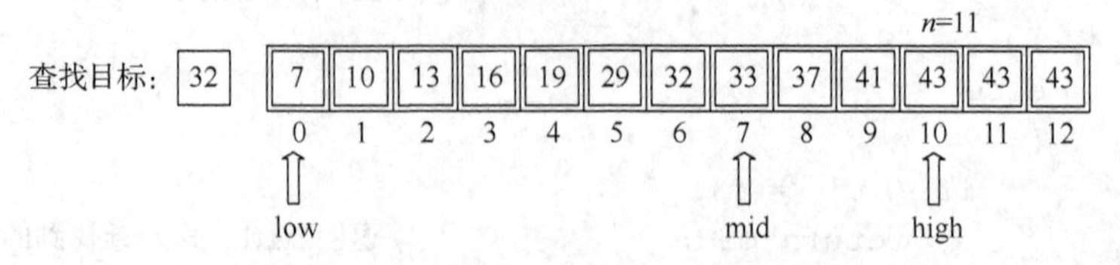

图 10-27　斐波那契查找实例第 4 步

接下来第 14～30 行就是对比这个下标为 7 的分隔点数据元素的关键字与要查找的关键字的值是否相等，也是斐波那契查找算法的核心，此时有三种情况：

（1）当 key=a[mid]时，查找成功；

（2）当 key<a[mid]时，新的查找范围是 low 到 mid−1，此时查找范围中元素的个数为 $F[k-1]-1$ 个；

（3）当 key>a[mid]时，新的查找范围是 mid+1 到 high，此时查找范围中元素的个数为 $F[k-2]-1$ 个。

在该例中，此时 key=32，mid=7，则 a[mid]=33，所以当前为 key<a[mid]，为上述三种情况的第（2）种情况，因此需要运行代码第 16～17 行，high=mid−1=7−1=6，$k=k-1=7-1=6$，结束第一次循环，如图 10-28 所示。

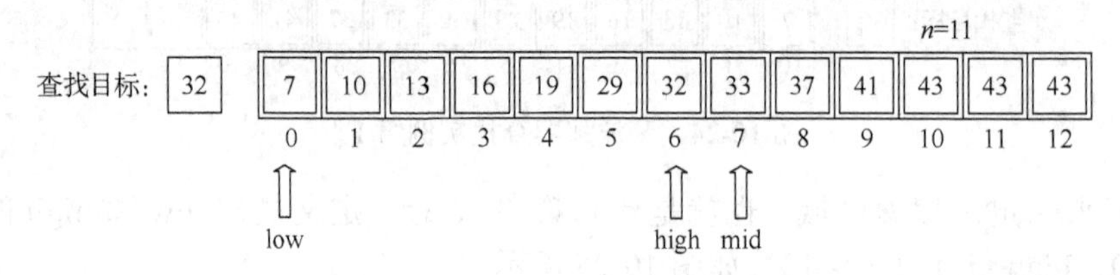

图 10-28　斐波那契查找实例第 5 步

进入第二轮循环，计算第二个分隔点 mid 的值，即 mid=0+$F[6-1]-1$=4，如图 10-29 所示。

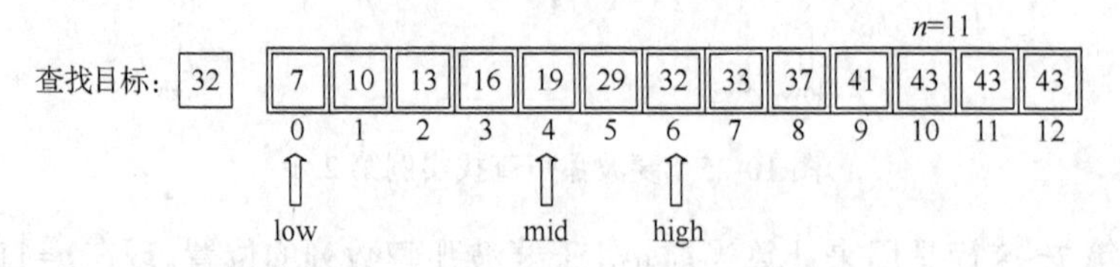

图 10-29　斐波那契查找实例第 6 步

将分隔点关键字与查找目标关键字继续进行对比，得到 32>19，即 key>a[mid]，所以为上述三种情况的第（3）种情况，因此要运行代码的第 21～22 行，即 low=mid+1=4+1=5，$k=k-2=6-2=4$，结束第二次循环，如图 10-30 所示。

进入第三轮循环，计算第三个分隔点 mid 的值，mid=5+$F[4-1]-1$=6。将分隔点关键字与查找目标关键字继续进行对比，得到 32=32，即 key=a[mid]，其为上述三种情况的第（1）种情况，因此要运行 Fibonacci_Search 函数的第 26～29 行，得到返回值为 6，退出循环，程序运行结束，如图 10-31 所示。

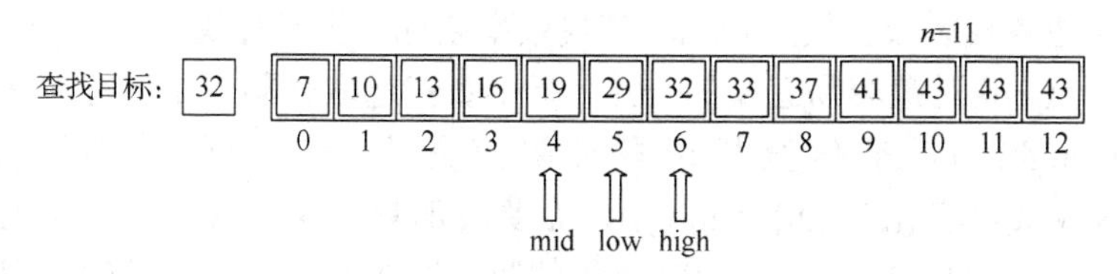

图 10-30　斐波那契查找实例第 7 步

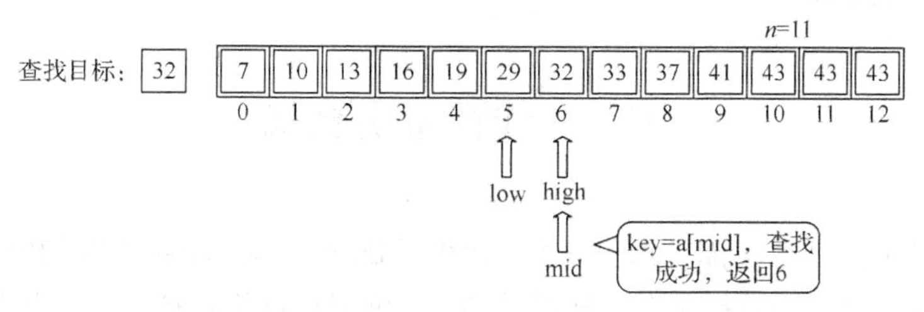

图 10-31　斐波那契查找实例第 8 步

需要注意的是填充数组这一步，如果要查找的数组变成了[7,10,13,16,19,29,32,33,37,41]，且查找目标关键字 key=41，如图 10-32 所示。此时查找循环第一次时，mid=7 与上例 key=32 相同，如图 10-33 所示，但是第二次循环时，mid=10，如果没有数组填充的话，a[10]中就没有值，如图 10-34 所示，从而导致与 key 的比较失败，为了避免这种情况，需要在代码的第 9～10 行补全数组个数。

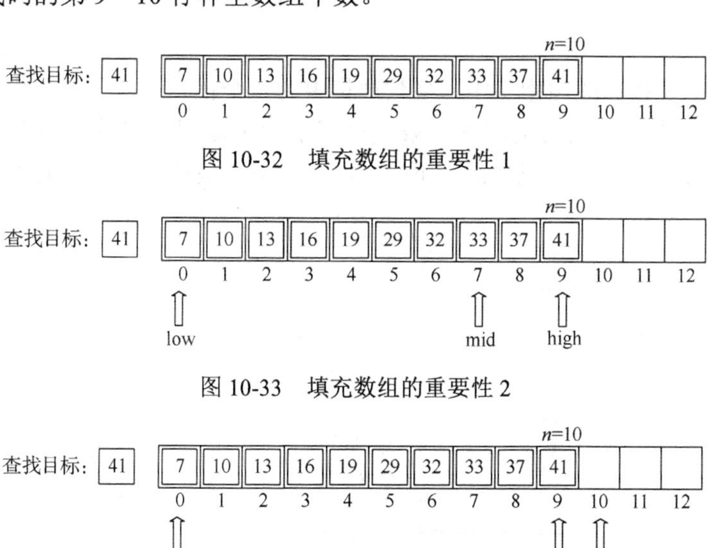

图 10-32　填充数组的重要性 1

图 10-33　填充数组的重要性 2

图 10-34　填充数组的重要性 3

在斐波那契查找的过程中可以发现其本质和折半查找一样，如果要查找的记录在右边区域，则左边区域的数据都不用再判断了，所以其时间复杂度也为 $O(\log_2 n)$。但是就平均性能来说，斐波那契查找要优于折半查找。如果是最坏的情况，如 key=7，那么始终都要在左半边查找区域查找，则此时查找效率要低于折半查找。

重要的一点，也是最容易忽视的一点，折半查找选取分隔点是进行加法与除法的运算(mid=(low+high)/2)，插值查找选取分隔点是进行复杂的四则运算(mid=low+(high−low)*(key−a[low])/(a[high]−a[low]))，而斐波那契查找选取分隔点只是最简单的加减法运算(mid=low+F[k−1]−1)。当面对海量的数据查找时，这种细微的差别堆积起来也会造成特别大的影响。

10.4　线性索引查找

前面介绍的查找方法都是基于一个有序的基础之上的，即待查找的数据表是排好顺序的，但事实上有很多数据是在不断增长的，如海量的网络数据。这种海量数据的存储也会受制于这类数据通常都是按先后顺序存储的。要快速地查找需要的数据，就要建立索引。

数据结构的最终目的就是提高数据的处理速度，索引就是为了加快查找速度而设计的一种数据结构，本节主要介绍三种线性索引方式：稠密索引、分块索引和倒排索引。

线性索引：就是将索引项集合组织为线性结构，也称为索引表。

10.4.1　稠密索引

稠密索引：是指在线性索引中，将数据集中的每个记录对应一个索引项。会议记录专员在做会议记录时，通常会将每一条会议记录的关键词提取总结出来，或者用一些特殊的符号组成关键码，快速地记录下来。这个记录关键词或关键码的本子就是稠密索引，如图 10-35 所示。

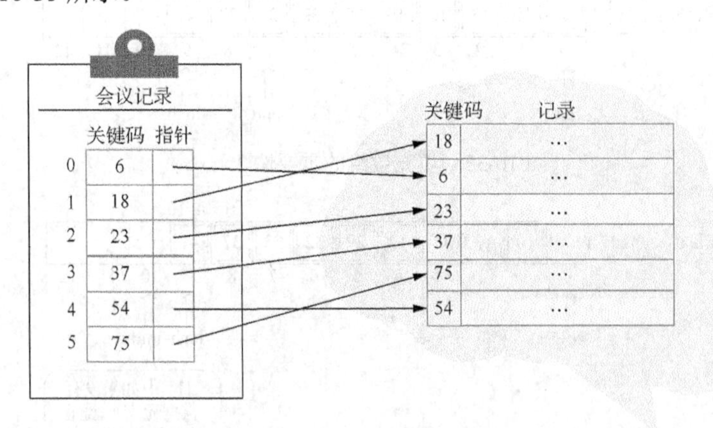

图 10-35　稠密索引

观察图10-35可以发现，右边为一个查找表，左边是根据查找表的关键码提取出来的索引表，每个指针一一对应右边的查找表。关键码可以理解为是目标数据的一种抽象提取，在索引表中依照关键码有序排列。那么建立这个索引表究竟有何好处呢？假如要查找关键码为54的字段的数据记录，如果直接在右边的查找表中进行顺序查找，必须要对比6次关键码才能找到。如果是从左边的索引表开始查找，就可以使用折半、插值、斐波那契等高效的有序查找算法。

这显然是稠密索引的优点，但是如果数据表非常大，就意味着也需要建立一个同样大规模的索引表，如果对于内存有限的计算机来说，会影响运算性能，所以稠密索引适合应用于数据量不是特别大的情况。

10.4.2 分块索引

首先观察下面这个数组有什么规律，如图10-36所示。

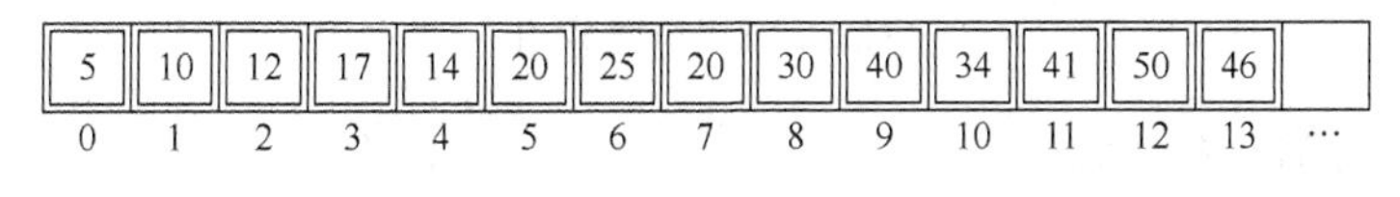

图10-36 分块索引数组

这个数组中的元素看起来是乱序存放的，但其实可以把它们分成一个一个的小区间，第一个区间内是小于等于10的元素，第二个区间内是小于等于20的元素，第三个区间内是小于等于30的元素，第四个区间内是小于等于40的元素，第五个区间是小于等于50的元素，如图10-37所示。所以虽然某一块区间里的数据是乱序的，但是各个区间之间还保持着有序，这就是分块有序。

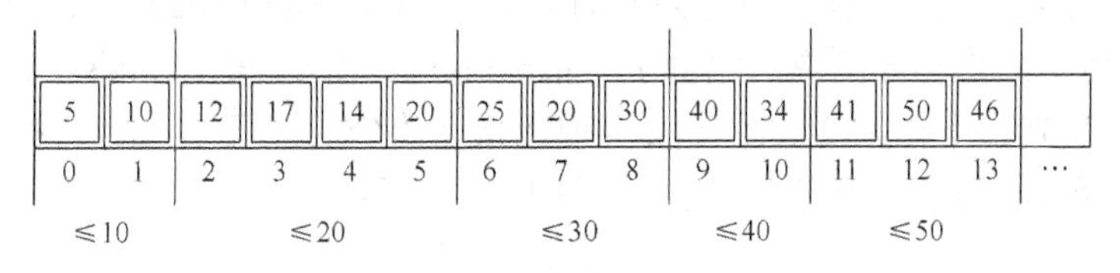

图10-37 分块索引数组分块

分块有序：把数据集的记录分成若干块，并且这些块需要满足下面两个条件：

（1）块内无序：每一块的记录不要求有序。

（2）块间有序：每一块所有的关键字均大于前一块的所有关键字。块间有序是分块查找提升效率的关键。

分块索引：对于分块有序的数据集，将每块对应一个索引项。

如图10-38所示，定义分块索引的索引表的索引项结构分为三个数据项：

（1）最大关键码：存储每一块中的最大关键字，这样的好处就是可以使得在它之后的下一块中的最小关键字也能比这一块最大的关键字要大。

（2）块长：储存了块中记录的个数，方便对分块的存储区间进行定位和以便循环时使用。

（3）块首指针：用于指向块首元素的指针，便于开始对这一块中的记录进行遍历。

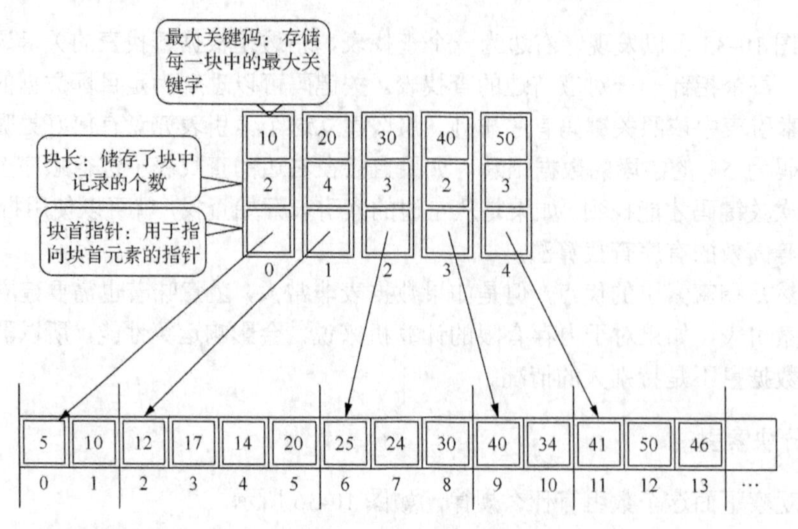

图 10-38　分块索引

分块索引查找分两步进行：

（1）在索引表中确定查找目标记录所属的分块，由于分块索引的索引表是块间有序的，所以可以利用折半、插值、斐波那契等查找效率较高的查找算法。

（2）根据索引表中的索引项的块首指针元素找到相应的块，并在块中顺序查找关键码。因为块内是无序的，所以这一步只能用顺序查找。

接下来结合实例来理解分块索引的查找过程，假设要在该查找表中查找关键字为 30 的数据元素。用折半查找的方法在索引表中找出目标关键字所在的分块区间，low 指向下标为 0 的索引项，high 指向下标为 4 的索引项，mid=(low+high)/2=2，所以 mid 指向下标为 2 的索引项。将 mid 所指的关键字与目标关键字对比，得出 30=30，即 a[mid]=key，显然目标关键字就在下标为 2 的这个索引项所指向的分块区间中，接下来就会在数据表的下标为 6 的数据元素开始顺序查找，如图 10-39 所示。

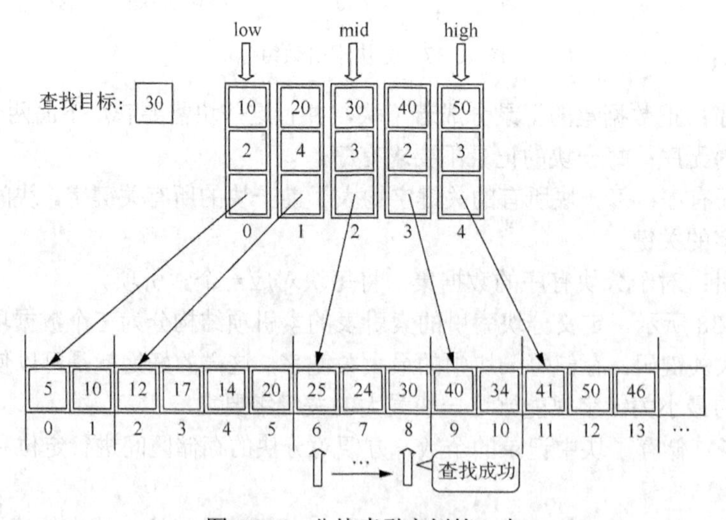

图 10-39　分块索引实例第 1 步

此情况查找的目标关键字可以直接在索引表中找到，但是如果是要查找的关键字不能在索引表中直接找到呢？应该如何使用折半查找来确定目标关键字所在的分块区间？依然用一个例子来理解，例如要查找的目标为 17。

在索引表中，low 指向下标为 0 的数据元素，high 指向下标为 4 的数据元素，mid 指向下标为 2 的数据元素。查找进入第一轮对比，得到 17<30，即 key<a[mid]，所以搜索区域需要缩小至当前搜索区域的左边区域，即 high=mid−1=1，结束第一轮循环如图 10-40 所示。

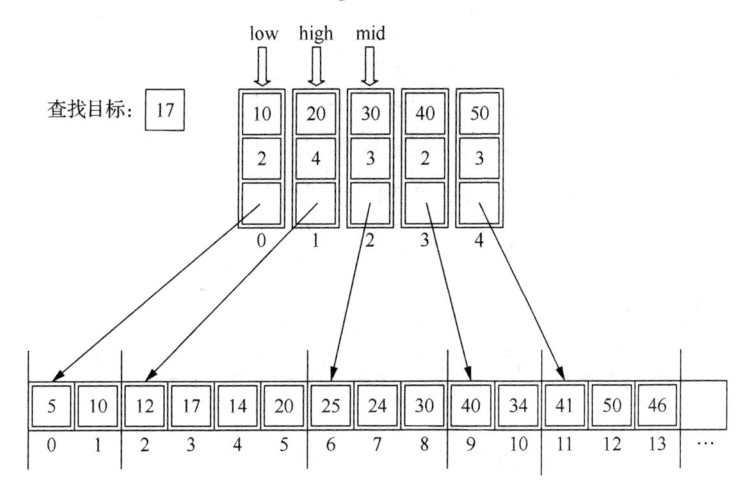

图 10-40　分块索引实例第 2 步

查找进入第二轮的循环，mid 指针需要继续指向新查找区域的中间位置，得到 mid=(low+high)/2=0，即 mid 指向索引表下标为 0 的数据元素。将 a[mid]与 key 对比，得到 17>10，即 key>a[mid]，则 low=mid+1=1，所以将 low 指向了下标为 1 的数据元素，第二轮循环结束，如图 10-41 所示。

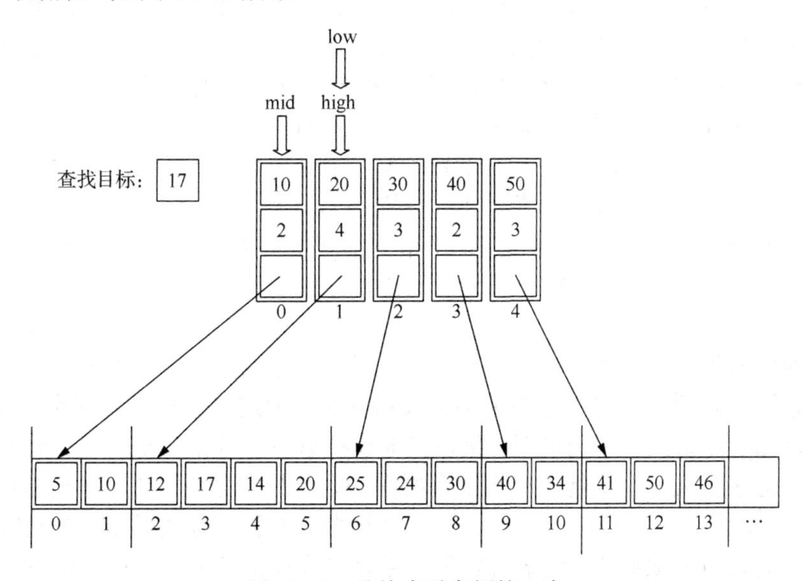

图 10-41　分块索引实例第 3 步

查找进入第三轮的循环，mid 指针需要继续指向新查找区域的中间位置，得到 mid=(low+high)/2=1，即 mid 指向索引表下标为 1 的数据元素。将 a[mid]与 key 对比，得到 17<20，即 key<a[mid]，则搜索区域需要缩小至当前搜索区域的左边区域，即 high=mid−1=0，所以将 high 指向了下标为 0 的数据元素，第三轮循环结束，如图 10-42 所示。

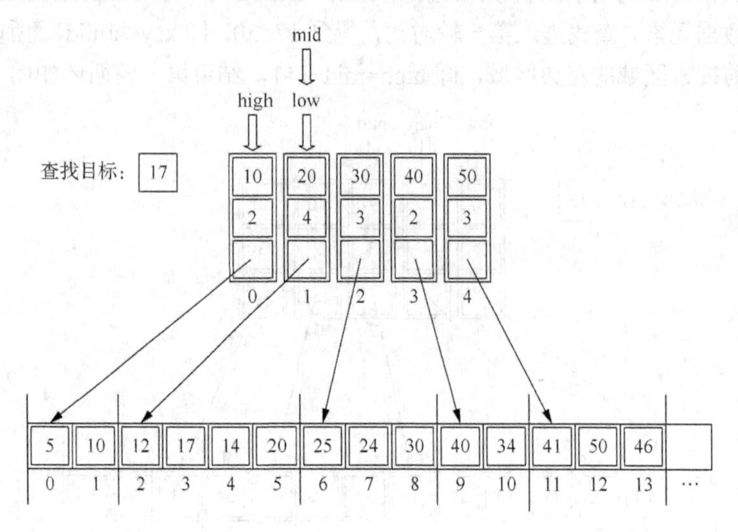

图 10-42　分块索引实例第 4 步

此时 low>high，所以按照折半查找的规则，到这一步意味着折半查找失败，但是会发现查找目标关键字 17 的数据元素是在 low 所指的分块区间，也就意味着如果出现这种要查找的目标关键字并没有被直接包含在索引表中，那么在索引表中用折半查找最终停在 low>high 的位置，接下来一定要在 low 所指的分块中进行下一步的查找。为什么一定要在 low 所指的分块中进行下一步查找呢？想象一下折半查找失败，最终一定是 low>high，low>high 之前的那一步一定是 low=high，如图 10-41 所示。在第三轮的循环中，mid 也是指向 low 和 high 相同的一个数据元素，在这个时候会出现两种情况：

（1）mid<key：此情况下，会将 low 指针指向 mid 指针的右侧，此时 low 所指的元素值一定是比 mid 所指的这个元素值更大。因为之前三个指针已经指向同一个元素，该元素的左边一定比 key 小，右边一定比 key 大，而现在 low 已经指向该数据元素的右边了，所以此时 low 所指的数据元素比目标关键字 key 大；

（2）mid>key：此情况下，会将 high 指针指向 mid 指针的左侧，此时 low 仍然和 mid 指向同一个元素，而 mid 指向的元素又比目标关键字 key 大，所以 low 所指的元素同样比目标关键字 key 大。

结合索引表的特性，索引表当中储存的是每一个分块当中的最大的一个关键字，所以只能在索引表表项的值比目标关键字更大的分块当中进行下一步的查找，而通过刚才的分析可以知道不管发生哪种情况，最后当 low>high 的时候，low 所指向的表项关键字都比目标关键字要大，这就是为什么一定要在 low 所指的分块中进行下一步的查找。

确定了分块区间后，就可以在数据表中继续顺序查找目标关键字，在确定 low 所指的下标为 1 的索引表项后，通过索引表项中存储的块首指针来到数据表中下标为 2 的数据元素，从该元素开始进行顺序查找，如图 10-43 所示。

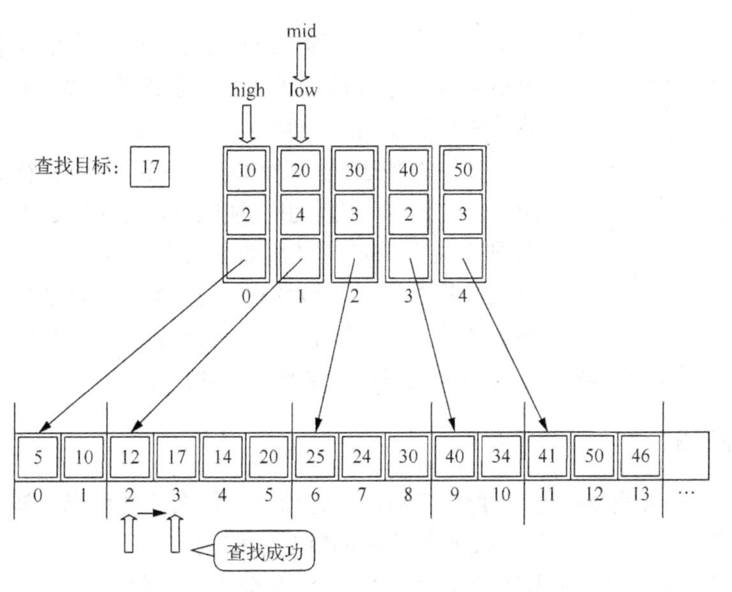

图 10-43　分块索引实例第 5 步

下面对分块索引的查找效率进行分析。假设长度为 n 的查找表被均匀地分为 b 块，每块 s 个元素，则长度 $n=s\times b$，$b=n/s$。又设索引查找和块内查找的平均查找长度分别为 L_1、L_2，则分块索引的平均查找长度为

$$\mathrm{ASL} = L_1 + L_2$$

如果采用顺序查找方式来查找索引表，则

$$L_1=\frac{1+2+\cdots+b}{b}=\frac{b+1}{2},\quad L_2=\frac{1+2+\cdots+s}{s}=\frac{s+1}{2}$$

只要将 L_1 和 L_2 相加就可以得到分块索引的平均查找长度：

$$\mathrm{ASL}=\frac{b+1}{2}+\frac{s+1}{2}=\frac{1}{2}(s+b)+1=\frac{1}{2}\left(s+\frac{n}{s}\right)+1$$

如何才能使平均查找长度最少呢？其实就是对该式求极值的问题，这里不赘述，可知当 $s=\sqrt{n}$ 时，$\mathrm{ASL}_{最小}=\sqrt{n}+1$。即将 n 个元素分为 $\sqrt{n}$ 块，每块中有 $\sqrt{n}$ 个元素的情况下，平均查找长度能够达到最小。可以带一个具体的数值进去便于理解，如果 n=10000，最优的一种分块方案则是将其分为 100 块，每一块中有 100 个元素，则 $\mathrm{ASL}_{\min}=101$，相比于顺序查找来说其效率还是提升了很多的，如果是用顺序查找的话平均查找长度是 5000 次。

如果采用折半查找查索引表，则

$$L_1=\lceil \log_2(b+1)\rceil,\ L_2=\frac{1+2+\cdots+s}{s}=\frac{s+1}{2}$$

由此可得

$$\mathrm{ASL}=\lceil \log_2(b+1)\rceil+\frac{s+1}{2}$$

可以发现，分块索引的效率比顺序查找的 O(n)是高了不少，但是与折半查找的

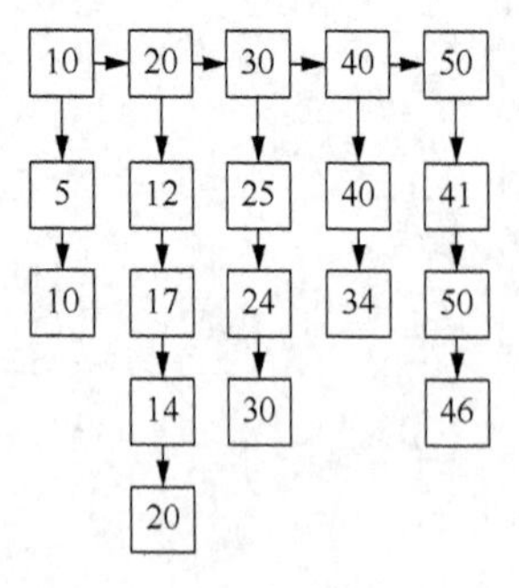

图 10-44　分块索引链式存储

$O(\log_2 n)$ 还是有差距。总体来说，分块索引在兼顾了对细分块不需要有序的情况下，大大提高了整体的查找速度，所以被普遍运用于现在的数据库表查找中。

如果查找表是一个动态查找表，需要执行删除或者插入操作，那么用分块索引实现的话，还能用这种数组的方式来实现分块索引吗？显然如果要在查找表中进行插入或者删除元素都需要大量地移动元素，而且还要维护查找表块间有序的特性，需要付出极大的代价，最好的方式就是将顺序存储改为链式存储，如图 10-44 所示。

10.4.3　倒排索引

用百度、Google 等搜索引擎查阅资料时，无论输入什么样的信息，都能在短时间内给出一些反馈结果。其中的算法技术最简单的就是倒排索引。

假如，下面两个句子是两篇英文“文章”，编号分别是 1 和 2。

1. My favorite subject is data structure.

2. Data structure is a magical subject.

根据每一个单词在句子中出现的情况，可以整理出表 10-2。表中显示了每个不同的单词分别出现在哪篇文章当中，如 data 出现在了文章 1 和 2 当中，而 my 只有文章 1 才有。

表 10-2　倒排索引表

关键字	记录编号
a	2
data	1，2
favorite	1
is	1，2
my	1
magical	2
subject	1，2
structure	1，2

有了这样的一张表，搜索文章就会变得非常简单。假如在搜索框中输入“data”关键字，系统就会先在这张索引表中有序查找“data”，然后将对应的文章编号 1 和 2 的地址返回，并且给出查找到的两条记录以及查找所用的时间。

这张单词表就是倒排索引的索引表。表中记录号表存储具有相同次关键字的所有记录的记录号（可以是指向记录的指针或者是该记录的主关键字），这样的索引方法就是倒排索引。

倒排索引的优点是查找非常快速，缺点是记录号不定长。比如在例子中有 4 个单词对应的文章编号只有 1 个，另外 4 个单词有 2 个文章编号，如果是对多篇文章所有的单词建立索引表，那每个单词都将对应大量的文章编号，维护起来比较麻烦，并且当插入和删除操作时也要进行相对应的处理。现有主流的搜索引擎，在建立之初大多采用倒排索引的方式存储数据和查询数据。

10.5　二叉排序树

10.5.1　二叉排序树的定义

假设数据集开始只有一个数{20}，现在需要将 51 插入数据集，于是数据集就变为了{20,51}，还保持了从小到大的有序排列。如果还要继续插入 14，则需要在数据集中先查找是否含有 14，没有则插入。可此时要想在线性表的顺序存储结构中维持有序，就需要将 20 和 51 向后移动位置，如图 10-45 所示。要如何才能节省元素移动的时间呢？那就需要改变数据存储的结构，可以使用之前学习过的二叉树结构。首先将第一个数 20 定为根结点，因为 51 比 20 大，所以将其放在 20 的右子树，因为 14 比 20 小，所以将其放在 20 的左子树，如图 10-46 所示。

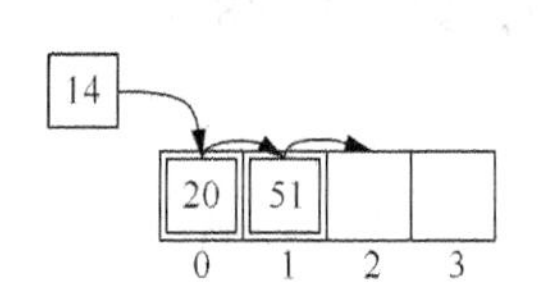

图 10-45　线性表的顺序存储结构

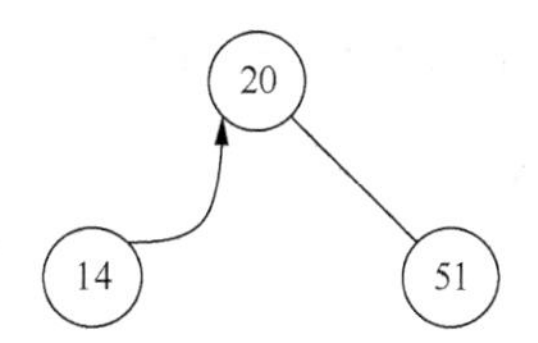

图 10-46　二叉树结构

如果需要对集合[20,14,51,12,27,22,31,67,61,72]做查找，在创建此集合时就考虑用二叉树结构，而且是排好序的二叉树来创建，如图 10-47 所示，20、14、51 创建完成后，下一个数 12 比 20 小，所以放在 20 的左子树，在 20 的左子树中 12 又比 14 小，所以又放在 14 的左子树（见③）。27 比 20 大，又比 51 小，所以是 51 的左子树（见④）。22 比 20 大，比 51 小，又比 27 小，所以是 27 的左子树（见⑤）。31 比 20 大，比 51 小，又比 27 大，所以是 27 的右子树（见⑥）。以此类推，就能够得到一棵二叉树，并且当对该二叉树进行中序遍历时，可以得到一个有序的序列[12,14,20,22,27,31,51,61,67,72]，这样的二叉树，就是二叉排序树。

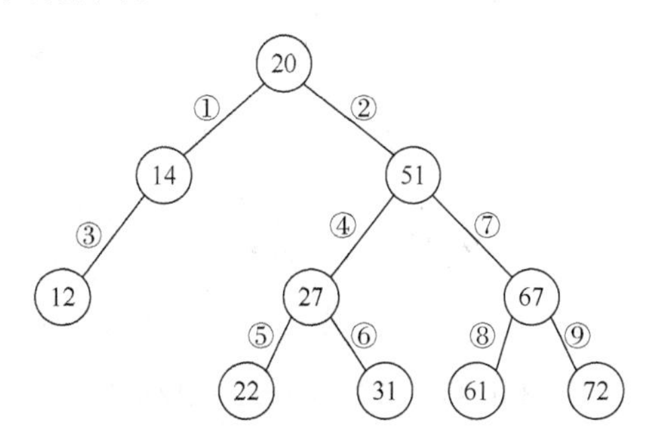

图 10-47　二叉排序树

二叉排序树：又称为二叉查找树。它或者是一棵空树，或者是具有下列性质的二叉树：

（1）左子树上所有结点的关键字均小于根结点的关键字；

（2）右子树上所有结点的关键字均大于根结点的关键字；

（3）左子树和右子树又各是一棵二叉排序树。

由上述性质（1）和（2）可以得到结论：左子树结点的关键字的值<根结点的关键字的值<右子树结点的关键字的值。性质（3）是左子树和右子树同时又满足前两条特性。也正是因为这种特性，中序遍历二叉排序树时才能够得到一个有序序列。

构造一棵二叉排序树，其目的并不是排序，而是为了同时提高查找关键字和插入删除操作的效率。在一个有序的数据集上查找一定是比在无序的数据集中查找要快，而二叉排序树这种非线性结构，也有利于插入和删除的实现。

10.5.2　二叉排序树的查找

想要在一个二叉排序树里查找一个关键字是非常方便的，若树非空，目标值与根结点的值做比较：若相等，则查找成功。若小于根结点，则在左子树上查找；否则，在右子树上查找。以图 10-47 的二叉排序树为例，假设要在该树中查找关键字为 31 的结点，指针从根结点出发，将目标关键字与根结点的值做比较，如图 10-48 所示。

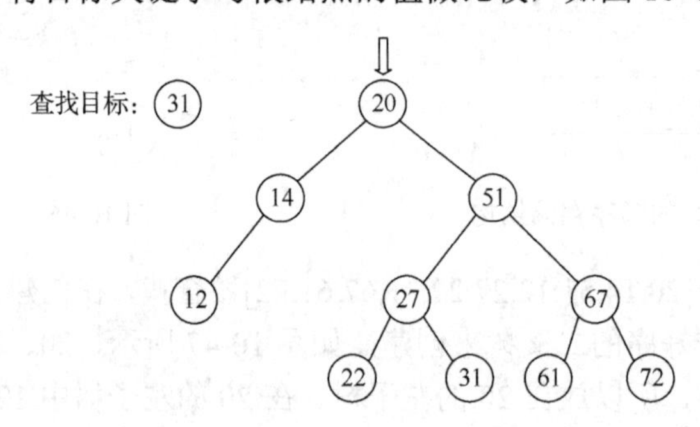

图 10-48　二叉排序树查找成功 1

由于 20<31，根据二叉排序树右子树的结点值要大于根结点的特性，所以要查找的值只有可能在右子树中，则将指针往根结点的右孩子方向走，此时指针指向结点 51，如图 10-49 所示。

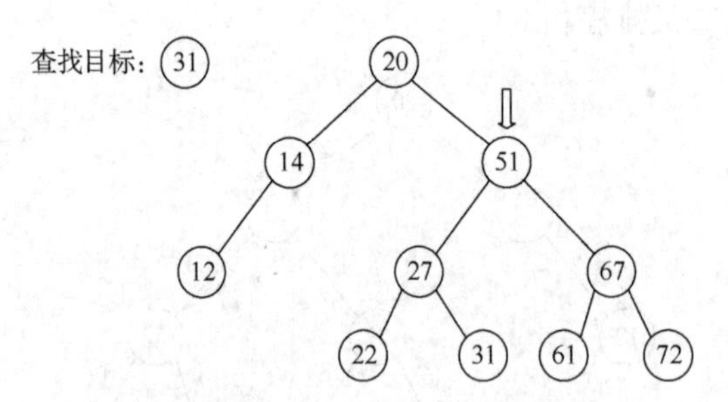

图 10-49　二叉排序树查找成功 2

继续将指针指向的结点值与目标关键字作比较，得到 51>31，根据二叉排序树的特性，即左子树的结点值要小于根结点，所以要查找的值只有可能在以结点 51 作为根结点的子树的左子树中，则将指针往结点 51 的左孩子方向继续走，此时指针指向结点 27，如图 10-50 所示。

因为 27<31，按照上述规则，指针继续往 27 结点的右孩子方向走，此时 31 结点的值与查找目标关键字 31 相等，则查找成功，如图 10-51 所示。

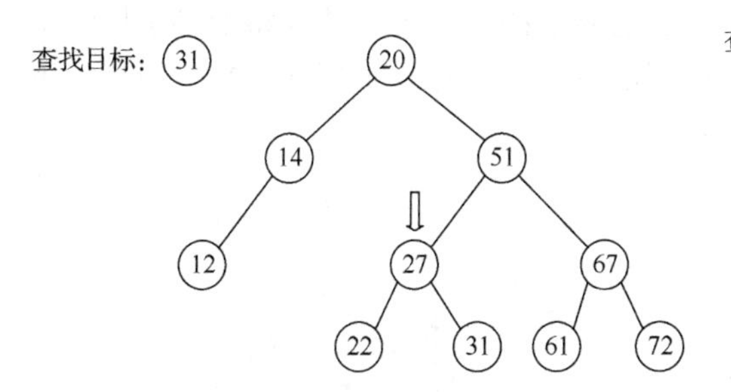

图 10-50　二叉排序树查找成功 3

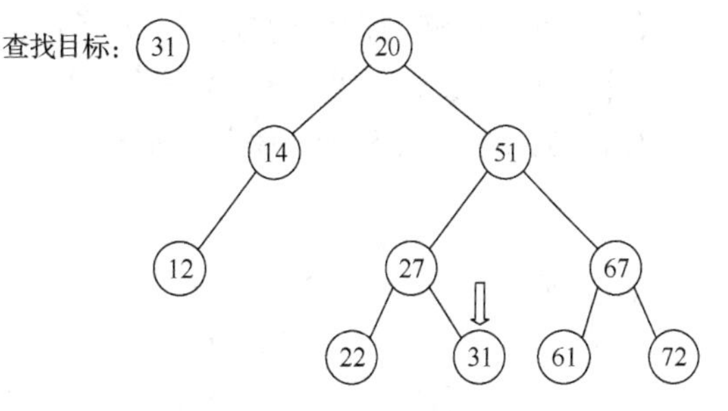

图 10-51　二叉排序树查找成功 4

二叉排序树查找部分代码如下：

```
Status SearchBST(BiTree T, int key, BiTree f, BiTree *p)
{
    if (!T)    //  查找不成功
    {
        *p = f;
        return FALSE;
    }
    else if (key==T->data) //  查找成功
    {
        *p = T;
        return TRUE;
    }
    else if (key<T->data)
        return SearchBST(T->lchild, key, T, p);  //在左子树中继续查找
    else
        return SearchBST(T->rchild, key, T, p);  //在右子树中继续查找
}
```

由于二叉排序树的递归特性，所以要实现二叉排序树的查找代码也可以运用递归的思想。代码第 1 行，SearchBST()函数的形参表内，T 指向的是一个二叉链表。key 代表的是要查找的关键字。f 指向 T 的双亲，当 T 指向根结点时，f 的初值为 NULL，设置参数 f 的目的是记录查找不成功时的位置，为之后的插入操作确定插入位置。参数 p 是为了查找成功和查找失败后可以将得到的结点位置保存下来。假设此时要查找的目标关键字为 13，则函数调用语句为 SearchBST(T,13,NULL,p)，代码开始运行。

代码运行到第 3 行，此时开始进行条件判断：

（1）第 3～7 行判断：当前二叉树是否为空，如果为空，则查找不成功，并且指针 p 指向查找路径上访问的最后一个结点并返回 FALSE。此时，显然 T 不为空，指向根结点 20 的位置，所以第 5 行和第 6 行不执行，如图 10-52 所示。

（2）第 8～12 行判断：查找关键字与当前结点值是否相等，若是相等，则查找成功，将指针 p 指向目前二叉树所指结点，并且返回 TRUE。显然，此时 13 不等于 20，所以第 10 行和 11 行不执行。

（3）第 13、14 行判断：查找的关键字是否小于当前结点值，如果小于，则调用代码第 14 行，用递归调用的方式将 T 指针指向当前结点的左孩子，并且将形参 f 指针指向当前结点。否则，代码第 14 行不执行，运行第 15 行。例中，此时 13<20，则执行第 14 行，进入第二层 SearchBST，如图 10-53 所示。

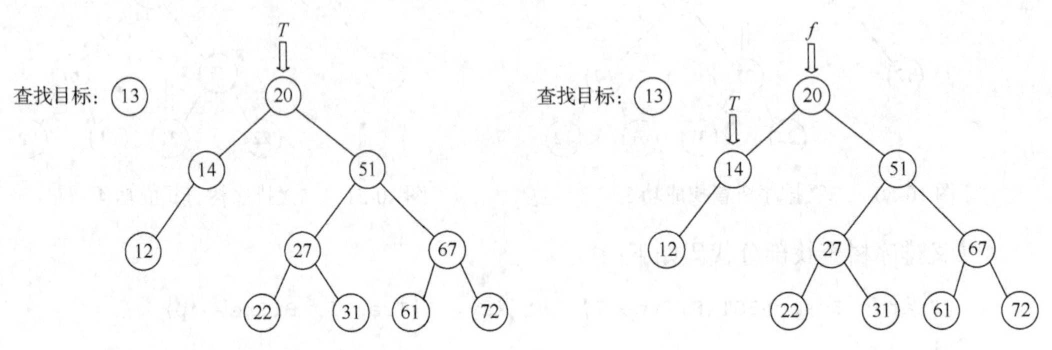

图 10-52　二叉排序树查找失败 1　　　　图 10-53　二叉排序树查找失败 2

（4）第 15、16 行判断：查找的关键字是否大于当前结点值，如果大于，则调用代码第 16 行，用递归调用的方式将 T 指针指向当前结点的右孩子，并且将形参 f 指针指向当前结点。否则，代码第 16 行不执行。而此时 13<20，则代码第 16 行不执行。

如图 10-53 所示，在第二层递归的 SearchBST 中，T 指向了 20 的左孩子 14，又因为 13<14，即查找的关键字小于当前结点值，所以执行代码第 14 行，进入第三层递归的 SearchBST。

如图 10-54 所示，在第三层递归的 SearchBST 中，T 指向了 14 的左孩子 12，因为 13>12，即查找的关键字大于当前结点值，所以执行代码第 16 行，进入第四层递归的 SearchBST。

在第四层的 SearchBST 中，如图 10-55 所示，由于结点 12 为二叉树的叶子结点，所以结点 12 的左右孩子都为空，则此时 T 指向 NULL，f 指向结点 12，执行代码第 5、6 行，将 p 指针指向 f 指向的结点 12，并返回 FALSE 到第三层、第二层、第一层，最终函数返回 FALSE。

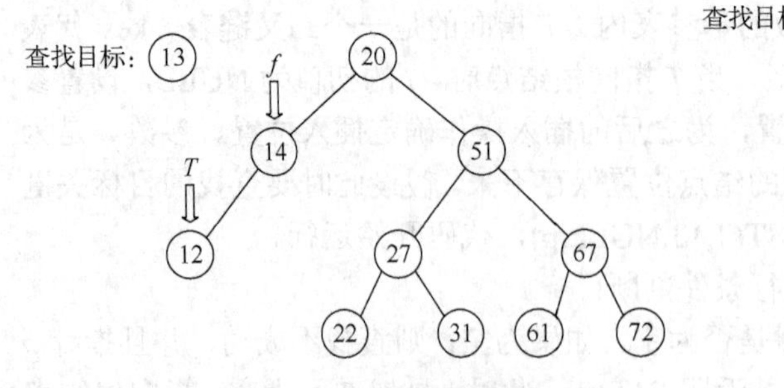

图 10-54　二叉排序树查找失败 3

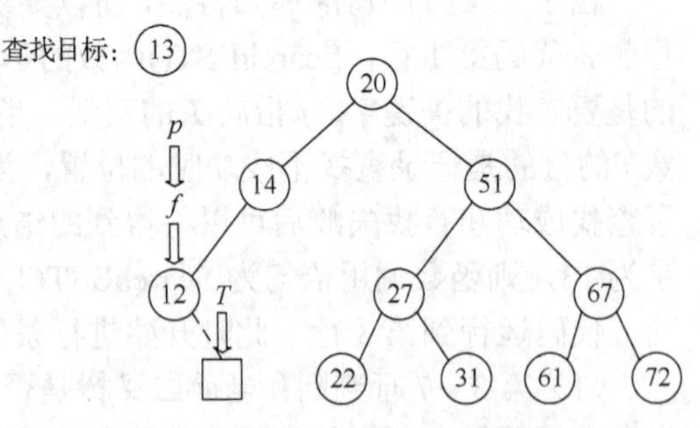

图 10-55　二叉排序树查找失败 4

10.5.3　二叉排序树的插入

知道了二叉排序树的查找函数，插入操作就十分简单了，只需先运行查找函数，判断查找目标是否在原二叉排序树中，若是查找成功，则不再插入；若是查找不成功，原二叉排序树为空，则直接插入结点，若关键字 key 小于根结点值，则插入左子树，若关键字 key 大于根结点值，则插入右子树，代码如下：

```
Status InsertBST(BiTree *T, int key)
{
    BiTree p,s;
    if (!SearchBST(*T, key, NULL, &p))    // 查找不成功
    {
        s = (BiTree)malloc(sizeof(BiTNode));
        s->data = key;
        s->lchild = s->rchild = NULL;
        if (!p)
            *T = s;                       // 插入 s 为新的根结点
        else if (key<p->data)
            p->lchild = s;                // 插入 s 为左孩子
        else
            p->rchild = s;                // 插入 s 为右孩子
        return TRUE;
    }
    else
        return FALSE;        // 树中已有关键字相同的结点，不再插入
}
```

如上述例子，如果调用函数是“InsertBST(&T，12);”，那么结构为 FALSE；如果调用函数是“InsertBST(&T,13)”，那么则在 12 的结点右孩子上插入新的结点 13，并返回 TRUE，如图 10-56 所示。

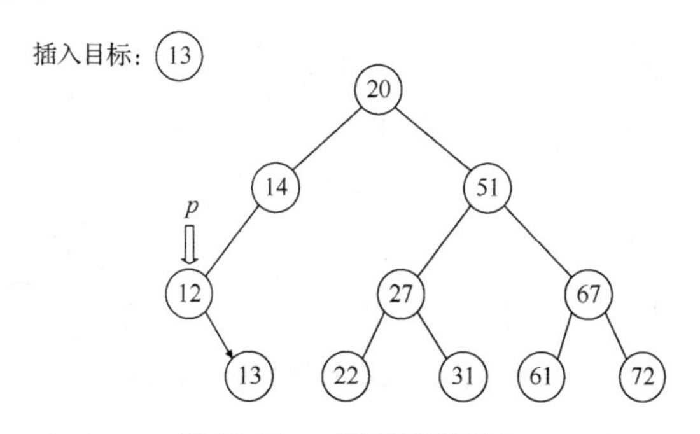

图 10-56　二叉排序树插入

知道了二叉排序树的插入代码以后，就可以从空树开始构建二叉排序树了，代码如下：

```
int i;
int a[10]={62,88,58,47,35,73,51,99,37,93};
```

```
BiTree T=NULL;

for(i=0;i<10;i++)
{
    InsertBST(&T, a[i]);
}
```

10.5.4 二叉排序树的删除

二叉排序树的删除操作与插入操作不同，由于插入操作的插入位置总是在二叉排序树的叶子结点，所以每次插入完成后依然可以保持整棵树原有的特性，而在删除操作中，有可能删除树中间的结点，从而使得树不满足二叉排序树的特性。因此删除操作需要考虑多种情况，使用不同的应对方式来维持原有的结构特性。

和插入操作一样，先是查找到目标结点：

（1）若被删除结点是叶子结点，则直接删除，不会破坏二叉排序树的性质。假如要删除上述例子中的 12、22、31、61、72 结点，则直接删除即可，如图 10-57 所示。

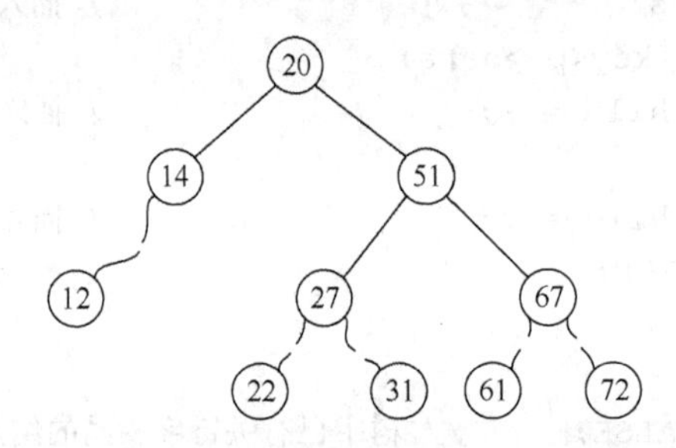

图 10-57　二叉排序树删除叶子结点

（2）若被删除结点只有一棵左子树或右子树，则让该结点的子树，直接移动到该结点的位置即可，替代该结点的位置，可以理解为独子继承父业。如删除上述例子中的 14 结点，只需要将 14 结点删除后，将其左子树 12 结点顶替到其位置即可，如图 10-58 所示。

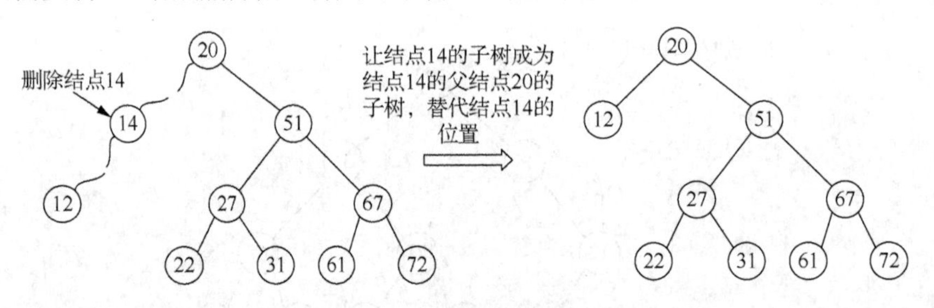

图 10-58　二叉排序树删除结点 14

（3）如果删除的结点有左、右两棵子树，则令该结点的直接后继（或直接前驱）替代该结点，然后从二叉排序树中删去这个直接后继（或直接前驱）。假如现在要删除 51 结点，只用对这棵二叉排序树进行中序遍历得到一个有序序列，找到 51 结点的直接后继为 61，将 61 结点替代 51 结点，再将原本的 61 结点删除，如图 10-59 所示。

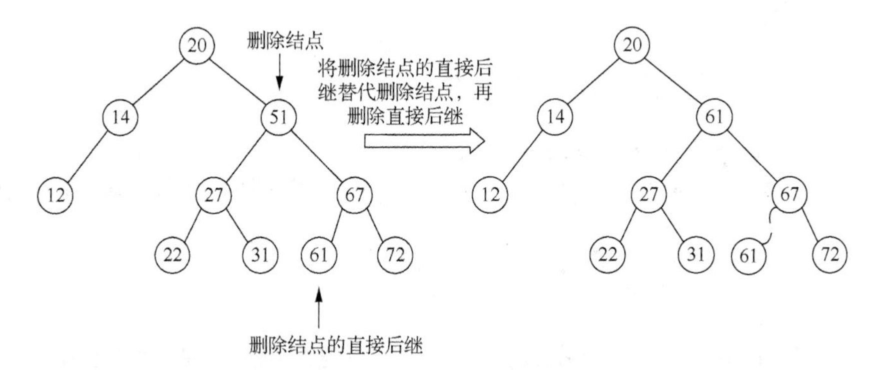

图 10-59　二叉排序树删除结点 51

根据对删除结点的三种情况的分析，不同的结点要删除需要采取不同的应对方式来维持二叉排序树的原有特性，接下来则是看看代码是如何实现的。

首先和插入操作一样，先要在二叉排序树中查找要删除的结点，该段代码和二叉排序树的插入几乎一样，但是唯一的区别在于第 8 行，此时执行的删除方法 Delete()函数，对当前结点进行删除操作，代码如下：

```
Status DeleteBST(BiTree *T,int key)
{
    if(!*T)                          // 不存在关键字等于 key 的数据元素
        return FALSE;
    else
    {
        if (key==(*T)->data)         // 找到关键字等于 key 的数据元素
            return Delete(T);
        else if (key<(*T)->data)
            return DeleteBST(&(*T)->lchild,key);
        else
            return DeleteBST(&(*T)->rchild,key);

    }
}
```

Delect()函数的实现代码如下：

```
Status Delete(BiTree *p)
{
    BiTree q,s;
    // 右子树空则只需重接它的左子树(待删结点是叶子也走此分支)
    if((*p)->rchild==NULL)
{
        q=*p; *p=(*p)->lchild; free(q);
    }
    else if((*p)->lchild==NULL)   // 只需重接它的右子树,第 8 行
    {
        q=*p; *p=(*p)->rchild; free(q);
```

```
        }
        else // 左右子树均不空,第 12 行
        {
            q=*p; s=(*p)->lchild;
            while(s->rchild)            // 转左，然后向右到尽头(找待删结点的前驱)
            {
                q=s;
                s=s->rchild;
            }
            (*p)->data=s->data;         // s 指向被删结点的直接前驱(将被删结点前
驱的值取代被删结点的值)
            if(q!=*p)
                q->rchild=s->lchild;    //重接 q 的右子树
            else
                q->lchild=s->lchild;    //重接 q 的左子树
            free(s);
        }
        return TRUE;
    }
```

代码第 4～7 行是为了删除没有右子树只有左子树的结点以及叶子结点，只需要将此结点的左孩子替换它自己，然后释放该结点的内存即可，叶子结点的左孩子也为空，因此这两种情况可以用同一种方式实现。

代码第 8～11 行是相同的方式，处理只有右子树没有左子树的情况。

代码第 12～25 行则是处理比较复杂的既有左子树又有右子树的情况，结合上述例子中删除 51 结点的原理，详细讲解其实现过程。

代码从第 14 行开始运行，将要删除的结点 p 赋值给临时变量 q，再将 p 的左孩子 p->lchild 赋值给临时变量 s，此时 p 和 q 同时指向被删除的结点。若要在上例中删除 51 结点，则应该使 p 和 q 指向存储 51 的结点，s 指向存储 27 的结点，如图 10-60 所示。

代码第 15～18 行是寻找删除结点的直接前驱，在二叉树中，想要找到一个结点的直接前驱，只需要找到该结点的左子树的右尽头即为直接前驱，直接后继同理，是该结点的右子树的左尽头，将 q 指向 s 指向的结点，再将 s 指向删除结点的直接前驱。例子来说就是将 q 指向 27 结点，s 指向 31 结点，如图 10-61 所示。

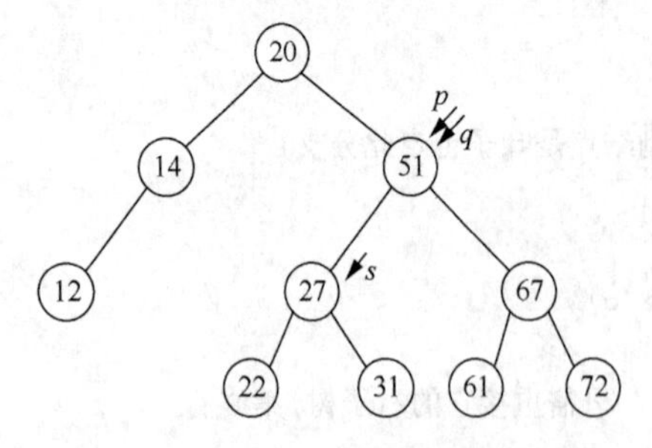

图 10-60　二叉排序树删除代码讲解 1

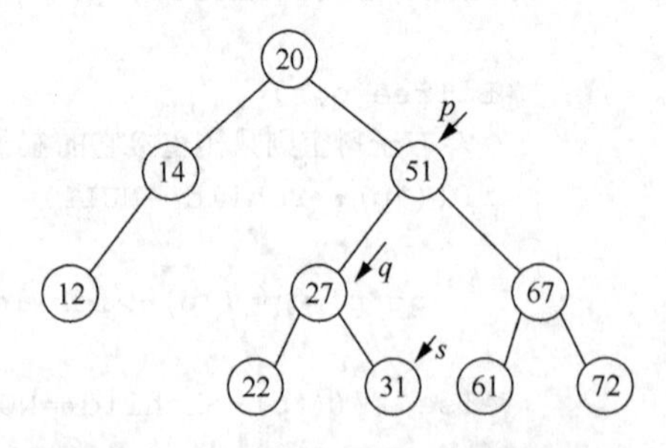

图 10-61　二叉排序树删除代码讲解 2

代码第 19 行，是要将直接前驱替代删除结点，此时要让删除结点 p 位置的数据被赋值为直接前驱的数据 s->data，即让 p->data=31，如图 10-62 所示。

代码第 20～23 行则是删除 s 所指的直接前驱，此时的情况回到了删除结点的前两种情况，需要先判断此时 q 是否和 p 指向同一个结点，如果 q 和 p 指向不同，则将 s->lchild 赋值给 q->rchild，否则就是将 s->lchild 赋值给 q->lchild。显然，这个例子中 p 不等于 q，则将 s->lchild 指向的空结点赋值给 q->rchild，如图 10-63 所示。

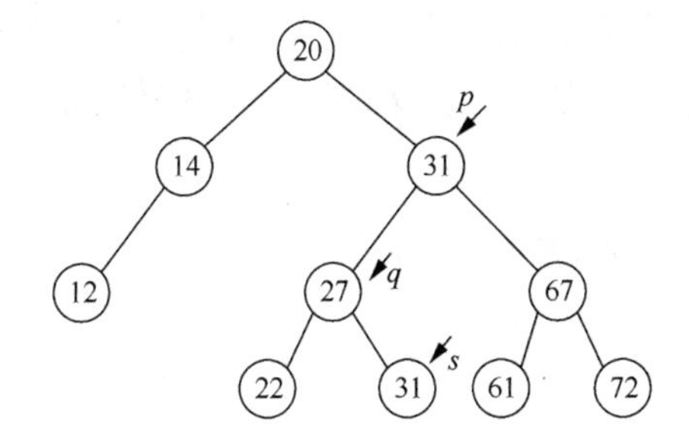

图 10-62　二叉排序树删除代码讲解 3

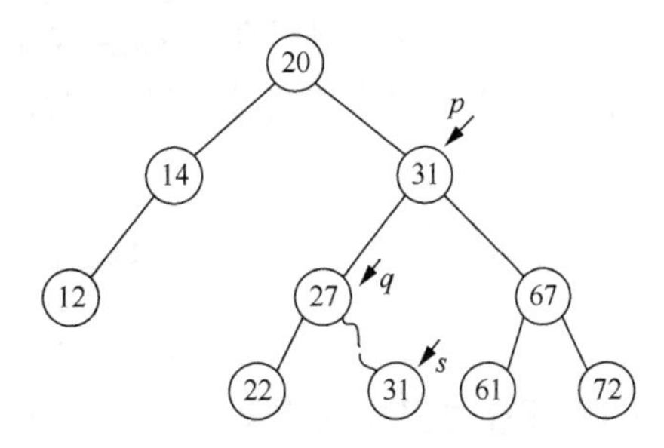

图 10-63　二叉排序树删除代码讲解 4

代码第 24 行，则是将 31 结点释放内存；代码第 26 行，若删除成功，则返回 TRUE 回到调用函数中，Delect()函数运行结束。

10.5.5　二叉排序树的查找效率

二叉排序树采用了链式存储结构，从而拥有在执行插入或删除时不用移动元素的优点，只要找到合适的插入和删除位置，修改链表指针即可，大大提高了插入和删除操作的时间性能。对于查找操作，首先看看下面两棵二叉排序树，如图 10-64 所示，其中序遍历的结果都为{20,25,30,50,60,68,69,70}，分别计算两棵二叉排序树的平均查找长度做比较。

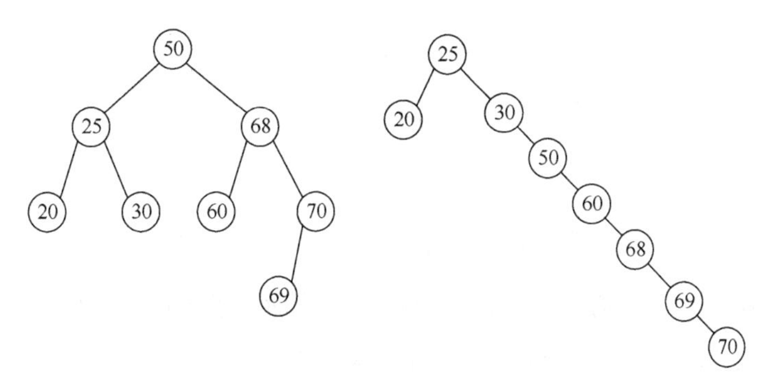

图 10-64　二叉排序树对比

二叉排序树的查找，就是从根结点到查找结点的路径，其比较次数等于给定值的结点在二叉查找树中的层数。最好的情况为比较 1 次，即要查找的结点就为根结点，最坏的情况为树的深度。所以左边的二叉排序树的平均查找长度为

$$\mathrm{ASL} = (1\times1 + 2\times2 + 3\times4 + 4\times1)/8 = 2.625$$

右边的二叉排序的平均查找长度为

$$ASL = (1\times1+2\times2+3\times1+4\times1+5\times1+6\times1+7\times1)/8 = 3.75$$

显然，左边的二叉排序树的查找效率是要高于右边的，即使两棵二叉排序树中存储的值都是一样的。若树高为 h，则找到最下层的一个结点需要对比 h 次，由此可知，二叉排序树的查找效率很大程度上取决于这棵树的高度。之前学习过对于有 n 个结点的二叉树，可以得到的最小高度为$\lfloor \log_2 n \rfloor+1$，则查找效率为$O(\log_2 n)$；最坏的情况为每个结点只有一个分支，则树高 h=结点数 n，查找效率为 $O(n)$。因此对于二叉排序树，应该尽可能地让这棵树的高度接近最小高度$\lfloor \log_2 n \rfloor+1$，这样可以保证查找效率最高。

10.6　平衡二叉树

10.6.1　平衡二叉树的定义

平衡二叉树（AVL 树）：是一种二叉排序树，树上任一结点的左子树和右子树的高度之差不超过 1。

为了能够理解这个定义，把左子树高与右子树高的差值称为结点的平衡因子 BF（balance factor），那么平衡二叉树各结点的平衡因子的值只有可能是−1、0、1，即绝对值不超过 1，只要有任一结点的平衡因子的绝对值大于 1，就不是平衡二叉树，如图 10-65 所示。

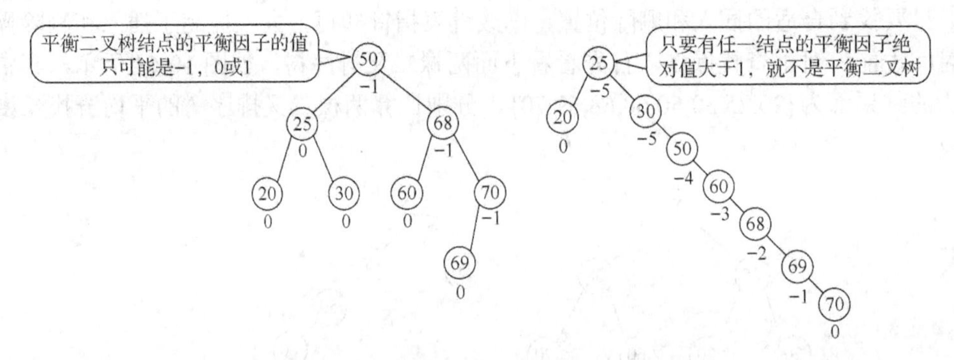

图 10-65　平衡二叉树和非平衡二叉树

因此可以在二叉排序树结点结构中新增一个平衡因子属性，如代码第 4 行所示。

```
typedef  struct BiTNode  // 结点结构
{
   int data;             // 结点数据
   int bf;               //  结点的平衡因子
   struct BiTNode *lchild, *rchild;      // 左右孩子指针
} BiTNode, *BiTree;
```

10.6.2　平衡二叉树的插入

让一棵二叉排序树保持平衡，就可以保证它的查找效率可以达到 $O(\log_2 n)$ 这样的一个数量级。因此，这一节主要研究的是在插入一个新结点之后，如何保持平衡。

首先来看一个例子，假如要在上述平衡二叉树中插入一个新的结点 65，则在这个新增结点的查找路径上所有的结点都有可能受到影响从而平衡因子发生变化，如图 10-66 所示。

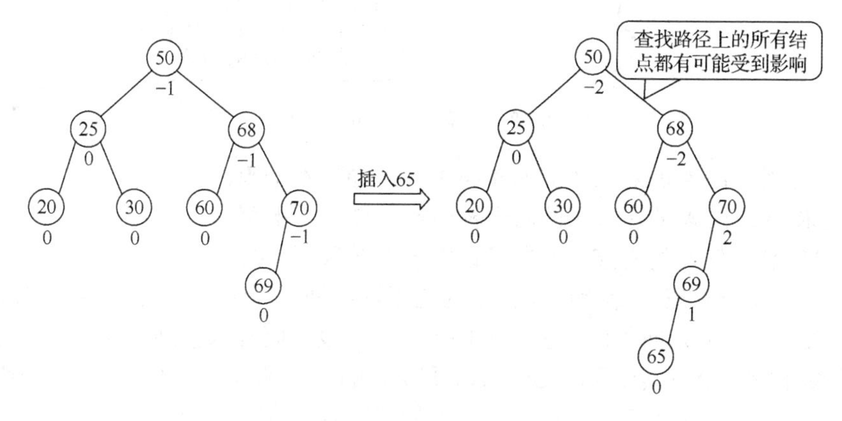

图 10-66　平衡二叉树插入结点 1

此时，要想让这棵树变回平衡二叉树，就是让这些结点恢复平衡，可以从新插入的结点开始往上找，找到第一个不平衡的结点，以此结点为根结点的子树，称为最小不平衡子树，如图 10-67 所示，只需要在保证二叉排序树特性的前提下，调整最小不平衡子树中各结点的位置关系，就能使之重新达到平衡，如图 10-68 所示。

从图 10-68 中可以看出，当插入一个结点导致不平衡时，只需要调整最小平衡子树恢复平衡，就可以让其他的结点也恢复平衡。由于插入结点时有不同的情况，而不同情况下所采取的策略也不同。主要分为以下四种情况：

（1）LL 型：在 A 的左孩子的左子树中插入导致不平衡；

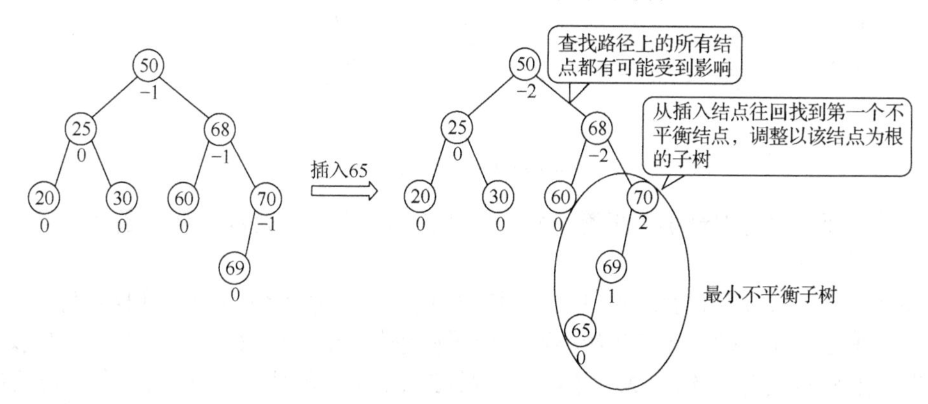

图 10-67　平衡二叉树插入结点 2

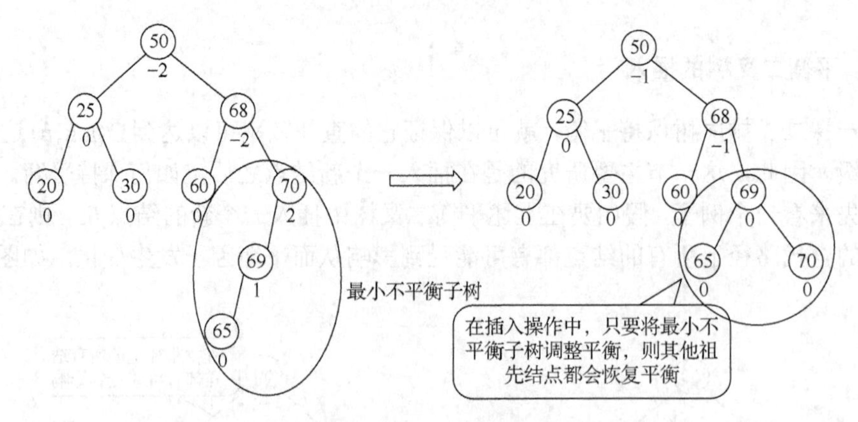

图 10-68　平衡二叉树插入结点 3

（2）RR 型：在 A 的右孩子的右子树中插入导致不平衡；

（3）LR 型：在 A 的左孩子的右子树中插入导致不平衡；

（4）RL 型：在 A 的右孩子的左子树中插入导致不平衡。

第（1）种情况：在 A 结点的左孩子的左子树中插入新结点导致不平衡，如图 10-69 所示，以灰色正方形来抽象地表示每一棵子树，假设当因插入新结点而不平衡时，A 都为最小平衡子树，所以其中子树 BL、BR 和 AR 的高度都只能为 h，且都是平衡的，这样才能保证当插入新结点时，会出现不平衡的情况且 A 都是最小平衡子树。如果需要在 A 结点的左孩子的左子树中插入一个新结点，即在子树 BL 中插入一个新结点，插入后，子树 BL 的高度变为 $h+1$，从而使得 A 结点的平衡因子变成了 2，不满足平衡二叉树的平衡条件，因此整棵树失去平衡。

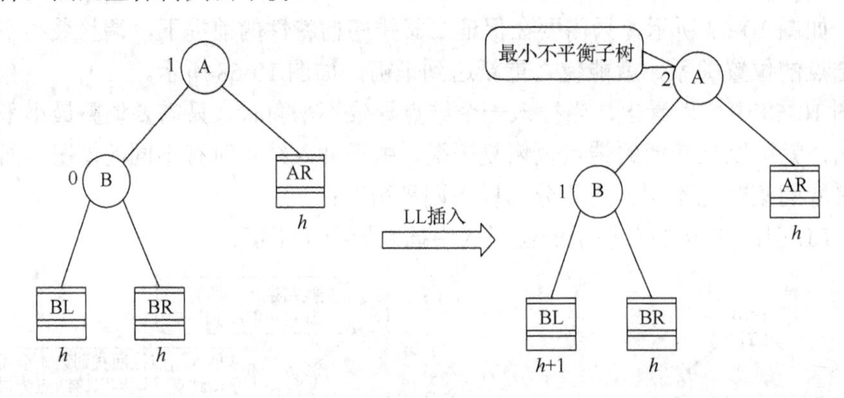

图 10-69　LL 型插入

此时，要调整这棵最小不平衡子树后所期待的结果应该是满足两个条件：

① 恢复平衡；

② 保持二叉排序树的特性：即左子树结点值 < 根结点值 < 右子树结点值。

为了满足上述条件，需将此最小不平衡子树进行一次向右旋转，即将 A 的左孩子 B 结点向右上旋转代替 A 结点成为根结点，A 结点右下旋转成为 B 结点的右子树的根结点。注意此时 B 的右子树为 BR 与 A 冲突，根据二叉排序树的特性有：BL < B < BR < A < AR，因此，为了保持二叉排序树的特性且又要使 A 为 B 的右子树的根结点，B 的原

右子树 BR 则需要成为 A 结点的左子树，如图 10-70 所示。

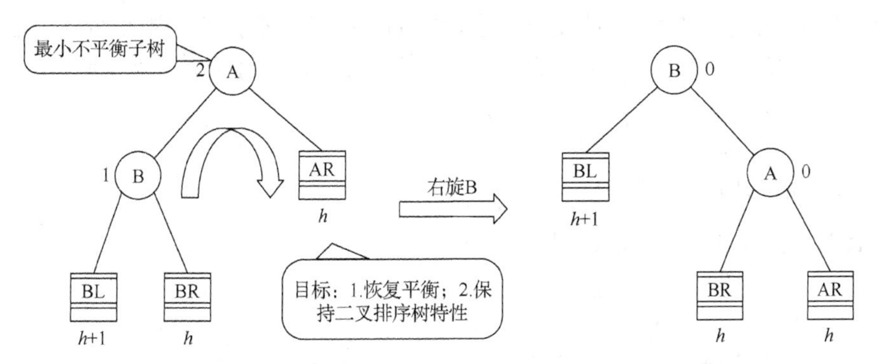

图 10-70　LL 型平衡旋转（右单旋转）

第（2）种情况：如图 10-71 左图所示的树中，假设与上述相同，如果现要在 A 结点的右孩子的右子树中插入一个新结点，即在子树 BR 中插入一个新结点，插入后，子树 BR 的高度变为 h+1，导致了 A 结点的平衡因子变为−2，因此整棵树失去平衡。

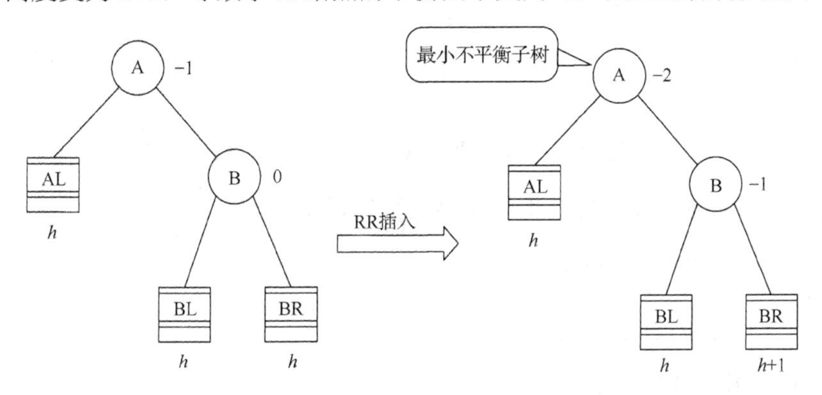

图 10-71　RR 型插入

为了满足两个条件，需将此最小不平衡子树进行一次向左旋转，即将 A 结点的右孩子 B 结点向左上旋转代替 A 结点成为根结点，A 结点向左下旋转成为 B 的左子树的根结点，此时，B 结点的左子树 BL 与 A 结点发生冲突，根据二叉排序树的特性：AL < A < BL < B < BR，将 B 的原左子树 BL 作为 A 结点的右子树，如图 10-72 所示。

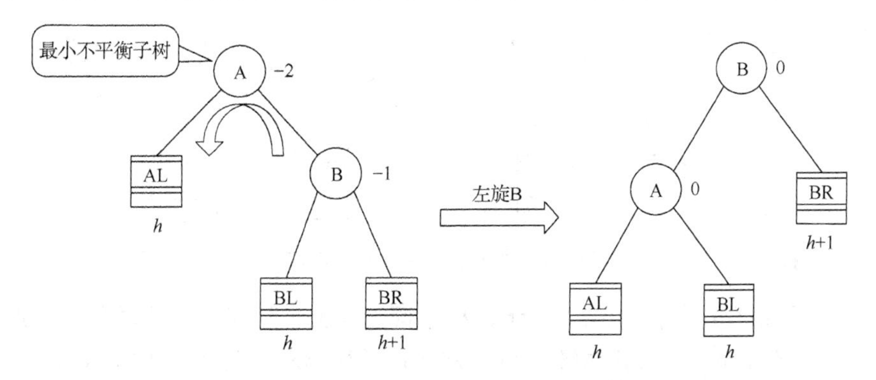

图 10-72　RR 型平衡旋转（左单旋转）

从代码上来看上述的左旋和右旋操作。先看右旋操作，假设指针 gf 指向 A 结点的父结点，则 A 结点可能为 gf 的左孩子也可能为右孩子，指针 f 指向 A 结点，指针 p 指向 B 结点，要实现 A 结点向右下旋转，B 结点向右上旋转只需要三行代码：

```
f->lchild=p->rchild;
p->rchild=f;
gf->lchild/rchild=p;
```

旋转过程如图 10-73 所示。

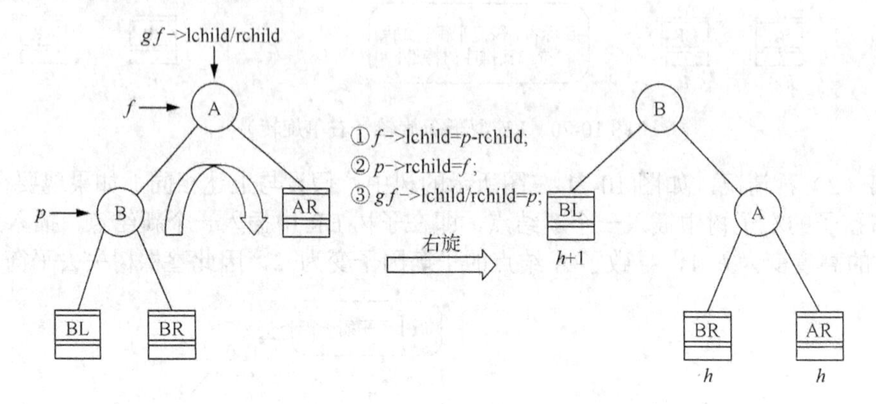

图 10-73　LL 型平衡旋转（右单旋转）代码

左旋操作与右旋操作类似，也只需要三行代码即可实现左旋操作：

```
f->rchild=p->lchild;
P->lchild=f;
gf->lchild/rchild=p;
```

旋转过程如图 10-74 所示。

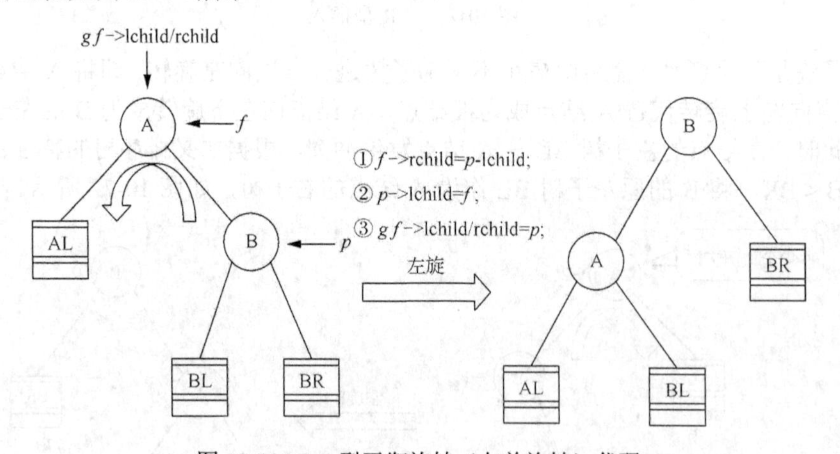

图 10-74　RR 型平衡旋转（左单旋转）代码

第（3）种情况：如图 10-75 所示，树中假设与上述相同，如果要在 A 结点的左孩子的右子树 BR 中插入一个新元素，则插入后，子树 BR 的高度将变为 1，使得 A 结点的平衡因子变成 2，因此该树失去平衡。

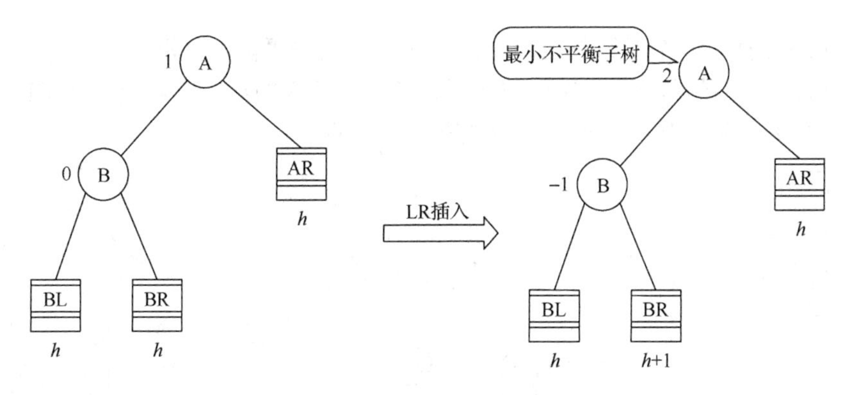

图 10-75　LR 型插入

此时，前面的单次左旋右旋已经无法解决问题了，为了方便探讨将 B 的右子树 BR 进行展开，假设 B 结点的右孩子为 C 结点，则 C 的左子树为 CL，高度为 h−1，右子树为 CR，高度为 h−1。此时假如新插入的结点在 CR 上，则 CR 的高度就变为 h，实际情况插入在 CL 上或者 CR 上都是一样的处理方法，如图 10-76 所示。

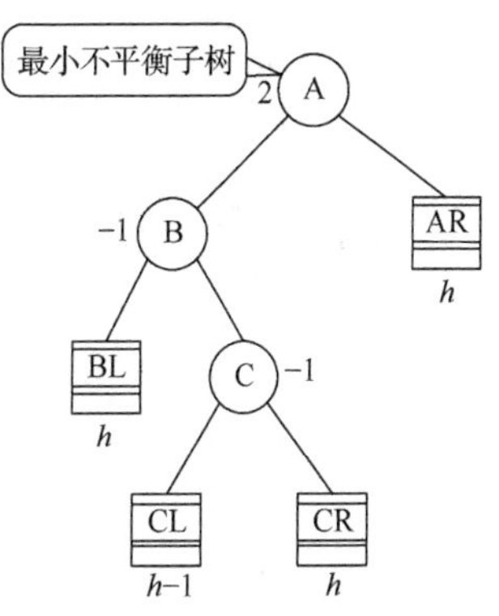

图 10-76　LR 型插入展开 BR

此时情况较为复杂，需要进行两次旋转操作，先左旋转后右旋转。先将 A 结点的左孩子 B 的右子树的根结点 C 向左上旋转替换到 B 结点的位置，然后再把该 C 结点右上旋转提升到 A 结点的位置。旋转操作和上述两种操作一样，同时也要维持二叉排序树的基本特性，在 C 结点向左上旋转时，C 的左子树 CL 与 B 结点发生冲突，由于 BL < B < CL < C < CR < A < AR，因此将 CL 作为 B 结点的右子树；在 C 结点继续向右上旋转时，C 结点的右子树 CR 和 A 结点发生冲突，因此将 CR 作为 A 的左子树，如图 10-77 所示。

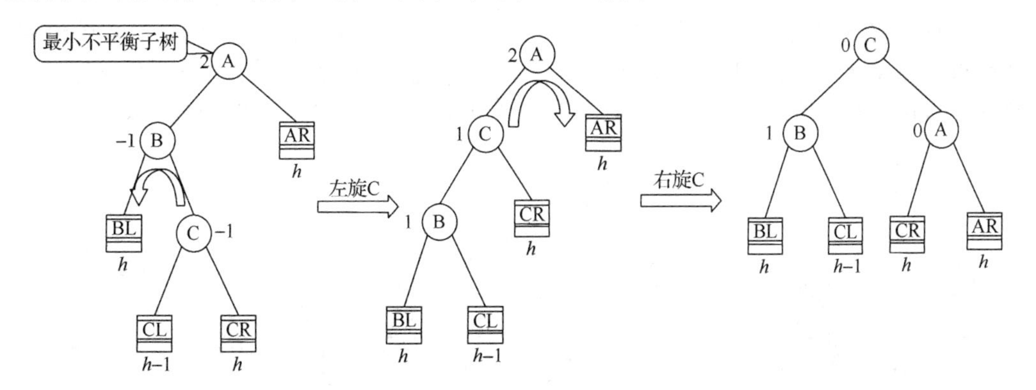

图 10-77　LR 型平衡旋转（先左后右双旋转）1

之前提到假设插入的位置是在 CL，这种情况下处理的方式也是一样的，如图 10-78 所示。

第（4）种情况：如图 10-79 所示，树中假设和上述一致，如果在 A 结点的右孩子

B 的左子树 BL 插入一个新结点后，导致了 A 结点失去平衡。分析方法和之前一样，需要把 BL 这棵子树展开，假设 B 的左孩子是 C，新插入的结点有可能是在 CL，也有可能在 CR，但是不管在哪一边处理的方式都是一样的。

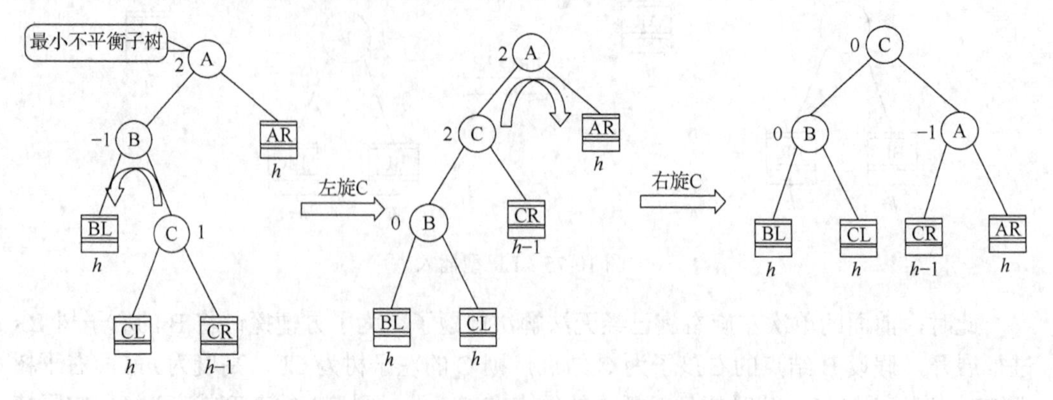

图 10-78　LR 型平衡旋转（先左后右双旋转）2

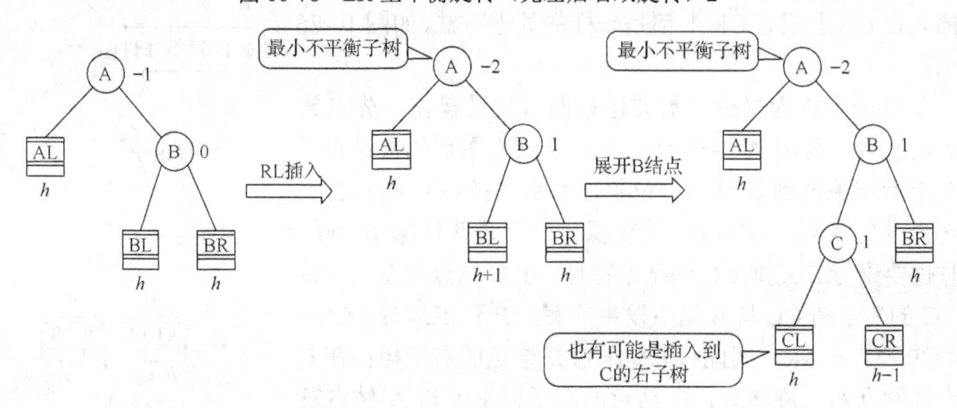

图 10-79　RL 型插入

此时先将 A 结点的右孩子 B 的左子树的根结点 C 向右上旋转提升到 B 结点的位置，然后再把该 C 结点向左上旋转提升到 A 结点的位置，处理冲突的方法与上述相同，当插入结点位置在 C 的右子树 CR 中，处理方法也是一样的，如图 10-80 所示。

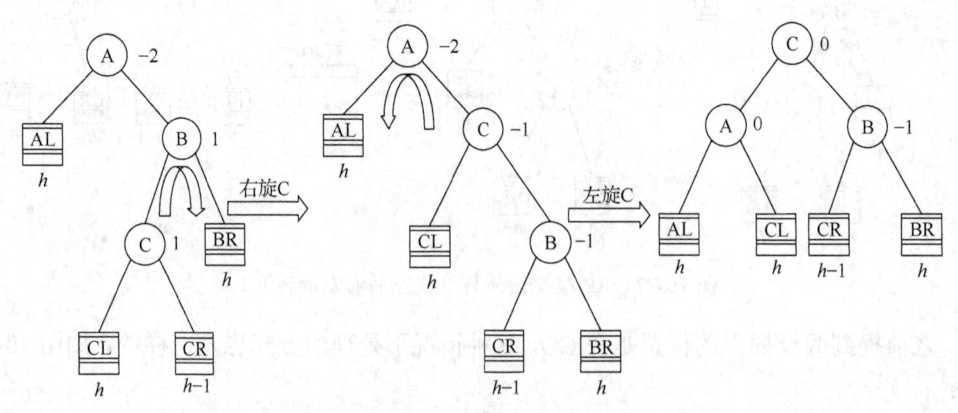

图 10-80　RL 型平衡旋转（先右后左双旋转）

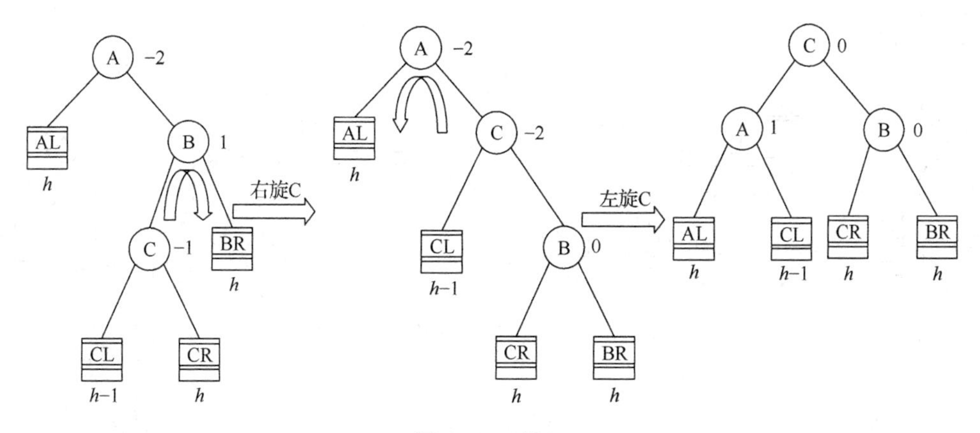

图 10-80（续）

思考：为何只要调整最小不平衡子树，就可以使二叉排序树恢复平衡呢？

当插入结点导致二叉排序树失衡时，一共会有四种情况，按照上述的假设，刚开始最小不平衡子树的高度应该是 $h+2$，当增加一个新结点之后，导致子树的高度增加 1，变成 $h+3$，经过调整后可以发现，这棵子树的高度又恢复成了 $h+2$，如图 10-81 所示。

由于插入操作导致“最小不平衡子树”高度增加 1，经过调整后高度会恢复，所以对于其上一层的父结点来说，只要这棵子树的高度恢复原状，则这个父结点的平衡因子也会恢复原状。同样地，再往上的祖先结点的平衡因子也会恢复平衡。

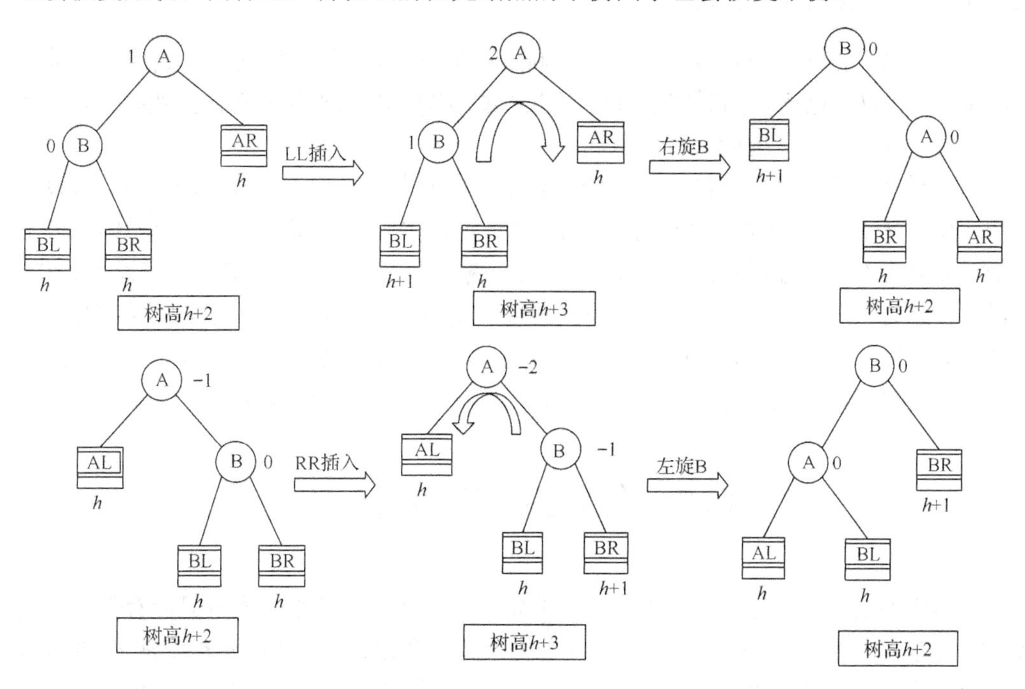

图 10-81 树高对比

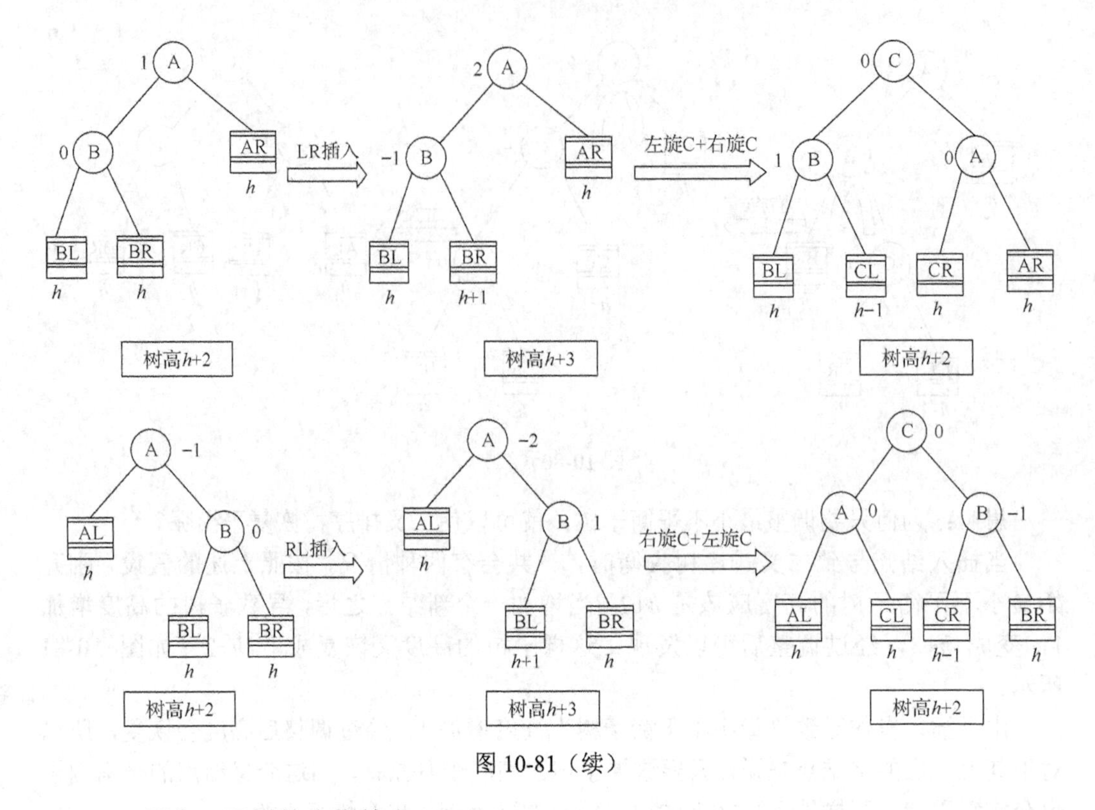

图 10-81（续）

10.6.3　平衡二叉树的查找效率

在一棵二叉排序树中查找效率主要影响来源于树高 h，最坏情况下，查找一个关键字需要对比 h 次，则查找的时间复杂度不会超过 $O(h)$。因此要分析其查找效率，其实就是要分析一棵平衡二叉树的高度为多高。

基于平衡二叉树上任一结点的左子树和右子树的高度之差不超过 1 的特性，假设以 n_h 表示深度为 h 的平衡树中含有的最少结点数，则 n_h 的通用公式应该为 1 个根结点加上左子树高度为 h-1 并且要保证其结点最少，右子树高度为 h-2 并且也要保证其结点最少，则最终公式为 $n_h = n_h + n_h + 1$。基于此公式可以证明，如果一棵平衡二叉树的结点数为 n，则其最大高度 $h_{\max}$ 为 $\log_2 n$，则平衡二叉树查找的时间复杂度为 $O(\log_2 n)$，且其插入和删除的时间复杂度也为 $O(\log_2 n)$，因此这是一种比较理想的动态查找算法。

10.7　多路查找树（B 树）

之前学习过的树，每一个结点可以有非常多的孩子，但其结点本身只能存储一个元素。二叉树则只能有两个孩子。一个结点只能存储一个元素，那么在元素非常多的时候，就使得要么树的度（结点拥有子树个数）非常大，要么树的高度非常大，甚至两者都必须足够大才行。这就使得内存存取外存的次数非常多，会浪费大量的时间，于是打破一个结点只存储一个元素的界限的多路查找树就出现了。

多路查找树：其每一个结点的孩子数可以多于两个，且每一个结点处可以存储多个元素。由于它是查找树，所有元素之间存在某种特定的排序关系。

10.7.1　B 树的定义

要想了解什么是 B 树，首先就要了解什么是多路查找树，以一个五叉查找树为例进行说明，如图 10-82 所示。

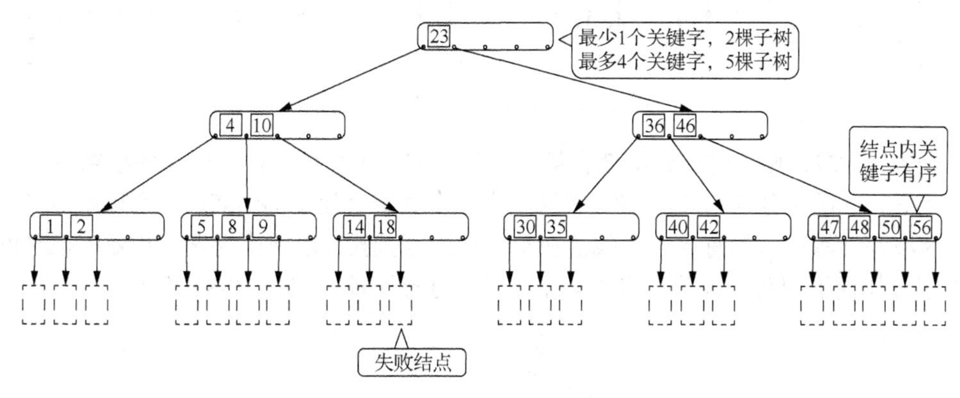

图 10-82　五叉查找树

在这棵五叉查找树中，其规律与二叉查找树基本类似，第一个根结点 23，如果要查找的值比 23 更小，则应该往左子树继续查找，如果更大就继续往右子树查找。假如此时要找的关键字比 23 大，则此时应该在右子树中继续查找，在右子树中可以找到的数值有可能是在(23，+∞)。来到右子树的第一个结点，其中包含 36 和 46 两个元素，则表示又把(23，+∞)这个区间再次划分为(23，36)、(36，46)和(46，+∞)三个区间。其实这里面的指针、关键字和指针里的信息都基本与二叉查找树类似。所以五叉查找树的结点结构代码如下：

```
struct Node                          //五叉排序树的结点定义
{
    ElemType keys[4];                //最多 4 个关键字
    struct Node* child[5];           //最多 6 个关键字
    int num;                         //结点中有几个关键字
}
```

所以像这种五叉查找树，每一个结点最少可以允许有一个关键字，因为一个关键字会把查找区间分割成两个部分，则会拥有两棵子树，左子树是更小的，右子树是更大的。每一个结点最多可以允许存在 4 个关键字，因为这 4 个关键字可以把原本的搜索区间再次划分为 5 个分区，所以会拥有 5 棵子树。另外，在结点中，关键字是有序存放的，递增或递减。

接下来试着在这个五叉查找树中进行查找操作。假如要在该树中查找关键字为 14 的元素。第一个结点中存放的是关键字为 23 的元素，所以先将查找目标关键字与 23 比较，如图 10-83 所示。

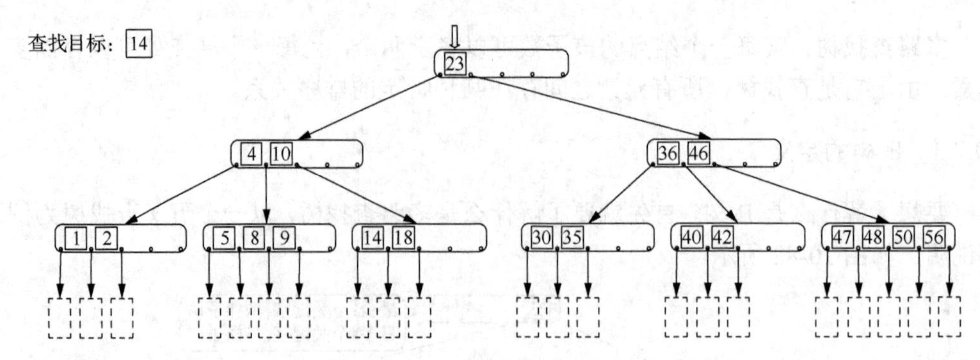

图 10-83　五叉查找树查找操作 1

因为 14<22，则此时应该继续在第一个结点的左子树中找，左子树的根结点中存放两个元素，关键字分别为 4 和 10。在遇到有多个关键字元素的结点时，可以用折半、插值、斐波那契等高效的有序表查找法在结点中进行查找，以此来提升查找效率，这里使用顺序查找便于理解。因此先将 4 与查找目标进行比较，如图 10-84 所示。

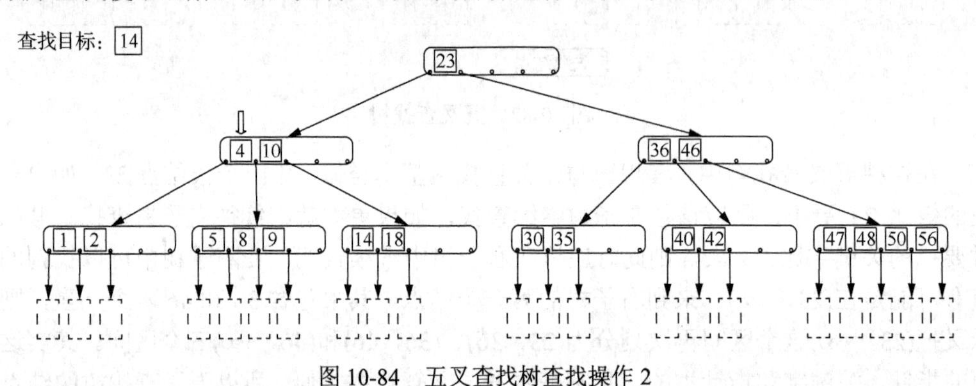

图 10-84　五叉查找树查找操作 2

因为 14>4，则此时需要继续对比下一个关键字，将 10 与查找目标比较，如图 10-85 所示。

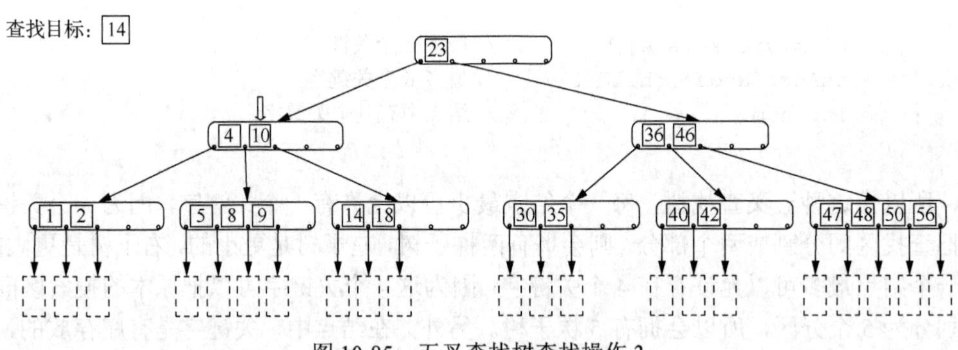

图 10-85　五叉查找树查找操作 3

因为 14>10，则查找目标 14 一定在 10 右边的子树当中，此时会继续在 10 右边的子树中进行查找，将 14 与查找目标进行比较，则 14=14，查找成功，如图 10-86 所示。

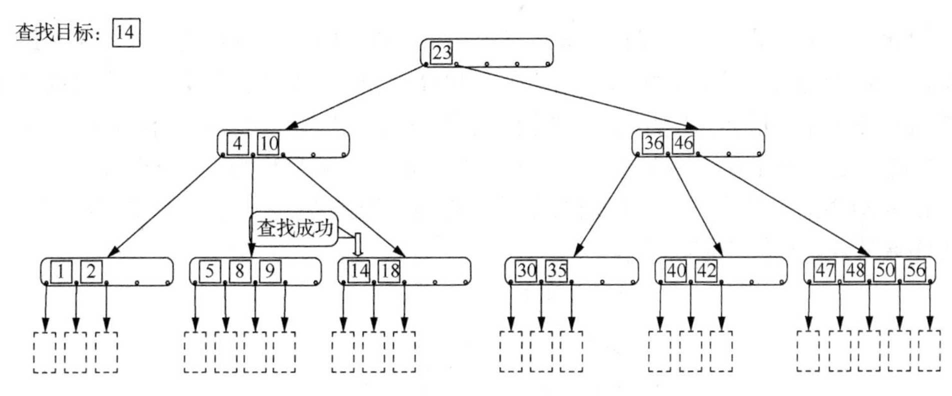

图 10-86　五叉查找树查找操作 4

五叉查找树是如何保证查找效率的呢？通常采用的策略是在一个 m 叉查找树中，规定除了根结点以外的所有结点至少有 $m/2$ 个分支，即至少含有$(m/2-1)$个关键字。对于这个五叉查找树，就是规定除了根结点外，任何结点都至少含有 3 个分支，2 个关键字。这样可以保证五叉查找树每个结点内保存的元素不会太少，树不会很高，则查找的层数也会减少，效率就能得到一定的保证。

这里有一个思考，为什么根结点不能规定也含有至少$\lceil m/2 \rceil$个分支？这是因为当整个树中只有 1 个元素时，根结点只有两个分叉，所以就做不到规定根结点至少含有$\lceil m/2 \rceil$个分支。

再来看下一个情况，如图 10-87 所示的五叉查找树，其满足了上一个策略的条件，除根结点外，每个结点都包含了 2 个元素 3 个分支，但是其查找效率仍然不能得到保证。

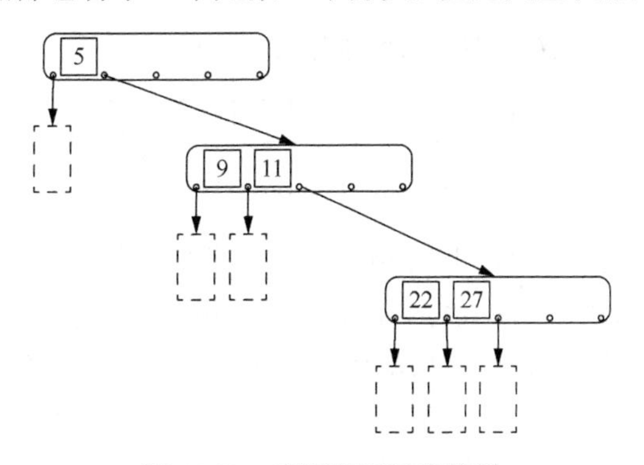

图 10-87　不平衡五叉查找树

根据之前学习的二叉查找树，一个结点的子树高度相差很大，就会造成二叉查找树不平衡，从而影响查找效率。可以看出这棵五叉查找树的问题也是不平衡，树会很高，查找效率降低。在二叉查找树中，解决该问题的方法是规定每一个结点的左右子树高度差不大于 1，但是如果将这个规定运用到多叉查找树中，问题就会复杂很多，相互之间需要对比，造成很多不便。所以要将这个规定变得更为简单，即规定对于任何一个结点，其所有子树的高度都要相同。这样多叉查找树就能平衡，从而减少树高，查找层数减少，提高查找效率。多叉查找树平衡的必然结果就是失败叶子结点都会在最下面一层。

因此，只要一棵 m 叉查找树，满足以上两个条件，即除了根结点以外的所有结点至少有 $\lceil m/2 \rceil$ 个分支，并且该树每个结点的子树高度相同，即达到平衡，那么这棵树就是一棵 m 阶 B 树，由此可以看出第一个例子中的五叉查找树其实就是一棵 5 阶 B 树。

B 树：是一种平衡的多路查找树，结点最大的孩子数目称为 B 数的阶。

在 B 树中通常把最下面一层的失败结点称为叶子结点，上一层含有实际数据的结点称为终端结点，如图 10-88 所示。

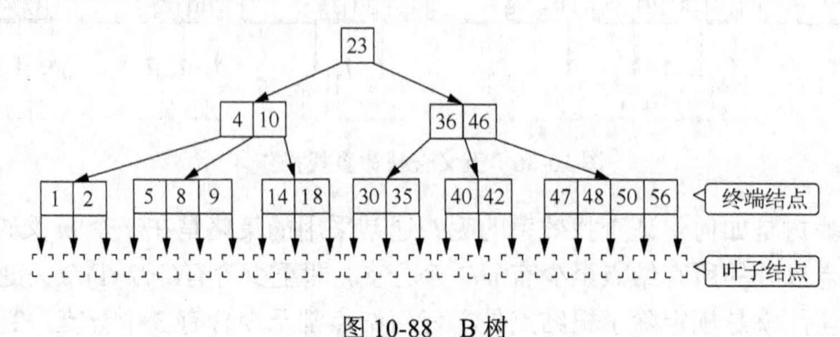

图 10-88　B 树

一棵 m 阶的 B 树或为空树，或为满足如下特性的 m 叉树：

（1）树中每个结点至多有 m 棵子树，即至多含有 $m-1$ 个关键字；

（2）若根结点不是终端结点，则至少有两棵子树；

（3）除根结点外的所有非叶结点至少有 $\lceil m/2 \rceil$ 棵子树，即至少含有 $\lceil m/2 \rceil - 1$ 个关键字；

（4）所有的叶结点都出现在同一层次上，并且不带信息（实际上这些结点不存在，指向这些结点的指针为空）；

（5）所有非叶结点的结构如图 10-89 所示。

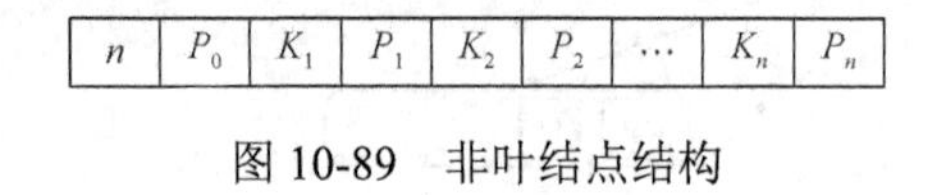

n	P_0	K_1	P_1	K_2	P_2	…	K_n	P_n

图 10-89　非叶结点结构

其中，$n(\lceil m/2 \rceil - 1 \leqslant n \leqslant m-1)$为结点中的关键字个数，$K_i(i=1,2,\cdots,n)$为结点的关键字，且满足 $K_1<K_2<\cdots<K_n$；$P_i(i=0,1,\cdots,n)$为指向子树根结点的指针，且指针 P_{i-1} 所指子树中所有结点的关键字均小于 K_i，P_i 所指子树中所有结点的关键字均大于 K_i，即关键字的值满足：子树 0< 关键字 1< 子树 1< 关键字 2< 子树 2< …< 关键字 n< 子树 n。

在了解完 B 树的特性后就需要思考一个问题，即含有 n 个关键字的 m 阶 B 树，最小高度和最大高度分别是多少（在计算 B 树的高度时不包括叶子结点，即失败结点）？

最小高度 h——让每个结点尽可能地满，有 $m-1$ 个关键字，m 个分叉，则第一层只有 1 个结点，第 2 层最多有 m 个结点，第 3 层最多有 m^2 个结点，以此类推，最后一层则最多有 m^{h-1} 个结点。又因为每个结点中最多有 $m-1$ 个关键字，所以可以得到不等式 $n \leqslant (m-1)(1+m+m^2+m^3+\cdots+m^{h-1})$；通过对后式的等比数列求和化简为 m^h-1，则有 $n \leqslant m^{h-1}$，因此 $h \geqslant \log_m(h-1)$。

最大高度 h——让各层的分支尽可能地少，即根结点只有 2 个分支，其他结点只有 $\lceil m/2 \rceil$ 个分叉，则第 1 层至少有 1 个结点，第 2 层至少有 2 个结点，第 3 层至少有

$2\lceil m/2 \rceil$ 个结点，以此类推，到第 h 层，有 $2(\lceil m/2 \rceil)^{h-2}$ 个结点，到第 $h+1$ 层共有 $2(\lceil m/2 \rceil)^{h-1}$ 个叶子结点（失败结点）。又因为 n 个关键字的 B 树必有 $n+1$ 个叶子结点，此原理与二叉排序树的叶子结点个数相同，都是 n 个关键字将数域切分为 $n+1$ 个区间，则有 $n+1 \geqslant 2(\lceil m/2 \rceil)^{h-1}$，即 $h \leqslant \log_{\lceil m/2 \rceil}\dfrac{n+1}{2}+1$。

因此可以得到含有 n 个关键字的 m 阶 B 树的高度 h，有 $\log_m(n+1) \leqslant h \leqslant \log_{\lceil m/2 \rceil}\dfrac{n+1}{2}+1$。

10.7.2　B 树的插入和删除

为了能理解 B 树的插入原理，现在尝试构建一棵五阶 B 树。要构建一棵五阶 B 树，则其结点的关键字个数 n 有 $\lceil m/2 \rceil - 1 \leqslant n \leqslant m-1$，即 $2 \leqslant n \leqslant 4$。

首先插入结点 28，直接将其放入根结点即可，如图 10-90 所示。

然后分别插入元素 36、49、62，由于 62>49>36>28，所以将 36 放在 28 的后面，49 放在 36 的后面，62 放在 49 的后面，如图 10-91 所示。

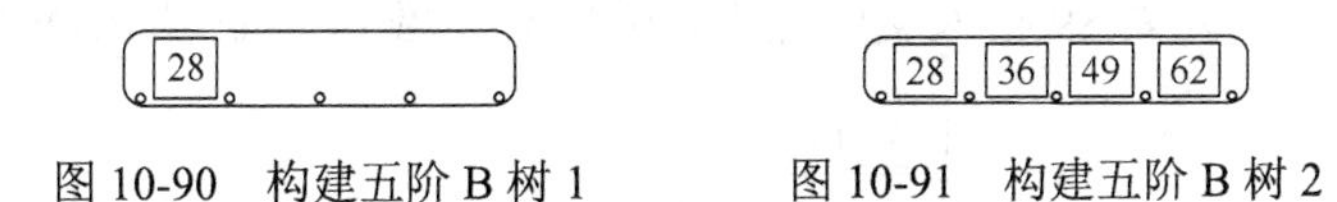

图 10-90　构建五阶 B 树 1　　图 10-91　构建五阶 B 树 2

到目前为止，该根结点中可以存放的元素已经到达了上限，如果再插入一个元素会导致结点关键字数超过上限，一般做法是从中间位置将其中的关键字分裂为两部分，左边包含的关键字放在原结点中，右边包含的关键字放在新结点中，中间位置的关键字插入原结点的父结点中，若原结点为根结点，则创建一个父结点，此时树高加 1。

例如该例中再插入一个元素 85，此时根结点已经无法再放下第 5 个元素 85，则以中间位置也就是第 3 个元素 49 为基准分裂为两部分，中间元素 49 左边元素 28 和元素 36 继续存放在原结点中，右边元素 62 和元素 85 则存放在一个新结点中，中间元素 49 插入父结点中，如图 10-92 所示。

值得注意的是，B 树的插入，新元素一定是插入最底层的“终端结点”，因为只有插入在终端结点，才能保持 B 树叶子结点在同一层的特性，可以用上一小节的查找操作来确定插入位置。例如此时要插入的元素为 90，则此时从根结点出发开始查找，由于 90>49，根结点中只有 49 一个元素，所以元素 90 一定会插入 49 右边的子树，此时指针来到元素 49 右边所指的结点中，如图 10-93 所示。

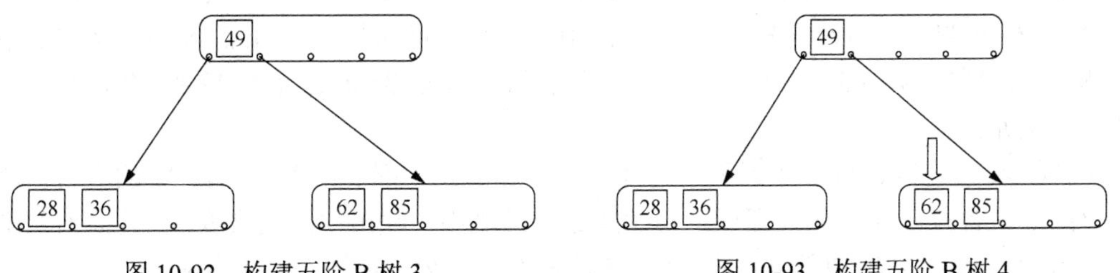

图 10-92　构建五阶 B 树 3　　图 10-93　构建五阶 B 树 4

此时由于 62<90，则指针继续指向 62 的右边元素 85，而 85<90，指针就会继续指向 85 右边元素，由于元素 85 的右边没有元素，且 85 右边指针也指向失败结点，则查找失败，那么就会在 85 的右边元素中插入元素 90，如图 10-94 所示。

再插入元素 92，与元素 90 插入原理类似，元素 92 的插入位置在 90 的右边，如图 10-95 所示。

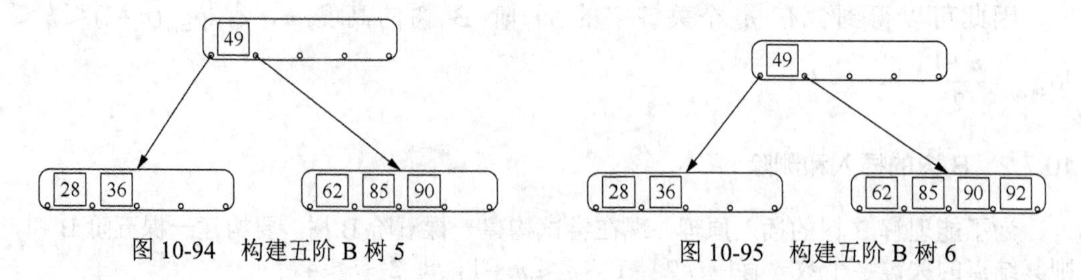

图 10-94　构建五阶 B 树 5　　　　图 10-95　构建五阶 B 树 6

再插入元素 89，根据上述原理可知，元素 89 应该插入在 85 的右边，但此时该结点会有 5 个元素，结点关键字数超过上限，则从中间位置，即元素 89 为基准分裂为两部分，左边元素 62 和元素 85 依旧存放在原结点中，右边元素 90 和元素 92 则存放于新结点中，最后再将中间元素 89 插入父结点中，此时结点数+1，如图 10-96 所示。

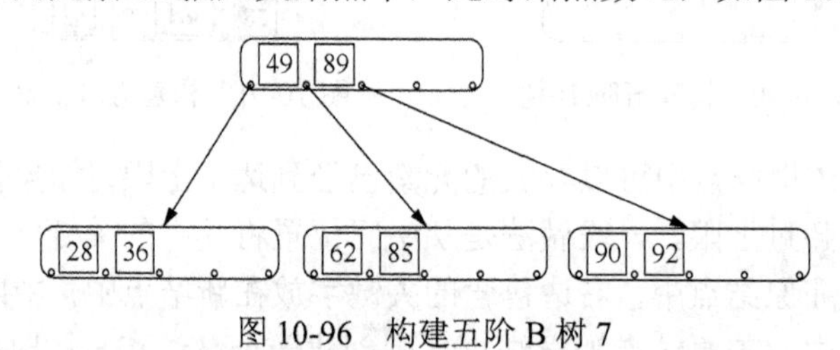

图 10-96　构建五阶 B 树 7

继续插入元素 86、87，同理可知直接插入在 85 的右边即可，如图 10-97 所示。

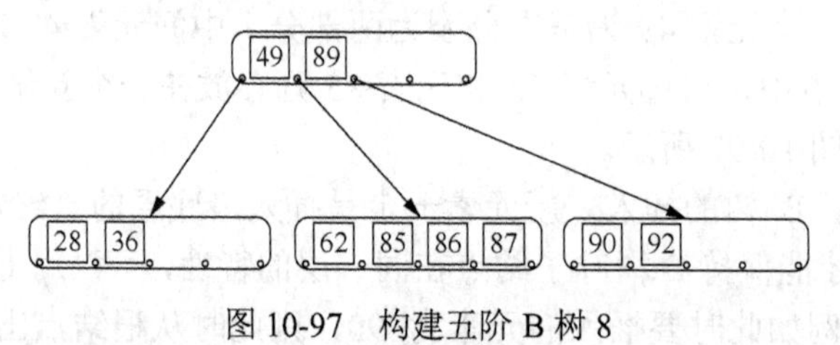

图 10-97　构建五阶 B 树 8

再插入元素 72，同理可知元素 72 插入在元素 62 的右边。此时，该结点中又包含了 5 个元素，因此，按照之前的规则，应该以 85 为中间元素，左边部分为 62 和 72，右边部分为 86 和 87，中间元素 85 插入父结点中。值得注意的是中间结点 85 插入父结点中的哪一个位置？为了维持 B 树的特性，所以需要将元素 85 放在元素 49 和 89 之间，如图 10-98 所示。

再插入 93、94、95 三个元素，同理可知这三个元素都要插入在元素 92 的右边，此时该结点又含有 5 个元素，那么还是按照之前的规则，找出中间元素 93 将其插入父结点，将 90、92 放在左边部分，将 94、95 放在右边部分，如图 10-99 所示。

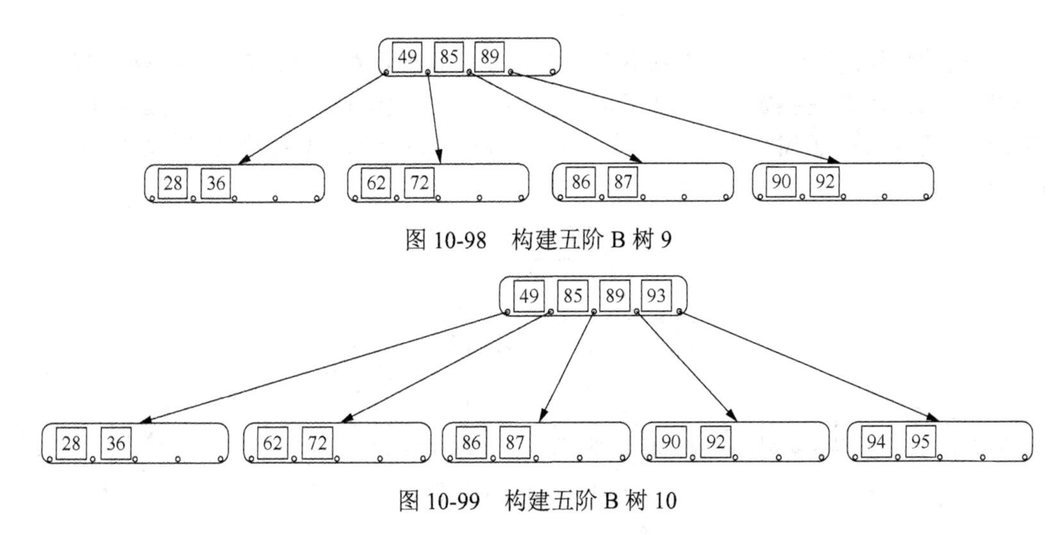

图 10-98　构建五阶 B 树 9

图 10-99　构建五阶 B 树 10

再插入 75、76 和 77 三个元素，同理可知这三个结点都应该插入在元素 72 的右边，此时，该结点关键字数已经超过限制，则找出中间元素 75，左边部分包括元素 62 和 72，右边部分包括元素 76 和 77，再将中间元素 75 插入父结点，同样为了维持 B 树的特性，可知中间元素 75 应该插入在父结点的元素 49 的右边。注意，此时将中间元素 75 插入父结点，父结点的关键字数又超过了限制，则继续按照规则将父结点进行分裂。在父结点中找到中间元素 85，左边部分保存元素 49 和 75，右边部分保存元素 89 和 93，再将中间元素 85 插入该结点的父结点中，由于该结点已经是根结点，则再创建一个父结点作为根结点，树高加 1，如图 10-100 所示。

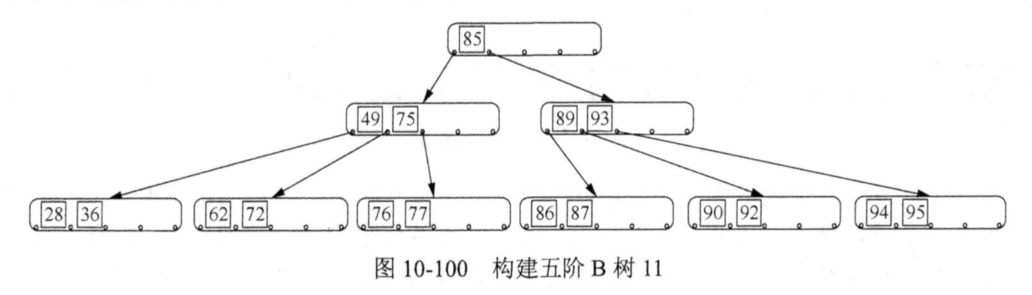

图 10-100　构建五阶 B 树 11

此时，就已经构建成了一个完整的五阶 B 树，再总结一下 B 树的插入操作。

首先，B 树的插入操作一定要保证维持 B 树的两个特性：

（1）对 m 阶 B 树——除根结点外，结点关键字个数为 n 且 $\lceil m/2 \rceil - 1 \leqslant n \leqslant m-1$；

（2）子树 0 < 关键字 1 < 子树 1 < 关键字 2 < 子树 2 < … < 关键字 n < 子树 n。

其次，插入元素的方法为：

（1）新元素一定是插入最底层的终端结点，用查找操作来确定插入的位置；

（2）在插入关键字后，若导致原结点关键字数超过上限，则以中间位置元素为基准将其中的关键字分裂为两部分：左边包含的关键字放在原结点中，右边包含的关键字放在新结点中，中间位置的元素插入原结点的父结点。若此时导致其父结点的关键字也超过了限制，则继续进行这种分裂操作，直到这个过程传到根结点为止，进而导致 B 树高度增加 1。

B 树的删除是如何实现的？在 B 树的删除中，也要注意保证维持 B 树的两个特性，即删除之后结点关键字数不能低于下限$\lceil m/2 \rceil -1$，且要维持“子树 0 < 关键字 1 < 子树 1 < 关键字 2 < 子树 2 < …< 关键字 n < 子树 n”的结构。现假设现在有如图 10-101 所示的一棵 B 树。

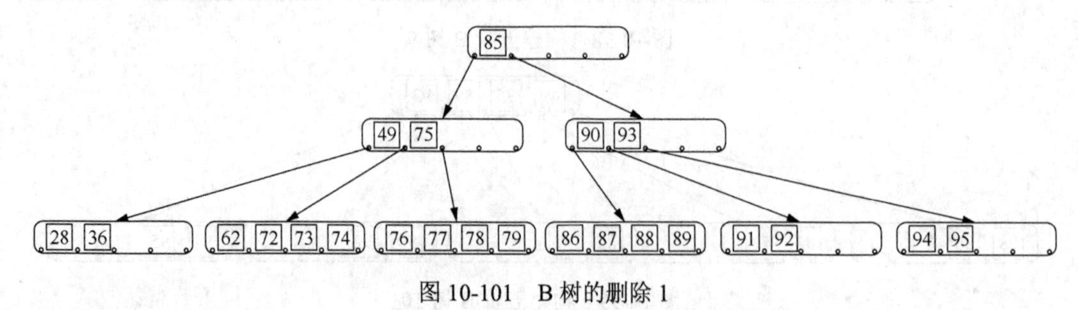

图 10-101　B 树的删除 1

假如要删除元素 62，应该如何删除呢？B 树删除元素时，若被删除元素在终端结点，则直接删除该关键字，同时也要注意结点内的关键字个数是否会低于下限$\lceil m/2 \rceil -1$。首先用查找操作查找到元素 62，显然元素 62 在终端结点，删除该元素也不会使结点内关键字数低于 2，因此可以直接删除该元素，如图 10-102 所示。

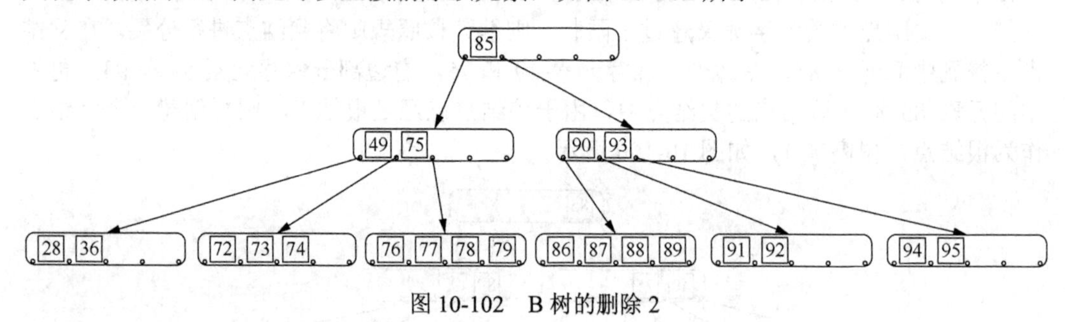

图 10-102　B 树的删除 2

之前删除了终端结点的关键字，若被删除元素在非终端结点又该如何删除？若被删除元素在非终端结点，则用直接前驱或直接后继来替代被删除的关键字，再将直接前驱或直接后继在原结点中删除即可。直接前驱和直接后继已经在之前的章节提到过，就不再赘述。例如此例中，要删除元素 85，则用其直接前驱元素 79 或直接后继元素 86，替代上去，再将替代的元素在原结点中删除，如图 10-103 所示。

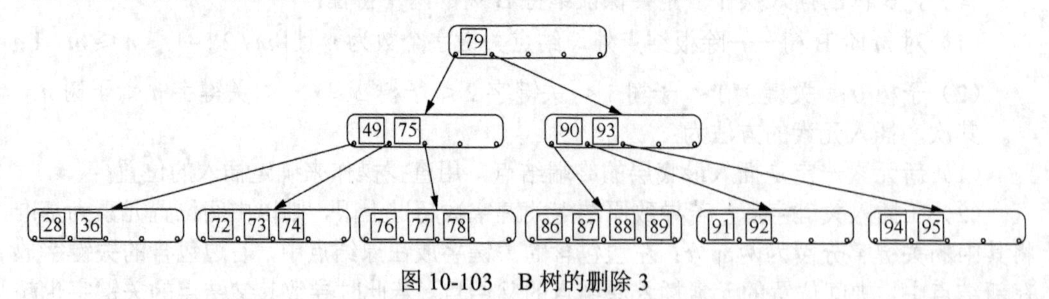

图 10-103　B 树的删除 3

由上可知，非终端结点元素的直接前驱和直接后继必在终端结点上，所以对非终端结点元素的删除，最终都会转化为对终端结点的删除操作。之前的例子都是在删除元素后，结点中关键字个数没有低于下限的情况，如果删除元素后，结点中关键字数低于下限时该如何应对呢？结点中关键字数低于下限时有两种情况：

（1）兄弟够借。若被删除元素所在结点删除前的关键字数低于下限，但此结点的右（左）兄弟结点的关键字数还很宽裕，则需要调整该结点、右（左）兄弟结点及其父结点（父子换位法），即当右（左）兄弟很宽裕时，先从其父结点中找到该元素的直接后继（前驱）来填补空缺，再用在右（左）兄弟中的直接后继（前驱）的后继（前驱）来填补到父结点中的空缺。

例如，删除上例中的元素 36 后，该结点只有 1 个元素 28，则结点中的关键字数低于下限。此时，可以看见其右兄弟结点中还有 3 个元素，如果直接从该结点的右兄弟中拿出任意一个元素填补到元素 36 的位置，都会破坏 B 树的第二条性质，因此需要先从父结点中找到元素 36 的直接后继元素 49，用元素 49 填补到元素 36 的位置。但是，此时，父结点中的关键字数也低于下限了，且为了维持 B 树的结构，还需要继续用元素 49 的直接后继元素 72 来填补父结点的位置，此时右兄弟结点中还剩下两个元素，且整棵树满足 B 树的第二条性质，删除结束，如图 10-104 所示。

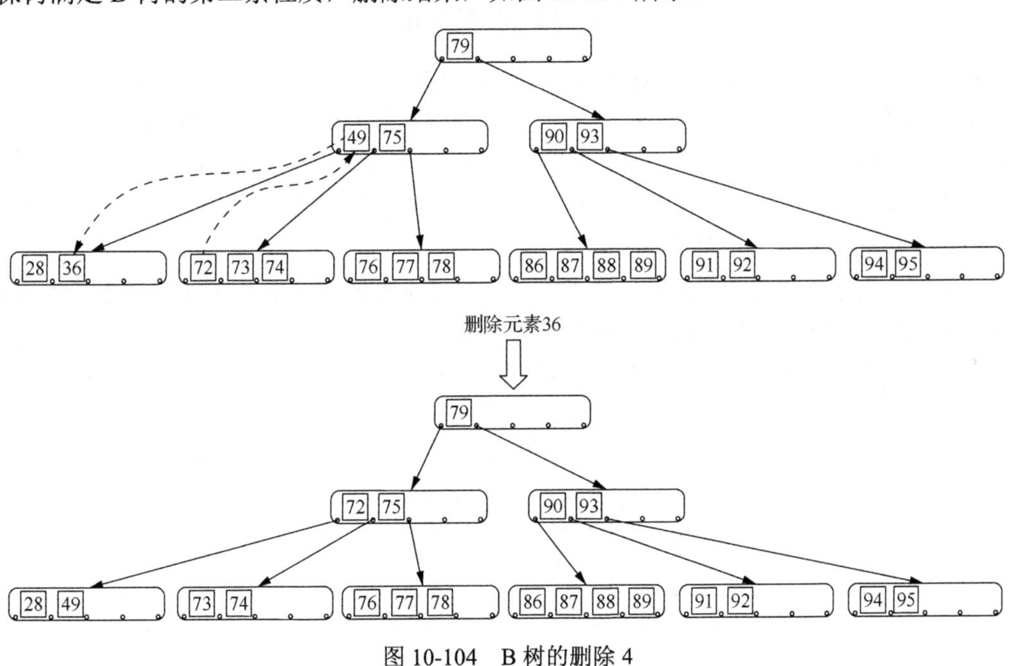

图 10-104　B 树的删除 4

再看左兄弟够借的情况，删除元素 91，此时，该结点关键字数只有 1，不满足 B 树的特性。再看其右兄弟结点，右兄弟结点中只有 2 个元素，并不宽裕。再看其左兄弟有 4 个元素，非常宽裕，因此，可以从左兄弟结点中借元素。同理，不能直接从左兄弟结点中拿元素，需要先找到元素 91 的直接前驱元素 90，用元素 90 填补到 91 的位置，再找到元素 90 的直接前驱元素 89，用元素 89 替补到元素 90 的位置，删除结束，如图 10-105 所示。

（2）兄弟不够借。若被删除元素所在的结点删除前的关键字数低于下限，且此时与该结点相邻的左、右兄弟结点的关键字数均为 $\lceil m/2 \rceil - 1$，则将元素删除后与左（右）

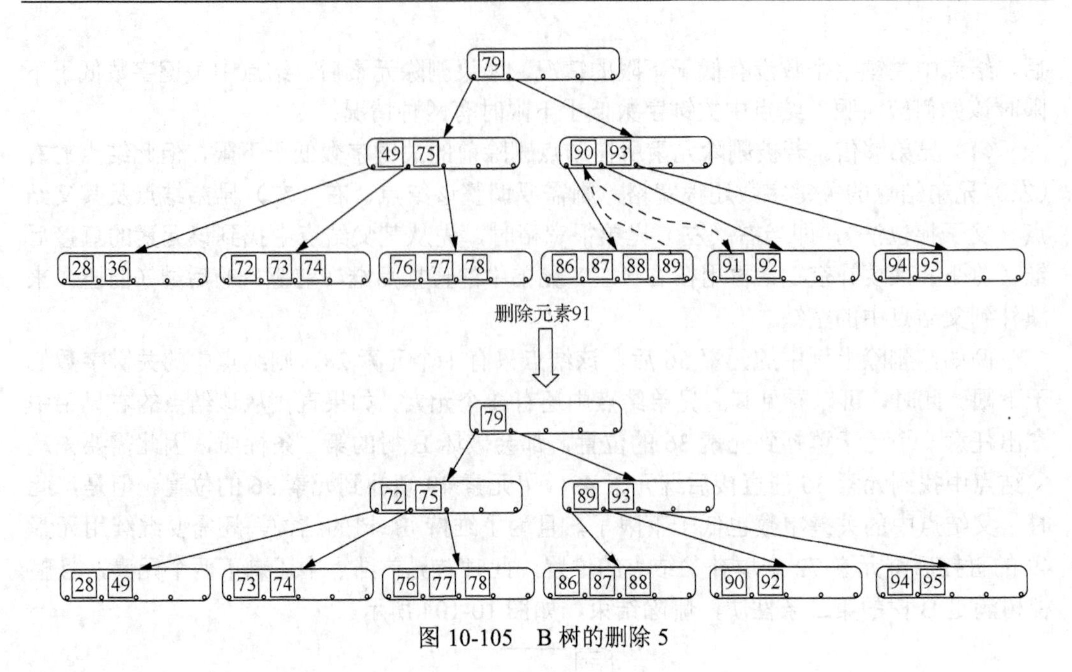

图 10-105　B 树的删除 5

兄弟结点及双亲结点中的元素进行合并。在合并过程中，双亲结点中的关键字个数会减 1。若其双亲结点是根结点且关键字个数减少至 0（根结点关键字个数为 1 时，有 2 棵子树），则直接将根结点删除，合并后的新结点成为根；若双亲结点不是根结点，且关键字个数减少到$\lceil m/2 \rceil - 2$，则又要与它自己的兄弟结点进行调整或合并操作，并重复上述步骤，直至符合 B 树的要求为止。

例如，删除上例元素 49 后，则当前结点关键字数低于下限且其右兄弟结点并不宽裕。因此需要将这两个结点与其中间的元素一起进行合并，可以发现两结点中间的是父结点中的元素 72，则需要将元素 72 与两结点一起合并成一个新结点，如图 10-106 所示。

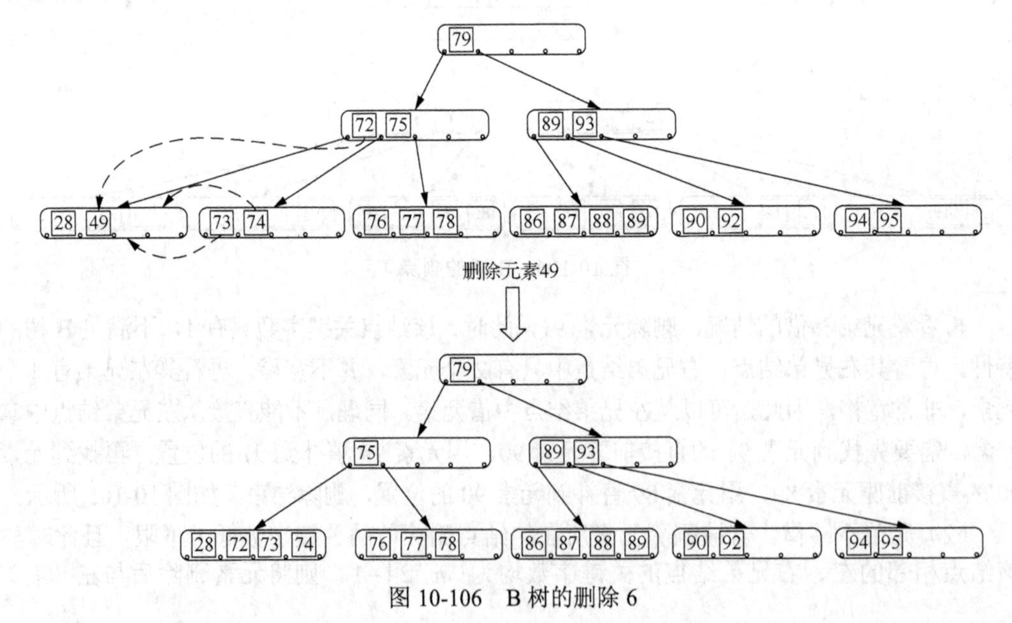

图 10-106　B 树的删除 6

由于在合并中从两个结点的父结点中拿了一个元素 72 下来合并，又导致了父结点中关键字数低于下限，而该父结点的右兄弟依然不宽裕，因此，需要继续按照上述规则进行合并。将该父结点和它的右兄弟结点与两个结点的中间元素 79 一同合并成一个结点，合成后，根结点中已经没有关键字了，可以将根结点删除，新合成的结点作为新的根结点，如图 10-107 所示。

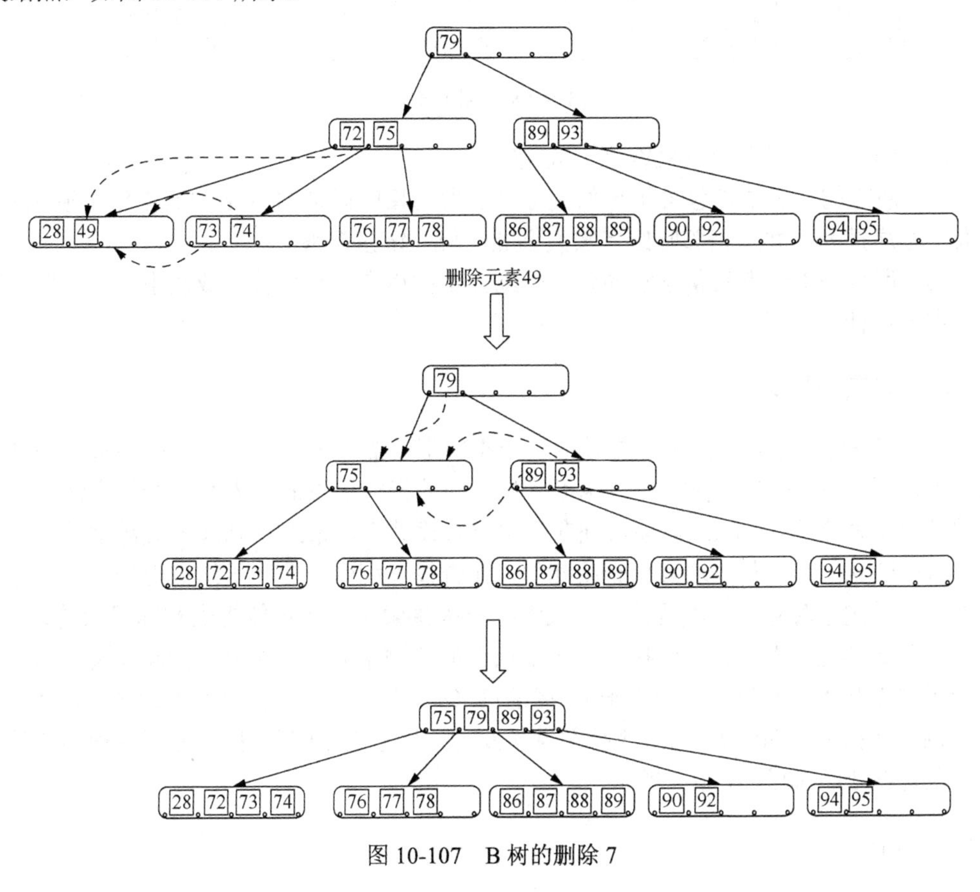

图 10-107　B 树的删除 7

10.8　B+树

10.8.1　B+树的定义

B+树是 B 树的一种变体， B+树上的叶子结点存储关键字以及相应记录的地址，叶子结点以上各层作为索引使用，能够使用索引的方式进行查找，从而拥有了比 B 树更高的查询性能，如图 10-108 所示是一棵四阶的 B+树。

观察该树可以给出 B+树的定义，即一棵 m 阶的 B+树需满足以下条件：

（1）每个分支结点最多有 m 棵子树或孩子结点；

（2）非叶根结点至少有两棵子树，其他每个分支结点至少有[m / 2]棵子树；

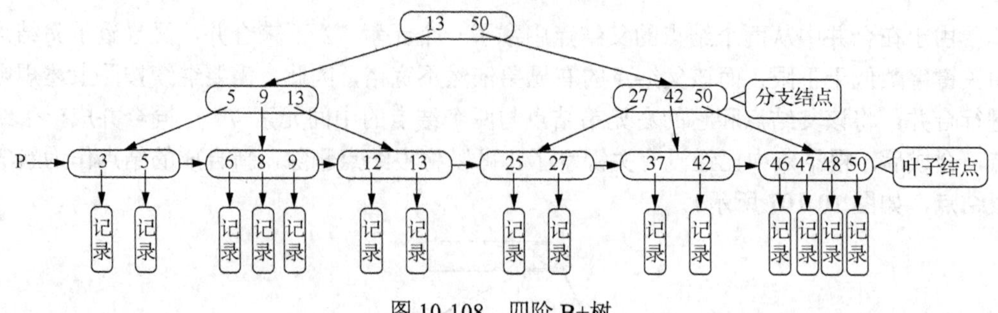

图 10-108　四阶 B+树

（3）结点的子树个数与关键字个数相等；

（4）所有的叶子结点包含了全部关键字及指向相应记录的指针，叶结点中将关键字按大小顺序排列，并且相邻叶结点按大小顺序相互链接起来；

（5）所有分支结点只包含它的各个子结点中关键字的最大值（或最小值）及指向其子结点的指针。

10.8.2　B+树的查找

由于 B+树一般具有两个头指针：一个指向根结点，另一个指向关键字最小的叶结点，因此对于 B+树的查找操作，也可以从不同的指针出发而分为两种查找方法。如果从根结点出发查找，则 B+树会自顶向下逐层查找结点，最终找到匹配关键字的叶子结点，值得注意的是，与分块索引查找相似，在查找过程中，非叶子结点上的关键字等于查找目标关键字时查找并不终止，该关键字只提供索引，而不能提供实际记录的访问，因此需要继续往下查找，直到找到叶子结点上的关键字为止。如果从指向关键字的最小的叶子结点开始出发查找，则由于 B+树的第（4）条特性，直接进行顺序查找即可。

例如要在上述四阶 B+树中查找关键字 9，则从根结点出发，指针先指向根结点的第一个关键字 13，如图 10-109 所示。

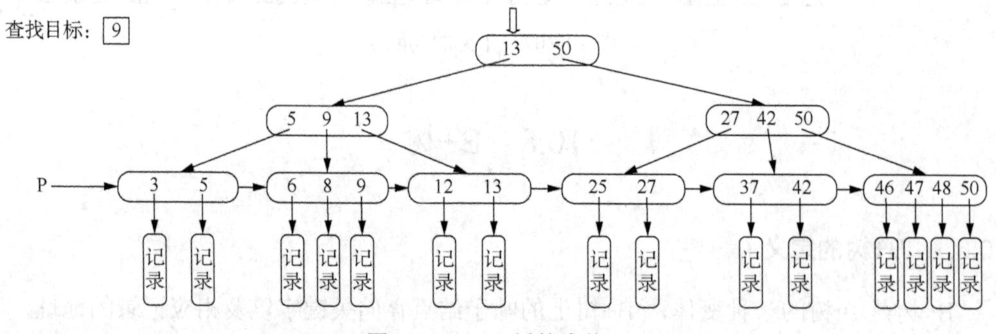

图 10-109　B+树的查找 1

由于此时 9<13，而 13 为左子树中最大的关键字，因此如果关键字 9 存在树中，那么关键字 9 一定在左子树中，所以可以使指针指向下一级的左孩子结点中，如图 10-110 所示。

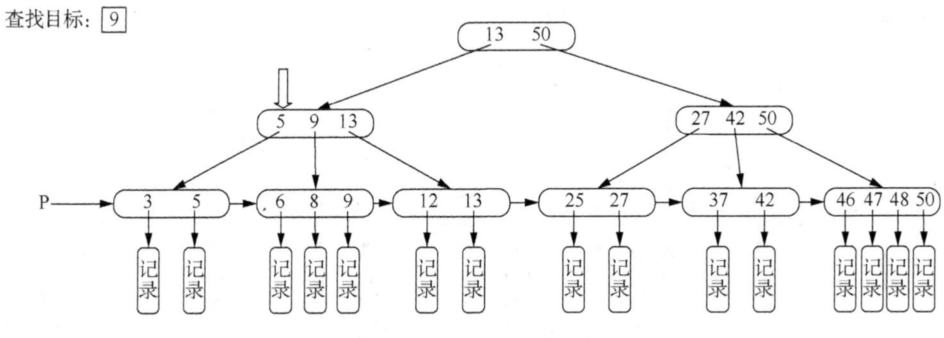

图 10-110　B+树的查找 2

此时指针指向的结点第一个关键字为 5，因为 9>5，则将指针继续往后移，如图 10-111 所示。

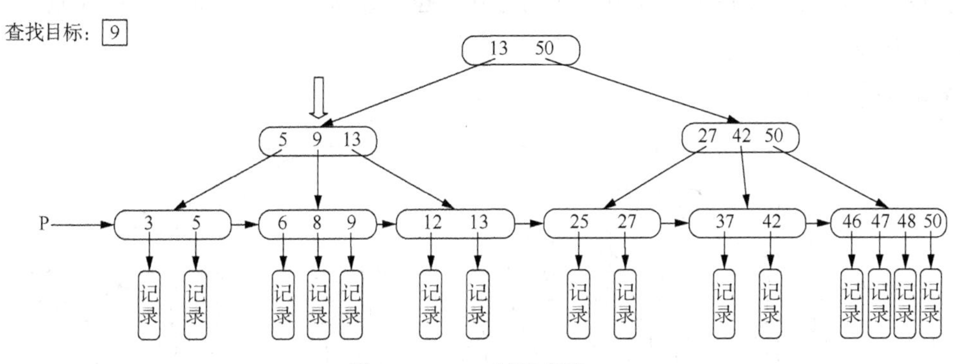

图 10-111　B+树的查找 3

该结点第二个关键字的值就是 9，刚好就是查找目标值，但是在 B+树中，如果只是在分支结点中找到目标关键字，其查找并没有结束，因为分支结点的关键字 9 只是用来提供索引的，并不能提供实际记录的访问。所以还需要继续使指针往下移动，指向该关键字所指的下一层的结点，如图 10-112 所示。

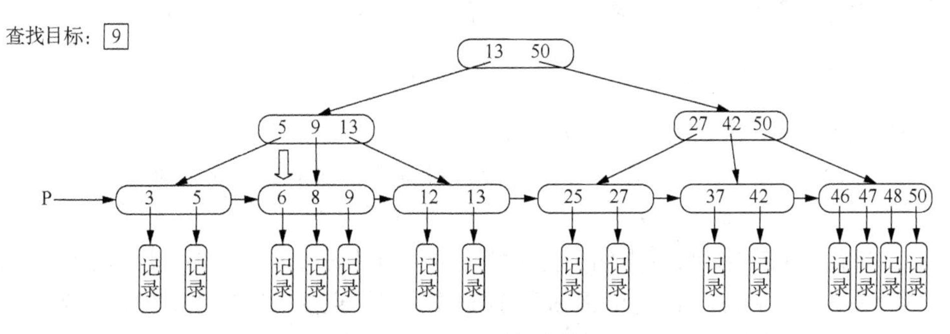

图 10-112　B+树的查找 4

此时，指针指向的就是叶子结点，只需要从左往右依次比较，就能找到此叶子结点中存在关键字 9，通过关键字 9 中保存的指针信息，可以读到相应的记录，如图 10-113 所示。

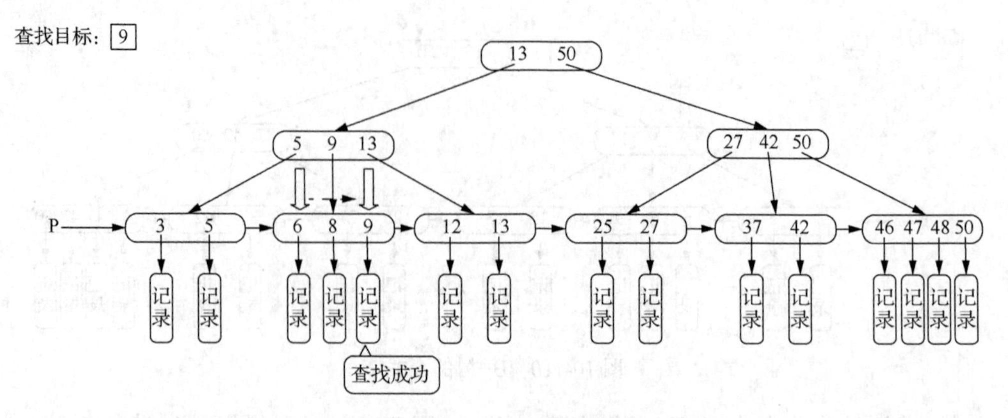

图 10-113　B+树的查找 5

除了从根结点开始逐级往下查找的方式，也可以从指针 p 开始进行顺序查找，如图 10-114 所示。

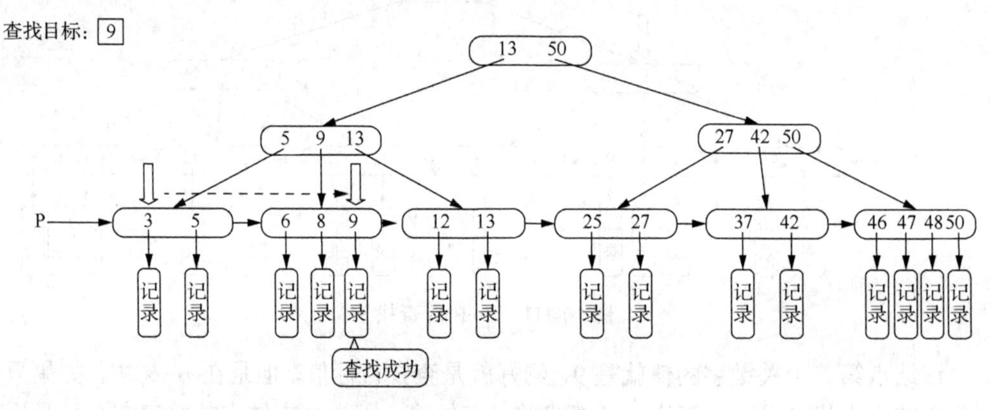

图 10-114　B+树的查找 6

其实 B+树的多路查找，以及插入和删除与 B 树基本类似，只不过 B+树最后都是在叶子结点上进行查找、删除和插入。

10.8.3　B+树与 B 树的比较

一棵 m 阶的 B+树和 m 阶的 B 树差异在于：

（1）m 阶 B+树中，结点中的 n 个关键字对应了 n 棵子树；而 m 阶 B 树中，n 个关键字会对应 n+1 棵子树。

（2）m 阶 B+树中，根结点的关键字数 n 的范围为 $n\in[1, m]$，其他结点的关键字数 n 的范围为 $n\in[\lceil m/2\rceil, m]$；而 m 阶 B 树中，根结点的关键字数 n 的范围为 $n\in[1, m-1]$，其他结点的关键字数 $n\in[\lceil m/2\rceil-1, m-1]$。

（3）m 阶 B+树中，叶子结点包含全部的关键字，非叶结点中出现过的关键字也会出现在叶子结点中；而 B 树中，各结点中包含的关键字是不重复的。

（4）在 B+树中，叶子结点包含信息，所有非叶结点仅起索引作用，非叶结点中的每个索引项只含有对应子树的最大（最小）关键字和指向该子树的指针，不含有该关键字对应记录的存储地址；而 B 树的结点中都包含了关键字对应的记录的存储地址。

B+树相比 B 树的好处就在于：在 B+树中，非叶结点不含有该关键字对应记录的存储地址，就可以使得一个磁盘块可以包含更多的关键字，从而使得 B+树的阶更大，树更矮，读取磁盘的次数就可以减少，因此节约了大量的查找时间。

B+树与 B 树的异同如表 10-3 所示。

表 10-3 B+树与 B 树的异同

<table>
<tr><th colspan="2">异同</th><th>m 阶 B 树</th><th>m 阶 B+树</th></tr>
<tr><td rowspan="3">不同点</td><td>关键字与子树</td><td>n 个关键字对应 n+1 个子树</td><td>n 个关键字对应 n 个分叉</td></tr>
<tr><td>结点包含信息</td><td>所有结点中都包含记录的信息</td><td>只有最下层叶子结点才包含记录的信息（可使树的阶更高，从而使树更矮）</td></tr>
<tr><td>查找方式</td><td>不支持顺序查找，查找成功时，可能停在任一层结点，查找速度不稳定</td><td>支持顺序查找。查找成功或失败都会到达最下一层结点，查找速度稳定</td></tr>
<tr><td colspan="2">相同点</td><td colspan="2">任何一个结点的子树都要一样高，这样做是为了确保“绝对平衡”</td></tr>
</table>

10.9 散列表查找

10.9.1 散列表的定义

在前面介绍的线性表和树表的查找中，记录在表中的位置与记录的关键字之间不存在确定关系，因此，在这些表中查找记录时需要经过一系列的关键字比较。这类查找方法建立在比较的基础上，查找的效率由比较的次数决定。现在要学习一种通过查找关键字不需要比较就可以获得需要记录的存储位置的方法，即散列技术。

散列技术：是在记录的存储位置和它的关键字之间建立一个确定的对应关系 H，使得每个关键字 key 对应一个存储位置 H(key)。查找时，根据这个确定的对应关系找到给定关键码 key 的映射 H(key)，若查找集合中存在这个记录，则必定在 H(key)的位置上。

散列函数：又称哈希函数，上述关键字与存储地址之间的对应关系 H 就是散列函数。散列函数的表达式为

$$\text{Addr}_{\text{存储位置}} = H(\text{key})$$

散列表：又称哈希表，采用散列技术将记录存储在一块连续的存储空间中，这块连续存储空间就称为散列表或哈希表。

同义词：若不同的关键字通过散列函数映射到同一个值，则称它们为“同义词”。在不同的教材中，对该词的称谓不一样。

冲突：若通过散列函数确定的位置已经存放了其他元素，则称这种情况为“冲突”。显然，冲突越多，则查找就会越麻烦，因此需要构造一个好的散列函数来尽量减少这种冲突，此外，冲突总是不可避免的，因此还要设计出处理冲突的方法。

理想的情况下，对散列表进行查找的时间复杂度为 O(1)，即与表中元素的个数无关。下面主要介绍常用的散列函数和处理冲突的方法。

10.9.2　散列函数的构造方法

在构造散列函数的时候，有以下三个原则可以参考：

（1）散列函数的定义域必须包含全部需要存储的关键字，而值域的范围则依赖于散列表的大小或地址范围；

（2）散列函数计算出来的地址应该能等概率、均匀地分布在整个地址空间中，从而减少冲突的发生；

（3）散列函数应该尽量简单，能够在较短的时间内计算出任一关键字对应的散列地址。

下面介绍一些常用的散列函数。

1. 直接定址法

直接取关键字的某个线性函数值为散列地址，散列函数为

$$H(\text{key}) = \text{key} \quad 或 \quad H(\text{key}) = a * \text{key} + b$$

式中，a 和 b 是常数。

例如，存储同一班级的学生信息，班内学生学号为 202133331023～202133331055，此时 $H(\text{key})=\text{key}-202133331023$，则可以得到如图 10-115 所示的散列表。

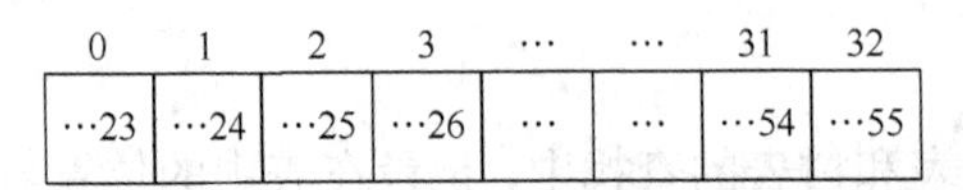

图 10-115　直接定址法散列表

这种方法计算最简单，且不会产生冲突。它适合关键字分布基本连续的情况，若关键字分布不连续，空位较多，则会造成存储空间的浪费。

2. 数字分析法

选取数码分布较为均匀的若干位作为散列地址。如果关键字是位数较多的数字，比如 11 位的手机号“139XXXX2810”，其中前 7 位都是有固定的规则，只有后 4 位手机尾号不容易重复，因此在存储某校的学生登记表时，如果用手机号作为关键字，前 7 位重复的概率很大，那么选择后 4 位手机尾号作为散列地址是不错的选择，如图 10-116 所示。

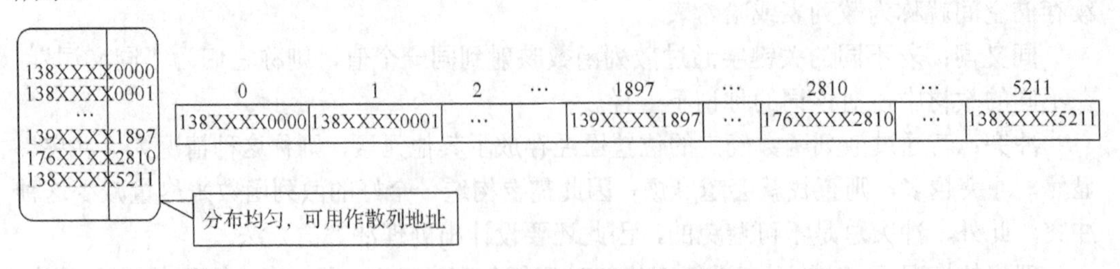

图 10-116　数字分析法散列表

这种方法采用了名叫“抽取”的方式，抽取方法是使用关键字的一部分来计算散列存储位置的方法，这在散列函数中是常常用到的手段。数字分析法适用于已知的关键字集合，若更换了关键字，则需要重新构造新的散列函数。

3. 平方取中法

取关键字的平方值的中间几位作为散列地址。具体取多少位需要视实际情况而定，由于这种方法得到的散列地址与关键字的每一位都有关系，因此使得散列地址分布比较均匀，适用于关键字的每位取值都不够均匀或均小于散列地址所需要的位数。若设关键字为 1111，那么其平方就是 1234321，此时取中间 3 位 343 作为散列地址。如果关键字为 1222，则其平方就是 1493284，那么就取中间 3 位 932 作为散列地址。平方取中法适用于不知道关键字分布，而位数又不是很多的情况。

4. 折叠法

折叠法是将关键字从左到右分割成位数相等的几部分（最后一部分位数不够可以短些），然后将这几部分叠加求和，并根据散列表的表长，取后几位作为散列地址。

比如关键字为 1234567890，散列表表长为 3 位数，将关键字分为 3 组，就为 1234|5678|90，然后将其叠加求和为 1234+5678+90=7002，再取后 3 位 002 作为散列地址。如果这样还不能保证散列地址分布均匀，则可以将部分反转，比如将 1234 和 90 反转，再与 5678 相加，可以得到 4321+5678+09=10008，再取后 3 位 008 作为散列地址。折叠法不用先知道关键字的分布，适合关键字位数较多的情况。

5. 除留取余法

除留余数法是最常用的构造散列函数的方法。若散列表长为 m，则散列函数公式为

$$H(\text{key}) = \text{key}\%p(p \leqslant m)$$

本方法不止可以对关键字直接取模，也可以在折叠、平方后取模。该构造函数是否优秀，关键就在于选择合适的 p，p 一般选择一个不大于 m 但最接近或等于 m 的质数。

例如图 10-117 中，散列表长度为 6，如果选择 p 为 6，那么所有的关键字的散列地址都为 0，此时造成了严重的冲突。

如果将 p 取不大于 6 但最接近或等于 6 的质数 5，情况就会好很多，只有 6 和 36 发生了冲突，如图 10-118 所示。

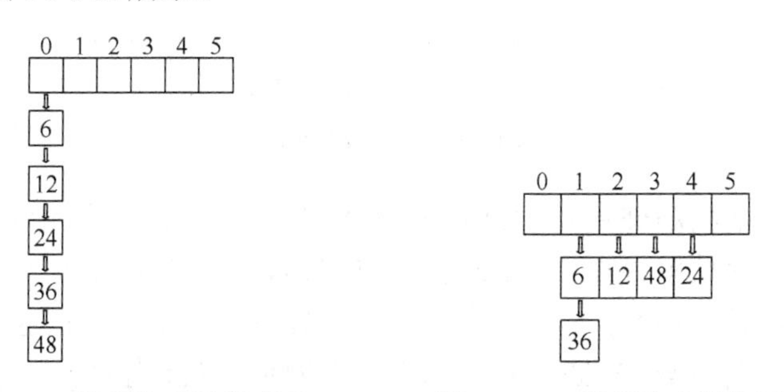

图 10-117　除留取余法散列表 1　　　图 10-118　除留取余法散列表 2

6. 随机数法

这种方法就是利用一个随机函数 random()，来取一个随机值，用这个随机值来做关键字的散列地址，公式记为 H(key)=random(key)。该方法适用于关键字长度不等时的情况。

以上就是常用的几种构造散列函数的方法，在实际应用中，应该根据不同的情况来指定不同的散列函数，目的就是为了减少冲突的发生，通常应该从以下几个方面进行考虑：

（1）计算散列地址所需时间；

（2）关键字的长度；

（3）散列表的大小；

（4）关键字的分布情况；

（5）记录查找的频率。

10.9.3 处理散列冲突的方法

之前提到过，即使散列函数设计得再好也无法完全避免冲突的发生，因此，就需要考虑如何处理冲突。以下列举一些常见的处理冲突的方法。

1. 开放定址法

所谓开放定址法，就是指一旦发生了冲突，就去寻找下一个空的散列地址，只要散列表足够大，空的散列地址就能找到，并将记录存入。其公式为

$$H_i(\text{key}) = (H(\text{key}) + d_i)\%m$$

其中，i=1, 2, …, k(k≤m−1)，m 表示散列表表长；d_i 为递增序列；i 表示发生冲突的次数。根据开放定址法的规则，当发生第 i 次冲突时，会用散列函数算出的散列地址加上一个增量 d_i，再对散列表的表长取模即可。显然，开放定址法的关键就在于如何设计这个增量 d_i。设计增量 d_i 的方法有三种：线性探测法、平方探测法和伪随机序列法。

（1）线性探测法——d_i=1,2,3,…,m−1，即发生冲突时，每次往后探测相邻的下一个单元是否为空。

例如，关键字集合为{17,13,21,3,65,18,41,42}，表长为 12，散列函数为 H(key)=key%12。

计算前 4 个数{17,13,21,3}时，没有发生冲突，可以直接存入，如图 10-119 所示。

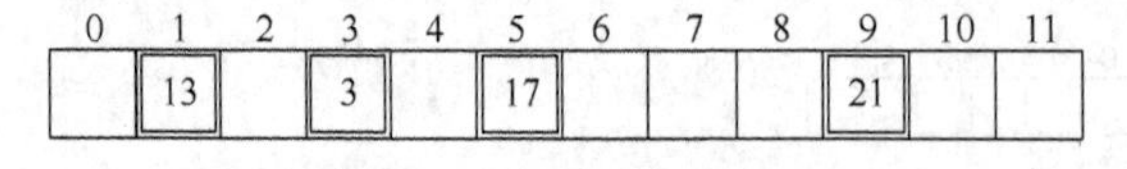

图 10-119 线性探测法 1

计算 key=65 时，H(65)=5，此时与 17 发生冲突，因此用上面的公式 H_1(65)=(H(65)+1)%12=6，因此就将 65 放入下标为 6 的位置，如图 10-120 所示。

计算 key=41 时，H(41)=5，此时与 17 发生冲突，因此用上述公式可得 H_1(41)=(H(41)+1)%12=6，此时与 65 发生冲突，需要用线性探测公式 H_2(41)=(H(41)+2)%12=7，此时下标为 7 的位置还未存储数据，则把 41 存入该位置，如图 10-121 所示。

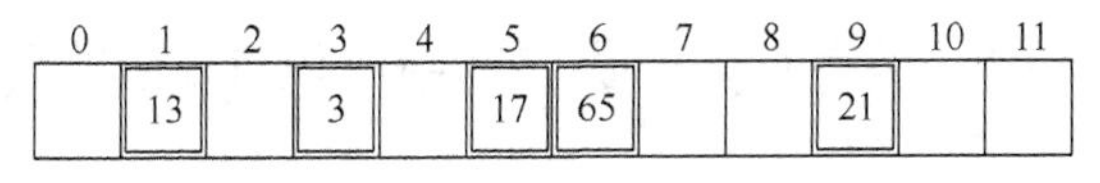

$H(65)=5 \xrightarrow{\text{冲突}} H_1(65)=(\mathrm{H}(65)+1)\%12=6$

图 10-120　线性探测法 2

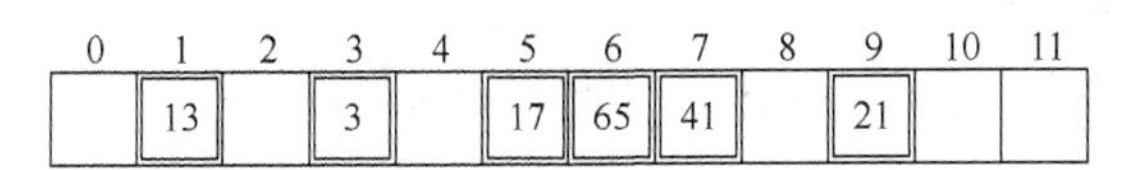

$H(41)=5 \xrightarrow{\text{冲突}} H_1(41)=(H(41)+1)\%12=6 \xrightarrow{\text{冲突}} H_2(41)=(H(41)+2)\%12=7$

图 10-121　线性探测法 3

计算 key=42 时，$H(42)=6$，此时与 65 发生冲突，因此用上述公式可得 $H_1(42)=(H(42)+1)\%12=7$，此时与 41 发生冲突，再次使用线性探测公式 $H_2(42)=(H(42)+2)\%12=8$，此时下标为 8 的位置还未存储数据，没有发生冲突，则将 42 存入下标为 8 的位置，如图 10-122 所示。

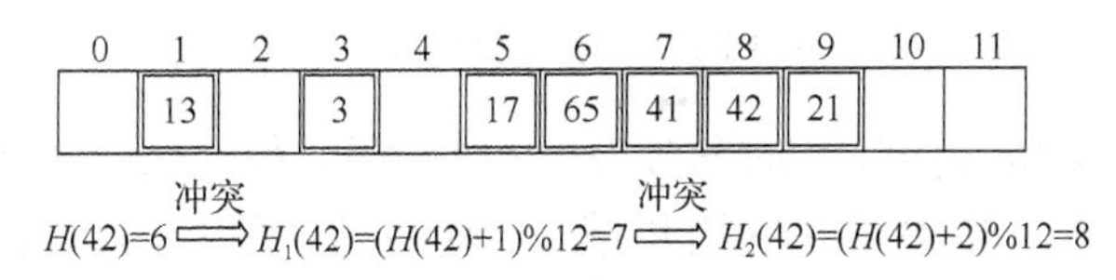

图 10-122　线性探测法 4

从上述例子中可以看到，会出现像 41 和 42 这样的非同义词却要争夺一个地址的情况，这种情况就称为堆积，造成这种现象的原因就是冲突后再探测一定是放在某个连续的位置，而堆积的后果就是无论是存入还是查找效率都会大大降低。要想解决堆积问题，就需要继续学习下一种开放定址法——二次探测法。

（2）二次探测法。二次探测法可以使 $d_i=1^2,-1^2,2^2,-2^2,\cdots,k^2,-k^2$，其中 $k \leqslant m/2$。这样就等于可以双向地寻找空位置，此外增加平方能够不让关键字都聚集在某一块区域，有效避免堆积。

例如，要再在上例中添加一个关键字 77，计算 $H(77)=5$，此时与 17 发生冲突，则用二次探测法公式 $H_1(77)=(H(77)+1)\%12=6$，此时仍然与 65 发生冲突，再使用二次探测法公式 $H_2(77)=(H(77)-1)\%12=4$，此时下标为 4 的位置是空位，则将 77 存入下标为 4 的位置，如图 10-123 所示。

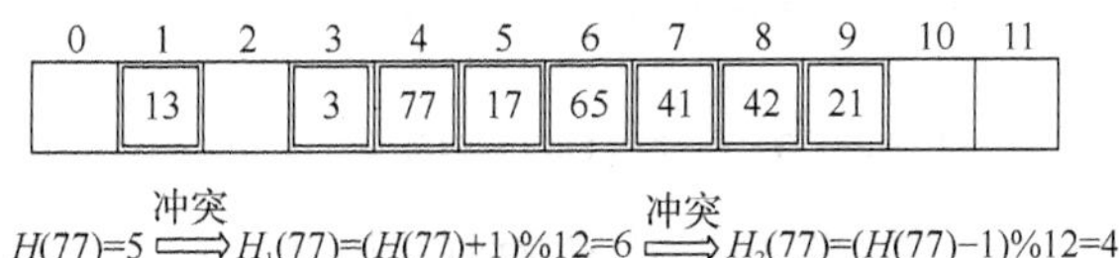

图 10-123　二次探测法

（3）伪随机序列法。伪随机序列法就是定义一个伪随机的增量序列 d_i，发生冲突时根据这个伪随机的序列指定的位置去依次探测。

例如，$d_i=1,9,6,8,\cdots$，散列表长度依然为 12，要在该散列表存放的关键字集合为

{6,18,30,42}。计算第一个关键字 key=6 时，$H(6)=6$，没有发生冲突，可以直接存入散列表，如图 10-124 所示。

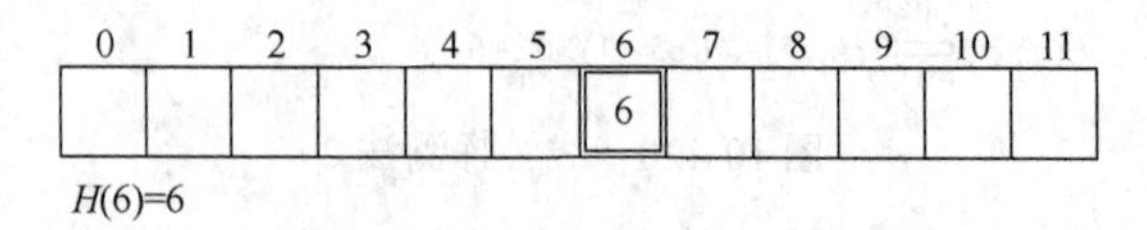

图 10-124　伪随机序列法 1

计算 key=18 时，$H(18)=6$，此时与 6 发生冲突，使用伪随机序列法公式 $H_1(18)=(H(18)+1)\%12=7$，此时下标为 7 的存储地址未存储数据，则将 18 存入下标为 7 的位置，如图 10-125 所示。

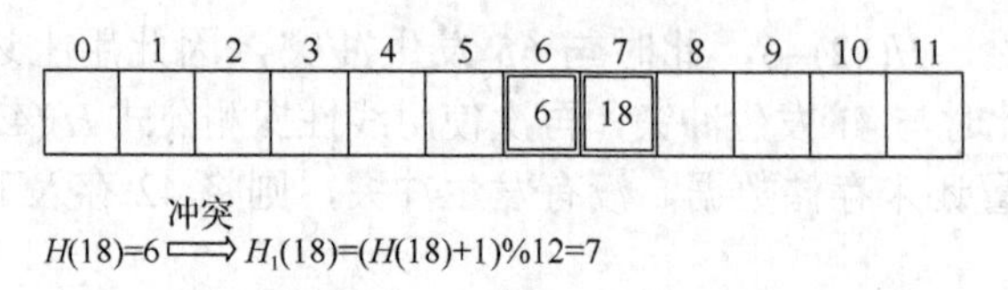

图 10-125　伪随机序列法 2

计算 key=30 时，$H(30)=6$，此时与 6 发生冲突，因此使用伪随机序列法公式 $H_1(30)=(H(30)+1)\%12=7$，此时又与 18 发生冲突，继续使用伪随机序列法公式 $H_2(30)=(H(30)+9)\%12=3$，此时下标为 3 的存储位置上未存储数据元素，则将 30 存入其中，如图 10-126 所示。

0	1	2	3	4	5	6	7	8	9	10	11
			30			6	18				

$H(30)=6 \xRightarrow{\text{冲突}} H_1(30)=(H(30)+1)\%12=7 \xRightarrow{\text{冲突}} H_2(30)=(H(30)+9)\%12=3$

图 10-126　伪随机序列法 3

计算 key=42 时，$H(42)=6$，与 6 发生冲突，使用伪随机序列法后，得到 $H_1(42)=7$，与 18 发生冲突，继续使用伪随机序列法，得到 $H_2(42)=3$，又与 30 发生冲突，再继续使用该方法，得到 $H_3(42)=(H(42)+6)\%12=0$，该散列表中下标为 0 的存储地址为空，可以将关键字 42 存入，如图 10-127 所示。

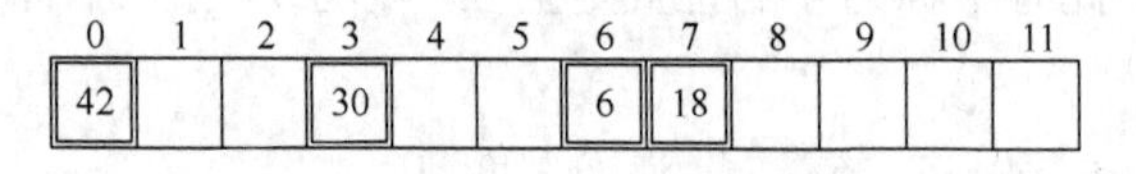

$H(42)=6 \xRightarrow{\text{冲突}} H_1(42)=(H(42)+1)\%12=7 \xRightarrow{\text{冲突}} H_2(42)=(H(42)+9)\%12=3 \xRightarrow{\text{冲突}} H_3(42)=(H(42)+6)\%12=0$

图 10-127　伪随机序列法 4

2. 再散列法

再散列法又称再哈希法，除了原始的散列函数 H(key)以外，还可以多设计几个散列函数，当散列函数发生冲突时，用下一个散列函数计算新的散列地址，直到不冲突为止。

该方法记为

$$H_i(\text{key}) = RH_i(\text{key})$$

其中，i=1,2,3,…,k。这里的 RH_i 就是不同的散列函数，可以将之前的除留取余法、折叠法、数字分析法、平方取中法和直接定址法等构造散列函数的方法都用上。每当发生冲突时，就换一个散列函数进行计算，直到有一个散列函数将冲突解决。该方法能够使得关键字不产生堆积，但是同时也增加了计算所需的时间成本。

3. 链地址法

链地址法就是将所有关键字为同义词的记录放在同一个单链表中，这个单链表称为同义词子表，在散列表中只存储同义词子表的指针。

例如，设关键字集合为{17,13,21,3,65,18,41,42}，表长为 12，散列函数为 H(key)= key%12。采用链地址法来解决冲突就能得到如图 10-128 所示的散列表。

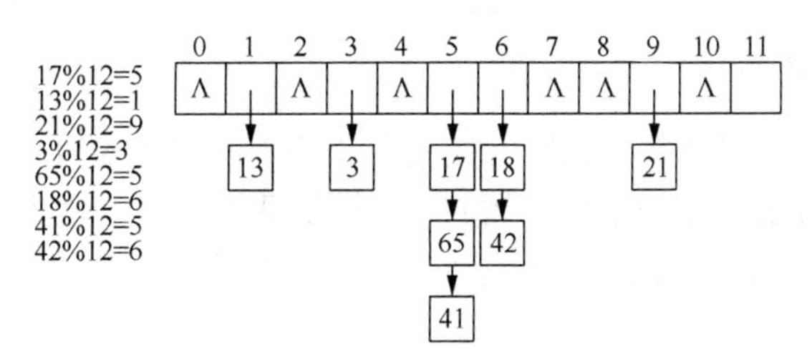

图 10-128　链地址法

采用链地址法就不会存在冲突问题，无论发生多少冲突，都只是给单链表增加一个结点的问题。链地址法对于可能造成很多冲突的散列函数来说，提供了绝不会找不到存放地址的保障，同时也带来了查找时需要遍历单链表的性能损耗。

4. 公共溢出区法

公共溢出区法就是另外开辟一个溢出表来存放有冲突的关键字，而原本的散列表就称为基本表，在上例中，如果采用公共溢出区法来解决此冲突，一共有三个关键字{65,41,42}与之前的关键字发生冲突，因此将这三个关键字存入溢出表中即可，如图 10-129 所示。

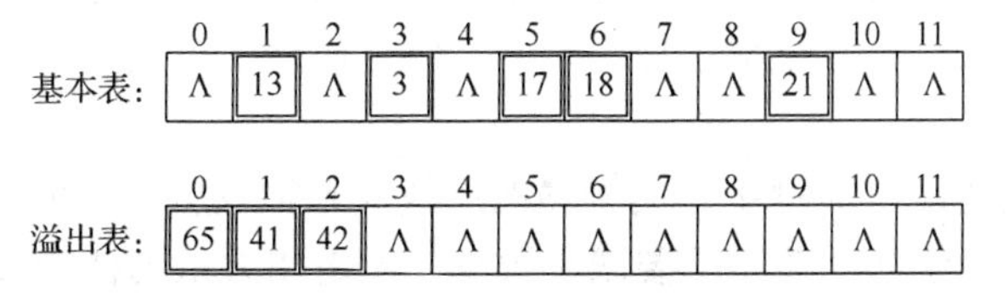

图 10-129　公共溢出区法

如果要进行查找，则通过散列函数计算出散列地址后，先在基本表的相应位置进行比较，如果相等则查找成功，如果不相等，则继续到溢出表中进行顺序查找即可。这种方式适用于有冲突的数据很少的情况，能够有效提高查找效率。

10.9.4　散列表查找性能分析

对于散列表查找来说，如果没有冲突，则它的时间复杂度为O(1)，是所有查找算法中效率最高的。但是，在实际的运用中，冲突不可能完全避免。通过研究，散列查找的平均查找长度主要取决于三个因素，分别为散列函数是否均匀、处理冲突的方法以及散列表的装填因子。

1. 散列函数是否均匀

为了尽量减少冲突，要求散列函数是均匀的，其实就是要将随机的关键字按照等概率均匀分配到存储空间中，实际上，除非知道关键字集合的分布，一般很难达到这个理想的状态。因此不同的散列函数对同一组随机的关键字，其产生冲突的可能性是相同的，所以可以不考虑它对平均查找长度的影响。

2. 处理冲突的方法

在散列表查找中，即使具有相同的关键字和相同的散列函数，但处理冲突的方法不同，也会造成平均查找长度的不同。例如，线性探测法会产生堆积；二次探测法则可大幅度减少堆积的可能性；链地址法处理冲突不会产生堆积，但是其会增加需要遍历单链表的查找时间成本。

3. 散列表的装填因子

$$\text{装填因子}\alpha=\text{表中记录数}/\text{散列表长度}$$

装填因子标志着散列表的装满程度，装填因子越大，散列表中装填的因子就越多，优势为空间的利用率变高了，但是发生冲突的可能性也变高了。装填因子越小，散列表中装填的因子就越少，空间的浪费也变高了。发生冲突的概率越大，则查找的成本越高；反之，查找的成本越小。例如，散列表的长度为 12，填入表中的记录数为 11，那么此时装填因子$\alpha=11/12=0.917$，再填入最后一个关键字产生冲突的可能性就会非常大。即散列表的平均查找长度取决于装填因子，而不是取决于查找集合中的记录个数。

不管记录个数 n 多大，总可以找到一个合适的装填因子将平均查找长度限定在一个范围内，此时散列表查找的时间复杂度就是 O(1)。为此，通常都会将散列表的存储空间设置得比查找集合大，虽然浪费了部分空间，但是换来了查找效率的提升，这就是典型的空间换时间的算法。

由于散列查找避免了关键字之间繁琐的比较，无须遍历，一步到位，所以适合于查找性能要求高，且记录之间关系无要求的数据。但是如果是同样的关键字对应多个记录的情况，就不适用散列查找，且散列查找也不适合范围查找。

课后习题

一、填空题

1．假定 n 为线性表中关键字的个数，且每次查找都成功，则顺序查找法的平均查找长度为________，折半查找法的平均查找长度为________。

2．已知一个长度为 10 的有序表 L，其中元素按关键字有序排列，若采用折半查找法查找一个 L 中不存在的元素，则关键字的比较次数最多是________。

3．插值查找法分隔点的选择公式为________，设有斐波那契数列为 F，则斐波那契查找法分隔点的选择公式为________。

4．平衡二叉树是一种特殊的________树，其各结点的平衡因子的绝对值不超过________。

二、简答题

1．画出对长度为 10 的有序表 L 进行折半查找的判定树，并求其等概率时查找成功的平均查找长度。

2．请画出集合{30,24,61,22,37,32,41,77,71,82}的二叉排序树，并求出在该二叉排序树中查找元素 41 的比较次数。

3．假设有一棵如下图所示的平衡二叉树，请画出插入元素 25 之后的平衡二叉树。

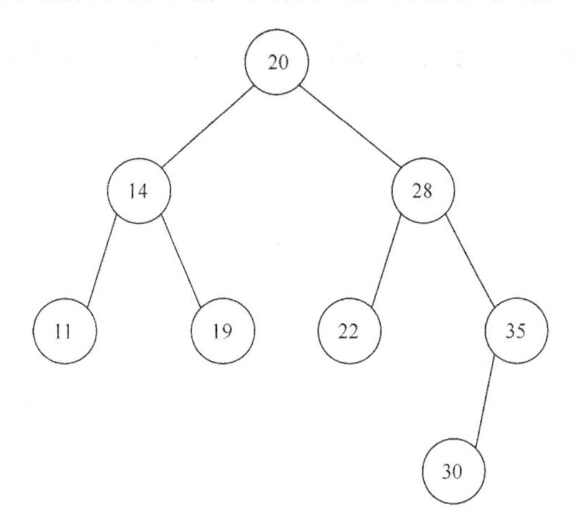

4．设包含 4 个数据元素的集合 S={“me”,“you”,“their”,“while”}，各元素的查找概率依次为：p_1=0.3，p_2=0.28，p_3=0.12，p_4=0.3。将 S 保存在一个长度为 4 的顺序表中，采用折半查找法，查找成功时的平均查找长度为 2.2。请问若采用链式存储结构保存 S，且要求平均查找长度更短，则元素应如何排列？应使用何种查找方法？查找成功时的平均查找长度是多少？

5．写出折半查找的递归算法。

6．若对有 n 个元素的有序顺序表和无序顺序表进行顺序查找，分别讨论在相等查找概率时以下三种情况的平均查找长度是否相同。

（1）查找失败。

（2）查找成功，且表中只有一个关键字等于查找值 key 的元素。

（3）查找成功，且表中有若干关键字等于查找值 key 的元素，要求一次能查找出所有的元素。

7．已知一组关键字为{15, 25, 30, 28, 35, 17, 55, 12, 8, 41, 14}，用链地址法解决冲突。假设装填因子α=0.75，哈希函数的形式为 H(key)=key Mod p。

（1）构造哈希函数。

（2）计算等概率情况下查找成功时的平均查找长度 ASL_1。

（3）计算等概率情况下查找失败时的平均查找长度 ASL_2。

8．已知记录关键字集合为{50, 18, 29, 62, 88, 65, 69, 55, 39, 43}，要求用除留余数法将关键字散列到地址区间{100, 101, 102, 103, 104, 105, 106, 107, 108, 109}内，若产生冲突，则用开放定址法的线性探查法解决。请写出选用的哈希函数及形成的哈希表，并计算出查找概率相等的情况下查找成功时的平均查找长度。

9. 设有一棵空的三阶 B 树，依次插入关键字{23, 20, 10, 34, 67, 55, 46, 50, 27, 22, 59, 98, 99}，请画出该树。

10．线性表中各结点的检索概率不相等时，可用如下策略提高顺序检索的效率：若找到指定的结点，则将该结点和其前驱结点（若存在）交换，使经常被检索的结点尽量位于表的前端。试设计在顺序结构和链式结构的线性表上实现上述策略的顺序检索算法。

11．编写一个算法，判定给定的关键字值（关键字值互不相同）序列是否是二叉排序树的查找序列。

参考文献

柴宝杰，2015．计算机算法设计与分析研究[M]．北京：新华出版社．

陈越，2016．数据结构[M]．北京：高等教育出版社．

程杰，2020．大话数据结构[M]．北京：清华大学出版社．

耿国华，张德同，周明全，2015．数据结构：用 C 语言描述[M]．北京：高等教育出版社．

李春葆，2017．数据结构教程[M]．北京：清华大学出版社．

李云清，杨庆红，揭安全，2014．数据结构[M]．北京：人民邮电出版社．

刘金凤，赵鹏舒，祝虹媛，2012．计算机软件基础[M]．哈尔滨：哈尔滨工业大学出版社．

王海艳，骆健，朱洁，等，2017．数据结构[M]．北京：人民邮电出版社．

严蔚敏，李冬梅，吴伟民，2015．数据结构[M]．北京：人民邮电出版社．

杨剑，白忠建，丁晓峰，2013．数据结构[M]．北京：人民邮电出版社．

杨有安，曹惠雅，鲁丽，等，2014．C 语言程序设计教程[M]．北京：人民邮电出版社．

殷人昆，2021．数据结构算法解析[M]．北京：清华大学出版社．

张琨，张宏，朱保平，2016．数据结构与算法分析[M]．北京：人民邮电出版社．

张岩，李秀坤，刘显敏，2020．数据结构与算法 [M]．北京：高等教育出版社．

宗大华，陈吉人，2013．数据结构[M]．北京：人民邮电出版社．